广西师范大学出版社
·桂林·

给

洛明

子孙绕膝即代表福泽绵延，此虽为人群普遍之追求，华夏文化对此追求之表达早即明显而强烈。从青铜礼器上已镌“子孙万代常保用”之类之祈求，直到清末仍不断仿传。宫廷而庶民，条件不同，心思并无二致。

［唐］ 周昉《麟趾图》，《婴戏图》，台北故宫博物院，1990，页 8

宋代以来的四景戏婴，绘春夏秋冬男女孩童怡乐院庭。如今难见全组，但从比较社会文化史上而言，是对法国史家菲利普·阿里耶斯（Philippe Ariés）的最佳反证。图中只见女孩男孩，没有成人发饰装扮，表情活动，显为童幼，绝非“尺寸小的成人”。

［宋］ 苏汉臣《秋庭婴戏图》，《婴戏图》，台北故宫博物院，1990，页 10

就比较童年史而言，宋代当下的此幅看似制式的婴戏图，表现虽然极端而理想，却恰恰回应了法国童年史上寻觅不得近代以前儿童形象的困惑，以及所出"童年"为近代发明之立说。

宋人《冬日婴戏图》，《婴戏图》，台北故宫博物院，1990，页 24

元，《夏景戏婴》之局部，虽未署名，但可知由宋而下，四景戏婴一时盛行，有画师艺人常作，供应当时上下阶层，以男女婴童嬉戏于庭为福慧人生之表征，元朝时期亦然。

元人《夏景戏婴》，《婴戏图》，台北故宫博物院，1990，页 75

此无题款之称谓《升平乐事》之写，虽非四景戏婴一类，然明显点出当时市井一般心态，以幼儿绕身，踢毽放灯，乐逗野外为人生美事，社群之追求。

无款《升平乐事》（第五开），《婴戏图》，台北故宫博物院，1990，页 43

宋代以后，中国明显分离出幼龄人口的专门市场。与幼科幼医、与幼学幼蒙平行发展，同时呈现的是瓦舍中为儿童说唱的杂技，以及目前仍可见流传于当时的“白眉故事”等儿童娱乐文献。

［宋］ 苏汉臣（传）《杂技戏孩》，《婴戏图》，台北故宫博物院，1990，页 15

近世灯节欢庆，朝廷民间如一。弄狮扮逗，未必写实，却示少幼各龄，无分男女，一年之中总有游乐，及作乐时可能有的活动情景。

无款《灯辉绮节》，《婴戏图》，台北故宫博物院，1990，页 46

明代，周臣的《画闲看儿童捉柳花句意》一幅，层层再现中国诗画一体，唐宋以来诗文中对儿童纵游户外，以及成人心中用之表征追求化身自然之终极理想。

明代，周臣的《画闲看儿童捉柳花句意》一幅，层层再现中国诗画一体，唐宋以来诗文中对儿童纵游户外，以及成人心中用之表征追求化身自然之终极理想。

［明］ 周臣《画闲看儿童捉柳花句意》，《婴戏图》，台北故宫博物院，1990，页 32

仕女幼儿，嬉耍庭院，是否即是升平年代，常民心中之赏心乐事，固可质疑。中国绘画笔下社会景象，本非写实。图文相佐，证之世界育幼比较史迹，最少代表了襁褓活幼者向往。

无款《升平乐事》（第二开），《婴戏图》，台北故宫博物院，1990，页42

孩童笼养，瓶中有鱼，并不稀奇。当时如此，因老幼嗜之已久，于古犹然。唯细察其发饰衣鞋，床上四周物品，仍可为日常生活历史断代之要件，更是医生活动济世之希求。

［宋］　苏汉臣《婴戏图》（局部），《婴戏图》，台北故宫博物院，1990，页 14

打陀螺，目前不知始于何时，南北城乡传遍，然游戏之幼童健朗活泼，当然是乳哺母亲的梦想，以及抢救婴童的幼科医生的目标。

［宋］　苏汉臣《婴戏图》（局部），《婴戏图》，台北故宫博物院，1990，页 14

此传为元朝人所绘之《同胞一气图》，非属四景戏婴一类，但文化社会气息可对照而观。元朝夹于宋明之间，上承两宋戏婴之传统，下接明初而后风气之丕变。其间，幼科幼蒙之扶幼工作不变。同胞是否一气，另当别论。

元人《同胞一气图》，《婴戏图》，台北故宫博物院，1990，页 28

清之《月令图》，不为描绘老幼活动。然冬雪落庭，堆砌雪狮，各扫门前，不能没有茁壮中的儿童身影。

［清］　画院《月令图》，《婴戏图》，台北故宫博物院，1990，页 40

近世的《货郎图》，虽不全为侧写儿童而作，但货郎架上多是孩童游戏的玩具，吸引稚龄幼童纷相趋近，宋明以后市井中有货郎，货郎盘的全是以儿童为对象的货品，这本身已是近世中国童年史的要证。

［宋］　苏汉臣《货郎图》，《婴戏图》，台北故宫博物院，1990，页 13

“长春”与“百子”都是中国社会与家族的象征性希冀。稚子展卷赏玩书画，画中墨竹清晰可见，更是希冀中的希冀，幼蒙时对早慧早熟的神往或神话似的传说，更是图文一致，对此价值观长远不息的体现。

［宋］　苏汉臣《长春百子》（局部），《婴戏图》，台北故宫博物院，1990，页 17

传统社会中之节气欢庆，往往不能没有儿童嬉戏的身影。既代表市井实情，更彰显社群之集体祈望。清代姚氏此作，不过是这类儿童欢乐与长幼男女团圆美满的最平常、具体表征之一例。

［清］　姚文瀚《岁朝欢庆图》，《婴戏图》，台北故宫博物院，1990，页 39

新版序

幼医幼蒙，为童年史之重要面像，对中国史而言亦拓展社会文化史新领域。此书之作，多感于跨文化比较与生态环境等考量，初虽在意，直笔仍少。其中，过去散见于旧著及不同期刊等形式之发表，多早绝版，或难寻觅。能集辑与新著一同问世，省却读者学友若干烦扰，未尝不好。

当时未曾想起，过去点滴耕耘，得以通用简体中文与同仁同学求益者极少，此番蒙张斌贤、刘晓东、于伟、高振宇等先生援介，得有广西师范大学出版社愿建沟通之桥梁，使此书刊行，顿增一大益处。其实环目四顾，不论幼儿之健康、医疗、照顾，或者幼教幼蒙之讨论与实践，在当今城乡正不断讨论，反复摸索，见于学界之课程、研究，亦流布于坊间新闻、网上交换。家长、老师、社会代表的成人习惯，在变化中也仍可见传统理念与习俗之踪影。继续与当代快速变化中的儿科专家、幼教声音商榷，前行。

书中篇章，早晚涵盖二三十年之爬梳，在典籍整理中逐渐尝试不同提问，连带引出串串思辨上之推敲，未脱筚路迤逦间之青涩。其间中外相关著作纷纷相叠而至，一己之好奇，早先之整理，或尽一二奠基之力。各方评点，审阅者之指正、建言，期于钻研，析述间表达于未来。

本书付梓之际，不意遭逢全球疫情肆行，生命之延续，弦歌之不辍，多仰未来。此处呈现之讯息，若得鼓舞同好同行者一同前行，最是起初落笔时未料之欣喜。扉页付梓，作品已挣脱作者，走向读者。感谢广西师范大学出版社，系此良缘。

熊秉真

2020年9月25日

太平洋彼岸之加州洛杉矶

序

挖掘中国历史上人生之启端，探求个别婴幼生命如何成为可能，寻觅童年生活之点点滴滴，数十寒暑，不觉之间不纵而逝。蓦然回首，前面所整理出来的，许多是不能不厘清的技术性细节，每一枝节之追索、考订、说明、披露、载记，成书成文。其间重新端出中国传统幼科之认识与操作，是重要的里程碑，涉及幼教、幼蒙的天地，其实描绘的是同一个世界的另一个面向。

如今，将婴童生命身体延续之环境、条件及期求、制造此医护照养条件的伦常文化上的价值合并呈现，希望能让读者更直接地意识到，无论是此技术性环境或文化之蒙养，所关乎的其实是同一股为生命绵延之用力用心，或养或教，襁褓与训勉，幼医与幼蒙，最终所致之目的，一般无二。

这般的体验，是需要走向反复调查，终渐将林林总总之发现铺置案前，再三沉吟，才觉得需要有一处共通的说明。说白了并不是什么意外稀奇的论点，但是生理社会文化并陈之外，一再放宽历史视野在地域、语言、文化上的范畴，将比较性之考量，由一般性预设，由台面下挪到台面上，成作系统性，明白地检视是不能没有的过程。

下面书中各章，多半内容曾以书、文、期刊篇章等形式出现过，已如注明。然此次整理，均经过局部增修、考量。除了技术面与社会面之相关、呼应，中外之比较，人群共同走过了20世纪，有了21世纪若干之反省，文化上的自我责求、质疑，是另一方面明显的调整、改订。

对传统中国文化曾走过的足迹，访求认识归访求认识，但愈来愈难单视之为毋庸置疑的文明之成为，而为之炫耀、沾沾自满。

故为此重新之梳理，以数位形式为主问世，因获一新视野、新坐标之立足点。正好为过去初学时之粗略得一喘息低回之时机。

所选之图示，希增大家对非文献性资料之重视，非仅用之为插图。

此知性行旅，启程之时，慕州之伴侣，悠、青之欢声笑语已在，三数十年后，前程各奔而穿梭依旧。同窗好友方清河竟也依然沽其编辑出版之长技，慷慨相助。生命之无息与有声，也许真有其蜿蜒之涓流。

此帙之成，留送洛明，不知未来他是否有好奇浏览的时候。

熊秉真

于港中大 吐露岸边

目 录

图序

图片出处

《四季婴戏图》，宋龙飞主编(台北故宫博物院，1998)。

《婴戏图》，台北故宫博物院编辑委员会编(台北故宫博物院，1990)。

Children's Books in England: Five Centuries of Social Life, by F.J. Harvey Darton (Cambridge: Cambridge University Press, 1982).

Intimate China: The Chinese as I Have Seen Them, by Mrs. Archibald Little (London: Hutchinson & Co., 1901).

第一章

引　言

俗言称:“三十年河东，三十年河西。”三十年是一个不长但不短的段落，近代社会与心理学者曾以之为人类父子长幼间一个世代（generation）之代表。对知识之索求而言，三十年间之风水流转，的确可以让人对同样一组学术问题，同样一类原始档案研究素材，因个人之省思成长，周遭学科之更迭，思潮之颠覆，或者反复，而生出迥然不同的推敲、分析。虽则人世不长，职场工作时间更有限，并不常有人、有机会或意愿重新修理旧作，刷新自己昨日与今时之考量。

三十多年前，有幸追究一己之无知，挖掘出千百年前中国幼科留下之典籍，借着梳理大量一手档案资料，呈现传统中国救亡图存、抚育生命之点点滴滴，于种种技术性细节中描述该社会中襁褓之道其日常一斑。过程不易，但收获确的，乃有《幼幼》一书之成。坊间小众翻阅此初步成果之际，三十多年晃眼即逝。其间，对中国近世幼科之萌生发展有了更多横切面的认识，体认到如何将此“特例”置于世界医学史或全球科技、生活史的宏观视野中，重省审思，而不仅于窃喜沾沾，此为一端。再有，对近世中国幼医之内部专业知识之传承，其实证性、技术性知识之载录与传递、辩解、佐证、更新，经过更多考订、研究，也有了较前更多细节上的了解与认识。远远超过了初步整理文献时所得弥足珍贵，但仅得其大样之侧写，此为其二。其三，是当时已知端倪的近世幼科医学其传承发展时间既久，随历史时间之空间移动地域性特质与面貌自然凸显。对应用性知识专长，如生物医学（bio-medicine）或健康科学（health sciences）而言，最是自然。但由此推理性看法，及各方片断性信息，到觅得乾隆年间终生执业新安歙县一地之许氏幼科（许豫和，1724—约1805）之一手资料，岁月如斯，仍是欣喜。第四，与此专业性幼科文献或技术性知识天地，对照当时士人笔下的儿童健康写照，顿然之间，当时社会中颇有些经典学识的“士大夫”突然在医学或者幼科专业知识上变成了百姓般的“庶人”。此间相互对映，虽不如今日“科技新知”与“寻常百姓”间落差之大，差距之明显、关键、要命，但此间趋势之走向已见。值得补述。

由此四部分结构性之增补，重读原作在新生儿照护、乳与哺、婴幼儿生理、成长与发育等各专题之发现，至今三十年间，虽未有他人其他重要之发现，自己仍不免多少有些重新考量，各个段落也就不能不有删修、调整，或亦为面向之五。

此外，整体而言，幼医襁褓，是为挽救、保留新生之生命，即旧时中国社会流传的“香火”。然此传统价值观在“非技术性”的关怀下，所真正在乎的，其实是子孙绵延，家族世代之生生不息。正是有此或可以儒家家族伦常为代表，但显然远远早先于孔孟，宽泛细微过儒学的核心信念，挥之不去，无所遁逃，乃有近世幼医浮世、尘世之社会文化土壤。此一事实，前亦略及，但此处可补同一文化、同一社群、同一价值体系，对其襁褓幼幼所成就之推动成员，于“幼蒙、幼慧与幼学”上之追求、坚持、迷恋、沉溺，可为同一群体之另一对照面之补充。可视为此次结构性增订之文。

最为关键的，是过去偏于实证与技术性的挖掘与发现，的确为历史上，中国历史上重新“发现婴幼儿与童年”，奠下了第一块坚实的基石，但如今重看重想，此医学史、科技史、社会史、家庭、人口史上的基石，也应该有其踩向第二块基石，企首第二段行旅的时候。这个时机，应该是“学然后知不足”，因为知道的愈来愈不少，而不能没有蓦然回首的悚然、警觉。

警觉于此社群救亡图存的积极作为，包括如今举世确足引以为傲的幼医成就，斑斑传讲于立足芝加哥大学的美国儿科医学会的千百同仁讲堂，乃至载录世界生物医学科技殿堂。然时至今，

［宋］ 苏汉臣《灌佛戏婴》

近世幼医浮世，是应中国家庭生养不息之需求。图中示孩童浴佛如俗，虽非实景，但表达理想上礼教传家的地区，士族家庭的追求。

台北故宫博物院编辑委员会编，《婴戏图》（台北故宫博物院，1990），页16

人群，举世人群自我绵延之生物性本能，社会文化上代代相传之追逐，其有成者，人口爆炸性成长，有目共睹。对他人，全球资源之利用，心思掏尽，何所底止？于此，历史的学习者与其他人文学科之工作同人遂有对宇宙浩瀚时空中，其属于“人类之纪元”（anthropocene）之深深之质疑，一种来自自我之质疑与困惑。过去为救亡图存而努力不懈者，其成果与成就依旧，然而“人类纪元”之外，之后，何所之？除了群体自我中心的人群绵延、生生不息，对人之周围、人类之外、人类之后（post-human）[①]我们还能作何之想，做些什么？

前此各章，因此天问，亦均做了各种视角上的调度。附上各图，多少亦为此古今联想所为形形色色之添置。

过去我们对历史上育婴扶幼的状况一无所知，且亦不以为憾。推敲起来，可能有两个缘故。一是觉得此类情事，琐碎细微，似不涉国家兴亡，民生福祉，既是无关宏旨，就没什么进一步了解的必要。这是说，幼幼之道不必知。再则会有人说，此类琐事，荒渺难稽，即便深究，也无史可查，不会有资料存其实情，于是谓，幼幼之道不可知。

不意仔细思量，两个顾虑都难成立。因为育婴之史，说是琐细，其实里面自有乾坤。从精神面而言，一个社会如何对待其新生成员，常是该社会对人生、生死等许多基本态度的最赤裸的表现。已有西方学者指出，由任何社会或人群照顾、对待婴幼儿的方式，可了解彼等基本的价值观所在。譬如说：在这群人的观念中，他们对生命如何重视，此重视始自何时，此重视有无差等，带何条件，等等，都容易流露在彼等对待婴幼儿的方法上。所谓见微而知著，人们对待婴幼儿的态度，常毫无保留地诉说着他们根本的关怀或偏执所在。此外，自实际面而言，一个社会的育婴方法，显示其成员在养育婴幼儿的知识和技术双方面的水准，从其所运用的工具、婴幼儿的营养状况等，更足以反映该社会在此方面的物质条件如何。尤有进者，婴幼儿出生、存活、死亡的数目和比率，是人口学上重要的信息，从过去育婴扶幼的成败实况，我们可以直接获知当时婴儿死亡率、人口出生率，有助于整个人口消长之解释。间接亦可认识生育与节育、健康与疾病等发生之环境，对洞悉社会之人口行为与普遍物质文化，颇有助益。这种种理由，都在向我们辩称育婴史并不真是件无关宏旨、不值深究的小事。

至于育婴史到底可不可知，关系的主要是资料问题。若以传统史家熟悉的史料而言（如史籍、方志、笔记等），其中即便偶然提到育婴方法，确实零碎粗

① Rosi Braidotti, *The Posthuamn*（New Jersey: John Wiley & Sons, 2013）.

无款《婴戏图》

此婴戏图，无款，无署，年代不明。最能侧见此艺术图类于近世中国社会文化之价值，心意描绘中曾流行一时。台北故宫博物院编辑委员会编，《婴戏图》（台北故宫博物院，1990），页 48

略，很难了解各步骤的细节，更不易追究所谓时代演变等问题。不过脱离过去熟悉的史料范畴之外尚有许多他类的资料，可以透露我们所关心的信息。以历史上婴幼儿的生活状况言，传统中国幼科医籍就是一项从未用过的宝藏。因为传统中国医学发达极早，幼科一支到宋代以后已成独立的专科，幼科医籍中对养育婴幼儿的各个步骤，都反复致意，有非常详细的讨论。其讨论及医案中，亦录用许多当时民众育婴扶幼的实例，从这些实例及讨论中，我们可以认识到过去民间照顾婴幼儿的实况，当时一般所遭遇的困难，以及专业医者的见解和建议。积累数百上千的医籍，经过仔细考察对照，更可逐渐理出过去千年来中国人育婴方式的演化过程。过去一向未尝闻问或以为不可知的传统襁褓之道，竟鲜活地呈现在大家的眼前。

这本小书中的各个小篇章，就是作者重寻此失落了的婴幼儿世界的一些轨迹。

第一章，勾勒全书结构，以为诸章述及传统幼科医学发展，为中古以来中国育婴扶幼文化演变背后的专业背景，做一说明。

第二章“世界史上的生命绵延”，追溯全球人类生命史之宏观坐标下中国自古至唐，医界对幼儿健康的关怀及局限所在，从而凸显宋代幼科发轫之意义。尤以明代幼科蓬勃时之进展，分别阐述此专门知识的普及化和不断地专业化的情况，并指明其间中国政府与士人的贡献。

第三章“医案之传承与传奇”，以幼科发轫前后“案类”书写（case writing）之形成与发展，显示近代之前中国之实证性记录、叙述，与推理型之思考，论辩间之相互形塑的关系。尤其宋明时期幼科在临床操作与市场活动活络之际，所留下的上自太医、下至民间幼科医案，由数十而百、千至万，虽仍为“质性信息”(qualitative data)，然数量可观，颇可为建立医学史之类型，或近代之前“叙述类统计”资料（ descriptive statistics ）之范例。幼科医学对推展中国推理性思考，曾扮关键角色。

第四章“幼科医学的区域特性”，由中古以后幼科滥觞，及其后近千年的演化，逐步抽丝剥茧，说明除了时间上的演变外，在中国广大的疆域内，幼科医学之知识与执业，在空间上亦发展出不同的流派。论及幼医发展与区域的关系时，颇能显示影响中国健康环境衍生种种人文及物质之因素，而此种种人文及物质因素，广而视之，亦为形成中国育婴与扶幼文化的基本背景。

第五章“乾隆歙邑许氏幼科”之重新出土，不但对传统幼医，也是中国医学史上的一项突破。临床上许豫和于徽州歙邑执业幼科近六十年，留下的文献，部分著述，让后世史家得以挣脱医史中思想论辩充栋，而少见实作资料，更罕见地方医生身影之困境，得以一睹乾隆时期，或18世纪悬壶小镇的开业幼医之一斑，对了解医生与认识安康而间或病恙的歙县幼儿健康，不能不说是令人惊喜的发现。

第六章详解“新生儿照护”，先勾画出中世纪以来中国在婴儿初诞之首日所行重要照护之手续。随而逐节分述此新生儿照护的手续，在断脐与脐带护理、身体内外的洁净与卫生，及保温与新生儿急救三大方面，曾有何等重要的突破与改进。这些关键性育婴手续的进步（如对断脐及新生儿破伤风的认识，初浴方式的改变，对体温的重视与对早产儿的急救法等），对保护及维系新生婴儿生命上的功效十分明显。再加上近世幼科不断努力，将种种专门知识和技术上的发现，化为韵语口诀形式，广传民间，或衍为民俗习惯的一部分，流行村野。此育婴文化的进步，以及其所代表的健康环境的改进，对中国近世人口成长可能助益不小，虽迄今尚未引起大家的重视。

第七章续言“乳与哺”，主要在说明中国过去喂养婴儿之种种，除传统乳儿法讲求的对妇女、婴儿在吮乳时所须注意的条件外，亦及过去对择乳母之讨论，母乳以外哺以各种辅食及渐饲以婴儿食物，和婴儿食品的调理，以及如何应用人乳不足时的代用品，乃至应付婴儿不乳、吐乳及断乳等问题。凡此幼医之指导，绝非单及理论，因由医案及家庭传记中颇可知悉当时乳哺婴儿实况之一斑。

第八章，“婴幼儿生理”以传统中国在婴幼儿生理学上的一项重要学说——“变蒸”的理论——为例，一窥过去中国对“婴幼儿生理”之认识。由变蒸论初步假设之成立，到近世幼医对此学理数百年来的纷纷议论，最后经启疑而推出新说，颇可显示所谓传统医学在学理与临床了解上，并非外界印象中的一潭死水，其实传统中国的医疗与健康，亦有其内在辩疑与变化之动力。

Tree Moved 100 Yards by Landslip That Formed New Rapid

19世纪末摄影术传入中国后，居住、旅行南北城乡的外籍人士留下了不少影视素材，所捕捉到的长幼身影。此类百年前偶拾之中国民众移树图，如今亦可用以重置重想生命绵延于全球史观下的交错。

Archibald Little, *Intimate China: The Chinese as I Have Seen Them*（London: Hutchinson & Co.,1899）, p. 37

第九章，专言“成长与发育”现象，特别点明过去中国人对婴幼儿正常之成长发育，其认识之重点为何，进而一一分析当时所以为成长发育上的异常现象，如发迟、齿迟、语迟、行迟等现象，其诊断的标准和处理的方式，最后并从与西方的比较上，反省传统中国对婴儿健康的重视与关怀重心，其背后所反映的社会现实和文化价值何在。

第十章“士人笔下的儿童健康”，集撷近代以来文人传记、书信等资料中间及对家中儿童疾疢之载记，综而视之，经过长时段、大范围之汇集、排比，不但一方面可见当时“非专业”民众，即受过一般教育，知书识字，但未必业医或通幼科的读书人（男士），对儿童疾病与健康态度如何，有何认识或偏见，遇到家中儿童罹病，如何处理。另一方面，也可梳理出此类材料中所见儿童健康与所患疾病之梗概。

第十一章“幼蒙、幼慧与幼学”，梳理传统中国家长对“生子聪慧”之追求与信仰，从而传讲“神童”，崇拜表现异常之幼儿，当然与强逼更多儿童，学业精神，进度超前，实为一辙。一路发展，由宋而明，因市场经济蓬勃而愈演愈烈。直到晚清外逼内窘，不能不现疑问、转变，对幼儿教养，也才走向近代以后一波波渐变而巨变的契机。

这几章试作，经过许多摸索，欲使中国育婴与幼蒙之历史，重现眼前。也希望鼓励大家，开始追究一些以往未尝留心的凡常的历史。

第二章

世界史上的生命绵延

INTIMATE CHINA

The Chinese as I Have Seen Them. By Mrs. Archibald Little, Author of *A Marriage in China*

With 120 Illustrations

LONDON
HUTCHINSON & CO.
PHILADELPHIA: J. B. LIPPINCOTT COMPY.
1901

一、前言

就生物存活和文明演绎而言，东亚大陆板块，也就是一般人口中习称的“中国”或“中华”一隅，是一个人类活动的“旧区”或者“老区”。有直立行走的体质人类学学者所谓的“现代人”（modern man），或者考古学上古史所挖掘的农业与文字的起源，古代文明的活动痕迹已久，连祭祀、礼仪、宫廷、都市等社群与信仰活动，都确可上溯三数千年。也就是说生物或形体意义上的“物种绵延”（evolutionary biology）之早已为此人群掌握，从而隐于其“社会文化递嬗”（socio-cultural reproduction）的背后，千百年来，众人习以为常，平时不再引起争议，成为文献记载之焦点。在此版块域中，各地发展之进程不一，各族群、阶级之生存状况落差、冲突仍然不断，但是这些似乎都不是历史典籍讨论关心的重点。

我们说“似乎”，是因为上面所描述的印象，除了是遗址、文物、文字材料呈现出的某种“侧影”，更重要的，是近代以来人文学术、史学学科本身发展轨迹的一个“制成品”。任何一个粗略的学术史、史学史回顾都让人憬然而悟，中国史在近代的发展，由政治史、典章制度史肇始，固然一则是沿袭了过去朝代史“为政治服务”，一路以来以为“资治”之“通鉴”，始终不渝。另一方面，欧洲之知识，启蒙以后虽然让史学由“神学之婢女”（maid of theology）中解放出来，却迅即成为宫廷、帝国、近代国家的“政治推手”，也就是及至今日历史之为“民族精神教育”一环的滥觞。

这个学术史上的承袭，不但有沿无革，或者多沿少革，更严重的是在近代中国的“革命史学”引导下，全盘接受了“尊西方为师”的“线性进化（linear progression）史观”。晚清民国以来，直至晚近，中国的社会史、文化史、家庭史即在此自怨自艾，封建中国百般“不是”，过去一直黑暗，前景一片茫然中痛苦、挣扎、折腾不已。

如若从世界社会（文化）史的框架中侧观如何这般呈现（自述）下的中国家庭史是一个如何的景象呢？

第一，和中国的政治制度、经济生活、伦常道德、思想文化一样，以家庭、宗族为骨干的中国社会组织过去两三千年来，基本上是一成不变的。旧朝去，新朝来，换汤而不换药，衍习宗法礼制，封建黑暗，一无是处又一潭死水，千百年来少有变革，鲜有新意，少有生机。

第二，这个由上古而中古，而近世、近代的中国社会，或者家庭宗族生活，自商周秦汉，下延唐宋元明清，弊病甚多，不胜枚举。与欧美社会文化相较，更是相形见绌。中国社会要能自救，拔擢而起，只有全面唾弃旧式的“封建家庭”，全盘西化。这种论调，不但贯穿了五四论述，更是20世纪中国两次政治革命的根本立足点，辛亥革命以后国民政治文化基调的变奏，和社会主义革命走向市场路线以后的踌躇，都是后话。

第三，如此近代中国忧患意识和激越革命之下，对过去家庭生活、社会组织的全面否定，悔不当初。刚好逢迎上了近代西方强势文化在近代乘势而起时的志得意满，沾沾自喜。以故，过去中国的生活方式，若有任何异于西方国家之处，多半可疑可议。未来一切的男女老幼，饮食居摄，礼仪往来，若有任何前景曙光，应均来自现代的、科学的、进步的西方。

这一套逻辑，近代中国社会文化史的说法，众皆娴熟，不必赘言。其实，从人贵躬身自省最好不断改过自新的角度而言，有其可取之处，无可厚非。当然，就中国社会史或家庭史的内部细节来说，这种全盘皆墨、长久停滞、乏善可陈的讲法，恰巧也让惰性定律之下陈陈相因的近代中国社会史学界，代代沿袭某些陈腔滥调，以口号为章节，也就省了挖掘史料，面对性别、空间、身体、心理、物质文化、日常生活等议题，可以继续宣讲其意识形态主导下两千年为一段的中国封建社会说。此番有宗法无个人的家庭史论述，千篇一律，而且千年不变。咬定中国社会内部难起波澜，只有沉滞黑暗，没有变化，毫无希望。

这种近代政治论述之下的中国家庭与社会史，不但疏漏，而且没法推动研究，展开调查，进行论辩。因为口号式的抨击多，实质性的内容少。不单少了对重要议题、面向的认识，如男女、长幼、身体、心理、物质文化、日常生活，而且缺乏关键性的细节，和与其他相关领域的衔接。譬如，过去两千年来，就家庭生活的内容而言，真的毫无变化吗？如果不然，那么最重要的变化是什么？这些关键性的变化发生于何时？是在怎样的情形下产生的？又与当时的经济条件、人口消长、健康医疗的状况关系如何？也就是说，影响近代之前中国家庭和社群生活的最主要因素，是哪些因素？要阐释或说明这些阶段性变化，一路推演至今，要掌握哪些信息？运用些什么历史材料？动员联系起历史外哪些其他的学科、训练？

以下的章节，只是沿袭这一串的问题与思路，提出的一部分回应就是，家庭社群由个别的生命一一组成，中外皆然。由古而今，中国家庭与社群中的个别生命，是如何诞生，因何存活，乃能趋生避死，使家族之形成，社群聚落之结构，虽有起落，但匍匐绵延，终究成事，未尝消亡。

这中间，生物意涵上的存活，最为基本，今之史志知识不多，但绝不能视为当然，不知细节。其间城乡庶民之奋斗，应为此理解为该篇章之核心，然历代以救亡图存为专职的医者，能志与否，儒医与巫医庸医，歙医杂然，必须是具体个人、个别家庭的生命载记，系年谱牒，交相核对，互为增补。在此方面，如今史学工作者，不但不尽信文字、文献，且逐渐学得以图像、实物、屋宇空间、衣物物质承载之言语、仪典习俗档案之气息、田野调查仍可访得之蛛丝马迹。林林总总，合成了此书之前半册整理。

这些信息，与人口史、经济史、思想史一拼对，自然为中国社会史补上了生理与身体、体质的篇章。而这些篇章，都是在与现代实证科学对初生、幼儿照护的整体认识对照下，以当今的知识语言所做出的把握、思索、书写。

宋人《子孙和合》

子孙和合，当然不只是宋人的追求。此图示作画者以中国近世工笔见长的象征性艺术语言，细描健康幼儿，欢喜成长间的美景良辰。

台北故宫博物院编辑委员会编，《婴戏图》（台北故宫博物院，1990），页27

尤其不能不提的是，这些篇章，无一不是在步步检视同时期世界上其他地域，尤其是人群聚集的欧洲，仔细对比，见其人类生命之同轨，从而憬悟各自地域聚落之特异，从而落笔，撰写。

又，晚近数十年之史学，尤及社会文化，各地作者均倡知识亦应重视民主开放，不排斥不歧视，减少史学中被忽视遗漏的人群，有男即应有女，有贵即不能无贱，着墨壮志于权势巅峰之作为，最好也包括耆幼弱势在一般日常生活中的情境。

其实大家、读者所期望的历史，不单是多开放，少掩盖，多包涵，少偏颇。最好，史学能展示一种工作的态度、书写的方式，能还给众人某种由下而上（bottom up）的对过去的认识。这种由下而上，多半人期待的是在阶级上的社会底层人群（lower class）的关怀，但也包括对过去以为不屑一顾、毫无意识的庸凡琐细之务（mundane affairs）的理解。

或者从另一个角度来说，这所谓的开放知识空间，了解社会人群生活演变过程之细节，所谓由下而上（bottom up），也代表我们对人类生存之最基本层次，古今个别生命之起端，任何身体存活之条件改变，乃至众人难抵难逃的疾病死亡，都不能因为不识不知而视为当然。

这样一想，我们首先会意会到的是其间牵涉的许多问题，如生老病死、婚姻迁徙，中国固与他域有别，中国境内各区各族，也有些不同，但同样明显的是，在这些历史人口的养老扶幼、疾病医疗等基本需求上，古往今来，中外各地也有些基本的共通之处。这类人群生存之基本需求，在不同时空，如中国之过去，曾受特定价值、信仰、礼仪之指挥驾驭，于不同条件下操作，或形成了不同的自然人事与环境互动关系。这些讨论、思考、挖掘历史问题的方式，呈现历史的焦点，书写历史的体例，也许并非衍发于传统史学“出将入相”式的政治兴趣、精英习惯，但又显现了中国史与世界史在内部结构上的共通之处。国别史，或国族史只不过是19—20世纪全球民族主义高涨下的一种说法和看法，一种呈现、处理历史发展的方式，绝不是唯一一种可取的认识，更说不上是历史之真相。

从这种“人类全史”的视野与层次，重新检视中国家庭代代绵延的过程，以及其中关键所系的幼科与幼蒙的历史，自有其有别于朝代更迭的发展阶级。从家庭史的断代而言，由旧、新石器的聚落而商周农耕城乡中的父系男性为主轴的主干家庭（stem family, or extended family）为其梗概。虽则当时早期历史人口转型前（pre-transitional population）之状况，多生多死，疫疾丛生，男女平均寿命期望不过三四十岁，少有条件让枝叶繁衍的所谓“大家族”成长为贵族之外的农家百姓。通史上所讲的秦汉氏族、魏晋大姓，其实是中国社会顶端人数极少、比例甚低的凤毛麟角现象。即便是隋唐市景繁荣、熙熙攘攘，货殖市井所描绘的，仍是少数城市景象。市民家庭之物质供应、各种消费，因居城市，或小型市镇，显得充裕、富庶，甚至因有医有药，泰半健康，而有欢乐有吉庆。

这种走势，由唐而宋，益趋明显。宋代戡远不得，政治不安，但经济活络，市集增生，城镇人口增加，农业作物上市，生产与市场挂钩涵盖于华北、江南、沿江、沿海交易网络中的地域不断扩大，其家庭与人口数目持续成长。这个走势，由两宋而金元，中国的朝廷也许被灭、消亡，讲民族国家的“大历史”说是一片黑暗生灵涂炭、种族关系紧张冲突，但民间百姓之日常生活供应，因蒙古欧亚大帝国内“物尽其用，货畅其流”，市场可见到来自波斯的青瓜、核桃，印度的眼药，阿拉伯的香料，不但在华北，也伸至江南。

这些物流，交换了医药专业知识，打通了食品用品的流通管道。乃至元明，经济上固然有荒歉叛乱的时候，政治上更有高压强制的手段，但由南宋、金元，而有明，到了明代中叶，15—16世纪之交，中国的社会、文化确实走过了一段“过渡”(transition)，转了个大的弯，进入了一个对“寻常百姓人家”而言，舒缓、舒适，物质条件和日常生活比较好的时期。

上面的这一路家庭史，随着社会生活史演变的粗枝大叶的勾勒，细节上并不严谨。但对大体理解、掌握一般中国家庭所处环境的迤逦转折，还是有一些用处。尤其是丰富下面章节所描述的支撑中国家庭生命繁衍之幼科医学，充实中国家庭内在文化的幼蒙教育，如今大家所耳熟能详的由明而清，再转近代现代，是如何有断有续，有得有失，有劣败有佳绩地跟上古、中世联想，甚至全不能并提，与课堂上的通史、断代史，其典章制度、思想文章未必能连成一气的地方，上述的勾画，也许是有些用处。

这种勾画，自然有一时一地环境变化的缘故，但不能不跳脱传统中国朝代史，研究中国社会、文化的习惯性思考、问题。在这类勾画下，即使是当时某种特殊的“中国式”的特色特性特质，往往是在衡量、了解、比较、掌握了世界史，人类全史的大景象，宏观视野下，其他地域的发展过程、物质条件、生活细节，才能就家庭谈家庭，就健康讲健康，就人口人群谈聚落社群之家居生活。并且终于补上中国史以及世界史上一向空白、残缺的篇章，由此填补，也让我们悚然惊觉：过去大家的研习，不断传讲，因熟悉而陈陈相因的所谓“中国”的历史，中国的家庭和社会究竟有些什么，没有什么。或者为何如此这般？中国人之生命源起，哪些是中国？哪些不过是人？

三十年前，法国学者菲利普·阿里耶斯提出一独特见解，以西方社会对儿童的重视实为一近代现象，在此以前一般人对儿童之异于成人，童年之为人生一特殊阶段，并无任何概念。[①]此说一出，惊动学界。西方史家随即相率以欧美

① 参见Philippe Ariés, *Centuries of Childhood: A Social History of Family Life*, tr. R. Baldick (N.Y.: Vintage Books, 1962).

近世史为例，多方检视此一假设。[①]社会学者及人类学者纷于各地调查、探索人们对待儿童之观念与态度。当然，西方之外，其他各个社会对儿童之照养管束，亦可提供重要比照思索的素材。

[宋]　苏汉臣《五瑞图》

图中并未明示为儿童扮演成人社会的祥瑞角色，但此图之存在，已具体描绘出老幼天地，代代相承的关系。

台北故宫博物院编辑委员会编，《婴戏图》（台北故宫博物院，1990），页12

中国社会之历史，一向材料丰富，儿童及童年之过去，可多方追究。幼医专业之发展，即为特出现象。此专科医者对幼龄儿童身体、心理之照顾，有一套特殊见解。而旧时中国士人与政府，对幼科医学之推广，亦多参与。故由此专业发轫成长为线索，实亦可见中国社会对待稚龄幼儿态度之一端。

中国传统医学中的幼科或儿科，初萌唐宋，至明清两代已粲然可观。其间有明一朝的发展实属关键。本文拟以明代幼科中最重要的四部文献为主轴，参以其他相关材料，试图分析16—17世纪的两百年间传统幼科发展的轨迹，以略释其学旨特色、主要方向、背后动力，兼及幼科医学发展与幼科医护工作之关系，期望从而一窥近世中国医疗文化与民众健康景况之一斑，亦希为当时幼儿健康之社会条件铺陈出一个专业的背景。

①有些学者的研究，不太赞成Ariés之观点。如Shulamith Shahar, *Childhood in the Middle Ages*（London: Routledge, 1990）. Linda A. Pollock, *Forgotten Children, Parent-Child Relations from 1500 to 1900*（Cambridge: Cambridge University Press, 1983）.

二、传统幼科之发轫

在世界诸古文明中，中国的幼科医学算是萌发较早的一个例子。除上古时期许多名存而实佚的儿科著作外，如今可见的儿科论著可上溯隋唐。不过中古时的幼科与其他科别一般，规模粗具而不脱巫医色彩。相传巫妨氏所著的《颅囟经》一书很可代表这个特色。不过《颅囟经》作者虽称巫氏，特以“颅囟”名幼科，显出当时医学所具实证精神。①

同一时期的其他医籍，有的早已将小儿健康问题之论别置一处。巢元方《诸病源候论》，即将小儿问题专置一处。《诸病源候论》中，讨论幼儿疾病的6卷（255条）亦为一例。孙思邈所著《千金方》中的《少小婴孺方》2卷，更列卷首。这两部隋唐时期的医学典籍，所涉幼科，一方面对新生婴儿的照护，如断脐、拭口、沐浴、哺乳、衣着等做了详细说明，一方面对当时常见的小儿疾病，其病因及症候、治疗提出了他们的看法。②同此传统之下，王焘所作《外台秘要》40卷中也有2卷（86门）专谈小儿疾病问题。后来唐、宋、金、元的医学大家，其著作中许多兼及幼科，且将其独立列于篇首或篇尾，使其自成单元，方便读者查考，可说是鼓励幼科走向专业化的一个先声。更重要的是，这部分医学知识，因作者及其全籍之盛名，流传广被。尤其是孙真人的《少小婴孺方》2卷，以类似单行本的面貌，为多方传抄，历经唐宋元明，医家及民间均视为宝藏。③

不过整体来说，终唐之世，幼科本身发展所受知识上的局限仍大。当时医书也承认他们的能力仅止于“卜寿夭，占生死”。一般而言，对于六岁以下稚龄儿童的健康问题，所悉不多，年幼孩童一旦染上恶疾，医界大半束手无策。④

同时，传统医界并未放弃对改善幼儿健康的努力。殷切期望加上实质努力，日积月累，由唐而宋，果于北宋中叶纷绽奇葩。其中最重要的，自属钱乙（约1032—1113）及其所留下的《小儿药证直诀》（简称《直诀》）一书。据刘跂为他所写传记，钱乙出身钱塘世医之家。他的父亲和养父都以医为业。当时医者

---

①《颅囟经》据谓为中古巫妨氏所著，一般认为是唐末宋初的作品。它是现存较早的一部幼科专书。颅为头骨，囟意脑盖，小儿初生之际颅囟未合，其生理病理亦与成人相异，该书乃以《颅囟经》名幼科医学之旨。目前所见之本，为《四库全书》所集录。

②［隋］巢元方，《诸病源候论》（南京中医学院校释本，人民卫生出版社，1985）下册，卷45–50，页1237–1392。孙思邈，《千金方》（《文渊阁四库全书》，第738册）。

③［唐］孙思邈，《少小婴孺方》2卷（台北故宫博物院藏善本）。

④参见《古今图书集成·幼科》，卷501。

本属方技术士之流，一向父子相传，师徒相授。因而钱乙稍长亦因知书而入医，顺理成章地成了一位民间医生。不过，值得注意的是，他成年后以“颅囟方著山东”[①]。也就是说，到11世纪中左右，中国社会上已有专治小儿的幼科医生存在，幼科医学发展的客观条件较前又进一步。

此环境下，乃有钱乙一生的事业。而钱乙个人的成就更把幼科医学推到一个新高峰。首先，钱乙因治愈皇族子女，奉诏入宫，获擢为太医丞。[②]“自是戚里贵室逮士庶之家顾致无虚日，其论医诸老宿莫能持难。”[③]如此一来，不但钱乙幼科权威之声名大噪，而且幼科这个专业在整个医界也受到新的尊重，幼科医学和幼科医生的地位都得到新的肯定。对后世而言，最重要的是此一阶段的发展能以一部儿科专书的形式留传下来。几近千年之后，钱乙因被尊为中国幼科鼻祖，《小儿药证直诀》更成为界定中国传统幼科医学的一部主要文献。

此一时期，两宋还留下了其他几部幼科名著。如董汲专论痘疹的《小儿斑疹备急方论》1卷[④]，刘昉所编的《幼幼新书》40卷（1150），陈文中所著《小儿痘疹方论》（1214），乃至12世纪中《小儿卫生总微论方》之出。[⑤]这些作品的出版，显示宋代以后幼科日益引起医界重视，幼科医学本身也日益自成专业；这些发展与钱乙及《小儿药证直诀》的贡献很有关系。当然，钱乙以业医出身，他的医学亦有源本。他在幼科上发挥的学理（如“五脏证治”），所采撷的药方（如六味丸），与中国自古的医学传统（如《金匮要略》），有十分清楚的传承关系。但经由他的钻研发展，更厘清了幼科这个专业的特质和努力目标，在诊断施治的理论与方法上都有了可循的规则。他同意传统医家的意见，认为幼科是医界中特别困难的一个领域[⑥]，但他决定要面对这个难题，希望医界其他同人能一同接受挑战，以拓荒的精神一步步征服当时医学的这片处女地，以期“使幼者免

---

①［宋］刘跂，《钱仲阳传》。见［宋］钱乙，《小儿药证直诀》（台北：力行书局重印），前附。《四库全书总目提要》中亦谓：“乙在宣和间以巫妨氏《颅囟经》治小儿，甚著于时。”见《文渊阁四库全书》，第738册。

②刘跂的《钱仲阳传》中述及大概经过，以“元丰中，长公主女有疾，召使视之，有功，奏授翰林医学，赐绯。明年，皇子仪国公病瘛疭，国医未能治。长公主朝因言钱乙起草野，有异能，立召入，进黄土汤而愈。神宗皇帝召见褒论，且问黄土所以愈疾状。乙对曰：‘以土胜水，未得其平则风自止。且诸医所治垂愈，小臣适当其愈。’天子悦其对，擢太医丞，赐紫衣金鱼”。

③［宋］刘跂，《钱仲阳传》。

④［宋］董汲，《小儿斑疹备急方论》（台北故宫善本书室藏）。

⑤中国幼科在上古到两宋的大致发展，可参见陈邦贤，《中国医学史》（上海：商务印书馆，1937）；史仲序，《中国医学史》（台北：正中书局，1984）；陈聪荣，《中医儿科学》（台北：正中书局，1987）；汪育仁编，《中医儿科学》（北京：人民出版社，1987）。

⑥《小儿药证直诀》原序中起始即谓：“医之为艺诚难矣，治小儿为大难。自六岁以下，黄帝不载其说。始有《颅囟经》以占寿夭死生之候。小之病虽黄帝犹难之，其难一也。《脉法》虽曰八至为（转下页）

横夭之苦，老者无哭子之悲”[①]。医理上，钱乙把脏腑学说应用到幼科方面，所阐述的五脏证治到明清仍是传统幼科医学的基础。而他所揭示的小儿“脏腑柔弱，易虚易实，易寒易热”特性，传统幼科更奉为圭臬。诊断方法上，他发展出的“面上证”“目内证”等着重望诊的办法，对后世医者启示也很大。不断有学者朝此方向推敲研究。

总之，到了两宋，幼科雏形已成。及至明初，幼科医家所须努力的，固在如何使此专科在学理和技术上更上层楼，尤在如何将此专业成果推广开来，使福泽均沾。下面，可从明代幼科四部代表作出发，分别探讨明代幼科医学在普及化、专业化及整理研究方面的成果，兼论当时中国政府在推动医学上的特殊角色。

三、专门知识的普及

明朝嘉靖年间，也就是16世纪初，吏部尚书许赞向朝廷呈进了一部丽泉堂所刊的幼科医书，名为《婴童百问》，共有10卷。许赞于进呈此书的疏中说，他在身为翰林编修时，于坊间搜得此书，为“在昔名人著述”。日后传本因有以“不著撰人”刊行者。但勘查原书，卷一之下题有“鲁伯嗣学”字样，故亦有以鲁伯嗣为作者之名而流布者。

此书价值在其内容与结构。诚如其书名所示，这部幼科医书以问答方式撰成。以婴童各证，设为百问，就当时医界知识技能所及，分别作答。“每问必究其受证之原，每证必详其治疗之方，观形审势，因病投药，相当详备。”[②]

（接上页）和平，十至为有病，然小儿脉微难见，医为采脉，又多惊啼而不得其审，其难二也。脉既难凭，必资外证，而其骨气未成，形声未正，悲啼喜笑，变态不常，其难三也。问而知之，医之工也，而小儿多未能言，言亦未足取信，其难四也。脏腑柔弱，易虚易实，易寒易热。又所用多犀珠龙麝，医苟难辨，何以已疾，其难五也。”在这篇分析里，原序作者阎季忠代钱乙表达了他们师徒两人对当时幼科医学的看法。以钱乙当时为幼科大师的地位，他这段陈词寓意实深。在他的评量下，中国医学发展了一千多年，然而对儿童健康的了解仍然粗陋，他特别提到《黄帝内经》中对六岁以下儿童的问题完全付之阙如，使得后世的医者在学理上毫无权威根据可循。幼科在11世纪仍是中国医学知识和医疗工作上的一个死角。而且在技术方面，传统的诊断方式，不论是望、闻、问、切，遇到了孩子，执行起来也都有困难。在治疗方面，儿童以柔稚之体，一则病情恶化极速，二则用药不易掌握，在生理上变化难测，在病理、药理上也常不禁摧残而致意外。这些情况是当时深涉幼科者共同的感想，故传统医者有“宁治十男子，不治一妇人；宁治十妇人，不治一小儿”之说。

①俱见［宋］阎季忠，《小儿药证直诀·原序》，钱乙，《小儿药证直诀》，页1–2。

②见［明］许赞，《进婴童百问疏》，［明］鲁伯嗣，《婴童百问》（台北故宫善本原书。台北：新文丰出版社，1987年重印），页5–6。

考《婴童百问》一书内容，兼及婴幼童养护与疾病疗治两大部分。前者多承巢氏、孙氏之作，后者则采钱乙《直诀》而加以发挥。在养护方面，像卷一所及：一问初诞，二问护养法，三问噤风撮口脐风。其中所谈初生用朱蜜、黄连、甘草等法，护养时不当暖衣，宜频见风日，乳哺时当注意节制，“不可过饱或积滞不化”。以及讲求断脐技术，以避免脐带感染，造成“脐风”（新生儿破伤风），等等。这些论点，大致与隋唐巢氏、孙氏医书中的育幼部分相符。其中，亦有可上溯魏晋葛氏《肘后方》，或下延宋代刘氏《幼幼新书》者。其他各卷亦有讨论婴幼儿“发育”与成长相关问题的。如卷四的《婴童百问·三十一问胎疾》《婴童百问·三十二问解颅》，卷五的《婴童百问·四十一问语迟》《婴童百问·四十二问龟背、龟胸、鹤膝、行迟》等，均可见《婴童百问》的作者，对传统医籍，尤其是幼科方面，涉猎甚广，其学养非寻常之辈可及[①]。

幼科疾病方面，《婴童百问》明显地接受了钱乙的理论和疗法。从诊断上所用的脉法，面上证之重气色，目内证之重神采，乃至五脏证治，及对惊、疳、吐、泻、伤寒、诸热等问题的看法，大致遵循《小儿药证直诀》的启示。有些部分增添了一些作者本人的意见及当时医界的经验，较宋代幼科亦有更详尽的发挥、更仔细的论证。

从历史的角度看此书写成的形式与体例，较原书内容更具深意。因全书以问答方式完成，每设一问，必有论、有验、有方。其问答以浅显文字为之，其论简明扼要，其验确实有据，其方条理分明，作者普及幼科知识的用意，及刊行后嘉惠民众的功用，不言而喻。

任何一门学科或专业，其发展过程中，研究发明与普及推广两者必须交相为用。该学科或技术乃得深而且广，有体而有用。《婴童百问》一书之出，可知传统中国幼科，经隋唐、两宋到金、元、明的发展，已有足够的深度与内涵，也有人深觉将此专门知识普及化的必要。此书初刻陕西蓝田，再由官方大吏疏而进之，以朝廷之力大为推广——如今所见的嘉靖刊版，前面除了有吏部尚书许赞之疏，页首并冠有大学士严嵩之序。[②]——如此以来，作者著此“普及本”的心意乃大白天下。而《婴童百问》一书的功能亦得大显于世。对知识技术的传播，此书问答的体裁，把数百年幼科医学成果，以有组织而易懂的方式，呈现读者眼前。尽此十卷百问，当时中国幼科的范畴及短长，一目了然。该书的

①见［明］鲁伯嗣，《婴童百问》，卷1、卷4、卷5。

②俱见［明］许赞，《进婴童百问疏》。

读者，习医者、行医者固得而参考，士民略识医理者亦可善自运用，此书确达广布幼科专业知识之功。此医术普及民间之努力，“百问”体固为一端，后来亦有他科仿此而作，足见《婴童百问》价值所在。同一时代及稍晚，其他医家亦不断尝试以其他体裁，如歌、如赋、如口诀等，利于口耳相传的方式，意图将医学知识技术迅速而广泛地流传开来。[①]当17世纪王肯堂之《证治准绳》问世，全书完全以歌诀韵语形式写成。[②]清代各种汤头歌诀之类的作品，都可说是继《婴童百问》的后起之秀。这些努力，弥补了当时中国人口中识字者少，普遍教育程度不高的缺憾，使医学健康这种全民急需的知识，能以浅白口语问答或押韵口诀的方式，散布全国，渗透社会各阶层。这一步发展，对普遍解决中国各地疾苦、改善全民健康有不容忽视的意义。当然，宋明以来刻板印刷的普及，国内刻书售书网络之蓬勃发展，对幼医知识的迅速流传，亦有不可磨灭的贡献。

四、幼科医学的专业化

传统中国医学虽亦有学术传承，但行医者多半被视为方术者流，属于“工匠传统”的成分多，而被尊为“学者传统”的成分少。[③]清朝以前，历代医籍均见于子部而不入经部，二十四史中医疗者之传记均列入方技（伎）传，或被视为术士之流，医学及医者在旧日社会中的地位可见一斑。此社会文化背景之下，医学知识的传授，及行医职业的传递，也沿其他卜巫星相工艺等方技之士的传习办法，或子父相继，或师徒相传。不论子父相继或者师徒相传，其术业若能一脉相承，历数代不衰，知识与经验长久积累，对该学科或技术的“专业化”终有助益。传统中国医疗文化的发展即为一例。[④]

由此角度，观察宋元以后幼科医学在中国的专业取向发展，可注意到一个特出的例子。早在14世纪初，江西省豫章县（今南昌）有一万姓医学世家，世代业医而专精小儿。一世祖杏城翁在世时，即“以幼科鸣”。杏城翁后来早逝，遗孤菊轩翁决意“继其志而述之”。迁居湖北省罗田县而继续经营，“其术大行，

①例如［明］万全，《幼科发挥》中的《入门审候歌》《小儿正诀指南赋》等，见《幼科发挥》（北京：人民卫生出版社，1957重印康熙年间韩江张氏刊本6），卷1，页4–6。

②［明］王肯堂，《证治准绳》（《文渊阁四库全书》，第770册。台北：台湾商务印书馆，1986）。

③参见熊秉真，《清代中国儿科医学的区域性初探》，收入《中国近代区域史研讨会论文集》（台北：“中研院”近代史研究所，1987），页17–39。

④亦可参见Paul Unschuld, *Medical Ethics in Imperial China*（Berkeley · Los Angeles · London: University of California Press, 1979）.

远近闻而论之万氏小儿科云”。是为万氏幼科之第二世。也是日后《幼科发挥》作者万全的父亲。万菊轩先生去世时，其子万全已读书识事，念及“幼科之不明不行也，前无作者，虽善弗彰；后无述者，虽盛弗传”。为了彰显先人成就，广传万氏幼科内涵，乃于暇日，“自求家世相传之绪，散失者集之，缺略者补之，繁芜者删之，错误者订之”。万氏幼科数代家传之知识心得，经他一番集补删订功夫，成了一本精湛的幼科专著，名为《育婴家秘》。不过当时他编书的用意，仅在“以遗子孙”。这是万氏幼科的第三世。不意万全虽有十子，却没有一个孩子能善承家绪，续行幼科。万全老迈时，眼见《育婴家秘》一书广传荆、襄、闽、洛、吴、越各地，引起广泛赞扬和回响，“莫不曰此万氏家传之小儿科也”。另一方面，自忖家中诸子无人能接掌祖业，百数十年的心血可能付诸东流。两方衡量，反复思索，万全做了一个寓意深远的决定，决定再作一书，进一步阐明万氏家传儿科之秘，将此知识与经验宝藏从此公诸于世，这就是目前仍然可见的《幼科发挥》4卷。

由《育婴家秘》而《幼科发挥》，近世中国幼科无形间往“医学专业化”的方向又跨出了重要的一步。正如万全本人在《幼科发挥》卷首所留下的《幼科发挥·叙万氏幼科源流》所言，他以数代幼科权威传人，决定为医学流传跨出这历史性的一步，正因：“余切念之，治病者法也，主治者意也。择法而不精，徒法也；语意而不详，徒意也。法愈烦而意无补于世，不如无书。又著《幼科发挥》以明之者，发明《育婴家秘》之遗意也。”一个专科，从讲求技术上的“治病之法”，到追求学理研究的“主治之意”，是专业化表征之一。一个专精幼科的家族，慨然将其家藏之秘，刊刻流布，并著专书以阐明背后“遗意”，旨在将此专科知识技术由私传，转而公诸于世，这是专业化表征之二。从此知识财产的所有权，由万姓子孙徒弟，转属天下“后世君子”，变成了天下公器——学问——的一部分，是专业化表征之三。同时，子父相继、师徒相传时所带“口传文化”的传统，经过刊布天下，蜕变成了“文字传统”的一部分。随着文字流布，知识传播范畴较前扩展许多，知识的力量也较昔日增强不少，是为专业化表征之四。用万全自己的话说：“吾不明，后世君子必有明之者。不与诸子，恐其不能明，不能行，万氏之泽，未及四世而斩矣。与门人者，苟能如尹公之得庾公，斯而教之，则授受得人，夫子之道不坠。若陈相虽周孔之道，亦失其传也，诸贤勖之哉。”[①] 从这番话，及《幼科发挥序》中所谓：“万氏于此道至焉

①均见拙文《清代中国儿科医学的区域性初探》。

哉。广嗣者弓褐皇皇焉，而几得之。已痘者胗治皇皇焉，而几得之。……斯书成人之命，所必欲得者，无不得之于万氏。……手授其徒，命曰家秘。不佞奄有赤子之邦，不以广而传之，是蔽造化之大慈，而不能得之于万氏者，无以得之于天矣。不佞又不以归万氏，而归之冥冥有神授之者，庶几附于如保之意。"[①]这篇序中，表现出一个专业在道德理想上的提升。由权衡私利，转化成献身公德，由尽人事而念及行天理，这一层伦理境界的升华，是专业化表征之五。

万氏幼科所行的轨迹，虽谓特出，并非孤证。湖北罗田当时有其人文，又有药材集散，万氏幼科之盛，固有其背景，但是同时其他地方亦见类似例子。这类家秘纷出、公传天下的风气，是近世幼医专业化的具体表现。其所形成学识交流、技术竞争的环境，更是刺激传统幼医更上一层楼的有利条件。

五、政府与太医院的贡献

与世界其他文化相较，医学文化或医疗工作在中国的发展与政府的关系特别密切。由上古、中古而近代，历代中国政府对医学发展和医疗推行，兴趣较高，负责较多，因而扮演的角色也比较重要，对中国医疗文化发生了相当的影响。[②]在近世幼科医学的发展过程中，或许可以嘉靖三十四年（1555）所出版薛铠、薛己父子著的《保婴全书》作为实例说明。

明朝正德、嘉靖年间以幼科著名的薛己，是江南苏州府人。其父薛铠亦长医术。薛己本人，据说"性颖异，过目辄成诵，尤殚精方书，于医术无所不通"[③]。正德时，被选为御医，后擢南京院判。嘉靖年间，进为院使。其父薛铠，得赠太医院院使之头衔。薛氏父子的医名，与《薛氏医案十六种》（1529）及《保婴撮要》（1556）、《保婴全书》之刻，有直接的关系。就近世幼科医学而言，借《保婴全书》之刊刻流传一事，亦可窥及朝廷、太医院和地方政府对传统医学发展的贡献。

传统中国政府对医学发展的贡献，可分三个层次讨论，即观念、制度和社会。在观念的层次：因儒家思想主导，传统中国政治哲学一向有保赤民以保天

---

①《幼科发挥序》，见万全，《幼科发挥》，页5。

②参见Joseph Needham, *Clerks and Craftsman in China and the West*（Cambridge: Cambridge University Press, 1970）; Paul Unschuld, *Medicine in China*（Berkeley: University of California Press, 1985）；赵璞珊，《中国古医学》（北京：中华书局，1983），及拙文《清代中国儿科医学的区域性初探》。

③见《苏州府志》，亦参考史仲序，《中国医学史》（1984），页130–132。

下的说法。在此理念支配下，天子和宫中大臣因保土而有保民之责。提倡医学，刻印医书，施药济民，广义来说，都是皇帝以天子之身克尽抚育赤子厥责的一部分。正如都察院御史王缉为万历刻本《保婴全书》所作序言："《书》曰：如保赤子；其在兵法曰：视卒如婴儿，可以与之赴深溪。……今天子神圣，海不扬波而犹然轸念。……而公（中丞赵公）也，以赤子之保保民，以婴儿之抚抚卒。卒之四境晏如，民免横夭。譬之去医药，出肘上之方，随试辄效，其仁覆寰寓，又岂直全婴也哉。"[①]一番说辞，足以表现背后的思想传统。实质上，唐、宋、元、明、清各朝官方所主持的医书编纂，对医学教育的推展、医疗工作的改善，都有不可磨灭的贡献。中国医史上最重要的几部医书，如宋代的《太平圣惠方》（992）、《圣济总录》，明朝的《普济方》《永乐大典》，清朝的《古今图书集成》（1723）医部全录520卷，及稍后的《四库全书》子部医类，非帝国政府的雄厚财力及人力资源不可为。除了编纂大部医书，朝廷还提倡医学教育，推动医政制度，设局施药济民。与世界上同时期其他政府相较，是极其难得而特色鲜明的一个例子。薛氏《保婴全书》在明代数次刻印，都是此一背景下的产物。此书之刊布流传，对近世幼科医学确实相当有益。

传统中国政府对医学的贡献，第二层次在制度。尤其是太医院，在宋、明两代的影响十分深远。中国历史上中央政府的医政、医教部门设立甚早。即先不论先秦汉魏之制，唐之太医署、宋之太医局与明之太医院都有"少小科"或"小方脉"，主持幼科方面的宫廷医学教育，并司相关医政管理。对整个医学和医疗的发展而言，经由太医院之类，政府可发生四种重要作用：一是肯定民间医士地位，并吸收其知识与经验，为全国所用。二是以制度化的组织与力量，倡导医学学术上的研究和医学教育的进步。三是主持重要的医政管理，使医学系统化，医疗普及化。在当时幅员辽阔的中国，非政府难竟其功。四是以其丰富的人力和财力，努力传播医学知识，分配医药物资，嘉惠地方民众。此四方面，历朝太医院之类的政府机构均发生了相当的作用。从业医者的角度来说，其职业出路，常常因朝廷及太医院的承认而达巅峰。院使的头衔常激励他们更进一步研究。对一般医界或对民众而言，官方医士的声誉与权威，不比寻常。医学知识的传播，医疗技术的进步，与医者声名权势常相辅而成。人与事两方面发展交相为用，对医学进步总是利多弊少。幼科医学上，宋代钱乙发迹于朝廷，

---

①［明］王缉，《保婴全书序》，见《保婴全书》（台北"中央图书馆"藏崇祯闽中刊本。台北：新文丰出版社，1978重印，4册），卷首，页1–11。

与《小儿药证直诀》之刊刻流传是一明显的例子。

明代龚廷贤、龚信父子，及薛铠、薛己父子，在医术上的发明、医书的表现，也与太医院制度上的功能很有关系。这方面，《保婴全书》的地位、内容，是一个最好的见证。

传统中国政府对医学发展上的贡献，第三层的关系比较间接，涉及旧时官绅阶级重视、倡导、传播医学之功。观念上说，官绅士人对医学的关心，与朝廷之重医，在理念上并无二致。天子保赤之责，与官绅爱民之心，理论基础是一样的。前面所谈政府在重视、提倡、传播医学上的贡献，下达地方，亦具体而微地存在于官绅阶级中。前节所述《婴童百问》，与本节所论《保婴全书》，因得官方注意、支持，得以刊刻流传。大臣士子的提拔擢次，功不可没。类似的例子，由唐宋而明清，不胜枚举。为薛氏《保婴全书》作序的王缉衔颁“赐进士第通议大夫奉敕巡抚南赣汀韶各处地方提督军务都察院右副都御史”。崇祯年间将《保婴全书》校雠重梓的沈犹龙亦出身官绅。[①]实际上，若细考传统中国医书，依其序言跋语所示，大多由官绅出力而成。《保婴全书》《薛氏幼科》的20卷，卷帙浩繁，整理精致，在帝制中国的环境下，只有加入“政府”力量，方能成事。

六、整理与发明

传统中国社会中，从事医疗工作者种类多，而且程度差距远——从太医院里的医学博士、医学教授，到医士、医工，乃至流动江湖的铃医，各有其功能与顾客。另一方面，对医学或医术有兴趣者不一定都是专业医生。这些非专业人士中，对医学发展影响最大的，属私下习好医学，深谙医道的儒士。这些爱好医学的儒者，出身士大夫背景，受过高等教育，或纯为个人嗜好，或兼为家人需要，投身于医术钻研。他们熟读经史，懂得追求学问、整理知识、学习技术的方法，学起医药来较别人容易得心应手。加上原本知识水准高、领悟力强，所以习医不久，当能达到相当水准，其实力非一般“业余医者”能及。

这些对医学有兴趣的儒士——有些人尊称他们为儒医——见识不比常人。他们阅读过的医籍较多，荟集方书等资料也比较丰富，加上思虑缜密，为学方法严谨，成了编汇医书、整理医学的最佳人选。其中，不少人有财有势，很容

①《保婴全书》，卷首，页1–27。

易利用公私关系，取得官方和民间的医籍方书。他们自己固然长年浸淫其间，吸取有兴趣的医学知识，同时，因研习经典的背景，也容易动手综合整理，汇集前时官方和民间著作，编成医学专著。17世纪初，王肯堂所编的《幼科准绳》（1607）就是这样一部作品。

《幼科准绳》是一部更大的书——《证治准绳》——的一部分。《证治准绳》又称《六科准绳》，是一部内容丰富、涵盖面很广的医书。编者王肯堂，字宇泰，金坛人。万历中年举进士，选庶吉士，授检讨，后以京察贬官，终福建参政。其博览群书，兼通医学，当时众所皆知。

《幼科准绳》将幼科医学的内容分为六门，即初生门、肝脏门、心脏门、脾脏门、肺脏门和肾脏门。观其分类办法，即知王肯堂在理论上采信传统医学的五脏论证法。详考六门内容[①]，知此书包括16世纪末以前大部分幼科医书中的问题，是一部相当详备的幼科全书。其以建立证治之准绳自期，旨在为天下医家理出一条四海皆准的辨证论治法则。以其涵盖范畴而言，书中对新生婴儿养护、新生儿病变、一般婴儿哺育、成长的困难等，都分条讨论。对幼儿营养疾病，也先列前贤论著，再加上自己判断，颇有成一家之言之概。[②]整体而言，王肯堂以非业医之背景，从儒入医，在知识上日积月累，旁征博引，逐一考订推敲，能有如此精湛结果，确实难能可贵。难怪《证治准绳》一问世，立为全国“医家所宗”。《明史》传记中也很推崇王肯堂的成就，认为他是“士大夫以医名者”[③]。

不过，就性质而言，《幼科准绳》亦凸显学究医学之失。与业医相比，王肯堂本人较缺乏临床经验，兴趣偏重医理，所以书中虽亦吸收历代幼科业医经验，但作者本身验证问题的力道不足。由此具体例证，亦可见医学与儒学结合的正负双面意义。儒学经一千多年的繁衍发明，有其博大精深之处。医学在哲理上临摹儒学，受其濡染感化，可有体用兼备、架构健全之功。而且在医学伦理上，承袭儒家重义轻利、仁民爱物怀抱，未尝不是道德上的升华。然日后分析，传统儒学与医学、医术，在学问本质、思想范畴上都有很大差异。儒学属人文社会科学，重点在认识、解决人生哲理及社会、法政、经济等问题。医学为生物科学之一支，在了解并应用生理、病理等知识，谋人身健康。传统医学若不立

---

①［明］王肯堂，《幼科》，《证治准绳》，卷71。

②亦可参考高镜朗，《古代儿科疾病新论》（上海：上海科学技术出版社，1983）。

③见《明史・吴杰传》；史仲序，《中国医学史》，页130–132。

基于生物、病理本身知识，去谋发展，求突破，则不论基础医学或临床医学的研究，都会受到很大限制。17世纪初，王肯堂的《幼科准绳》刊行于明末，不知当时传统幼科实正面临盛衰成败契机，其所流露的学者知医或儒者好医特质，不幸亦使此后中国医学受制于理论，实证上未能更有突破。

七、余思

一般研究中国科学史者，综观上古至现代科学于中国文明史的发展过程，常将其黄金时期置于唐宋，而以明清两代为中国科学史之停滞期或衰微期，并以有明三百年间为此盛衰消息之转捩。此说法多半眩于传统科学史以中国所谓四大发明为标准立论，复拘于传统史学界对所谓近代西方科技文明兴起之崇拜，中国似相形而见绌。如今检视此一旧说，虽不能谓全无根据，然而若要完全成立，却有许多问题。单以幼科医学一支学问而论，明代中国在幼科医学上的成就，承先绪而启后学，无论在专业化或普及化方面，都斐然有成。在医学知识的钻研，和临床医技的发展上，亦有具体进步。应谓跨越唐宋，而远远过之。若生物医学亦为科学文明史之一支，尤以幼科为当时中国医界之尖端，则有明一代，及近世中国之科学直不可以“有退无进”一义概之。

其次应澄清的是，历史上医学进步与民众健康改善是相关而不互等的两个现象。两者之差距则于传统时期较晚近社会尤剧。因而明代幼科医学在知识和技术上的进步，虽难谓与当时儿童之健康福祉全无相涉，但是明朝幼儿是否能均沾幼科医学进步之福，实为另一个问题。如前所述，传统中国从事于健康服务或医疗工作的人，种类很多，上至宫廷太医，雅好医理的儒者，下至游走江湖的郎中、铃医，不一而足。而且普通家庭里有人身体出了毛病，除了尽量自疗或求助于邻坊亲友之外，街坊市集的大小药铺，乃至巫士扶乩，都是民众访求的对象。整体来说，或长期地看，医学发展与大众医疗行为之间存在着一种相当复杂的互动关系。医学知识技术上的进展，经过数十年或上百年，终将由都市而乡村，由士子而贫民，渐渐代代相传，交换经验，一步步成为改善民众健康的力量。另一方面，民间疾苦，甚至江湖郎中的秘传验方，有时也会因众人口碑，被采撷研究，成为下一波医学知识技术发明之源泉。无论如何，在谈论明代幼科医学发展之时，不能不强调此认知上的进展并不代表幼儿健康之全面改善。近世幼儿健康的实际状况，十分重要而值得钻研。经由对幼科的认识，只能知道当时医界对幼儿健康或困难的了解，所具备的应付能力。此客观上的了解与技能，还受许多主观环境因素的左右，方能发挥功能。就我们目前对近世社会的认识来看，文中所及幼科医学上的许多成果，也许仍只能施惠于城镇的中上家庭里的孩子。近世幼科医界为中国幼儿健康做了重要的努力，但是这些成就距中国儿童健康的整体改善还有相当一段道路。

本章所触及而未能完全解决的另一问题，是中国科技史断代的问题。科学史或科技史作为专史的一种，在中国及西方该如何断代是一个不易解决的问题。对中国科学史，以往分期办法有二，或如政治史、经济史、社会史、思想文化史等，依朝代断代。于是汉代天文史、唐代数学史、明代医学史遂成中国朝代史的一部分。但是仔细考察中国天文、历算、数学乃至医学本身发展的历程，与中国历史上政权的转移、朝代的更迭有多少直接的关系，其答案也许否定要大于肯定。就医学史而言，除了政府的医疗政策与医疗工作外，医学在知识和临床技术上的发展，与改朝换代不见得有必然的关系。学者若仍拘于朝代拟题为文，对研究方法是项严重的限制。长此以往，对医学史真面目的认识，及背后因素的分析，很可能是阻力而不是助力。另一种分期的办法，以简略历史阶段论为准，粗作上古、中古、近代、现代等时期。此断代方式，亦拘于对专史之刻板框架。就中国幼科医学的演变而言，此框架亦不见得有益。比较值得考虑的，是在详细探索过某项特定科技活动在过去的变化过程后，依其特质，做出一项对该专史实际上有意义的分期，如中国医学的初萌时期、巫医两分时期、医学茁壮发展期、成熟与纷争期等。依此角度思考，中国幼科医学在15世纪初到17世纪初的两百多年间，确实显示出一番茁壮成长的活力与契机。

最后，由幼科医学之发展，论中国过去对待儿童之态度。中世纪以来中国幼医之突出表现，当然有其社会与文化背景。唐宋以后幼科医生能执业为生，与中国传统之重子嗣，很有关系。一般士人之涉略慈幼医学，则与旧时孝道文化下传嗣扶幼之责任有关。因各个家庭重视幼儿存活，宗法社会强调传祧之义务，传统中国社会相形下特别关注儿童健康医疗，乃有幼医专业之早绽奇葩。幼科医学之分科专业化发展，与普及化之努力，与此社会需要关系密不可分。此普及化以后的幼科知识，也成了改革公众卫生与幼儿教养的一支力量。幼科医者努力的成果，不但使婴幼儿存活的机会大增，而且亦推广了对儿童身心状态的特殊认识。近世许多家训及幼教材料，对幼儿各阶段发展有清楚规划，其对婴儿生理及心理的了解，多少受益于幼医的看法。这种看法，与现代儿童心理学上对儿童的认识，固然还有一段距离，但中国幼医专业与扶幼文化之成长，显示一个社会之传统价值——如重孝道与子嗣——可能对形成儿童生存环境造成的影响。

第三章

医案之传承与传奇

保嬰全書卷之一

贈太醫院院使薛　鎧編集

前太醫院院使男薛己治驗

初誕法

小兒在胎禀陰陽五行之氣以生臟腑百骸藉胎液以滋養受氣既足自然生育分娩之時口含血塊啼聲一出隨即嚥下而毒伏於命門遇天行時氣久熱或飲食停滯或外感

一、前言

数世纪来，全球各地主流文化先来后至地发现并接受了近代式的实证科学。举世所随之臣服的，不只是实验室中仪器操作式的理性与权威，还包括对其背后所挟抽象客观的“科学精神”之膜拜，与日常所谓中立、无菌似的“实证文化”之敬重。此汹涌澎湃的“近代文明”或近代主义的遗绪之一，包括知识界对科学（或有名之为“自然科学”“实证科学”）与非科学（譬如人文、艺术等未必无涉自然，却偶然赧居人文社会科学），或有进而称之为小说类（旧称之传奇或杜撰，英文冠以Fiction）与非小说类（即Non-fiction）之区别与等差对待。

对于此范畴性界定之时空特质，若摒近现代一时一地之认知，摘人类长期科技发展，还诸漫长历史轨迹、景象相照下之意涵，不负令人震慑。首先，类之知识论上的大假设，于眼光和价值观上将文化或科技上的“现代性”建立于“西方”特质与经验之上（主要是西欧，后来转而包括美国），其一隅之囿不言而喻。其次，细察深思此认知上的鸿沟分划，任何熟悉科技与人文精义者，均知此假设之大胆，求证上的偏执有余，而谦冲不足。最重要的，是此类知识性质上之根本分际，虽亦略得科学与人文若干性质异趋之梗概，匆促大意之间，却也虚拟、误判，因而隔绝、妨碍了两者在人类漫长求知过程中许多共同、神似、相近际遇，随而泯灭了彼此浇灌依存，相系、相通的关系，而一味强调两者相违、回别的部分。

类此知识内容上“实证”相对于“杜撰”，叙说形式上载录相对于创造或“捏造”，本质上科学之相对于文艺，究是毫厘之差或千里之违，此等大问题，本非一二人心、数只书文可以面对。下面的习作只在举一具体的载录性文献——中医幼科医案——发展过程为例，提供学者进一步思辨时若干细节上之援引。

二、幼科发轫前后之案类载记

依目前可见之文献，中国的幼科似乎自始即有某种案类式载记，且意图传递出一种临床临诊的现场式氛围。大家比较熟知的，是一向被奉为幼科鼻祖的钱乙，所流传下来习称《小儿药证直诀》3卷中，除了47条医论，114只医方之外，上卷所包括的23项案例。[①]当然，典籍上以“论”“案”“方”鼎足而三地支撑出传统医家类的认知世界，到了钱乙所活动的宋代，早有传承，自成体制，未必发轫于幼科，亦不代表钱乙及其生徒之作为。然而，举之与一般习称为中国医家案类文献滥觞的《史记 · 扁鹊仓公列传》相比，其内容与形式上却有不少重要的变化。

司马迁于其《史记·扁鹊仓公列传》中所载25项淳于意自述而成的所谓“诊籍”[②]，其陈述内容，已包括病家之背景（姓名、出身、籍贯等），罹病之征候、脉象，医者之判断、诊治，以及疾病最后之变化，患者之生死，等等。不但在一案一则，数量上超过了钱乙所遗“尝所治病二十三证”，而且叙述上出自医家第一人称之表达（然后再由史家以第三者之笔触转录），较之目前所见《直诀》中，作者阎季忠以第三人称立场，传写他自认为足为治证的23个钱乙曾亲自诊疗过的小儿病例[③]，历史年代与医疗“发展”上的后起、“专精”者，于文献流传上似乎未必确有“进境”。

然再细览《直诀》所留下的23个范例，又发现由汉而宋，自史籍如《史记》至医籍如《直诀》，纪实式的叙说在中文世界里其实还是发生了一些重要的变化。一则，关于“事主”的描述详细了不少。对钱乙所长的幼科而言，每条治证始于对病童（患者）的介绍，包括患童之姓氏（有时有名）、其监护者之身份（通常是男性家长，如父亲或祖父等之职称、地位）。随并提及患童与家长间的人伦关系（于提及某童某人之三子或侄女某某时，自然亦透露了患童的性别）、自身年龄。接着，才依序夹评夹叙地述及患者的一般健康状况，以及他（她）目前具体征候和医者的临床判断、处方疗治。单就叙事风格而言，汉之医籍除医经外个别撰述多轶，难举其逐项医案的处理与史籍如《史记》等相较。但唐宋间医籍类著述益增，与史籍并存至今的亦不少见。就知识与文化生产而言，其自成文类的形式愈来愈明显。这与医疗活动（包括识求面与市场面）的成长，和文化、知识产业本身的蓬勃，都有关系。不过，《直诀》所示“治证”与《史记·扁鹊仓公列传》所述诊籍，在叙事风格上仍可见若干连续，显示中国医籍类和他类的记事书写，在大传承上都沿袭了上古以来官方典籍以及其后所衍出的史传体书写方式。尤其是“夹叙夹论”的文体，以论辩解说与载记叙述两种性质的

① ［宋］钱乙，《小儿药证直诀》，阎季忠编（台北：新文丰出版社，1985），页2。
② ［汉］司马迁，《扁鹊仓公列传》，《史记》（台北：鼎文书局，1980），卷105，页2785–2820。
③ ［宋］钱乙，《记尝所治病二十三证》，《小儿药证直诀》，卷中，页21–26。

文字交错融会而运用，一方面制造了事件叙说与读者之间某种虚拟式的对话空间，另一方面却又似乎模糊化了后世所强调的个别诠释性见解与纯粹客观性描述之间应有的理性距离，也容易引起后世阅读此类载记时，对其是否于所谓“实证性”与“科学性”风格上略有缺陷，乃生非议。然而，如后文所示，此类早期（上古至中古）载记性文字的“夹叙夹论”之风，沿至近世，尤其当技术性文献进一步“专门化”（specialization）或“专业化”（professionalization）以后，即有逐渐减弱之势，而呈现“简略化”（simplification）、“标准化”（standardization）等制式性发展之走向。这样的发展，于医籍、于幼科，于西方、于中国，都各有其或长或短的历史背景，与各处具体历史环境渊源亦深。至于叙事体上如此之转变是否就代表了“客观科学”与“愚昧迷信”的差别，近世某一种文献上的走势，是否就代表人类历史上实证、理性、进步的力量，一举而击败、取代了落后、偏执、主观、非理性的因素，因而印证了集体文明之“单线行进”发展，似乎又完全是另外一个问题。

以《直诀》与《史记·扁鹊仓公列传》相较，另外一项值得注意的特征，是两者均非传自医者直录或第一人称之载记。《史记》固为史官司马迁搜集信息，虚拟转而笔述淳于意的自辩之辞。[①]号称代表幼科鼻祖钱乙行医事迹及其幼医见解的《直诀》3卷，其实也是他人之转载。只不过辑录而书写完成《直诀》一书的“作者”，若真如原序所示，为其旧识晚辈大梁阎氏季忠，则阎季忠似乎是一位较司马迁对医道，尤其是钱氏幼科更感兴趣，对内情也有部分“内行式”了解的辑录型作者。序言中，他除了简述小儿医之难为，小儿方书之汗漫难求，以明其著述此专集之难得与切要外，也屡述其得识钱乙医术，并立意为其留下文献传世的一番渊源与动机。序称：

> 太医丞钱乙，字仲阳，汝上人。其治小儿，该括古今，又多自得，著名于时候。其法简易精审如指诸掌。先子治平中登第，调须城尉，识之。余五六岁时，病惊疳癖瘕，屡至危殆，皆仲阳拯之良愈。[②]

随后阎氏又说明了当时不轻易以医术示人的风气，一位有兴趣得其术道的圈外人，如何婉转采证，经多年搜罗，乃辑成书的不易：

①《扁鹊仓公列传》之首，示其文体夹有转录及自述双重手法。

②［宋］钱乙，《小儿药证直诀》，页1。

> 是时（其志业初盛），仲阳年尚少，不肯轻传其书，余家所传者才十余方耳。大观初，余筮仕汝海，而仲阳老矣，于亲旧间始得说证数十条。后六年，又得杂方。盖晚年所得益妙。[①]

所以阎家以两代旧识，传写或抄自著名医家如钱乙者之医方，据称起初也不过是间或求得的十几个方子。待医者年迈，仕者显贵，两者相对地位再易，阎氏方又从钱乙素常往来的亲人故旧中访得了几十条“说证”。这几十条“说证”，可能就包括后来录入上卷的《脉证治法》，及收入中卷的《记尝所治病二十三证》。至于陆续收到的“杂方”，大约就会同整理成了下卷所见的“诸方”（120条）。

不过阎季忠接着还说，就在他用心努力，勤收钱氏方证之时，在京师已见“别本”流传。虽则在他的眼里，这些坊间流传的其他有关钱乙及幼医的著述，是“旋著旋传，皆杂乱”[②]。而且相较之下，已经问世的文献比自己怀中的资料显得“初无纪律，互有得失”[③]。作为一个志于辑述代笔的著述人，他还是很谨慎地做了一番比对参校的功夫。“其先后则次之，重复则削之，谬误则正之，俚语则易之。”[④]从这类叙述中所了解的，近代所谓“知识革命”和“科学革命”发生前，世界各地长存的文化活动中，所有“实证性文献”的出现，其形制和体裁特质，及其刊刻流布的过程，显然是还有不少值得仔细挖掘、推敲的内情。更何况此类根本之质疑及至近现代科技文献出现后，未必就得到任何一了百了的答案。

总之，依阎序所称，《直诀》初成及目前所见的形式来看，叙述者均直言其载记上之“间接”性质，且以第三人称口吻完成。《直诀》中所见治证，呈现的主角——钱乙，不过是闲杂于诸医（涉及医疗活动的职业或非职业人士）中的一位。《直诀》中的幼科案例，则仅代表作者从一位信服景仰者的角度，对这位心中笔下的杰出幼医曾流传或留下的若干范例型诊治活动的一种“追述”。此追述过程采分条别立形式，于医类文献早有先例可循，或可视为“有实无名”的幼科“医案”。然因此知识诞生背景，作者在叙说角度、立场上乃与主治者（钱

① ［宋］钱乙，《小儿药证直诀》，页1。

②同上。

③同上。

④同上。

乙）保持了相当的理性、认知与叙述上的距离，在书写以存留钱乙之医疗活动或幼科判断时，采“钱曰”或“钱用”等词汇为标志。[①]

这种叙说与书写方式，进而说明了第三个值得后世注意的特征，就是此部分钱乙临证诊治的幼科医疗记录，其内容选样，所影响的知识代表性问题。也就是说，以钱乙这般行医半百的专业生涯中，其景仰记录者仅收23个范例，为其一生治证中值得载录传世之迹。如今已难稽此23例是否如作者阎氏所称，为仅能撷得样本之全部，最少举之与同书上卷《脉证治法》中的47条“医论式”内容相较[②]，或衡之其后下卷诸方中所罗120条处笺相比。[③]这逐人逐证逐条而成的治证案例，难当丰实之名。然以一位好医而非医的收录者而言，著作者又谓尽此“而书以全”[④]，“于是古今治小儿之法，不可以加矣。”也就是说从阎季忠的立场，他对向读者宣称此幼科案例之全备性与代表性时并未觉严重阙失或遗憾。论著之序并无习价性的自谦与自满。这23个案例，既未完全均衡代表当时幼医或医界一般流行的惊、疳、泻、疹等主症要疾，也未见呼应前后医论医方部分内容所及钱乙专长之幼儿健康问题。[⑤]

然而，盱之后世医家对“医案”类文献的理想要求，《直诀》中所见的钱氏治证的内容与体裁却又表现不俗。何以言之？16世纪明代医家韩懋所著《医通》（1522）一书中，曾以“六法兼施”为标准，责求医案中之上选者。要求其内容体裁除“望形色”“闻音声”“问情状”“切脉理”传统四诊之法外，还应包括医者对该案“论病原”的推敲，及“治方术”的斟酌。[⑥]若依此为据，阎季忠对距《医通》问世四百年前钱乙幼科的案例载记，确可称为水准以上的专业文献。不但做到了数世纪后医案蔚为流行时论者韩懋归纳的著述典范，且对后世所关怀，而划归病理、病史、疗程、临床诊治结果等近现代医学类案例经常要求的叙述项目，也多留下相当详尽的信息。通览卷中整篇的记载，固有不少治愈而足为

① [宋] 钱乙，《记尝所治病二十三证》，《小儿药证直诀》，卷中，参见第二与第三个病例，页21–22。

② [宋] 钱乙，《脉证治法》，《小儿药证直诀》，卷上，页8–20。

③ [宋] 钱乙，《诸方》，《小儿药证直诀》，卷下，页27–43。

④ [宋] 钱乙，《小儿药证直诀》，页1。

⑤ [宋] 钱乙，《记尝所治病二十三证》，《小儿药证直诀》，卷中，页21–26。

⑥韩懋曾写道：“六法者，望、闻、问、切、论、治也。凡治一病，用此式一纸为案。首填某地某时，审风土与时令也；次以明聪望之、闻之，不惜详问之，察其外也；然后切脉、论断、处方，得其真也。各各填注，庶几病者持循待续，不为临敌易将之失，而医之心思既竭，百发百中矣。”参见韩懋，《医通》，卷上，《六法兼施》，辑于何清湖、周慎、卢光明主编，《中华医书集成》（北京：中医古籍出版社，1999），第25册，页2–3。

自豪的病例，也有不少坦称束手或以死症告终的例子。[①]如此这般距近代或实证主义与科学精神崛起前近千年的文献遗迹，其所描述的事件与经验可说是“夙昔日远”，所援用的一般语言、医疗词汇，及通篇构句、行文，自然有不少“古奥”与“非现代”或者“不进步”的气息。然而，凡此种种，与所谓“实证论述”“科学精神”在精义、特质与范畴、类别上的差别或偶同究竟何在？又该如何为之阅读、检视、评断？

在阎氏自称书写、集辑、流传有关钱氏临诊的23个治证中，作者叙述之主线，《直诀》一书的主角（agent）、主动力（subjectivity）、钱乙所代表的意见与作为，并不是案例发生场景中唯一的“声音”或“动作”来源。盖钱乙这般医者现身之时，幼医虽是医疗分支中的后起之秀，但各类医者穿流坊间市集，比比皆见，且流派杂见，竞争激烈。阎氏笔下的“钱氏”不过是穿梭于名流贵宦厅院的“诸医”“数医”或“众医”之一位。叙述中的钱乙固似薄有医名，力争上游，最后也侧身太医之列，成为官府封认（officiating）的医疗体系、医学知识挂钩之一环。但面对患者呻吟辗转，病家交相指责，诸医滔滔不绝，医案的主角在攻讦倾轧、纷纷扰扰之中，罕得一个“主控全场”“独撑大局”的地位。当时医疗活动尚未经近现代科技贵胄之洗礼，患者家属自己亦尚未发展出对医学唯唯诺诺、恭谨听命的卑微。百姓众人皆知医，医学、医者又尚未定于任何之一尊。跻身其间，力图建立大行（医者）小业（幼科）尊严的钱乙，与其景仰者阎季忠一样，正操持着一场场逆水行舟的搏斗。而其治证，一如前后之医论处方，正是可能赋予他们一线知性、职场生机的孤桨扁舟。

三、16世纪的新景象

钱乙行医及《直诀》问世后的数百年间，中国的医学传统及其分支——幼科医疗活动——都有相当曲折的变化与发展。[②]然而就案类文献而言，不论是对整个中国医学传承，或者单就幼科载录，都要到16世纪，也就是相当于明代（1368—1644）中叶以后，才在刊刻流传等痕迹上，见到具体日增之势。本节将

①参见［宋］钱乙，《记尝所治病二十三证》，《小儿药证直诀》，页22-23；以死症告终的例子有二，即《记尝所治病二十三证》中的第五个和第十个案例。在此特摘录第五个案例：“东都药铺杜氏，有子五岁，自十一月病嗽，至三月未止……此症病于秋者，十救三四，春夏者，十难救一，果大喘而死。”

②熊秉真，《幼幼：传统中国的襁褓之道》（台北：联经出版事业公司，1995），页1-52。

择罗田幼医万全（1495—1580）所著《幼科发挥》[1]，以及曾任职太医院的薛氏父子（薛己、薛铠）传世的《保婴全书》[2]为例，以二著中所呈现的幼科案类文献为资料，一则上拟四百年前阎氏所记钱乙《直诀》中的内容与书写，二则引出下文所希讨论，医案类文献在16世纪中国医界呈现质量剧变，内容与体裁之重塑，其背景及意涵所在。

当然，粗就形制体例而言，万全与薛氏的著述，较《直诀》之面貌已迥然有别。因为不论是“论”“方”或两者所包括的“案”类文字，均以医家第一人称直述方式端出。个别临证诊治，似乎也向医籍读者暗示，这是医者在临证对付儿童健康问题当时，经直接观察、分析、判断、处置所成的一份记录。其间活动、载记均未假手他人，应可视为“直接”的“技术性”文献。

以16世纪中国的文化产业而言，这些与个别幼医诊治活动相关的文献，待其浮世付梓，无论是作者（某种知识与文化商品的生产供应者）、读者（假设中的广大文化消费群众及医药儒学界的消费“小众”）之互动，及刊刻流布（所有卷入抄写、编辑、出版、销售人等）之关系，种种因素都使得这些有关儿童健康与疾病的个案载记，会循当时某种对疾病分类认识，依其知性秩序出现，不再依特出医家之表现纷杂罗列，拼凑成卷。

当时这些个别的幼科医案资料，在取材、内容、精神、目标上，其实都是一个更宽广的医家文献上有关“案类”载记的一部分。因之任何涓滴成流之蹊径，难免不与医案医论类文献在此时期先先后后已汇聚而成的案类文献巨流，交相作用，彼此效尤，竞争、排挤、汇合，而共同形塑。

（一）万全的诊疗记录

当世及后世所见万全所著4卷的《幼科发挥》一书中，总共集有147个幼科相关案例。分置32条健康问题（或称“疾病”）之下，每一条目下可见1至12项不等的“病例”。除了这附有具体案例的32条幼科问题外，书中另有20条医论未见附任何万全本人的临证资料。两类现象对照之下，附有个别病例的32条幼科项目，似为全书主旨重点所在。未附个案的20条问题，或是古奥而当时少见的幼科沿用术语（如“天钩似痫”“白虎证似痫”）[3]，或者倾向理论与幼科概念

① ［明］万全，《幼科发挥》（北京：人民卫生出版社，再版，1986）。

② ［明］薛铠，《保婴全书》（台北：新文丰出版社，台北“中央图书馆”珍本福建版［1660］影印本，1978），全书4卷。

③ ［明］万全，《幼科发挥》，页29-32。

讨论（譬如《幼科发挥·小儿正诀指南赋》）[①]，与“实证性”案例似较牵不上关系。或已另系病例于更合适的大范畴内（如“肝所生病”及“肝经主病”等条目下均未附案例，但“肝经兼证”之下收有两个病例。[②]讨论心、肺、脾脏的相关问题上，也出现类似的情况。[③]与肾相关的疾病，其实例均列表于“肾所生病”条下，“肾脏主病”或“肾脏兼证”项下则仅有论述）。总之，在作者的心目中，这些附或不附案例的条目或健康范畴，除了有今与古、实际与抽象的性质差异外，可能还有知识规范上大小（或宽窄）与高下（臣属）等的不同。不过，即使如此考虑，书中有些条目下未见任何临证记录，仍让人纳闷难解。譬如万全在卷下对“呕吐”“伤食”“痢疾”等婴幼儿常见毛病均发表了翔实的议论，评析前人之说，提出独到见解，附有多种处方，唯不见任何临床案例。[④]不论为对照他所表达的具体见解，或衡量当时他悬壶执业地方的人口，要说医者万全竭其一生从未见过这类疾病，因之了无任何个别案例足供举证，似乎颇难让人置信。

就内容组合和叙述风格来看，《幼科发挥》中所见案例十分驳杂，粗略而言分两大类。一是“简述型”案例，有49个个案，比例上大约为所有案例总数的三分之一（近33%）。这类简述型案例，叙说上常以“一儿”如何为始，既无姓氏，也无家庭、身份、社会背景。随即提及患儿（无性别指标）之大略症状，并记下医者万全的诊断、处方、疗法及最后的结果（“愈”或“亡”）。此类简案，既无任何四诊（望、闻、问、切）之类当时临床医疗上常有的信息细节，也没医者对患儿罹病、疗程、处方、用药等分析。原文多仅于数十字内结束。不论刊版或重印，不过寥寥数行。

另外一类，则较近似《史记·扁鹊仓公列传》和《直诀》中有关钱乙的案类载记款式，属于一种比较“繁复型”的医案。这类内容丰富、叙述曲折的案例，在万全的《幼科发挥》中有98例，占总数的三分之二（约67%）。其中不但载明患者个人与出身资料（姓氏、性别、年龄、亲长身份、地域等），还长篇大论地阐述罹病之初情状，初诊时医者审视之发现，一切四诊所得结果，及步步临证观察、问讯、推敲的过程。然后述及医者的初步判断，夹杂着此医与彼医（其

---

①［明］万全，《幼科发挥》，页5–7。

②同上，页16–17。

③同上，页39–41，52–54，94–100。

④同上，页63–82。

他的“业医”或“时医”）的争辨角力，诸医与家属之间对辨证、论治的商榷、争执，以及此后患儿病情与疗治上的多番曲折、难测变幻。当然，对医者所开处方，其个别成分、炮制方法与预期疗效，也有正面析述。最后，此案结局如何，应有一个直截了当的交代。若患者得愈，案尾免不了一番自豪炫耀，一如万全自称治愈孙姓官员之女，所获十两纹银之谢仪与“冠带儒医”四字大匾。[1]总之，这类“繁复型”医案，内容丰富，叙说起来像演艺故事般曲折，阅读或听讲间不免带有几分动人的戏剧性高潮或低回。叙述篇幅，动辄数百上千言，一两页的抄写刊刻是说不尽其中案情、诉不完内里实况的。

近代阅览旧日医案文献者，往往视彼用语而得闻知一斑，并由其描述环境之大概，兼及当时认知氛围与“科学革命”后所执现代实证精神之睽违，从而益信这些“传统医学”的个案记录所代表的，是科学进步、启蒙真知浮现地表以前，人类对真正临床论证仍处于开发或开化前茫然、落后、黑暗时代下之知性世界。间有医案，所载录之现场记录、真实事件，或为可疑可议的主观意识所驱使（如印证神鬼魔力或标榜、炫耀某派一己所长），或为漫无标准、信口雌黄之臆言诳语，遂益坚近代指摘者之评点。要正视此类现代式的质提（或偏执），诚非三言两语能断之。即如《幼科发挥》中所见万全呈现的小儿临诊记录为例，医案后半沾沾注明治愈蒙谢的例子固然不少，但147个案例综观之下，也绝非一体为张扬作者技艺超群而立。最明显的反证，是书中仅留8个有关小儿“腹病”的记载，其中竟有7案在万全诊视医治后，以死证告终。如此惊人的失败率，不但完全不符唐宋以来官方科考医事人员之最低标准，更难担负宣扬医名之功。除非自述录写案例的医者，其医技医术、自知自信，早已超越流俗之水准，其医界地位亦固若金汤，无惧于任何蜚短流长之撼动。如此，则看来似属自曝其短之愚行，或竟正是其进而树立彼等高人一阶之名医身份，与专业医学权威之异常。或者，确如其序言所揭，作者本人对专业伦理（医学或幼医界的求真求行、精益求精）与某种真知灼见之坚持，鼓舞护卫了他欲留下点滴实实，以谋整体技艺之精进。而此一念之执，复得当时特殊文化环境之支撑（如整体医学或湖北一地的幼科发展，与一般阅读出版、流传医疗书刊之条件），得坚其志。

对于此等沉吟推敲，万氏《幼科发挥》医书中为小儿“急惊风”一证所做的论述与案例举证，或可提供若干线索，对上述问题，可试进一步辩解深思。

---

① ［明］万全,《幼科发挥》，页77。

盖《幼科发挥》中，"五脏主病"项下，有"肝所生病"一目，附万氏对"急惊风"之讨论及处方。[①]分述急惊、慢惊，并申明前贤（如钱乙）古方（如治慢惊的醒脾散、观音散）相对于己见（新药）之对照。后附散、丸、丹等10种不同疗法[②]，夹有（虚拟之）问答。[③]随有急惊三因（外因、内因、不内外因）之论并附方，始列实例9则。[④]此9则案例之书写，篇幅上有长有短，关系上有近有远。病因病况，有危急复杂者，亦有简单易治者。综而言之，从万氏所举各种小儿"发搐"例证来看，他之所以欲列诸案为例，是因为环绕这些林林总总的小儿发搐事件周围，除了他欲排纷解难、一显身手的意图外，还常有其他医者在场（不论是他口中一般的"有医""彼医"，或者大谬以为不然，却又深知对方挟带莫大权威压力的"邑中儒医"）。而这些知识、技术与职场上常相左右的异类竞争者，往往是他当下析疑，事后书写示众最主要的争辩对象。至于眼见儿孙罹惊心焦如焚、心乱如麻的父母家长，面对纷纷扰扰又莫衷一是的众口诸医，加上时下市面上及后世民众难免不患是症、不处此景的芸芸众生，当然是当时有志欲伸、有技欲施、有见解欲展示而地位未定的初出道幼医万全，正思努力折服，事后极希说动的广大"想象的"关键性听众。这个历史背景与文化论述上兼有"虚拟"与"实作"性场域，如何丝丝入扣、一字一句地牵动着万全在《幼科发挥》一书中，就惊风医案的论述和书写，全无字里行间之揣摩暗想，实寄托于其文字书写上直接之表达。在载记一个小儿"发搐痰壅"的案例中，万氏到场时，有医已循钱氏下痰神方——"白饼子"——三下而不退，一见患儿当时"病益深，合目昏睡，不哭不乳，喉中气鸣，上气喘促，大便时下"的情状，万氏说他立即发表了自己对病家会同其他医者已施疗法判断之失误。当在场"彼医"搬出大家共奉的幼科鼻祖钱乙祖训相对时，万全又说他毫不犹豫地掷下了"尽信书不如无书"的豪语（至少这些都是他事后重建《幼科发挥》一书的案类记录时，

① 参阅熊秉真，《安恙：近世中国儿童的疾病与健康》（台北：联经出版事业公司，1999），第二章，《"惊风"与神经病变及精神健康》，页7–62。

② 如"醒脾散""观音散""参苓白术散""木通散""琥珀抱龙丸""礞石滚痰丸""三黄泻心丸""凉惊丸""定志丸""至圣保命丹"，参见万全，《幼科发挥》，页18–19。

③ 例如："或问曰：'上工治未病，急慢惊风何以预治之？'""或问：'病有急慢阴阳者，何也？'"参见万全，《幼科发挥》，页18，20。

④［明］万全，《幼科发挥》，页21–24。例如，万全曾写道："予初习医，治一儿二岁发搐而死。请予至，举家痛哭。乃阻之，告其父曰：此儿面色未脱，手足未冷，乃气结痰壅而闷绝，非真死也。取艾作小炷，灸两手中冲穴，火方及肉而醒，大哭。父母皆喜。遂用家传治惊方，以雄黄解毒丸十五丸利其痰，凉惊丸二十五丸去其热，合之薄煎汤送下。须臾立下黄涎，搐止矣。予归，父问用何药。如是速效。全具以告父。父语母曰：'吾有子矣。'"

"重现"过去之事件与场景），并且大胆地补他个人对数百年来幼医奉为圭臬的钱乙小儿医籍之攻讦：说《直诀》之类流传于市面上附骥钱氏医名之下的著述，其实"皆出于门人附会之说也！"[①]如果积极习医行医、活跃于15世纪幼科杏坛、市场上的重要医者如万全，心目中不但常浮"尽信书不如无书"的感慨，而且窃疑市面相传医界权威如钱乙等的相关议论、决断、处方、治案，可能竟是"门人附会"的结果，那么不但他在行医论辩、临床下药时必须坚持己见，事后岂不更不能不挺身而出，勇敢详实地载录个人身历亲治的个别案例，好让幼科实例，一一作为他自创声名地位的坚实"见证"。并使他与所写下、付梓，四下流传的幼科医案，共同肩负起厘清、树立某种不可或缺的灼见真知，永远为医界"客观"发言申诉保持一种专科行业上由"我执"出发，又不失理念的知性声音？

上则小儿发搐痰壅的例子，经过一番辩争折腾，最后不幸仍以"死"症告终。[②]只是万全与周围专业职场、知识领域的纠葛，未艾方兴。他所面对的竞争者，有掌握"治病奇方"，唯性太执、不知变通的"邑中儒医"，也不乏善行小儿推拿按摩的民间术士。面对如此纷杂混乱的一个治疗局面与医病关系[③]，万全自己也是膏汤丸散、针刺火烙无所不施。他所留下的医案实例，讲起话来常说自己是这个竞争场域中的后到神仙，虽怀后见之高明，往往又扼腕于大势之半去。医案，或者万全《幼科发挥》中的医案，大半就是如此这般一个活动场域与述说世界中应运而生的现象与故事。

对这样一个个人于专业职场上的际遇，万氏本人倒不是没有相当警觉，或自知之明。在一篇题为《幼科发挥·小儿正诀指南赋》中，他发为感怀地再申自己对行医幼科辨证下方时的立场。而这个立场与他眼中认定的幼科医案性质，以及明代中叶（16世纪）幼医发展的处境，很有关系。用他的语言说："小儿方术，是曰哑科。口不能言，脉无所视，惟形色以为凭，竭心思而施治。"[④]也就是说，面对言语有限、脉息微弱的稚龄幼儿，幼科医生日常诊视患者的工作较一般医者捉摸飘忽难解的人身安恙更为棘手。而通常家长或幼儿的保育照顾者，据万全的说辞大抵只分两类，有"善养子者，似养龙以调护"，有"不善养子

①［明］万全，《幼科发挥》，页22。

②同上。

③熊秉真，《安恙》（台北：联经出版事业公司，1999），附录，《中国近世士人笔下的儿童健康问题》，页307-340。亦见本书第十章《士人笔下的儿童健康》。

④［明］万全，《幼科发挥》，页5。

者，如舐犊之爱惜，爱之愈深，害之愈切”[①]。姑不论其引喻是否失当，全篇议论，除了说各种幼科病症判断诊治之外，万全随之托出的是对幼科知识技能发展处境上的三方面陈词：一是幼科相对于成人医学领域在知识操作上之高难度。幼儿患者安危，难知难测，且“差之毫厘，失之千里”[②]。二是“父母何知，看承太重”[③]，病家不但举措失衡，且常疑神疑鬼，惊惧慌张，“闻异声，见异物，失以提防，深其居，简其出，固于周密。未期而行立兮，喜其长成。无事而喜笑兮，谓之聪明”[④]。总之，种种异常措施、异常之精神心理状况，让作者描述中追求“理性选择”“实证路线”的医疗事业与行医人员——如他本人及所务之幼医行业——常处于挣扎搏斗、众怒难平的地位。三者，百姓民众，“一旦病生，而人心戚，不信医而信巫，不求药而求鬼”[⑤]。再困于医界或当时幼科，错乱混沌。既有外观揣知内因的习惯，不免衍出“如煤之黑，中恶之因，似橘之黄，脾虚之谓”[⑥]等说法。然依万全气急败坏的申述，“虽察色以知鸟，岂按图而索骥”[⑦]。许多代代相传的问诊论治办法，其实都是“枉费精神”“空劳心力”[⑧]。不单说患儿的“气色改移，形容变易”[⑨]，行医或尝试照护婴幼孩童，若非要以成败论英雄，用成果判定得失，则万全积累多年经验与挫折后的呼声是：“苟瞑眩而弗瘳，从神仙而何益。”[⑩]这么一来，配合论述、处方而罗列的上百医案，在一个医书传抄刊刻、医技纷竞嚣扰、专家与民众争相议论的时代，也就在作者与出版者、各色医疗文化消费者的心目中，逐渐交织出一番新的需要网络与资讯市场供应上的意义。

（二）薛氏《保婴全书》的案例整理

目前所见薛铠具名的《保婴全书》20卷[⑪]，内附案类形式的“治验”1582则

①［明］万全，《幼科发挥》，页5。
②同上。
③同上。
④同上。
⑤同上。
⑥同上，页6。
⑦同上。
⑧同上。
⑨同上。
⑩同上。
⑪［明］薛铠，《保婴全书》（台北：新文丰出版社，台北“中央图书馆”珍本福建版［1660］影印本，1978），全书4卷。

之多，分附于全书220项讨论儿童疾病与健康的项目之下。统计起来，书中医病项目十分之九（197项）均附此类临诊案例。另外23项未见任何案例附于骥尾的，有些似属“理论性”议论，重点不在临证（如“心脏症”[①]“肝脏症”[②]之大项总论），有的或偏日常琐细照护，医者临症少及（如“婴儿护养法”[③]）。有些似为过时旧论或不再常见之疾病，因少活跃于临床层面（如传闻中的婴儿“变蒸”现象[④]）。近觉晦涩难稽的词汇概念（如中世纪以来曾沿用一阵但为新说取代了的“噤风、撮口、脐风”[⑤]），或某种超出当时幼医执业范围的扶幼问题（如唐即倡言，宋以后幼医书刊仍习惯流传的所谓照护新生婴儿的“初诞法”[⑥]，到了明代中叶，幼医对其议论及民间风俗可能还有若干“古早”习气，但临床上已罕有任何亲身的经验），也就难见其案例条列。

另有一些问题，是薛铠《保婴全书》中显示作者确有主张，但未见征引亲身经历之例证。譬如涉及婴幼儿发育成长的“龟胸龟背”[⑦]，以及“溃疡”[⑧]“漆疮”[⑨]之类的问题。或作者医疗生涯中确有经验，但经验不深，像见于婴幼儿身上的“胎惊”[⑩]“目动咬牙”[⑪]，以及小儿发牙时的“齿迟”现象[⑫]，书中所列举的“治验”都仅见一两条在案。

薛氏《保婴全书》书中，单项疾病列举病例最多的，属当时所称“目内症”，项下作者一口气附了37条个别案例。[⑬]倒是依旧时分卷和作者原组织架构来看，20卷的《保婴全书》中，以第15卷内所列举的治验最多，而此卷恰是一个多类杂病的组合。故有127则病例分列该卷14种健康问题之下（从“作呕不止”“小便不通”到“服败毒药”“敷寒凉药”[⑭]等）。包含案例最少的，是全书开宗明义

①［明］薛铠，《保婴全书》，卷1，页71–78。
②同上，页59–70。
③同上，页5–8。
④同上，页49–59；熊秉真，《婴幼儿生理》，本书第八章。
⑤同上，页8–23；熊秉真，《新生儿照护》，本书第六章。
⑥同上，页1–3；熊秉真，《新生儿照护》，本书第六章。
⑦同上，卷4，页432–437；熊秉真，《新生儿照护》，本书第六章。
⑧同上，卷11，页1116–1119。
⑨同上，卷16，页1790–1791。
⑩同上，卷3，页297–303。
⑪同上，卷2，页168–171。
⑫同上，卷5，页448–450。
⑬同上，卷4，页365–411。
⑭同上，卷15，页1580–1593，1646–1656，1686–1691，1672–1685。

的第1卷，因内容偏向理论性析述，加上明代幼医甚少涉足的新生儿照护等讨论，全卷总共仅见案例式举证13则。[①]其他各卷，则各见40到百则实际“治验”，每项幼科议题或疾病之下各含十至数十则不等。[②]类此分卷、逐项下所做的一书案类数量分布之评比，本身未必有任何重大意义，唯对案类资料在医学文献知识整体结构上的相对位置，其具体面貌、书写风格与专业功能间的关系，可能有侧面窥悉之益。

与当时幼医界所见其他案例性文献相较，薛铠《保婴全书》书中所列案类型载记——“治验”——展现几个突出的特征。首先，这些书写上疑似现场医者自述的临诊记录，在资料类型上较接近万全《幼科发挥》中言简意赅的“简案”，而迥别于钱乙的他述型案例，或万全另一类绵绵复复的“繁案”。除少数例外，薛氏《保婴全书》书中的案例大部分带有强烈的“通泛”（generic）文献性质。也就是说，一千五百多则治验中，虽偶有病患的个别性指认[③]，多半案件均以一般性用语“一儿”为起端。既不及任何家属背景资料，也无患儿之性别、年龄、姓名。对临证性信息，则大抵循序作三方面之交代：首先是患儿身心不适之征状或主要的疾病症候，其次是医者薛氏对此医疗问题所做简洁判断，第三部分则记录了当时决定采取的疗法、处方，以及一个寥寥一二短语的诊治——最终不是“安”“而愈”就是“卒”“不起”[④]。

如此简明扼要、体例划一、载述明朗的薛氏幼科案例，透露出几方面不寻常的信息。从最表面的现象上来说，一千五百则以上的数量，就当时而言是一个单科临床治验上首见且仅有之罕例。其次，就体例上而言，薛氏《保婴全书》中所见的幼科案例，其记录书写方式、涵括内容、组织陈述的方法，都较前此所见医学方面案例要“有系统”得多。也就是说，前文中介绍治验时所提到其于形制内容上呈现的“简化”“制式”等趋势，固使案例显得寥寥数行，无情寡趣，直截了当而无曲折引人之故事，也正是明代幼科医学进一步“专业化”、朝“科学”“理性”“中立”“客观”等方面转动之明灯。尤其像薛己、薛铠这般位居要津（太医院院使），名高望重，权倾一时的硕学名医，其陈事上要言不烦，

①［明］薛铠，《保婴全书》，卷1，页1–58。

②分见［明］薛铠，《保婴全书》全书各卷。

③例如，薛氏曾记：“奚氏女六岁忽然目动咬牙或睡中惊搐……遂用六位丸而愈。”参见薛铠，《保婴全书》，卷1，页169–170。

④分见全书各卷，例如，薛氏曾记：“一小儿病后，遇惊即痰，甚咬牙、抽搐、摇头、作泻……以致慢惊而卒。”参见薛铠，《保婴全书》，页175。

摘名去姓，化娓娓之叙说为扼要之择述，正是要向世人及同业显明彼等医疗专业上的学识造诣，早已由繁入简、条理分明。用后世的观点来看，一如由“说部”之传讲，登堂入室，提升到了血肉全无，情绪消尽，以精练之专家言语说明、记录一件只有内行人才能领会、了解、赏识、评析、表示赞同、参佐援用或驳斥谬误、力争其右的“科技式的资料”。这种专门引导内行，为同业及专家所备的科技资讯，在气象上和性质上，自然想脱离传奇故事的主观叙说，以与纯属杜撰的小说演义区隔出来，而特别标明一种靠内容积累、严谨推理、系统资料、中性陈述，渐渐形成的新知识权威。这个知识权威，及其仗为器使的医疗“案类”型文献，互为表里，二者在明代中叶均正由无而有，自立传承，建立起一番日隆月升、与时俱进的行业尊严与理性身价。

此外，与万氏《幼科发挥》书中案例与治疗处方关系间的比对重建，也可看出实证类信息在16世纪后中国之发展走向。因《保婴全书》一书中，不但治验均系于杂病或医问而不系于个别患者，连其所附医方，也一体随疾病与医学问题分类。不再依过去习惯将单方、复方，个别医家所开医方、药方（不论是号称祖传的秘方，流用传制已久的经方、局方，或者医者个人独创单沽的别方、要诀）等，一概随病主附骥其后。尤有进者，《保婴全书》书中伴从案例立于病、类之后的医方、药方，都已制式地以某汤、某丸等固定名称出现。其后虽亦有处方药味成分、炮制、服用方法等指示，然一如“治验”案例之化繁为简，走向精练摘要式的标准记录体与制式报道。同样地，处方用药也有标准化与制式化走向。不论在名称、内容及使用方法上都有化约统合之势。二者或者均代表明代中叶后，菁英（识字者）与上层医者的活动世界中，不但科技专业知识正在迅速统合之中，各地主要医药供应市场，本草汤头等相关领域也有连锁一统效应。汤头药剂的名称、用法，其与医家、患者、疗程间的关系，也在往标准制式的方向挪动。

总之，从上述诸般现象观察，到了16世纪或者明代中期以后，中国医学场域中，任何有经验而稍有地位的医者，其知识技术及行业实践上都与“案类”信息发生了密不可分的关系。不但业医者之职业训练、师徒父子之代代相传，在医经、医论、医方之外，必须兼而涉猎、掌握医案，略有知识与工作企图的医家自己，也莫不以读医案、论医案，而且在某种程度上，依某种自选方式，撰留案类信息，将之集辑出版，去迎合市面行家和凡人的需要。一旦带有案类的医书刻梓问世，为利者谋利，好名争势者亦博得一个声誉影响上的风头。只是这些案例，仍附“论”后“方”前，尚未以“案”为名，也尚未见专辑出现。

倒是这么一个有实无名的医案文类之萌发，值此医疗行业蜕变转型之际，有更上层楼的表现。而医案文类之正式登场，与上述“治验”类记载面目上已有的标准化与正规化走向，乃是二而为一的现象。因之，这些医学案类书写在知识、文化及社会上所占有的地位、发生的功能，彼此间不是完全没有个别（医家或案例上）意义，然而最重要的价值与作用，似仍系于整体（知识、影响力）上之发挥。这个趋向，两汉及宋的古代阶段暂时不论，由宋而明的一路伸延则十分清楚。因为这样一个长期以来医类案例在数量上的巨幅成长，知识组织上的重新整理，叙事风格及内容方面“质”的转化，加上出版文化上的大肆介入，结果大家所看到的，就是后代认识当时社会上一幅全新的景象。

整体而言，这个新景象在知识文化宏观上的意义，绝不亚于其特定专业或个别案例（不论是医者、患者、疾病或药方上）的重要。因为从宽阔的社会文化史视野来看，像薛氏《保婴全书》中所留下的一千五百多个“治验”，聚而观之，确如前论，一方面可以从历史知识论角度分析其于幼科医案发展上所占特殊位置，另一方面亦可分析其医学、疾病、药学知识分类上的演变，甚至将就其既有医疗认识上的假设，将计就计地利用此以近代前标准留下数量可观的“专业”资讯，进一步对所指称的疾病、健康、医疗服务、幼科活动等做某种“历史流行病学”（historical epidemiology）与医疗文化史上的交叉分析。这样的尝试，仍需面对并克服历史语言学、疾病史、医疗与健康史，乃至文化生态学上的困难与挑战。但此类尝试并非完全站不住脚（因其资讯供应系统上内在理路之一致性，部分矫正了其与后代或现代科学认知方面的落差），即便收获有限，未必完全没有意义。更重要的，是这外部而宏观的视角，与其内部而微观的检视，都需要相互支援、交替讨论，乃得彰显各自及共同的历史意涵。

因从微观角度，推敲检阅个别案例，让我们意识到，此类有关人类疾病、健康与医疗的个别载记、具体叙述（无论是前此之宋，或是眼前之明），对中国历史或世界历史坐标，都是难得而罕有的信息。要对此特殊资料经语言、历史情境、文化场景之形塑，穿过时空所能代表的意涵做某种未必全然谬误的解读，当然是一个高难度、高风险，而且很可能得一个误差过于了解的尝试。但此类材料的形式、性质、内容、生产背景与积累流传至今的过程，又让我们不能不对专执近代（源于西欧，但早已风行全球）实证知识与科学方法之独步世界，前无古人，后仅代代仿效者的一个大假设，兴起若干根本之喟叹与质疑。古今西东对实证精神、科技知识，乃至田野资料、现况报道的定义与处理既然容或有异，全盘执今以非古，以近世远西一时之标杆为千百年来远东以及人类知识、历史发展之总标的，即便终于皈依臣服，是否可能实为对启蒙以来一时一地（近代欧美）文化传承与科技传奇上某种过度之乐观与童騃式信奉？附于各章医论之下，其间夹有医方的薛氏《保婴全书》治验，为我们提供了另一种反思解惑的个体例证。

四、医案的历史脉络——实至名归或名实错落？

略悉中医幼科由宋而明医籍中治证治验等案类例证演变后，值得进一步追究的问题尚有二端，一是此幼科案例型文献发展与16世纪以后中医案类文献勃兴，其间有无牵系？关系为何？二是此案类资料的内容与形制，在中医医案以及中国科技文化史两大脉络下，意义何在？此节先以明代中晚期医案类文献之突涌，瞻前顾后，一析幼科医籍间之案例类资料，循名责实，与整个中医文献和医疗知识体系发展大脉动间的联系。下节再重览幼科医籍案例类资料之细部内容，就其实证性信息以及叙事背后之文化预设两个面向，试析此特殊历史文献之里层与表面，在健康疾病史以及科技文化史双方面所展现的意义。

首先，目前若要对千年以上过去中医文献中案类型资料的问世与影响，重新评量。可试以宏观角度勾其轮廓，用幸存至今中医古籍之整体，作一背景，以观案类型知识成形、出土与消长大势之一斑。即先以成书案类医籍为对象，依当今中国医史学术分类为准，借两种主要工具书—— 1991年北京中医古籍出版社所出的《全国中医图书联合目录》及1986年中国中医研究院图书馆委北京中医古籍出版社所刊行的《馆藏中医线装书目》——中列举公布书籍为准[①]，除极少散见他类之资料不计，综合访查下，共得668种可视为广义“医案”的相关书刊。整体观之，此“医案”知识在概念与刊刻上洵属明代中叶后之类别与现象。盖依百年一世纪为时间轴作为评量尺度，在西历16世纪之前，勉强可归入相关项目的书刊只有四项：其中公元前，及13、14、15世纪等四时段仅各推出一例。[②]此四项发生于明代中叶以前的“医案”类相关文献中，最值得一提

①中国中医研究院图书馆，《馆藏中医线装书目》（北京：中医古籍出版社，1986）；《全国中医图书联合目录》（北京：中医古籍出版社，1991）。

②据临床笔记写的单独的一个条目，摘自司马迁（91B.C.）的《仓公诊籍》，这可被视为史前的医案类著作，其他分别为罗天益的《罗谦甫治验案》（1281）、朱震亨的《怪痾单》（1358）和《丹溪医按》（1443），见《全国中医图书联合目录》，页627。

的是刊于1443年的《丹溪医按》。[①]“案”与“按”在中文历史语言学中的演变，何大安先生另有专文论析。[②]“医案”与“医按”二词于中文知识传承与语汇层次的交替作用，亦须另待专文评议。此处我们应当注意的，是这四项诞生于明代中叶以前，或可附属于近似“医案”的出版品，不论是辑自《史记》的《仓公诊籍》，元代罗天益的《罗谦甫治验案》（1281），朱震亨的《怪痾单》（1358），或者归于朱所化名的《丹溪医按》（1443）[③]，若单从“名”的角度观察，“诊籍”“治验案”“痾单”，乃至“医按”，严谨而言，与随后在医疗资料上出土的“医案”均非同一系统之产品，性质亦非一事。前三者与后来所出现、了解的“医案”性质较近，唯以异名行世。一如前述幼科典籍钱乙《直诀》中所用的“尝所治病二十三证”或薛铠《保婴全书》中所称的“治验”，均属一个宽泛而言早已存在的“医案”类知识活动。唯此有实之事，一时尚无精确、统一、惯用之“名”贯之。至于载记型为主的“医案”与评议性较强的“医按”之间的交错互动，前述实例略及，后将再议。

总之，实至名归，后世所习知的“医案”类文献，确于明代中叶（即16世纪以后）始大量涌现，是一个新的知识文化现象。1519年问世的汪机所著《石山医案》，与十年后刊行，同为三卷本而署名薛己之《薛氏医案》[④]，可谓此现象之早见范例。自此以后，医案类医籍产品进入了一个文化生产上的稳定高峰。因为16、17、18三世纪间，中文世界中各有10、29和57部相关著作存世。当时此阶段医案类文献的问世，与后来19、20世纪近现代的发展（各有148和420部项下著作）相较，当然不可同日而语。[⑤]虽然，有了名实相符的“医案”类作品后，中国医案中名与实两方面的问题并未完全划一统合。有很长一段时间，名实间的拉扯仍然相当混杂，表里互异。使我们想要了解医学“案类”知识与传统中国“实证”型文化活动间的问题，内情益形复杂而引人。

盖明代中叶后坊间流传的中医文献，名目上冠“医案”之词者，核其内容未必皆为临证个案资料或医者实际主治经历。譬如清代名医叶大椿之弟子，援其师名，于1732年刊行《痘疹指南医案》一书（又名《痘学真传》）。视其内容，

①《丹溪医按》（1443），见《全国中医图书联合目录》，页627。

② 何大安，《论“案”“按”的语源及案类文体的篇章构成》，发表于2000年12月28日之“让证据说话：案类在中国”学术研讨会。

③而《全国中医图书联合目录》之编者确将之归于案类下，参见《全国中医图书联合目录》，页627。

④参见《全国中医图书联合目录》，页627；《馆藏中医线装书目》，页264。

⑤同上。

8卷中仅有1卷以“古人医案”为名，搜集前人流传而编者以为有参考价值的临证案例。其他7卷，全是叶氏的医学议论（医论），和各种常用处方（医方）。[①] 同此，十多年后问世的《叶天士幼科医案》(1746)，也非医者自撰之临床案例，而是当时江南名医叶桂（天士）的仰慕者，收集资料，援引叶氏医名编纂而成。内容主要是各种号称代表叶氏幼科医学见解论述，无涉任何医案形式或性质之文献。

由此侧见，一则当16世纪以后，“医案”之词语、概念及其所代表的医学知识在中国的文化市场上传开后，关于“医案”之“名”“实”问题仍然混乱复杂。对当时寻书、抄书或者出书、购书的人而言，他们并不能顾名思义，于坊间得一冠“医案”书名的医籍，遂如期索得临床案例类的资讯。因为虽则当时其背后所隐含的“个别临床医疗记录”这个狭义、专业、较精确的词语与知识意涵正在迅速形成之中，“医案”作为一种文献知识的标志，意涵还相当宽泛、模糊。所以，另一方面，市面上也才有不少梓人、编者、作者、读者，乃至医者、病家，都兴趣浓厚地推动着这个现象的进一步成熟。总之，一种狭义而名实相符的“医案”类书籍、文献，正在悄悄地月滋岁长，渐有伸展占据医部文化市场之走势。同时欲挟其新近打造的学识力量、职场权威，吸引着其他场域（如儒学、刑律界）的有识之士，跃跃欲试，仿医界案类之名宝、其叙说之体裁、知识之内容与呈现方式（包括用“案”类之名整理、包装、编辑、刊刻、问世），重新树立起各领域对内对外的新形象与新势力。

反之，16世纪以来，各种有实而无名的医部案类型文献，其实也是上述大文化现象中，另一种推波助澜的参与者，与医疗知识更新形塑过程中的侧面映影。即以本文上节所提，万全《幼科发挥》和薛铠《保婴全书》为例。二书所蕴大量而清晰的案类信息，其形制及内容均提供了医界乃至一般读者前所未有的幼医具体“实证”。其书名、章名及知识分类上虽未尝标志“医案”之签，究竟无损其实质意义。凭其知识编纂、流传状况判断，其所含这部分临证个案资料，对当时此类书籍之圈内行家与普通读者的“消费兴致”而言，应是有增无损，益多而害少。也就是说，相对于“名词”的混淆不清，在医疗知识的“实质享用”上，带有强烈实证性质的医者临床诊治之个别案例记录，在明代中叶以后的专业与世俗读者群中（professional and lay audiences），都渐占一席之地。或许正是因为此类现象之持续发酵，到了清代，当18世纪初叶氏医者的门生信徒想

① ［清］叶大椿，《痘学真传》（清乾隆四十七年［1782］卫生堂重刊本，缩影资料）。

要推出心目中医界大师的见解贡献之时，虽无当场临证案例可提供坊间读者参阅，为了尊师、敬业及销售等多方面的考虑，却仍然决定“挪用”（窃取？）“痘疹指南医案”“叶天士幼科医案”等类名。而此等作为所引起后世学界之困惑迷失，恰足凸显当时编纂、刊梓者希望能成功误导已滋崭新知识兴趣的读者（消费群）一种另类策略。

当然，这里点出的，只是医界方兴未艾的“案类”知识场域中诸般繁复曲折之一二。因为在明清当时林林总总有实而无名的案类作品中，还潜藏不少其他声东而击西，有意失之东隅而收之桑榆的论著与商品。17世纪中医界闻人喻昌（嘉言）的《寓意草》一书（1647），就是如此一部寓意深远的著作。这部企图心旺，希望挑起医学上重要论辩的小书，包括不少夹论夹证、夹说夹引，医论与医案交相援引、错落出现的情况。喻氏这样一个叙事方式，和援用、流传医学上已有实际案例的办法，代表的是医案类文献在中文知识世界里的又一种现象，与另一阶段的发展。

其实明代中叶到清代晚期，正值16到19世纪的四五百年间，当时“医案”知识典范已经出现，但尚未以近、现代医学的形制与面貌统御中医文献与临床界。其名实之争，以及由有实无名至有名而无实的种种交互擦身而过的情况，恰足以白描出此种科技实证记录，在中文世界与中国社会中衍变间之迂回历程。今再举晚明与晚清的两个例子为对照，一窥“案类”文献由近世而近代形貌之变化，从而回眸反观幼科案类文献之积累与流传。前及喻昌所著之《寓意草》，序言中循“医者意也”古训，提出自己以为疗治杂病的特殊验案六十多项。夹叙夹论，以辩疑问难的方式就教大方。①但书中紧接首篇《寓意草·先议病后用药》，第二篇就是有些突兀的《寓意草·与门人定议病式》。②直截了当地订出了他理想中的“医案”体例款式，从“某年、某月、某地。某人年纪若干、形之肥瘦、长短若何……人之行志、苦乐若何？病始何日？初服何药？次后再服何药？某药稍效？某药不效？……饮食、喜恶多寡？二便滑涩有无？脉之三部九候？何候独异？”③不但涵括了“望、闻、问、切”的内容，还有“汗、吐、下、和、温、补、泻”等施治过程。这一番“议病式”的厘定，据作者喻氏阐述在期“若

① [清] 喻嘉言，《寓意草》（台北：新文丰出版社，1977）。该书由喻氏之病人兼朋友胡卣臣出资刊行，并为喻氏在每条目项下作按语。

② [清] 喻嘉言，《与门人定议病式》，《寓意草》，页4–7。

③ 同上，页4–5。

是则医案之在人者，工拙自定，积之数十年，治千万人而不爽也”[①]。也就是说当医案在医界的记录、训练、知识传统、经验积累上，因内容规格化而扮演起关键性举证工具的功能，有识之士如喻昌亦对其理想形制内容有了些特定的构思。这番构想与前述薛氏《保婴全书》书中简化幼科案例的细节不完全一致，但制式化和标准化的呼吁则是共同的走向。这个走向所显示的特征，去《仓公诊籍》与钱氏的治验显然是与时俱远了。

另一方面，看16、17世纪案类文献在医界功能、声名大噪以来，类似万全、薛氏的尝试，乃至喻昌等人的议论不计，有关实质内容的发展，却没有任何进展。制度面、政府公权力或某种知识权威、市场律法机制的介入，一直到19世纪，对于医案类文献的名与实仍有各种不相协调的牵制，却又无整体的动向。譬如直到王士雄（1808—1868）活跃时的晚清，他《潜斋医学丛书》中的《王氏医案》，原称《回春录》，其《王氏医案续编》，原名《仁术志》[②]，显示“医案”这个文献类别与医学知识典范面市三百年后，还有各家梓者题名出版时，于正其名为“医案”与称为他衔中仍然摇摆犹豫。而且立案论说，凭案评点的做法，让人继续用“辑要”（如《女科辑要》）、“医话”（如《校定愿体医话良方》《柳州医话良方》），及种种醒目文名（如《归视录》《鸡鸣录》《医砭》等）推出。也正是在这些晚清医界耆老，不断选案、辑案、评案、按案下，乃有像《洄溪医案按》《古今医案按选》《业案批谬》这类医案的选辑、评点本出现。职场专业的制约，专门的法规管理，及其所假设的读者群都正在酝酿发动独立、高标公评下的案类文献在中文世界里的现身转型，而此转型必须在一个既有弹性又带混杂的公共空间中翻腾、晋升。[③]

从这一串知识发展与文化生产的轨迹来看，自易体会后代图书编目的专家，为什么会质、量一并考虑，把“医案、医论、医话”归为医学文献类别上的同宗。只有从此角度审视16世纪后医疗活动在中国社会、经济、科技面的成长，及与同时发生于出版、刊刻、阅读等文化商场上的变化，才能体会各方面因素如何共同影响形成了一个与医论、医话、方案乃至长篇笔记杂录不分（如署名王士雄的《重庆堂随笔》[④]）的认识世界与文化景象。

① ［清］喻嘉言，《与门人定议病式》，《寓意草》，页7。

② 参见王士雄，《王孟英医学全书》，盛增秀主编（北京：中国中医药出版社，1999），页249–279，281–353。

③ 以上诸籍皆可参见王士雄，《王孟英医学全书》。

④ 参见王士雄，《王孟英医学全书》，页613–676。

撇开这个熙熙攘攘、名实错落的医案医话世界不论。再归正传，检视一下幼科方面到底留下了多少名实一致的“医案”类专著或资料，调查所得也颇值沉吟。因为直到20世纪之前，据目前图书文献所知，仅有四笔冠有“医案”书名的汉文幼科书刊。除去18世纪版于日本的一部不论外[①]，其余三部，一是署名叶天士的《叶天士幼科医案》[②]，另外两部是清中期叶大椿的《痘疹指南医案》（1732）[③]和齐有堂的《痘麻医案》（1806）[④]。当然，除了这些以“案”为书名的专刊，其他幼科医籍中也载有不少相当分量、数目的“案类”型材料。前文所析万全的《幼科发挥》和薛铠的《保婴全书》就是两个类典型的范例。而这个案类文献在幼科发展的整体趋势，其实与医案资料或专辑在整个中医医籍发展的形态大抵相当。因为就至今仍见整个中国医部典籍来看，分科医案专书本始于明代。像具名内科唯一的一部，归薛己所编的《汇辑薛氏内科医案》（1642）。[⑤]妇科方面的三部案类专著，则包括王纶的《节斋公胎产医案》（1492）、徐大椿的《女科医案》（1764）和署名叶天士的《叶天士女科医案》（1746）。[⑥]显示分科医案专书的出现，主要是一个明清以后的现象。已知外科方面最早的医案专著是19 世纪初高秉钧的《谦益斋外科医案》（1805），不过此后总共7部全是19世纪末的出版品。[⑦]而各种针灸方面的医案专书则全是20世纪的产品。

由此角度考察，幼科案类专书既然总数不多，问世又是明代中期以后的现象，幼科一般医籍却又常含有案类性内容，那么从幼医发展与案类型信息的互动而言，盛清朝廷集众力所纂成的《古今图书集成》中幼科各门所附案例资料就特别值得重视了。因为《古今图书集成》幼科百卷内容中，共计留下了1170则医案。而这些循全书性质辑录历代不同幼医文献中的个案，分属幼科26门中的24门。[⑧]各门中含实例最多的是“小儿痘疹门”下的333则。[⑨]像“小儿疮疡门”

---

①摘自樋口好运的《松氏暇笔倭汉婴童医案会萃》（1703年出版），见《全国中医图书联合目录》，页480。

②关于《叶天士幼科医案》，见《馆藏中医线装书目》，页205。

③叶大椿的《痘疹指南医案》，见《全国中医图书联合目录》，页509。

④齐有堂的《痘麻医案》，见《全国中医图书联合目录》，页516；《馆藏中医线装书目》，页220。

⑤见《全国中医图书联合目录》，页408。

⑥见《馆藏中医线装书目》，页267。

⑦见《全国中医图书联合目录》，页546，552–554，547–548。

⑧参见《古今图书集成》（台北：鼎文书局，1985），页4462–5481。

⑨同上，页5068–5481。

的162案[①]，“小儿惊痫门”中的130个医案[②]，居次而接近中数。纯论医理诊技的“小儿诊视门”和“小儿脏腑形证门”完全没有附案例。[③]而“小儿初生护养门”和“小儿诸卒中门”仅各附1案，反映近世幼医临床阅历及其知识传承上的具体落差。这一千一百多则儿科的医案，涵括六个世纪不同地区儿童的疾病健康史、医疗史、社会史和文化史等多方面意涵，有待仔细分析。举之与近世幼科个别医者（如万全）、医著（如薛氏《保婴全书》）留下或多或少的案类信息比照推敲，不论曲折而考掘其实证性资料，或互读而解悉其筑构上经营，这个大部头的资料库都是个值得一访再访的宝藏，虽不免艰难烦琐，然晦涩枯燥中不无熠熠诱人之处。

五、实证式书写与科技中的传奇

前述近世幼科文献的缕析中，可知不论是整个中国医学或其下重要的分支专技（如幼科），自宋而明清，都有一个记案立据的传统。而这个绵延六七百年（公元12至18、19世纪）的载录传统中，所谓“案类”资料，不论是名实之变如何曲折（从有实而无名渐趋实至名归，由名实各异到形制内容之划一），盛衰之势（案类宋明由无渐有，由少转多，而明清又由盛转弱，由创制编纂到机械性地重辑滥售），质量、形式、内容各方面如何变化，一一回顾，细细分析时必须兼顾这些文字资料记载之体裁（书写形式）之转变与其实际功能（知识内容）之发展。这层厘清，狭义而言与科技上客观、实证性叙述或主观、杜撰性渲染间的界分有关。更宏观、长远地看，其实与知识论上所谓广义的“科学精神”、历史上的“进步理念”乃至晚近“近代性”（modernity）等辩论均密不可分。

西方学界当下对于各类证据式资料之讨论[④]，尤其是医学文献中“案类型”

①参见《古今图书集成》（台北：鼎文书局，1985），页5010–5067。

②同上，页4728–4817。

③同上，页4519–4530。

④“中研院”明清研究会于2000年12月28日（星期四）举办“让证据说话：案类在中国”学术研讨会，会后，由麦田出版成果并择译西方相关论著一本，以为文倡。题为“让证据说话——案类在西方”，在此书中，选译了如下之文章：Lorraine Daston, “Marvelous Facts and Miraculous Evidence in Modern Europe,” in *Questions of Evidence: Proof, Practice, and Persuasion across the Disciplines*, ed. By James Chandler, Arnold I. Davidson, and Harry Harootunian（Chicago: University of Chicago Press, 1994）, pp. 243–274; Julia Epstein, “Case History and Case Fiction,” in *Altered Condition: disease, medicine, and storytelling*（New York: Routledge, 1995）, pp. 57–75; Albert R. Jonsen and Stephen Toulmin, “Prologue: The Problem,” and “Theory and Practice,” in *The Abuse of Casuistry: A History of Moral Reasoning*（Berkeley: University of （转下页）

资料之发展与流变[1]，特别举出此绵长之凭案论证，依据立说的传统，在近代后的一路发展与整个社会大环境之结构性、制度面变化，及文化论述上的新价值取向，都是一体之诸面。而这个最近一二百年的多面历史发展中，历史渊源虽远，但案类式文献之说理与知识权威之树立，则一方面衍自整个西方科技知识在近代之兴起，另一方面还与西方叙述说理方式之演变，以及大量"客观"记录所造成信息上的"集体效度"很有关系。也就是说，这类知识凭案论证而假设其对听众、读者会带来某种自然而然的说服力，是因为近代科技式思潮与重视统计、数据式证据的流风余韵（即大家一般所称的近代式"实证精神"），在19、20世纪间，不知不觉已由专家间的激辩化为毋庸置疑的普遍"信仰"。因之，案类式的资讯在社会文化上乃挟威力愈大，也愈来愈成必备。一方面成了某种特别有价值的信息（即便枯燥乏味而艰涩难懂），另一方面又是各种现代化职场、日常工作中不可或缺的一种保存资料、载录活动的格式。

由此角度重新回顾过去数世纪来中国幼科案类型文献所透露的专业或一般信息，所经历的发展轨迹，所凭仗使力的文化场域，以及所滋生的学理与宣传上效应，尤饶错综复杂之趣。首先，作为某种"古典型"（非现代或近代以前）的实证性记载而言，近世幼科案类资料虽则书写风格与内容组成与后代类似文献有别，但在性质、功能上却相当接近任何"实证性文书"。也就是说，这些医者临证当时或事后所留下的个别案例，基本上是当时文化理解里的某一种"应用学科"的记录。目的在借具体个别案例之载录，积累经验，与原先传承之理论假说相印证，彼此间形成一个交叉检验的知识网络。同时聚少成多，最后于时序和数量上构成一种集体论说与相互质疑的力量，从而成为业者树立个人、专业权威与门派声势之基石。

因之，幼科一如整个医学，其案例与医论，案例与医方（不论单方、复方、秘方、验方、经方、口诀），一如医论对于医方，彼此间永远存在一种交相辩

（接上页）California Press, 1988）, pp. 1-46; Cass R, Sunstein, "Analogical Reasoning," in *Legal Reasoning and Political Conflict*（New York: Oxford University Press, 1996）, pp. 62-100; Nancy Harrowitz, "The Body of the Detective Model: Charles S, Peirce and Edgar Allan Poe," in *The Sign of Three: Dupin, Holmes, Peirce*, ed. By Umberto Eco & Thomas A. Sebeok（Bloomington: Indiana University Press, 1983）, pp. 179-197; Ian Hacking, "Opinion," "Evidence," and "Sign," in *The Emergence of Probability: A Philosophical Study of Early Ideas About Probability, Induction and Statistical Inferrence*（London: Cambridge University Press 1975）, pp. 18-48. 编按：会议论文后结集为《让证据说话：中国篇》（台北：麦田出版公司，2001年8月）。选译的西方相关文章则题为《让证据说话：对话篇》（台北：麦田出版公司，2002年1月）。

①请参阅：Julia Epstein, "Case History and Case Fictioin," in Altered Condition: disease, medicine, and storytelling（New York: Routledge, 1995）, pp. 57-75.

驳，又互相支撑、互为辅佐的关系。而这一恒久鼎足而三、互动互系的关系，正是形成当时传统中国医疗文化及医学论述的最重要主轴。不但医论中谈的病因、症状（主证、次证、兼证）靠具体案例来支持，实际上也可以说是案例个别经验在背后长期之聚集，一方面验证处方之功效，另一方面精练后概念化也可抽象升华成为医论。换言之，医疗知识与照料技术上的更迭变化，化为实践，其实也就是案例间所看到的个别疗程与疗效，在证明、强化或挑战、推翻流行医学思想、治疗处方上的原有预设、旧日权威。幼科医学上以近世医者之经验、累积之案例，质疑而更新过去医论的例子比比皆是。粗略而观，中国医疗文化过去虽易予人一万变不离其宗的陈滞印象，在推动科技近代化与以全盘西化为进步论者的口中，更是长久僵化难动的千年落后、封建、非理性之残余。但细查其内部肌理，波澜变动绝非罕见。而这个具体而动态的医疗文化图像，借案例较循医理、药方所见之情景，尤为微细鲜活。种种医者带有疑怯之尝试，与夹着实践经验的论说，交织成了所谓传统中医疗文化理论、传承的一个叙说面，与试验、活动的另一个叙说面。两个叙说面的交融，才合成了中医之混成（embodiment），和论述（discourse）之文化上的呈现（cultural representation）。

举例来说，当宋代不知名的医者，在数百年“脐风”“胎毒”说的笼罩下，提出新生儿之出世第四日出现而三天后殇亡的疾病（当时多称为“四六风”或“四七风”），仔细观察起来，与“大人因有破伤而感风”[①]，其实罹病过程，表现之症状变化，殊无二致。从而由疡科处理外伤伤口之习，辗转研发得一“烙脐”封口的主意。就是在“实证精神”指引下的具体观察，对过去“传统理论”所冲出的一个重要决口。这个挑战旧说的新理，目前未见个别案例为佐，当时也未尝能以短时间反复验证而说服所有幼医、村妪。但据宋至元明幼医对新生儿断脐方法，新旧说交陈并列之大势，以及民间口诀之发展走向来看，脐风之新说终而缓缓取代旧论。其背后以积累实例、具体观察支撑新见的风格，与近代科技发展上所谓之实证原则（empirical principle）相当近似，其间若有古今东西之别，应非重点。而这种论证、说理的方式，既挟有论辩上的说服力，是否也就代表至少在宋至明清的医疗文化中，不论专家与庶民，对任何个别争议、理论或传说（如“脐风”），虽不免有沿袭之成见，却也可能秉持具体实证向之挑战。因而整个大论述之系统与知识可能保持若干“开放”与“松动”之契机？我们可以就此而揣测“传统”文化中“近代”萌动之机关吗？

---

①见《小儿卫生总微论方》，卷1，页9，14–15；另见熊秉真，《新生儿照护》，本书第六章。

再举一例：风行中医千年以上的婴儿"变蒸"之说，16世纪因少数医者援证推理，而受撼动摇。这个魏晋隋唐医籍上人云亦云的"变蒸"理论，对出生婴儿前两年生理上的阶段性发育，提出一套数字式的排比与揣测（每三十二日一变、六十四日一蒸则渐生脏腑等）。[①]后数百年临证医生虽不乏对此套精美的机械性推理瞠呼其后者，但始终没能举出任何有力的反证，以为挑战。到了明代中叶，医界闻人孙一奎（1522—1619）于其名著《赤水元珠》（1584）一书的《赤水元珠·变蒸》篇中，却提出了一些基于观察的疑问。他先以己度（自谦"愚谓"）与旧论（称为"古谓"，然仅举其要旨"大意"）相对，最后则执临床经验为推翻旧说之基础，说：

> 观今之婴孩，未尝月月如其（变蒸之说）所云，三十二日必一变，六十四日必一蒸也。发寒热者，百仅一二耳。间或有之，亦不过将息失宜，或伤风伤乳而偶与时会耳。……昔谓生脏生腑之助，则甚谬也，不辩自知。[②]

孙氏此处认为"不辩自知"的长年谬误，是建立在他"观今之婴孩"的案类式推理之上的。而且他的理之直、气之壮，是建立在他对其读者（不论是同业之医家或有识之民众）自然会听信、折服这种"案类型"推理的信念之上。

再过40年左右，晚明另一儒医张介宾（1563—1640）在《景岳全书》中也发表了他对旧日婴儿变蒸说的质疑，以：

> 小儿病与不病，余所见所治者盖亦不少。凡属违和，则不因外感，必以内伤。初未闻有无因而病者，岂真变蒸之谓耶？又见保护得宜，而自生至长毫无疾痛者不少，亦又何也？虽有暗变之说，终亦不能信然。[③]

所以张氏的动摇"变蒸"旧说，凭仗的也是他"所见所治"案例之综合，

①参阅熊秉真，《婴幼儿生理》，本书第八章。

②［明］孙一奎，《赤水元珠》（台北：台湾商务印书馆，1983），卷25，页25-27。

③［明］张介宾，《景岳全书》（台北：台湾商务印书馆，1983），卷41，页26-29，收入《景印文渊阁四库全书》（台北：台湾商务印书馆，1983），子部八十四，医家类，页109-110。

使他归纳得了一个“以余观之，则似有未必然者”的新结论。[①]不论孙一奎以“百仅一二”之比例，怀疑“变蒸”说的不可靠，或者张介宾考虑“小儿病与不病”，“初未闻有无因而病”，倒有“不少”“自生至长毫无疾痛者”，以为“暗变”之说“不能信”，其立论成说的着力点、坚持的都是一种对“案据确凿”“聚少成多”，让证据说话的态度。

今日再回顾这些世代累积的案类证据、案类式推理说理，当然透露的信息非止一端。就其内容所反映的情事而言，既可见历代医者之活动与医疗发展轨迹，亦可间知疾病健康在中国不同地域间的盘踞与发展。就其书写技巧、叙说体例而言，亦有相当偏重实证、理性，就是记事上“科技式书写”，以及夹叙夹说，载录与情节混用，编织所成的一篇篇动人而带有几分传奇的“医疗故事”。所以，一方面，我们可以将所有的医学案类资料汇集整理，勾画出一个中国医疗疾病史某种面向之梗概。另一方面也可以深入剖析、反复推敲这种特殊的叙说传统，作为一种“文化生产”，其所显示的说理手法，理解、说服上的技巧与心态，乃至更宽广的一个酝生、托出这一番理解、叙说方式，其周边的文化体系、社会生态。

就前者而言，以近世中国的幼医为例。因为宋代以来“专理小儿科”[②]的业者逐渐遍及南北集镇、街市，其触诊所及固以富贵中上人家子弟为多，亦颇有贫贱告急者（《清明上河图》招牌下乃有“贫不计利”四个小字）。因而重要、明显的儿童健康问题，不易脱其眼底，多少留下些蛛丝马迹。16到19世纪间，天花肆虐中国，痘疹医书之案类载记，当如此作并列齐观。[③]黑死病横行欧洲时，中国史书医籍虽有各种“疫疾”猖獗，但不见类似腺型鼠疫全面爆发之描写，案类文书载录上之付之阙如，不能不视为一个重要的间接线索。

反面而观之，以当今流行病学的眼光来衡量，中国的医籍和案类记载虽常会记载、保存、流传个别病人的求诊记录，却没有“每案必录”“回回记载”的习惯。因之，综而观之，固有助于提供具体疾病“发生”（incidence）之信息，却很难据之而得到任何盛行率或罹患之流行性（prevalence）方面精确的估计。也就是说，我们比较容易从这些描述性统计资料中得到儿童健康形态、疾病之

① [明] 张介宾，《景岳全书》（台北：台湾商务印书馆，1983），卷41，页26–29，收入《景印文渊阁四库全书》（台北：台湾商务印书馆，1983），子部八十四，医家类，页109–110。

②《清明上河图》中所示幼医诊所招牌用语。

③参见熊秉真，《且趋且避——传统中国因应痘疹间的暧昧与神奇》，《汉学研究》，16卷2期，页285–315。

大势，却不易掌握准确的、基于数字统计式（mathematical statistics）的景象。这中间的问题，不只涉及古今疾病病名同异、疾病与健康的文化定义、社会意涵上的经常转换，更涉及载录医疗类信息的书写习惯，叙说性质上的古今之变。

让我们再举一些近世幼科上较突出的例子做说明。中国幼科医籍有七八百年常谈小儿“疳”的问题[①]，这个包含各种“缺乏性疾病”（deficiency diseases）问题在内的健康与疾病概念，本身在近世中国就经历了相当曲折的变化。而从其“案类”型载记与医论、医方中窥见之情况合并揣摩，可推知此健康问题在明清社会间显然牵扯出不少贫富贵贱子女健康走势不同的“阶级”之别的问题。概括言之，富家幼儿据载因多食肥甘，不能消化，常成“疳积”。贫家子女则确罹饥馑、饮食供应严重不足，也可能出现同样虚弱无力、精神倦怠、无法承受米水的情况。至于中等家庭之儿童，则不乏父母纵溺，饮食不当，甚至过用医药，竟因药饵伤害（当时称为“药伤”）致现“疳”症。[②]这是参佐案类记载，可以侧忖的“实证”型信息之一。

再举近世小儿“惊风”的医、病与载记间的复杂辩证关系为另一例。漫长历史中，医疗方针、疾病文化的形态、定义，各自都不断发生着或多或少、或快或慢的变化。同时，叙说、登录、流传这些现象与活动的载记性文体，又承受另外一些因素影响，衍生出形形色色、大大小小的转变。两方面变化交织，就可能出现种种复杂情事，非单线式追踪、理解、陈述的史学故技容易捕捉。至少7世纪、8世纪以后延续了千年以上的有关小儿“惊风”的各种报道，到了13世纪、14世纪，突然在文献上呈现一度中断的迹象。细考其背后缘故，意会到原来这类案例叙说上的忽然销声匿迹，未必来自此类儿童健康问题（如突受惊吓、急性抽搐等）本身的消长，实与13世纪初部分医者开始视小儿“受惊”与“抽搐”为两方面不同的现象有关（有点类似晚近对“精神性”异常与“神经性”病变的粗类分划），因将前者案例挪出此项之外，另归其他项类讨论，造成此类信息在“量”上的明显陨落和某种“质”上的细部变迁。[③]

因之若将中国医学中带有“案类推理”信息——即凭个别病患之疾病及诊疗资料，思索医学上的问题——全部视为一种资料之整体，而尝试做某种文化

①虽则“疳”非儿童专属疾病，有关这方面之问题讨论可参阅熊秉真，《疳——中国近世儿童的疾病与健康研究之二》，《“中研院”近代史研究所集刊》，24期上册（1995年6月），页263-294。

②见熊秉真，《疳——中国近世儿童的疾病与健康研究之二》，页263-294。

③见熊秉真，《惊风：中国近世儿童疾病研究之一》，《汉学研究》，13卷第2期，页188-194。

生产现象之解码或判读的话，需要纳入考虑范围的问题确实很多，内情也常出人意表。然此演练过程可以导引、解释出来的关于医、病等社会、文化动态，不谓不丰盈而可喜，且非他径易代。即如上述小儿“惊风”个案记载所引出的实情与争辩，内部曲折繁复，有些情况不易完全断定，却十分引人。如将幼医文献载述“惊风”个别案例与医论中相关论述做长期观察比对，所得之景象与疑问，其实提供出一个历史认识上相当开放的思辨空间。万全在谈“急惊风有三因”的议论中，细叙了他自己初习医未出道时遇到的一个棘手例子。在有几分惊险的情况下，以灸艾与“家传治惊方”救苏了一位两岁“发搐致死”的幼儿。当时（15世纪）在他三代挂“万氏幼科”之牌的湖北省罗田县，这位年轻幼医的表现据他自称颇让正传业给他的父亲（菊轩先生）宽怀。万老先生对儿子这番表现引以为傲，向其母赞叹曰：“吾有子矣。”[①]但是三百年后的幼科医籍《福幼编》的刊刻序言上，庄一夔却抱怨“世之医者，妄云小儿无补法”，遗祸幼儿。所举的例证，是医者对“身热恶食”“遭风寒外邪”之小儿，动辄施以苦寒祛风之药，导致出汗伤胃。受此消伐，慢惊由致。却“不亟思补偏救弊之法……杀人毒手，未有惨于此者”[②]。以这前后两项意有所指的“惊风”实证文献相比，反思过去近世幼医传言“急惊风十生一死，慢惊风十死一生”之说[③]，是否暗示幼儿的疾病、健康，与幼医的医疗文化、医学叙说在这段时间都发生了相当的转变？以致万全在16世纪救亡图存的成功，颇得其业医之父的赞赏。同时像他一般对急慢惊风看法与诊治的发展，一则造成了后世庄一夔描述的“慢惊之症，源于小儿吐泻得之为最多。或久虐久痢，或痘后疹后。或因风寒饮食积滞……或因急惊而用药攻降太甚，或失于调理，皆可致此症也”[④]。也就是说，庄氏的叙说中，各种近世幼儿流行重症的后遗症，加上药饵之伤，汇成了18世纪常见的慢惊之症的大势，已不是12世纪以后钱乙所说小儿急性发热抽搐（当时所称“急惊”）拖延而致（故死亡率奇高，而诸医束手）的景况。案例内情之变化，与疾病、健康、医疗、叙说间的缘由牵扯，丝缕如此纷杂，判断自然曲折而不易。也许正是万全等元明医者在钱乙的提示和研发之下，扭转了小儿急慢惊风发病之形

---

① ［明］万全，《幼科发挥》，卷1，页21–22；熊秉真，《安恙》，页61。

② ［清］庄一夔，《福幼编序》，《保婴要言》（台北：森生出版社，1989），页28；熊秉真，《安恙》，页61–62。

③［明］姚广孝等编，《小儿急惊风》，《永乐大典》，卷978，页3；及［明］虞搏，《急慢惊风论》，《医学正传》（《集成》，卷426，页1136–1137）。

④ ［清］庄一夔，《治慢惊风心得神方》，《保婴要言》，页32–33。

态与趋势，才同时改写了后来清代医者的立论之基（包括旧式急惊演变为“慢惊”类型之式微，新式幼科流行病肆虐余绪，与并行的江浙温补派医者借之抨论寒凉、攻下派用药之误。）

学者循迹断事，有谓不过是一种带有涵养功夫的揣测（educated guess work）。上述医病实况与叙说技巧的相互作用又同时质变，既提供了案情复杂的案类文献产生时的多重肌理，同时也营造出层层后世读者重新造访古迹、阅读记录时的文化屏障与渠道。今再以近世幼儿“吐”“痢”二症之实证式书写为例，试析此中玄机。今若综理实案病历，12到13世纪及16到17世纪的两大时段中，小儿“吐”的载记议论频频皆是。案例文献中，许多是伴随发烧和腹泻的类似急性呕吐描述，不断出现在中国境内南北各地区的幼医记录之中，夏季尤其显著。过去医家往往夹叙夹议间，将之归咎于病家于伏暑之时纵容幼儿摄取生冷。此类之载记，应视为中国物质生活与环境变化互动之音讯，抑或杂有医学概念、医药文化、医科论述，乃至影响所及的载录习惯之演变？后代史家是否可举之对照当时饮食烹饪习俗变迁之其他资料，拼凑窥见近世幼儿之健康如何于生物、物质与文化（包括医疗）的多重变化中，得其喘息生长之契机，同时亦直接、间接透露并影响其处境际遇之大势？史学另要更进层楼思索上述这类疑惑，案类资料，连同对其优劣长短种种特质之揣摩，是至今少用却不能不屑的一种微妙的工具与隐性宝藏。

无款《升平乐事》（第七开）

幼龄男女，游乐庭院，各执其钟爱玩偶灯具，固为令人艳羡之良辰美景，也透露显现出近世家族传承之文化愿景，与背后真切的推动力。

台北故宫博物院编辑委员会编，《婴戏图》（台北故宫博物院，1990），页44

幼医绵长的有关小儿“泻”与“痢”载记中，一到13、14世纪后，直至16世纪中，小儿急慢性腹泻病历逐渐增长。其资料面趋势，除可能夹杂医学概念、文化论述方面的变革外，是否也可能透露着某种小儿下消化道流行疾病演化之景象？甚至不排除外在物质、生物环境量变与质变之因素？16世纪中，“泻”与“痢”的记述中，某种季节性发作剧烈的“时疫痢”和“疫毒痢”浮现幼医文献，指为暑后秋冬之际常见之小儿疾疫。相关医案，屡见不鲜。其间固有近世医籍间彼此传抄之故，也确有不少坊间医家新作与诊疗记录，代表某种当时的田野记录与临诊实况。这类资料，从近世中国幼儿健康与医疗史的角度上，当作如何之阅读？从晚近“社会生态学”与历史人类学，乃至环境生物史的立场，又可能为后世携来何等之信息？人口史上幼龄人口之疫疾演变大势，是历史学者可以、愿意涉足的新领域吗？由古而今，生物、微生物在任何一地域、社群中，与社会、文化、物质、人群之互动，是史学上应该扩大考虑的范围吗？中国历史之变迁，有没有属于“物”“生物”，乃至“微生物”活动的一个面向？至今乏人问津，但未来人文、社会与自然学者若重新整队出发，此类问惑之疑仍会是全然缥缈、抽象的问题吗？

六、结语

上文对数百年来中医幼科案类文献的衍生、发展，不免叨絮，却难数尽其间曲折情致，更难窥清背后千年以上中国医疗健康个案记录面貌之种种。然而，绵延婉转之大势依稀可见：这是一种既带有代代内在“传承”，同时又不断展现其叙说“传奇”的特殊文化载体。

就其“实证”气质而言，姑不论《史记·扁鹊仓公列传》中所载淳于意的数十件疗治经历，即自宋代以后，阎季忠为钱乙所留下的“尝所治证”中，幼科案类书写的发生与传统即渐见“职业性”与“叙说性”上的双重滥觞。此一面貌，在明代幼医盛展之际，由万全、薛铠的案类载记，可见各种不同变化。不论娓娓道来，或简扼摘述，医案类文献到了16世纪，名实俱存，在职场与流传上功能与影响互彰。医者论其要旨时虽未必全衷一是，却无人不晓其“市场”“效益”所系。不论是喻昌的《寓意草》或江瓘《名医类案》，都更进一步表达了中医案类文献在明清时期“专业供应”与“广大需求”间不断互援的消息。由之，文献书写、组织内容或文化论述上，幼科医案或一般医案，均有其值得再论再析之“传承”。也就是说，这番多重意义的医疗案类记录，毫无疑问带有某种技术类（过去所说的“方技”式）文献不能没有的特殊“实用”与“实证”，甚或“科学”气质。

然而从微观与个别例证的角度，一一检视这些林林总总的案例文献，不论是第一人称的自载，或第三人称事后的追述，不论文体上是曲折丰盈或简单明了，这些“传统”时期中国医疗科技类案例，又往往带有极高的“故事”性，与传奇式的趣味色彩。这些与现代医疗案例相形之下显得特别“多余”“主观”与“非理性”，因之容易被斥为“不甚科学”（无味、无嗅、无菌、方程式般的标准化记载）。万全述其治疗案例，特别嘱告读者，与他看法不同的另一位医家其实彼此间尝有夙怨（因之不怀好意而意见特别不可靠？），薛氏父子案例虽多半走向利落之制式记载，偶或仍有长篇叙说治疗自家亲人孩儿的“动人”细节。16世纪以后，案类资料对医家诊断、辩论、传艺、上市等具体功用已十分明显。种种论其精义、形式、标准的意见也此起彼落。但这些要求大家（作者、读者、商人、专家）重其理性特质、科技“传承”的声音，一时也尚未压倒或制伏种种“传奇”性展演之声音。当时最有威望的医界权威，如张介宾，其循案辩证精神，似乎完全不忤个人偶然传奇式的叙事习惯。同时朱丹溪、孙一奎等儒医式的哲理、笔记小说家般的挥洒，好像也丝毫无损其经验、资讯在医药“科技”界不容小视的客观价值或崇高地位。

这形形色色的现象，诚然都属于一个“前近代”的世界。是否在近代的科技文化或社会意识规制中，一度被抨击而失势，遂如滔浪之去，永远不复能返？如今于现代时空或近尾声之际，又将对大家展演何许另类神态，向着种种陈旧或者亘存古典的人文——与科技——情致，表达如何一番姿势？

现代中国，科学、民主之呼声曾挟理性、实证之浪潮，凌御天下，一度势不可挡。顿时一并席卷了大众的求知理性与消费感性。胡适高举全盘西化之大纛时，也曾嘶喊：“有几分证据，说几分话，有七分证据，不说八分话。”并以英式实证主义为人类普世清醒之先驱，直指欧美贤哲如罗素（B. Russell）、杜威（J. Dewey）以前，愚昧黑暗之中国且全不知逻辑推理、实证精神为何物。如今重思全球现代此种特殊形制下的存证、推理、求知之信仰，上溯向时明清或更早案类文献及其背后认知系统之思想脉络、实务渊源，细索其周边更宽广的社会文化环境。一方面在时间刻度映照下，对人类理性认知之各种专执，可有一番不同的“知己知彼”的了然。同时，重览百千年来各种不同案类文书，无论其形制、内容、功能、用意，都可能既持其特殊行业、领域之传承，复不免兼有叙述事故原委时抛出的一股“传奇”神韵。这知性传承与感性传奇两股力量的杂糅，不断以各种组合，现身于中国医案文献，同时亦展露于禅宗公案、宋明学案、近世刑案，乃及卜算星案，甚至间而托出了公案戏曲与案类笔记小说的诞生。[①]其间情致，显然是古已有之，于今未息。这些重要的案类文献之文化生产，作者间彼此对对方的专业心知肚明，常有借鉴较技之心，职业或信息市场遂有竞争援引之意。再加上许多不以“案”为名，却自带有“案类”性质的书写（最明显的是史籍、传记，及其他艺技之个案卷宗），丝丝入扣，主客因素交错，远近环境互倚，形成了中国往时“论证”与“凭据”在资料与思考双方面共同营构而成的一个推理文化的世界。

①参见李玉珍，《禅宗文学之公案：佛教证悟经验之宋代新诠》；邱澎生，《明清“刑案汇编”的作者与读者》；朱鸿林，《学案类著作的性质》；张哲嘉，《中国星命学中案例的运用——以〈古今图书集成〉所收书为中心》；王瑗玲，《明末清初公案剧之艺术特质与文化意涵》；何大安，《论“案”“按”的语源及案类文体的篇章构成》。以上诸文，均发表于“让证据说话：案类在中国”学术研讨会（“中研院”近代史研究所主办，2000年12月28日）。

第四章

幼科医学的区域特性

近代史学原跻身于国家民族学术发展之一端，且为民族国家教育文化事业之一途，因之，科学史、医学史之钻研，人口健康疫病之变化，虽则常不守国土疆界之规划，但其背后史学研究之思维习惯常仍以国家为考虑单位，当然，医疗与健康，不论婴幼男女，往往也受制度、风俗之影响，而制度风俗确有社群地域之别，古今皆然。

此章之作，原欲讨论的"幼科医学"与"儿童健康"上所显示的区域性变化，所想的是一般泛指的中国境内东西南北各个大的地方板块。在将一手材料梳理之后，才意识到这个习惯讨论的问题，其空间范畴即现今地理学上所见之"东亚大陆板块"(Continental East Asia)，固以"中原"(China Proper)为主要活动区域，但是因为传统"汉医"(Traditional Chinese Medicine)，其医疗与本草学知识与临证诊治技法，流传于东亚、韩日与越南北部，所以若要更信实地讨论近世此一大范围内，其幼科医学与儿童健康发展所显示的分支变化，理想上应包括对明清帝国疆域外，在现今学者所称"汉字文化圈"内相关的发展。

下文之讨论，不过可示在中国境内黄河与长江流域，由汉唐而宋元，因帝国重心南移，在"宋元明过渡期"(Sung-Yuan-Ming Transition)，即金元医疗走势大变，尤其明清时期南方"温补"之说取代"寒凉攻下"之习以后，对宋元以后兴起的幼科医疗，以及明清人口剧增后婴幼健康发展之大势，在南北东西中国境内所见之图像。分析考虑，一则可为他地延伸性研究之参考，再则与中国及东亚区域之外，近东、欧洲其他地区萌生状况不同地区，儿童健康与区域环境之间的关系，亦可有些相关之比较。

一、前言

人类科技与文明的发展，一向受时地因素的影响。所以科学与技术等初看来似乎性质相当客观的活动，放在长远广大的历史轨迹中细细品味，就会发现其发展，其实与伦理、文艺、哲学一样，常反映出不同时间与地区人的价值观、兴趣趋向，与该时该地许多相关的物质条件与文化环境。就医学这样一个被奉为近世科学精神表率的学科，其进展仍离不开人文传统与自然环境的交错交相作用。从近代的西医，固然可见文艺复兴以来，意大利与后来的法、英、美医学界人士努力的方向，显示当时知识分子信念所系。另一方面也是针对着各地方、各阶段面临的特殊疾病与生态状况而发。其医学发展的成果，诚不乏普世价值，然事后追溯其步步摸索的轨迹，亦颇可显现其文化思想上的特殊性。数千年来医学在中国的孕育成长，可见类似人文与自然力量的另一个作用，这是从时间的角度可以观察得到的。

从空间的角度审视，钻研中国历史面貌中任何一端者，久之多不免为其涵盖地域之辽阔所慑。近来习中国史者，不但亟欲厘清上古至今中国文明发展上之各阶段特征，更深觉应该细究“空间”的因素对此推衍所起的作用。本章即拟以清代的幼科医学为例，试分析其在医理、医技、医方与专长科目等方面所表现的区域特性。

进入正题以前，应对此题目的若干范畴性问题，及所使用的材料和方法，先做简单的界定。一则是题目“幼科医学”中的“医学”二字，主要着重的是医学发展与医学研究成果。因讨论任何一时一地的医学时，其“医学研究”与该社会当时所实行的“医疗事业”虽则相关，但不完全相同，讨论时不应混为一谈。因为从事这两方面工作之人员常属于两群不同的人士，他们各自属于不同的文化传统，各有不同的师承关系与传播消息、演进技术的方法，而且对整个医学与健康也因注重不同的理念与实践，涉及两层次种种不同的条件因素，多半衍生出很不同的关心重点与发展的内容、路线。用心于西方科学发展史的学者，一再强调任何学科都有所谓的“学者传统”和“工匠传统”，就医学发展史而言，前者常是一些以学校教育或学院派、书生式的方法研习医学，并从学理的角度对发掘医疗疾病上的新问题，有特别兴趣的人；而后者则是一些治病为业，师徒相授，以卖艺谋生为主的人。这两层人士的关系，可疏可密，彼此间也或有变通，对长远的医学发展有不同的影响与贡献。[①]而本文所谓的“幼科医学”，多半关心的是当时幼科医学在学理、医方上的发展，重点不在普遍讨论当时幼科治疗工作在各地的状况。后者诚然也是一个非常重要而有趣的题目，但若要并在此处一块儿分析，恐怕容易造成更多的混淆，除非将来能有机会对中国近代的医学发展与医疗工作做一单独的说明，否则以一章内容而言，也许无法两者兼顾。

其次，稍微介绍一下这章内容所使用的资料。除了一般性有关中国近三五百年来学术文化发展与物质生态环境的论述之外，本文所倚赖的原始材料，是宋明以来的中医医书，尤其是幼科方面的专著。在工作方法上，除了不忘比较文化史及比较医学史的关怀外，基本上采用“典籍分析”的方法，尝试发掘这数百医书背后所显示的“区域性”特征。

---

①参见Stephen Mason, *A History of the Sciences*（N.Y.: Collier Books, 1962）, Part Three, pp. 214–216.

言及于此，必须再对使用材料的性质与作者的背景，做进一步说明。宋明以来有关医药方面的著作，从纯理论到顾及实际需要，可分为三个类型。第一类是一些儒者对医药或人体健康问题，因学理和观念的兴趣，产生许多“好谈医道之士”的作品。这些作品，论微说精，讲五运六气、阴阳五行的道理，着重在把人生疾病与宇宙天道运转生息的关系，做具体而微的发挥。第二类是立意发展医学的实用医书，对当时临床经验及医理见解并重，并设法结合临床问题和医学理论与技术，谋求建立合理有效的办法。第三类是接近于江湖郎中的卖艺手册。这些小本的医疗用书，以谋生济急为主要考虑，兼及巫鬼之方。三类资料中，第二类作品适为主要分析对象，第一类及第三类的材料可作为辅助，显示当时医学思想倾向与医疗潮流之大势。

实际上，宋明以来有关医学的作品，较重要的也属于这第二类著作，即当时所称的“医书”。这些医书对呈现中国医学发展的多样性与丰富性，是最直接史料，从其中也最容易了解所谓“区域特性”的特征。不过略微思索一下，这部分材料与医学发展上的“学者”与“工匠”两个传统时，会发觉中国的情况，尤其是到了明清，已经相当复杂。因为宋代以来，中国社会中的读书人对医药与健康兴趣很普遍。[①]医学界因有所谓“儒医”。其实“儒医”一称，在正式制度上，是源于宋代（11世纪）以后，国家医学考试中加入有关经学与文学的科目，社会从而恭维通过此等儒、医兼备的政府考试的人为“儒医”[②]。不过后来习称的“儒医”，已成流行而广义化的一个敬称，意指“有学问有修养的医生”。这类医生仔细辨认起来，还包括两种不同类型。一是纯粹“学者型”，对医学私下有兴趣的人。这些人多半有科举头衔，官居流宦或名重士林，属于社会上的显达人士，因为个人事亲需要或目睹时疫，在孝慈济世、养生等个人或偶发因素下，对医道医术产生了“业余”兴趣。他们着重书本上的医学知识，是其研习医学主要途径。但因只偶受人之托而施医术，所以临床经验比较有限。医理

①中国传统虽有“不为良相，则为良医”，及汉代贾谊所说的“至人不居朝廷，必隐于医”等说法，但医疗事业实质上，亦如上述所喻，是学与仕之余的次等选择，遍览传统时期医家的传记资料，绝大多数会提及谋举业不成，乃习医糊口。另外一大背景是传统中国因孝道上的要求，期望有识之士亦能亲侍汤药，即所谓“儒门事亲”之理，因而以钻研医学为癖好的儒者中，多有因亲疾之需而引起。当然，这两个途径却不一定会影响医学的绝对品质，无论因何理由接触医学的人士，都可能有认真的兴趣，而推展出一些成果。

②参见鲁仁辑，《太医院志》，载《中和月刊》3卷6期（民国三十一年［1942］），页24–35；Joseph Needham, “China and the Origin of Qualifying Medical Examinations in Medicine,” in Needham, *Clerks and Craftsmen in China and the West*（Cambridge University Press, 1970）, pp. 379–395.

用药上固偶有创见，然多半讲理论过于实际。不过在民间谙于医药的人士中，这第一种“儒医”却声名最高。正是因为他们不轻易诊疗，所谓的治病为义不谋利。近世中国民众也尊为“儒医”的另一种人士，是一些世代业医的专业医生。因其行医，不如泛泛“庸医”，或江湖郎中式的“铃医”，只为糊口。这些悬壶数代，在地方上略有声名的专业医生，熟读历代医经与医书，有书本知识基础。加上数代职业世袭，累积百年以上的临床经验。文字素养本来相当高，也勤于医学方面的纂辑著述，社会上就尊他们为“儒医”或者“名医”[①]。在专业竞争和钻研精神催促之下，常对发展某一专科医学有很高的成就。他们排比医书，录下特具心得的药方、医案，著作十分丰富，最容易显示地方性特质，也是近世中国医学上创意相当高的一群人。

二、唐宋以来中国的医学与儿科的滥觞

中国的医学，发源极早，源远流长，在世界数大医学传统中独具一格。有三项尤值一提的特色：一是正如中国文明中许多其他活动一般，上古时期，中国医学的发展已纳入官方统辖范围。官方有组织的管理，在此后两三千年或正或负，对医文化的发展都发生了直接影响。殷商及西周的记录不论外，东周列国朝廷都礼遇、延聘医者。早在秦汉帝国创立之初，已有官立的太医署。太医署之备，固然主要为皇室及达官服务，但对吸收民间医师与医学知识，整理发展医药学问，仍发挥了重要功能。隋唐之后，更有政府规划的国家医学教育，分属国子监与太学，并设医学考试制度，以管制医疗人员品质，兼而推动地方医药与卫生行政。在官方医疗制度上，领先许多世界古文明。[②]历代出身太医院、国家医学教育与考试制度的御医，其下率有医师、医匠与政府派驻各地的医官，品质较为齐整。许多出身业医，得太医荣衔或带官方身份后，声名日隆，与儒医、庸医、铃医等民间力量，成鲜明对比。历代政府常用朝廷之力编辑大部医书，从唐朝孙思邈著《千金方》，到北宋徽宗时号称集全国医界耆老所成的《太平惠

---

① 关于传统中医的种类、名称、其培养过程、从医背景与医生的社会地位，亦可参见马堪温的一篇专论《历史上的医生》，载《中华医史杂志》，16卷1期（北京，1986），页1–11。可参考Paul Unschuld, *Medical Ethics in Imperial China*（University of California Press, 1979）。对这些传统医界人士的身份界定及同作者，Paul Unsohuld, *Medicine in China: A History of Ideas*（University of California Press,1985）, pp. 189–223. 对他们角色及医学思想的讨论。

② Joseph Needham, “China and the Origin of Qualifying Medical Examinations in Medicine.”

民医药局方》，乃至清的《医宗金鉴》《古今图书集成·医部》等，都代表国家示范性提倡与推展医学的力量，也常激起在野名医与之挑战对质的兴趣。

中国医学传统第二个值得一谈的特色，是基本理论上认为人生之健康、疾病等征象，不过是一个完整有机体之部分反映。视生理上的各种现象为一息息相关之全体[①]，因讲经络相通之说。[②]故虽有局部治疗，但更常用"声东击西"的办法，以其深信人体内外机能与表现迹象，声息相通，互为关联，故特别努力分辨治标治本的功夫。宋元之后，对治本医学，崇仰日深。这种信念，视人体脏腑发肤之健康，为休戚相关的一个整体，根植于中国上古的一种特殊的宇宙人生观。这宇宙人生观对自然界之生生不已，持一声息相通的看法，进而从宏观的宇宙论转为微观的人体机能论。以人身为一具体而微的小型宇宙，代表中国的自然哲学、生物哲学和医学哲学，与近东和希腊传统不同，和西方后来衍生出的近代科学也大异其趣。这套基本观念，在古来中国各支医理中均极突出，像托本神农的本草学，源于《黄帝内经·灵枢》的针灸，或举脉经为圭臬的脉学，显然都属于这个经络说或系统关联说的大传统。可说是中国医理中的主流。这主流中也有许多争议，而且医学史上也不乏一些支流，或抽芽于主流之外，或对基本理念提出大胆质疑，但其势力从未发展到足以与之抗衡。连影响中国医学许多专科，为中国医界带来多种宝贵知识、技术、制度和药材的外来医统，如印度与阿拉伯的医学，在中国本土繁生的结果，后来多少也结合了一些中国的主流医理。

中国医史上值得一提的第三个特色，是它的区域性特质。自古以来，中国种种文化制度，常衍生于一特定地域。医学发展，与自然生态及社会习俗关系尤密，故其地域性亦益为明显。可惜至今治中国医史者对此现象未做深入整理。传说中战国时的名医扁鹊，周游列国售艺，过邯郸时，闻该地风俗重视妇女健康，便多执妇科。到洛阳时又知当地敬老，乃特别多治耳目科等老人疾病。及至咸阳，发现居民特别关爱小孩，遂与当地医生一样，注重起儿科的诊疗。[③]扁鹊的故事，点明先秦中国医疗工作，地域性因素已隐然可见。此地域性可分两方面来说，一是与一个社会的价值取向和实际需要有关。战国的赵、宋、秦显

①即 Needham 所说的中医之深信人身为一不可分割的有机体（the profound conviction of the organic unity of the body as a whole）。

②可参见 Manfred Porkert, *The Theoretical Foundations of Chinese Medicine: System of Correspondence*（Cambridge: MIT Press, 1974）。

③参见《史记·扁鹊仓公列传》；陈存仁，《中国医学史》，页30–31。

然表现了对健康上的不同关心，与其重耕战或务农业等社会形态，及所酝酿的价值观与社会需要，最有关系。二则各地自然生态，影响居民的起居饮食方式，及容易繁生的细菌、病毒、寄生虫和各种疾病之类别。这两方面的因素，在历代医史发展过程中都有迹可循，但尚乏仔细的分析。

从医学本身的知识与技术发展上说，也有其地域背景。这一层面，与上两项因素有关，也受到历史文明发展本身的影响。目前我们知晓的中国医生，东汉以前均为华北或黄河流域人士。其中固有秦医、齐医等派，但基本上代表本于《黄帝内经》的北方医统。周、秦、汉出了许多医生，从医和到淳于意、华佗等，许多是山东、河北人士。他们重身体疗法，其针灸、外科、按摩、导引术均强，是他们的专长所在。并以外疗或局部疗法医治一般内、妇、儿科疾病。

以张仲景为名留下的医著《伤寒论》与《金匮要略》，不论谈外伤或内感，代表的是南方医学的出现。张仲景的身世诚然尚有不少未解之谜，但撇开个人因素不论，其以南阳、长沙为活动范围，显示医学脉动由黄河平原移向长江流域。以《伤寒论》等作品集东汉南方医道大成。这支医派，讲究身体内部的生理与病理和一般调养式的养生观。治疗上重用草药，《神农本草》即属此传统。常用食疗汤药对付一般的疾病，宋元以后乃衍出寒、补、温、热等各个支派。

中国医学还有东西地域之别。不论外科或内科，秦汉以来，中国东方的医统着重用膏药拔毒，是灸法的基地。西方医统专长以毒攻毒，常用矿物或动植物剧毒，对抗疾病。但这古代的东西传统与南北医学，经南北朝而隋唐，渐经交流，呈现一种融合的结果。故唐孙思邈《千金方》中已可见上述诸传统之交相为用。①

中国儿科医学的早期发展，可说是上述三项背景共同孕育而出。目前能见最早的一本儿科专书，是北宋钱乙留下的《小儿药证直诀》。在此以前，隋唐太医署医科内虽有少小科之名，并指明以19岁以下为医疗对象，但定员只有三名，而且宋以前史籍所列妇幼、育婴、小儿方面的医籍，目前只见书名，内容早佚②，可见中国儿科医学可能在观念上分化极早，而实质上的进展仍须待北宋

①亦可参见 Hong-Yen Hsu and William Peacher(tr.), *The Great Classic of Chinese Medicine*, pp. 61-106.

②见陈邦贤,《中国医学史》(上海：商务印书馆，1937)，第二篇，第九章，《中古医学书目》，页152-168。

［宋］　钱选《三元送喜》

中国士人价值，科举仕进后，渗透各地各阶层社会，一般吉祥图像如《三元送喜》虽与“婴戏”之艺术类别不同，但背后的预设与传递的信息，与幼蒙幼学之追求并无二致。

台北故宫博物院藏

以后。①

有关钱乙的资料，说他是山东郓州人，元丰年间，因治愈宗室公主及皇太子之病，被擢为太医丞。源于他的著作，有些已失传，唯《小儿药证直诀》一书留至今日，内容与流传多受惠于朝廷对民间医术的奖掖之功。

《直诀》一书，医理上多采《内经》路线，作为儿科辨证论治的基础，从其五脏辨证上重内在关联，可见一斑。比较显出其区域特色的，是他依个人临床经验，摒弃了西北医家一向以“攻”为主的疗法。强调小儿“稚阳之体，脏腑柔弱，易实易虚”，特别讲究补脾胃之方，策略上“补伐兼施”，多半先补胃气，再以攻泻。这个医理上的峰回路转，与北宋贵族及至百姓活动重心河南一带地区的风土气候很有关系。钱乙的微妙一转，不但为金元明清儿科开拓出一片宽阔远景，更直接影响了金元一般内科医学的发展，在整个中国医史上有承先启后之功。②

①传记中并谓钱乙三岁即孤，扶养他长大的姑父吕氏，生活很苦，因而无力读书，遂从吕氏习医为业。后来专攻儿科，成为儿科专家。见陈存仁，《中国医学史》，页70–71。及《中国医药史话》（台北：明文书局，1983）。

②实际上，除了少数的特例以外，中国在宋代以前对六岁以下年龄的幼儿，只能讲求一些一般的调养，是谈不上任何医疗办法的。参见陈达理、周一谋，《论宋金时期儿科主要成就》，《中华医史杂志》，16卷第1期（北京，1986），页24–27。

三、明清的幼科医学

中国的医学发展，到宋代以后，随人口及政治文化重心移转，有逐渐南移的现象。史籍上可考的名医，直到北宋，仍多属黄河流域人物。到南宋金元，可说是一个过渡时期。此时医界领导人物，华北与长江流域平分秋色，各居其半。到了明代，情况急转直下，医界比较有影响力的著作，几乎大半是南方人的作品，尤以江南人士的贡献居多。

明代史籍及医籍中所举名医，籍贯多属江南。他们在医学传承上，初皆来自北方医派，各自亦有发明。最足以点明这个转变的现象，就是本草学在唐宋元明间的蓬勃发展。[①]其结果反映于儿科医学者，十分清楚。唐代孙思邈《千金方》中对“惊痫论”及“候痫法”，仍主以灸法治疗，辅以紫丸，并以除热汤浴之，除热散粉之，除热赤膏摩之等，仍以体疗或外部疗法为主。

宋代以后中国医学中心逐渐南移的另一结果，就是南方医统的兴起。明清之后后来居上，有取代北方医统之势。过去谈中国传统医学分支，常喜引《四库全书提要・医家类》的说法，讲“儒之门户分于宋，医之门户分于金元”[②]，并有所谓“金元四大家”之说。实际上考虑四大家在医理上的差别，刘完素和张从正都算承袭宋以前的北方医派。刘完素（1110—1200）笃信古方，“喜用凉药”，著《原病式》等书，强调降心火，益肾水。他是河北河间人，后人称他领导下的寒凉派为河间学派。而河南考城的张从正（子和，1156—1228）尊崇刘完素，以为治病重在驱邪，“邪去则正安”，不可畏攻而养病，所以特别强调“汗、下、吐”三种办法。他这一派又叫攻下派。从医学发展史上来看，刘、张两派与文艺复兴以前西方医学颇多神似。在近代医学孕生之前，西方医疗路线，亦环绕着扎针放血，重用泻药，以毒攻毒。这些方法在西欧许多地方一直沿用到17、18世纪。不论寒凉或者攻下，理念上与西方所谓的“清泻式医药”实有异曲同工之处。

与此相对的另外两家，一是兴起于金元之际的李东垣，也是河北（真定）人，而且师承张洁古，原亦属北方医统。但一则因张洁古本身质疑精神高，已开创

① 参考薛愚主编，《中国药学史料》（北京：人民卫生出版社，1984），页261-274，298-308。

② 如谢利恒，《中国医学源流论》（台北：古亭书屋，1970影印初版），及陈邦贤，《中国医学史》，第五章，《金元医学流派的争竞》，页88-90，都作如此说法。

出所谓“古今异轨”一说。再则李东垣自己出身富户，见周围富家子弟，嗜欲逸乐，弄出许多肠胃毛病，体力虚弱。所以他一方面沿其师说，不用古方；另一方面凭经验和心得，写了《脾胃论》，提出脾土为万物之母之说，多用补中益气及升阳散火的方法。他的医理，在元军南下，兵荒马乱，民众起居不定，饮食失调之际，发挥了很大的功效。尤其重要的是，后来长江流域医生从他的理论中得到不少启示，相继发展出许多以补养为主的医方，适应中国南部的生态环境，与南方居民在此环境下所发生的生理与病理上的问题。金元四大家中的最后一位，朱震亨（1281—1358），已是纯粹南方（浙江义乌）人。在学术上算是刘完素的再传弟子，但他凭临床观察，认为“采古方多不能治今病，其势多不能相合”。加上他已看到刘、张、李三家学说，悉心研求，大胆提出了自己的看法，即“阳常有余，阴常不足”。强调“滋阴”之道，他的滋补办法，确实很受体质柔弱的南方人的欢迎。与刘、张相对的李、朱两家，对明清一般医学发展关键重要，而一般医学在理论上的进展，又与儿科医学状况息息相关。

金元之后，中国医学重心南移，本草学代体疗法兴起，东垣、丹溪学说盛行，是大势所趋。这个趋势，一方面代表医学发展的新阶段，另一方面也与医疗随人口与政经活动，及南方自然环境与人文价值取向，有直接关系。由刚猛转为温和，由攻击变为调养，可视为医疗文化细致化与复杂化的表现。中国一般医学，受儿科大家钱乙对幼儿稚体特征之启示①，对成年男女的健康照顾，亦渐走向滋养温补的路子，配合了宋元以后中国南方湿热易染的生活环境，南方人的考究饮食与走向文质娉婷的社会时尚。种种发展，与明清儿科医学文化的发展有相互呼应之势。

首先，对付同一病症的医方，由体疗转为用药，从用寒凉攻下转为滋养温补。譬如元代的时候，金陵浙江等地医学，尚是北学的天下，针灸是不少医士治疗上的主要工具。像元代名医窦汉卿的学生王开，《金华府志》中说他“遇人有疾，辄施针砭，无不立愈”，师生二人的行世妙方是盛行一时的“九针补泻法”。王开的老师窦汉卿，医术甚受元世祖忽必烈的器重，在山东（大名）及北京一带行医，号称“北窦”②。而这套号称“专家授受之道”的北方针灸之学，明清以后愈来愈少传人，医学上也不受重视。这个趋势，在儿科医学发展上也有迹可寻。唐孙思邈《千金方》中，对小儿的“重腭重断”，仍用针刺放血的办法治疗。

①钱乙儿科医理与药方对金、元、明内科发展的提示，见陈存仁，《中国医学史》，页71。

②参见万六，《元代名医王开事略》，《中华医史杂志》，14卷4期（1984），页212-213。

元代张从正《儒门事亲》中对“牙疳”已主张采解毒、攻热的药剂（黄连解毒汤）。到吴昆的《身经通考方》，对幼儿“舌肿”的现象，已倡“不宜凉物，亦以甘温从治也”。待明代薛氏《保婴撮要》书出，对“滞颐”等病，用的是一些清凉饮，而且极重补中益气的道理。[①]这一路的变革，有多少客观事实根据，目前不全清楚。但依明清儿科医生本身的意见，此医学路线转折与北方人和南方人体质之异有关，万氏《片玉心书》中就曾谓：“凡小儿初生多有灸百会者，取其可以截风也。殊不知地分南北，人有勇怯。北人用灸固宜，南人用之无益而有害也。”[②]南方的医生知道北方幼科习用针灸，但凭临床经验和对生理上的观察，提出了自己的异议。对于北方与南方自然环境差别，与南人究竟何以不适针灸，未做深入分析，值得做进一步了解，但类似看法，明清幼科医学中相当普遍。

医疗方针转变过程背后，有当时幼科医界对幼儿身体机能及照养方法的一种哲理上的转化。宋代钱乙虽比前代医家特别注意到小儿脏腑禀弱的事实，但他仍属北方的所谓刚阳文化，鼓励用锻炼的方法强健幼儿体魄，不赞成过度的呵护，反使孩子弱不禁风，动则遭折。他感叹那些特别考究的家庭“小儿多因爱惜过当，三两岁犹未饮食，至脾胃虚弱，平生多病”[③]。这个承袭北方健康哲理的路线，强调增强体质，为幼儿健康的基本之道。金元两代医书中有关幼科的论述仍清晰可见。元代张从正的《儒门事亲》中就有一条，叫“过爱小儿反害小儿说”。谓“小儿初生之时，肠胃绵脆，易饥易饱，易虚易实”[④]。如果大人过度呵护，过饱过暖常成小儿惊疳吐泻诸病之源。对这些健康毛病，他认为或应以毒攻毒，清洗肠胃与身体中多余秽物，或根本该用斯巴达式精神，强迫其适应恶劣环境。不过同一书的作者，也注意到北方用寒凉攻下之剂，对幼儿可能造成的危险。《儒门事亲》中有一条对幼儿“久泻不止”的讨论，作者特别主张：

> 凡治小儿之法，不可用极寒极热之药。凡峻补峻泻之剂，或误用巴豆、杏仁、硫黄、腻粉之药。若用此药，反生他病。小儿易虚易实，肠胃嫩弱，不胜其毒。[⑤]

①《古今图书集成·医部》，卷435。
②同上，卷430。
③同上，卷422。
④同上，卷421。
⑤同上，卷454。

张从正于此警告幼科医生，小心用药过猛，显示其医著于幼科医学上所具过渡色彩。宋金元医家，泰半仍以为小儿疾病，多为“热”因。刘完素六书中的小儿论，就沿袭过去医经道理，谓：

> 《素问》云，身热恶寒，……皆属热证，为少阴。君火暴强，直支缨戾，裹急筋缩，皆属风证，为厥阴……内有积热……大概小儿病者纯阳，热多冷少也。[①]

及至明代，医书中对幼儿就多讲慈爱、保护，要求大人对孩子尽量做周全的照顾，多有为文反对北方医家针灸幼儿的习惯。从朱震亨的《格致余论·慈幼论》，到危亦林的《世医得效方·灸法论》，方贤的《奇效良方·初生说》，以及后来万全的《育婴家秘·发微赋》《育婴家秘·小儿不宜妄针灸》《育婴家秘·鞠养以慎其疾》等[②]，均可察觉到明清的幼科医学，随宋元医理进展，所显出的特性。如多用草药，慎用针灸；特别强调小儿消化道问题，并用各种滋补脾胃之品，扶养其身。这些医学路线背后显示，对儿童健康愈来愈持柔弱扶植为主。此哲理盛行明清儿科，造成了一种呵护有加、锻炼不足的幼儿保健文化。宋代钱乙所重北方医统健身之说反被忽视。整个幼科医学趋向之大势，与南方医统之渐居上风，有最直接的关系。到了清朝，长江流域及其以南的医风，纷嚷喧哗，几乎攫占了当时中国的杏坛。后来西医由沿海登岸，对此情形下的育幼方式与幼科情况，不免啧啧称奇。[③]

四、清代的幼科医派

明末以后，中国有些医学世家，分科专业化的情形更臻成熟。也有不少家族以专长儿科著名，如苏州的薛氏、万氏，号称“子孙相传，代有名医”的无锡曹氏儿科，以及祖籍安徽，后迁到无锡的汪氏内儿科（专擅温病及小儿痧痘）等，都有三百年以上的执业历史。[④]这些医家，多半亦有丰富著作，结合医理

①《古今图书集成·医部》，卷423。

②同上，卷401。

③ W. Hamilton Jefferys and James La Maxwell, *Disease of China* (Philadelphia: P. Blakiston's Son & Co., 1911), pp. 258–276.

④见吴润秋，《薛生白生平事迹与治学方法》，《中华医史杂志》，14卷1期（1984），页7–9。

与临床心得，其成果是后代了解近世幼科实况的重要资料。从清代幼科医学的论著来看，有几个突出的特点。一是对钻研幼科医理有兴趣的学者，把儒家理学理论及考证癖好，带入对历代医籍的考订与论述中。这些著作多在纸面文字上做功夫，反映当时医理与学术相关的一面，对实际了解当时幼科医学的研究与进展，用处不大。另一方面，世代业医者中，也有不少想在儿科辨证论治方面，超脱前人窠臼，追究特出问题。其中，固有尊经崇古；有努力于总结前代《伤寒论》《脉经》等传统，继续肯定寒凉、攻下路线。也有一些倾向于疑古创新，自执一词。其中气势最盛的是江南养阴、温补、养土等派。养阴、温补，在精神上有相通之处，是清代幼科医学的大宗。影响力所及，反映于《古今图书集成·医部》的编辑上，最为清楚。例如《集成》一书编者，收录钱乙《小儿药证直诀》一书中对"吐泻兼变证治"的讨论时，先依原著记载其利下之剂。但受温补一派势力左右，立即在旁加注自己的看法。表示根本不赞成钱乙"用寒远寒，用热远热"的机械性攻下之策。在在警告读者谓泻黄丸、黄连丸等，"虽能攻克病邪，不无伤损脾胃，治者审之"。脾胃或脾土，正是江南养土温补一派医学的精义所在。编者又说，钱氏对初生十日内吐泻的婴儿，用益黄散，极不合适。"按芽皂初生之患，多因乳母不审……当审其因，以调治其母，前所用之药，恐脏腑脆嫩，不能胜受，治者审之。"[①]

温补一派，从资料上来看是清代幼科医学中最风行的一支。其弃针灸、按摩等外方，多用草药，一再强调补养之方，纯属南方医统，殆无疑义。对温补学派而言，"阳"性力量在人体内永远不会过盛，当极尽力量保存。[②]这温补一派的幼科，与前期李东垣的医理很有关系。区域上大抵以江苏为基地，可略举实例说明。光绪四年（1878），江苏武进县庄一夔将《达生编》《遂生编》《福幼编》三编合成一书印行，是一本流传应用极广的妇幼手册。其中除《达生编》一部谈产科，《遂生编》部分专论痘科外，《福幼编》讲的即是一般幼科问题。此书原序开首即揭温补派医理，谓"世之医者，委云小儿无补法，见此一语，祸延靡极……"。凡例中并明言相对于其他医派，"此编专以温补见长"，用以对付一切慢惊。随后讲求种种用汤药加强幼儿体能之方。《遂生编》中的痘疹学，一方面承认痘症惊风在小儿病中最为险急，而谈应付痘疹，仍坚持"以助阳化阴，固本扶元为体，治疗以宜温去寒，多补少泻为用"。用补血、补气、补脾肾等种

①《古今图书集成》，卷454。

② Paul Unschuld, *Medicine in China: A History of Ideas*, pp. 198–202.

种补养之道，助幼儿渡过痘疹困境及并发症。[①]其实清代温补派儿科最著名的代表，是负盛名于吴中的两大医家叶天士与薛生白。他们背后各有数代专精温热及幼科的传承，彼此不乏激烈竞争，甚至由妒忌生攻讦。其中可见，温补一派幼科，本身也有不少争论。[②]然清中叶以后特别突出的温病学派一支，与吴又可《温疫论》一书的突破，与薛、叶二氏在幼科与温热症上的论辩很有关系。[③]

温补派医学影响的范围以江南苏吴一带为主，浸淫所及，范围相当广泛。有些医家不以温补派自居，也不被认为以温补专长，然其医道中仍可见温补的影响。如陈士铎的《石室秘录·儿科治法》中以为：

> 小儿证大约吐泻厥逆，风寒暑热而已。其余痘疹，余无他病。或心疼腹痛，或有痞块，或有疔疮，可一览中而知也。然小儿之病，虚者十之九，实者十之一，故药宜补为先。[④]

随即以人参、生姜、甘草等为处方。

又如继李东垣而起的张景岳，虽谓兼攻河间丹溪与东垣，幼科方面仍倡补阳补正。《景岳全书》64卷中，有《景岳全书·小儿则》《景岳全书·痘证诠》《景岳全书·妇人小儿痘疹外科方》等。固痛斥“时医”——多半是南方的医士——“多用药饵之误”。但是《古今图书集成》中录其医案，记载他对自己半周岁幼子着凉、吐泻等小毛病，竟用“人参汤”来治疗。[⑤]他在《景岳全书·小儿总论》中，批评当时医生单见虚象就用治标处方，徒然消耗幼儿稚体，实应多重培植，而少施剥削。[⑥]张景岳的看法，虽引起不少争论，在清代医家中还是相当流行的。

同属南方医统的，是以浙江为基地的养阴或补阴学派。这医派在浙江的发

①见武进庄一夔在田所著《达生编》与《遂生福幼合编》（光绪四年［1878］，太平新街以文堂版）。

②谢利恒，《中国医学源流论》，页35–38；吴润秋，《薛生白生平事迹与治学方法》；林功铮，《一代名医叶天士》，《中华医史杂志》，14卷2期（1984），页82–86。

③见吴又可，《温疫论》；谢利恒，《中国医学源流论》，页24–28。

④《古今图书集成》，卷425。

⑤同上，卷422。

⑥“……然以余较之，则三者之中，又惟小儿为最易。何以见之。盖小儿之病，非外感风寒，则内伤饮食，以至惊风吐泻，及寒热疳痫之类，不过数种。且其脏气清灵，随拨随应，但能确得其本而摄取之，则一药可愈，非若男妇，损伤积痼痴玩者之比…… 必其果有实邪，果有火证，则不得不为治标……但见虚象，便不可妄行攻击，任意消耗，若见之不真，不可谓姑去其邪，谅亦无害。不知小儿以柔嫩之体，气血未坚，脏腑甚脆，略受伤残，萎谢极易……矧以方生之气，不思培植，而但知剥削，近则为目下之害，远则夷终身之羸，良可叹也。”见《古今图书集成》，卷425。亦见《景印文渊阁四库全书》（台北：台湾商务印书馆，1983）子部84册（778册），《景岳全书》，卷40，页74–75。

展与朱丹溪（震亨）的遗风余泽有关。当地丹溪医学经戴原礼，传予祁门汪机，成所谓丹溪学派。他们“力辟温燥之弊”，明目张胆地与官方发布的局方为难。其论治，大抵以补阴为主，特别讲求用药方补人体之血与元气（肾）。

清代幼科，长江流域及其以南，并不全是温补与养阴学派的天下，另有奉行其他路线医家。譬如李中梓等，一般以为属于折中派。这折中派医家，着重实事求是。以后来医家修改增订前说不足，不偏执任何一种医方。折中派人数不多，非常强调临床，在面对各种状况时，不拘专家成说，无一定己见，设法糅合杂并各家之说，显出当时中国医药界，尤其是药学界，亟思求新求变，但尚未摸索出清楚的前途。[1]另外还有所谓的复古尊经派，像《徐灵胎医书全集》的著者徐大椿，一再将张仲景的《伤寒论》喻为先秦儒家经典，如孔子之作。认为宋元以后诸家并无发明，仅重复前人之说而已。折中派与复古尊经派的存在，与南方的文化环境很有关系。前者显示一般医者因印刷普及而得丰富参考资料，可供斟酌活用。后者可见考证训诂，复古尊经之风，已由经学史学的范畴，渐渐影响到医学领域上来。

此外，寒凉攻下等医理医方，在黄河流域的幼科医家仍然盛行。《古今图书集成》关于“小儿初生疾病”单方，传统幼科关于胎毒、热毒的说法仍多可见。[2]唐宋以前北方民间常用以毒攻毒的方子，猛烈的矿物药（如朱砂），以及剧毒的蛇、蝎、蜈蚣等，仍继续入药。以牛黄、地黄和葱煎乳汁，雄黄蜜汁等泻药或利下之剂，也未绝迹。[3]有些古方，遗至清代，连南方医生也偶然援用。如传统相信幼儿之“风”，什九遗自母体胎毒，遂用汞粉、甘草、牛黄等剂下之，至“面色多青白，啼声不响，即不须服”[4]。这些现象一方面表明了宋元以前传统幼科植根黄河流域之地区特性，至明清未泯。另一方面也说明了北方幼科传统，与明清南方儿科发展并非全无关联。显示了幼科医学上的连续性，及部分守旧性。

这连续性与新动向两端，亦可从近世中国儿科医学的特出关心点上，透露出若干消息。以《古今图书集成·医部》中所收的浩瀚资料上来看，明清以前中国儿科传统关心的问题像小儿诊视门[5]、风寒[6]、头面耳目、唇口齿舌喉的毛

① Paul Unschuld, *Medicine in China, A History of Ideas*, pp. 203–205.

②《古今图书集成》，卷430，《单方》。

③同上，卷422。

④同上，卷432；王肯堂，《证治准绳·下胎毒法》。

⑤《古今图书集成》，卷423–425。

⑥同上，卷437–438。

病[①]，还有诸热门[②]、嗽喘门[③]、惊痫门[④]、杂病门（鬼支、好睡、吐血等）[⑤]、疮疡门[⑥]、痘疹门[⑦]等，原是关东及黄河流域医生所察觉、重视的一些小儿内、外科上的毛病。这些毛病，明清的儿科医籍续有讨论，但基本上不出旧有的范围。尤其像惊痫，原来儿科有特别的发挥，后代反而似乎乏善可陈。还有小儿疮疡，类属小儿外科性质，本来就是北方医统之专长。又痘疹一门，从来是中国儿科上特别注重的一个问题，明代后多以专立一科，直到清代痘疹之书，许多仍是北方医学界的贡献。像《痘疹金镜赋集解》的作者俞茂鲲（天池）是句容人，《痘科类编》的作者翟良（玉华）是青州人，《痘疹温故集》的作者唐维德（威原）是益都人，都属河北、山东一带。这个特殊的现象，可能与北方一向在疮疡科上的专长有关。因为中国的疮疡科从来所包括的，不只是目前所说的外科，还有皮肤上的所有毛病。而《古今图书集成·医部·幼科》中也可观察出一些近世儿科比较新的关心点，像小儿脏腑形证门[⑧]，显示对脏腑症象的更仔细的注意，而小儿吐泻门[⑨]、腹痛门[⑩]、肿胀门[⑪]、食癖门[⑫]及诸疳门[⑬]，都大致属于消化道的问题。可见清代儿科在温养医派影响下的功夫所在，亦可反映长江流域及其以南幼儿成长的环境及困难所在。此外还有一些问题，像小儿二便门（讨论大小便不通等问题的处理）[⑭]、小儿疟门[⑮]和小儿阴病门[⑯]，这些方面所引起的论著完全是明清以后的作品，可算是近世中国儿科医学崭新的领域。这些新领域上固可见当时儿科在仔细分科上的进步，也仍然可见南方传染病丛生的大环境，是此医学发展上的背景。

---

①《古今图书集成》，卷427–434。
②同上，卷439–441。
③同上，卷442–443。
④同上，卷445–453。
⑤同上，卷472。
⑥同上，卷473–478
⑦同上，卷479–520。
⑧同上，卷426。
⑨同上，卷454–457。
⑩同上，卷459。
⑪同上，卷460。
⑫同上，卷461–462。
⑬同上，卷463–467。
⑭同上，卷458。
⑮同上，卷470。
⑯同上，卷471。

五、幼科医学与区域的关系

从目前可见的明清中国儿科医书，可以初步理出一个清代儿科医学各学派的脉络。大致华北黄河流域，尚沿袭寒凉、攻下的路子。药方上采以毒攻毒的办法，用不少矿物性或动物入药，医术上也常用针灸、按摩等外施的疗法。同时期长江流域及其以南的地区，走的则是温养的路线。大凡温补或补土、补阴，医理上讲的都是多补给，少攻击，并且以补养为治疗的方法。这些南方的处方，多用本草入药，使本草学的发展日益精湛。在温养这个大系统下，有温补派，大抵以江苏为其重心。而养阴一支，较多在浙江一地发展。除了这几个大支之外，还有一些势力稍小的医派。像南方考据学据点有讲尊经崇古的医家。清中叶以后，上海苏常等江南都市中，颇有几位折中并济的医家。不过这些旁支在当时的医学界尚构不成太大的影响。

在尝试性地勾画出这样一个清代儿科医派的区域性大势后，应进一步略论这些医派与各区域之间的互动关系。清代儿科医学这几大支学派，其地域分布，大致可以从主观与客观两方面背景来谈。在主观的文化因素上，有师承关系、学术文化环境与社会习惯或价值三个值得注意的方向。从师承方面来说，北方之接续寒凉攻下传统，固是代代相承。江苏一地的医家，多走温补或补土一派，与他们从地缘上接近李东垣学说，也很有关系。这层渊源，清代许多医书的作者在序言或医方的讨论上曾不止一次提到。朱震亨（丹溪）之后浙江养阴学派的繁盛，就更是狭义的师承关系下的产物。因为朱丹溪本身是浙江义乌人，他的“气血痰郁”致病之论与养阴补血的策略，此后在浙中一地，父子相承，师徒相授，传了好几百年。[①]一直到民国初年，浙江有名的中医生如裘吉生（1873—1947）等，仍以养阴派的医理用药。[②]这师承与地域一层的关系，与传统中国医学界所表现的秘而不宣和门户之见，实为表里。这类例证，比比皆是。如朱震亨本人在《幼科全书》对“呕吐”得一灵验之方以后，立刻表明“非吾子孙不示”[③]。这个态度，固然有职业竞争以及市场、资源的抢夺等因素在内，不过与医学界一向在习气上保持了若干工匠传统中专传手艺而不深究学理的情况，也不

①见方春阳，《朱丹溪弟子考略》，《中华医史杂志》，14卷4期（1984），页209-211。

②陈天群等，《近代著名的医事活动家裘吉生先生》，《中华医史杂志》，15卷1期（1985），页33-35。

③《古今图书集成》，卷454。

无关系。从另一方面考虑，宋到明清，中国的印刷出版业已相当活跃，然各种书籍的印行传播，仍有自己的网络。医书这类属于技术性的知识，本身流通就有很大区域性的辖制。目前所知江南一些专门出版医书的商人，都属小型出版商，其销售传布，也大都拘于数县或邻省的范围，并未达于全国。当然清政府对公开讲学与结社的禁令，也是一个外在阻力。清朝中叶，北京和南方固然都发现了少数开明的医界人士，组有固定的讨论会，并发行不定期医学期刊，交换消息。[①]但他们的规模非常小，也没有制度性的管道以扩大其对整个医学界的影响。还有一些好谈医道的儒士，本身有业余者的兴趣，又不涉直接利益，有时也参加发掘与流通医籍的努力。他们的告白，常是医界消息流通障碍的好例证。如道光七年（1827），仁和许乃济序《咽喉证通论》一卷中述及来源时，说："浙西有世业喉业者，应手立愈，顾秘其书，不肯授人。吾家珊林孝廉，购得之，参校付梓。"[②]江南有些对治疗某症秘方有垄断性野心的人，平常不肯以处方示人，或以密码书之，或径行将药方通知药局，由患者去取。这种医学不公开的状况，当时并未引起政府或有心人士的注意，设法以制度或观念破除。于是各地方的医派不但各传其秘，而且顽强者固执家法，抱残守缺。长此以往，医学的地域性与保守性演为一事，此拥医自秘，不肯示人，在江南好谈医理儒士的作品中，时有反映。

从文化学术的角度来说，清代中国的华北地区，除北京等特殊都市外，和长江中下游及江南地区乃属不同的文化区。在经学、史学、文艺等许多方面，都显示突出的地方性质。当时幼科医学的区域性，其学理技术内容固然不一定与经史学派相关，但文化区分上出入不大。讲求寒凉攻下及温补、养阴各派医学，除其源起地外，各有渗透所及的附属区域。像丹溪的养阴学派，以浙江为主，扩展至江苏吴县、昆山、常州及安徽定远等地。[③]这些不同医派分布的区域，会有部分重叠交错的地方。而主要学派盘踞地之外，各地所属幼科医派常与当时文化交通网络有关。譬如福建的幼科医书，主要来自浙江，其翻印阐述内容不出补阴、温养路数。几乎完全看不到北方寒凉、攻下派学说的影子。清代台湾带来的自然是闽地出版流传医书。幼科医学分布与学术文化背景的另一相关，

---

①见查文安，《良朋汇集简介》，《中华医史杂志》，14卷3期（1984），页153。及王孟英所主编的《温热经纬》5卷，见王绍东，《王孟英年表》，《中华医史杂志》，14卷4期（1984），页201–204。

②谢利恒，《中国医学源流论》，页45。

③见方春阳，《朱丹溪弟子考略》，页209–211。

是儒学（即医学之外的学术）对医学发展的影响。这在江南特别明显，考据学的发达，对医籍的纂订，医学知识的编订组织方式，很有影响。因为清代南方多儒者，其考证之癖，旁及医学，纯从文字上下功夫，以种种训诂技巧，比较推敲医经原意，甚至任加己意，申述形而上之理论，这些作品，从书名上一览可知，如吴县尤怡所撰之《医学读书记》。①而清代考证大家，辑书标书注释的功夫，亦多及医籍。如熟知的崔适、俞樾、戴震、焦循，乃至孙星衍、叶德辉，都有有关医籍著述。②这些作品或纯作考订，或竟以小学学问发表个人的对医技之议论，在学术思想史上，固不乏趣味，但多倾于凿经泥古，对实际医理医术贡献较少。医书最病空谈，可惜在儒家大传统之下，医学著述上不免“视儒学为转移”③。好在清代一般幼科医学上真正讲求精进的是有研究之心的业医。在南方数目最大，也自成一圈，医学讨论上不受经学或考据家太大左右。④倒是考据学影响下，清代“医方学”（即医学知识与草药处方的分类索引功夫）在浙、杭、吴、武进等地十分发达，这些“医方学”作者多不行医，或竟有不甚知医者，但他们受当地考证之风熏陶，对医学知识归纳整理，做成许多方便的参考工具，亦有益于医学发展。⑤长期而言，文献整理与临床经验往往有交会的时机。文艺复兴时期人文学者与医界“工匠”交流所达成的成果，及对近代西方医学发展上的指引，是一个颇值思索的例子。

医学流派与一地方社会习惯的关系，就清代幼科而言，是另一个值得发挥的问题。从明清幼科医书的取材与内容来看，多半是为江南中上阶层而作，常提到“乳母”哺育照养幼儿的种种建议。⑥而江南中上家庭，饮食上比华北农村，“好食细软”，较易欣赏一种温润、柔和的养育方式。温养、补阴等医派恰能迎合这种习好，重调养与脾胃，医书专重讨论小儿消化道症候，扉页之间，充满对“不乳食”“食积”“伤食”的讨论。关心孩子过食，胃口不佳，或被哺以生、冷、硬之物。一面教导成人注意孩子饮食、改善育儿方式，一面用汤药化解已

①［清］尤怡，《医学读书记》，《槐庐丛书》（台北，艺文印书馆重印），页78–79。

②见崔适、吴颖炎的医家类，俞樾的《废医论》，徐大椿的《慎疾刍言》，焦循的《李翁医记》，戴震的《内经考证》，叶德辉的《天文本草经论语校勘记》1卷，孙星衍的《秘授青宁丸》一卷等。

③谢利恒，《中国医学源流论》，页23–34，50–51。

④参考19世纪浙北医家王孟英的传记及作品，并见王绍东，《王孟英年表》，《中华医史杂志》，14卷4期（1984），页201–204。

⑤谢利恒，《中国医学源流论》，页30。

⑥《古今图书集成》，卷455。

成之疾。[①]此医派引导下，明清吴越的幼科医生，连痘疹都讲求“温补兼之解毒”，以人参汤喂予出痘孩童。[②]此医疗与医理，与当地社会价值最后交相为用，互为因果。到19世纪此地区已有幼科医书感叹幼儿在呵护与补养下，反而弱不禁风，动辄得咎。有的孩子到三五岁尚无机会下地学步，完全倚赖成人抱怀背负。19世纪末西方医生初抵南方沿海，目睹南方人口剧增后，妇幼营养受损，也深讶于此地幼儿所受过度的保护与溺爱，及其负面的影响。[③]所接触的，正是温补医派特区的一些现象。

师承关系、学术文化环境与社会价值习惯三方面，对医学学派的影响，都属外在背景。相对来说，左右一时一地医学发展的，常也有其内在理由。这内在理由，在谈清代幼科医学地域分布上，值得注意的有两方面事实：一是所谓华北与华南幼童体质强弱的问题，一是生态环境的差异。金元以来，南方医家一再申明，南方病人禁不起寒凉、攻下的处方。其用药猛烈，伤残人身，许多成人孩童都承受不起。目前没有明清各地孩童体质的比较性材料，足以支持明清温补、养阴派医生的说法。依据当时医案中的例子，显示长江流域及江南医家持辞，不全是无的放矢。由寒凉、攻下而转温补，在比较医史上可视为中国医学细致化和谨慎化的表现。从这个方面看，或者可谓南方人的体质状况，推动了中国医学往温和、补养的方向寻出路。明清幼科所尝试的，可能对后来中西医学发展颇有启示。

生态环境差异，是今后值得努力研究的问题。清代各地幼科医书，确实有不少反映出地方性的特殊生态或疾病问题。清中叶后，中国南方沿海“交通便利之处”，工业化、都市化及开矿活动，使当地幼科医生察觉到由“煤毒益发”，而使“麻疹与喉症并发”。这些因空气质量恶化造成的各种呼吸道并发症，引起江苏幼科医家的认真讨论。像扬州夏春农的《疫喉浅论》，孟河丁氏名医丁甘仁出版的《喉痧概论》，都是反映地方生态变化的真实记录。清代各地一直有新疾病与健康问题发生。如关东传入内地之“痧胀”，当时尚保有“番痧”或“满洲痧”的名称。[④]类似有关生物环境变动的消息，未来或可由因民间私藏的病历记录，做更详细讨论。从目前可见医案、医方，显示酝酿温补、补阴医派繁盛南方的

---

①《古今图书集成》，卷461。

②见丁福保，《中国历代医学书目》（台北：南天书局重印，1979），页405，所引魏直，《博爱心鉴》3卷。

③W. Hamilton Jefferys and James La Maxwell, *Disease of China*, pp. 258–259，《华人病症篇》对弱儿的观察。

④谢利恒，《中国医学源流论》，页48。

Mountain Village With Sham Beacon Fires to Left, Foochow Sedan-chair in Front

由绘画而照片，乡村中国始终是一个大家追究而难以填补的问号。待解读讨论的意涵仍多，然此处所见福州清末周遭环境，妇幼蹲坐田野的情景，仍足玩索。

Archibald Little, *Intimate China: The Chinese as I Have Seen Them* (London: Hutchinson & Co., 1899), p.337

客观因素，是南方的湿热，微生物易滋，各种轻重传染病的传播期很长，易发而不可收拾。在细菌学未发现、抗生素未发明以前，中外医界无法有效抑制此环境下常生疾病。南方幼医或遂决定强调养生补身之道，以增进人身的抵御，辅助生理上自疗机能。19世纪南方幼科分出的一支“温病学”，终渐厘清温热症与疫病之间的关系，也是温养医派激烈争辩后所得一点结晶。吴又可《温疫论》中，尤可看见南方医家在当时生物环境中，对地方健康问题所做的奋斗。

六、结语

从目前尚存清代儿科医书来看，中国医学到了近世似乎已有北衰南盛的情况。也就是温补、养阴派的医理和医方控制了当时中国华南地区，且是医学发展上的主流。当然最近偶或会发现清代华北医家所传用的手抄本①，以后若有更多黄河流域手抄医书的资料，将可进一步补充我们目前的认识。不过道光二年（1822）清廷的太医院取消了针灸科，是此势力消长的另一重要辅证。这北衰南盛的医界状况，以及后来近代西医入中国所先接触的是这一派特重本草学与温补养阴之道，又特别反对机械性的生理、病理理论，尤其鄙夷外科的中国医派，

①清代北方的医书，能见者少，尚多待发掘。如最近搜得的河南潢川县吴澄光绪年间的手抄本《秘纂青囊合纂》（六册，35万字），参见侯元德、邢爱茹，《河南省潢川县发现清代医著秘纂青囊合纂抄本》，《中华医史杂志》，16卷1期（1986），页34。

足以解释许多19世纪后半期以来中西医学格格不入的部分内在理路。然而中西医学的发展，在整个人类追求健康的历史中，应是一个未完结的篇章。就像清代中国儿科医学的派系发展，是在种种时地因素的期同汇集而成的结果。本文的初步探索，旨在与其他有兴趣于发掘医学史或文化史本身轨迹的人，一同寻思医学流派的发展过程，并考虑其所涉及的外在与内在原因。或亦可为探测中医的生物科学基础做一种准备，并与探究西方科学史者共同思索中西医学孕生之文化历史与生物环境双方面背景之异与价值之同。

第五章

乾隆歙邑许氏幼科

宋蘇漢臣長春百子（捉迷藏）

一、前言：典范转移与近世中国之医学流派

科学史要不完全沦为科学思想史，必须有活动的实例，这对中国、对医学、对幼科，与他时他地，其他学科之历史发展，一般无二。也就是说，对中国幼科之过去，除了各家之主张、申论，甚至包括其处方及少数示范性医案，最好还有办法认识一两位活生生的幼科开业医生的临床记录。知道他如何受的训练，在何时何地开的幼科诊所，所照顾的是哪些男孩、女孩，那些孩子得的是些什么样的疾病，他们一般的营养健康情况如何？得到了怎样的诊治、处方？最后医疗的结果又是如何？

从这个角度提问，过去我们所知道的宋代钱乙的间传小传，明代万全医籍的序言，薛氏父子在太医院著述留下侧影，就世界幼科发轫之遗迹而言，就那个年代、阶段，已属鲜活、可贵。甚至明末留下《幼科准绳》的王肯堂，也算幼科重要的儒医。不过这些传统中国幼医发展上的“名人”，经过过去数十年的挖掘，多少算是重新“浮世”。虽然究实而言，他们代表的其实是中国幼医史上的“名家”，其中如钱乙、万全、薛氏父子也的确临过诊，看过些需要照顾的婴幼儿的疾患。不像王肯堂等，著述虽丰，可能属于“案头医者”（medical authors）的成分居多。

这些幼医学者，位高势隆，或为皇室子女看病，或者侧身京师要津、太医要职，他们在医理、医术、医方、临证上，对近世中国幼医乃至世界儿童健康工作的拓展，功不可没。不过，他们绝不是当时一般坊间的小儿科医生，南宋至晚清近千年来中国幼医的演变，不单是靠着这些名家名医的立竿建标所致。而是在内地各医各域主要市镇，有无数像仿宋《清明上河图》所绘的“专营小儿科”的一般民间医生。是他们日积月累的辛苦，他们的成功与失败，堆积也延续了中国幼科的市场与传承。

他们的出生、训练、开业、起伏，面对婴童和家长，同业的竞争和诘难，生计之艰、点点滴滴、日日年年，到底情况如何？

要找到他们的身影其实很难，医史文献在知识社会学上的层层积累与断落，需要另叙。总之，从这个挖掘史料，重现旧时天地的角度来看，找到乾隆歙邑终生执业幼科的许豫和，是一件幼医研究史上值得庆幸的事！

近代学术或科学史一如科技发展或文化思想，其所谓学派（school）或流派（faction），严格而言应指此一知识或技术社群于学理或专业操作上所展现

之某种迥别于过去及他人之典范（paradigm）性内涵。[①]此等与其他学者、业者大异其趣的认识、操作与特质，亦自然而然地为此一专业或知识团体建立起一番特殊名声与气象，规范出某种特别操作方式、活动领域，乃至知识论述、职业市场。流风所及，影响所被，当时与后代之人从而指其为某学派或某某流派。

另有一种对学派或流派的泛称，不以其学理之突破、典范之树立为衡量，而以师徒相承等知识技术传承谱系（vocational genealogy）或活动之领域网络（territorial network）为准则，视本于同一谱系传承下之求学问知，或在同一地域范围活动之执业操作为某某学派或某某流派之团体。此类指称在近代以前各种学术思想、宗教信仰、科学知识、技职行业圈中亦相当普遍，尤以过去知识技术，不分中外，常仗子父相承、师徒相授而代代沿袭。其结果之一是在某一定时段内，特定地域之知识工作者通常陈陈相因，甚至划地自范，形成了某个学派或流派活动的据点。久而久之，不论圈内自号或圈外他称，不论是当时标志或者后代追溯，也就顺理成章地径以其籍贯或活动地域为之命名，指其为学术上之某某学派或技能上之某种流派。如此学派与流派之第二层认识，于其活动范畴、影响力，尤其是市场机制衡量，未必全无实证基础，然其操作与影响力上的实证基础却未必带有第一层定义上所指知识上建立典范之条件，技能上也未必挟有影响深远的根本性创新或全面性突破。

二、地方医疗与“新安医学”

由前述科技发展史之基本问题意识出发，重新检视过去中国学术思想史或科技发展上众所熟知的学派、流派或派阀，即见其中有不少亟待澄清之玄机，近来流传经时、甚嚣尘上的所谓徽州文化乃至“新安医学”就是其中一例。

以“新安”之历史地名冠诸某种专业学术技艺活动之上[②]，口耳相传，习而

①孔恩（Thomas Kuhn）对近世西方科学革命的结构性诠释，是从知识内涵及典范转移之角度析述科技发展流派之最主要论著。见Thomas S. Kuhn, *The Structure of Scientific Revolutions*, 3rd ed.（Chicago: University of Chicago Press, 1996）, esp. Chapter 5, “The Priority of Paradigms,” pp. 43–51。

②新安位于安徽最南端，为歙县、休宁、绩溪、黟县、祁门、婺源（现属江西）六县之总称，以祁门县西境有新安山，早在西晋时便置有新安郡。今日行政区划上虽不复用“新安”一名，但研究历史时仍习称此地区为新安，故王乐匋所编，自言经二十年整理而成的《新安医籍丛刊》（共十五册），仍以“新安医学”称此地区之医学学派。见王乐匋（主编），《新安医籍考》（合肥：安徽科学技术出版社，1999），《余序》《吴序》及《读新安医学》，页1–12。

不察，并不能厘清此新安医派是前所言及何种意涵下的一个医学或医疗流派。[①]这也就是说，近年被泛指为新安医士，转入新安医籍之近世医者，指的到底是如前述流派之第一意涵，以医学上内外妇幼等分科发展出某类特殊见地（譬如养阴、补土、温热等医理），且因其于医疗典范树立上之成就而视之为特定医派。或者是指循前述流派之第二义所指，以此类新安医者多仗父子相传、师徒相授，乃至因其籍贯所出及执业范围环绕近世新安一府六县为界。即便医理疗术未必有任何别于他人之特出创见，然视其执业网络、市场掌控，其地域性格仍然明显。[②]由历史社会学之观察而言，视之为一医派，固其来有自，亦未尝不可。

就某一时段内医疗活动之社会文化史意涵而言，前指二义下任何一义之“新安医学”若能成立，对新安一地或徽州历史均有其难以支吾之意义。前者固代表医理医技上另立蹊径，意指新安人士在科技学术史上有可稽可考之特出建树。后者则以徽州医者活跃新安地方，实际上服务乡梓，照料疫疾。即便学理医术上未必有特出创见与绝技，仍为地方人口日常安恙病痛提供了最基本的照顾。问题是，一般泛言之新安医者与新安医籍究属何一意涵之下的医疗流派？在未厘清疑问之前，其他相关问题，如“新安医学”与地方福祉，乃至徽州家族之疾病健康、人口绵延与医疗条件或专业知识之关系，即无从由任何被冠以“徽学”或“新安文化”之发展活动一并讨论。兹脱离宏观面理论性疑问，进入微

① 与此相同的一个更基本的问题是，徽州一府六县之所以成为一个“地域”，除了沿自西晋以来的行政区划，代代相传的一个古代地方志，乃至明清近世的一个文化地理、风俗民情上的某种泛称之外，晚清民国以来近代学术偶以徽州或新安为名所做的各种零星知识考掘，并未对此词语的专业内涵做任何严格的考订。直至20世纪80年代始有专门讨论：一则有日本学者如藤井宏等沿袭近代以来“地域研究”之脉络发表有关徽州研究之专著；二则有中国学者如栾成显、唐力行等，于“文革”结束后对徽州千年地方契约及徽商地方文献加以整理。他们先于史料之征集出版着力，继而对徽商、地方宗族组织，乃至科举、诗文、戏曲、艺术民俗等多方面逐步考订研究。因此过去二三十年来中外学界对徽州地区与新安文化的钻研，成果固丰，却迄未对历史上与学术史上“徽州”与“新安”概念之特质何在、成立与否，做过有系统的讨论。部分背景参见藤井宏:《新安商人的研究》,《东洋学报》第36卷1–4号（1953）；栾成显,《明代黄册研究》(北京：中国社会科学出版社，1998)；唐力行,《商人与文化的双重变奏：徽商与宗族社会的历史考察》(武汉：华中理工大学出版社，1997)；同作者,《明清以来徽州区域社会经济研究》(合肥：安徽大学出版社，1999)；同作者,《徽州宗族社会》(合肥：安徽人民出版社，2005）等著作。

② 缘上之故，不论是区域史上的“徽学研究”或“新安文化”乃至科技史上的“徽州传统”或“新安学术”，均在模糊的语言与粗略之概念下进行讨论。迄今学者尚无法讨论除机械性的地理或地缘关系外，何谓学术研究上足堪成立、值得析述的“徽州”或者“新安”区域。同样地，整理“新安医学”与“新安医籍”的前辈学者，亦常持一不疑有他之立场，始以“信其有”而“不疑之无”之态度，发表相关之资料与研究成果，以“新安医学”指宋至清末“出现并形成一定影响的医家群体”为其对象。此处所称的“医家群体”，绝非近代学术史、专业史或科学史上所谓的“专业社群”（professional community）。见吴锦洪之《吴序》及王乐匋《谈新安医学》两文，载王乐匋,《新安医籍考》，页3–4，5–12。

观实证性考察。过去所知中国幼科医史之临床活动，南宋以来，虽间有幼医名姓（如钱乙[①]、陈文中[②]、万全[③]）、单项医籍（内含论、方、案），然就传记、序跋及医籍内容，对任何一位近世幼医之临症情况，毕生生涯发展，掌握仍然有限。姑不论是《清明上河图》卷中赫见“专理小儿科”挂牌街坊的执业幼科，乃至其牌下名曰“贫不计利”宣示文化下所反映的市场机制[④]，或近世幼科名医如钱乙、万全和薛铠、薛己（1487—1559）[⑤]父子等之生平事业，此宏观大而略之的中国医学文化史图像，乃至医籍名家之医学思想史析述，一旦落实到微观书写下地方幼医之具体经验，要得一个足为讨论分析凭式的细节实例，并不容

①［宋］钱乙（约1032—1113），字仲阳，据刘跂为其所写之传记，乃出身钱塘世医之家，父亲和养父都以医为业。当时医者本属方技术士之流，一向父子相传，师徒相授，因而钱乙稍长，亦因知书入医。不过值得注意的是，他成年后以“颅囟方著山东”。及长，以儿科闻名山东。其故人之子阎季忠曾广收钱氏方论，辑《小儿药证直诀》8卷，大行于世。其书详阐小儿生理、病理特征，乃是现存最早、最具系统之儿科著作。参见刘跂，《钱仲阳传》，载《小儿药证直诀》（台北：新文丰出版社影印学海本，1985），页3–4。又《文渊阁四库全书》中《颅囟经》内提要云：“《宋史·方技传》载钱乙始以《颅囟经》著名，至京师视长公主女疾，授翰林医学，乙幼科冠绝一代，而其源实出于此书。”参《颅囟经提要》，载《颅囟经》，《文渊阁四库全书》本（台北：台湾商务印书馆，1983），页2上（总页2）。

②［宋］陈文中，精通医道，明大小方脉，于小儿痘疹之诊治尤为精妙，著有《小儿病源方论》4卷、《小儿痘疹方论》1卷。参见李云（主编），《中医人名辞典》（北京：国际文化出版公司，1988），页717–718。

③万全乃出身自江西省豫章县（今南昌）之医学世家，世代业医，而专精小儿。一世祖杏城翁在世时，即“以幼科鸣”。杏城翁后来早逝，遗孤菊轩翁决意“继其志而述之”。经营之下，“其术大行，远近闻而论之万氏小儿科云”。是为万氏幼科之第二世，也是万全的父亲。万菊轩去世时，其子万全已读书识事，念及“幼科之不明不行也，前无作者，虽善弗彰；后无述者，虽盛弗传”。为了彰显先人成就，广传万氏幼科内涵，乃于暇日，“自求家世相传之绪，散失者集之，缺略者补之，繁芜者删之，错误者订之”。万氏幼科数代家传之知识心得，经他一番集补删订功夫，成了一本精湛的幼科专著，名为《育婴家秘》。不过当时他编书的用意，仅在“以遗子孙”。这是万氏幼科的第三世。不意万全虽有十子，却没有一个孩子能善承家绪，续行幼科。万全年纪老迈时，眼见《家秘》一书广传荆、襄、闽、洛、吴、越各地，引起广泛赞扬和回响，“莫不曰此万氏家传之小儿科也”。另一方面，自忖家中诸子无人能接掌祖业，百数十年的心血可能付诸东流。两方衡量，反复思索，万全做了一个寓意深远的决定，决定再作一书，进一步阐明万氏家传儿科之秘，将此知识与经验宝藏公之于世，这就是目前仍然可见的《幼科发挥》4卷。相关研究参见熊秉真，《幼幼：传统中国的襁褓之道》（台北：联经出版事业公司，1995），页13–15。亦见本书第二章《世界史上的生命绵延》。

④台北故宫博物院所藏清本《清明上河图》中有一段描绘出街道上的儿科诊疗场所，熙来攘往的门口悬挂“专理小儿科”之招牌，其牌下方书有“贫不计利”，显示当时医疗行业中，营利并非医者最主要的关怀。相关讨论参见Ping-chen Hsiung, *A Tender Voyage: Children and Childhood in Late Imperial China*（Stanford, CA: Stanford University Press, 2005）, p. 32.

⑤［明］薛己，号立斋，江苏吴县人，明朝正德、嘉靖年间以幼科著名。其父薛铠亦长医术。薛己本人，据说“性颖异，过目辄成诵，尤殚精方书，于医术无所不通”。正德时，被选为御医，后擢南京院判。嘉靖年间，进为院使。其父薛铠，得赠太医院院使之头衔。薛氏父子的医名，与《薛氏医案十六种》（1529）及《保婴撮要》（1556）、《保婴全书》之刊刻有直接的关系。就近世幼科医学而言，《保婴全书》之刊刻流传一事，亦可窥及朝廷、太医院和地方政府对传统医学发展的贡献。见清李铭皖等（修）、冯桂芬等（纂），《［光绪］苏州府志》，《中国方志丛书》影印清光绪九年（1883）刊本（台北：成文出版社，1970），卷109《艺术一》，页28上至28下（总页2571）。亦参考史仲序，《中国医学史》（台北：台湾编译馆，1984），页130–131。

易。鉴此，近世所谓新安医者中活跃于乾隆时期而为当时地方周知的歙县许村人士许豫和，及其所执业的许氏幼科，遂成少见而弥足细思之特例。检其情实，亦可试析中国近世之医疗工作者，其思其行，如何与医学流派等理论性问题相提并论，或者各自径庭。

三、许豫和与乾隆歙邑之许氏幼科

就医籍及相关文献所见，世传歙县“许氏幼科”主要人物许豫和（1724—约1805）[①]，字宣治，号橡村，以号行，人称橡村先生，徽州府歙县许村人。村以氏名，属徽州聚族而居之一例。[②]

据传记资料所载，许氏接触医道，一如时习（意指亲病或者体弱），谦称源自切身需求，“弱龄善病”，加上周边机缘，遂而习医。[③]至于明清时期，士

①许豫和生平略见《新安医籍丛刊·综合类（一）》之《书目提要》及许豫和个人著作《怡堂散记》内曹文埴嘉庆二年（1797）之序。见余瀛鳌、王乐匋、李济仁、吴锦洪、项长生、张玉才等（编），《新安医籍丛刊·综合类（一）》（合肥：安徽科学技术出版社，1990），《书目提要》，页5；许豫和，《怡堂散记》，上海图书馆藏清同治十一年壬申（1872）《许氏幼科七种》刊本，上卷曹文埴《序》，页1上至4下。本文所引用之许豫和著作七种:《翁仲仁先生痘疹金镜录》二卷、《橡村痘诀》二卷、《痘诀余义》一卷、《小儿诸热辨》一卷、《小儿治验》一卷、《怡堂散记》二卷、《散记续编》一卷，均用此一版本。

② 徽州宗族研究之要著可参见唐力行，《徽州宗族社会》。关于许村之记载，参见清张佩芳（修）、刘大櫆（纂），《[乾隆]歙县志》，《中国方志丛书》影印清乾隆三十六年（1771）尊经阁刊本（台北：成文出版社，1975），卷1《舆地志·都鄙》，页18上-19下（总页113-116）记云：“元明于附郭立关隅八，于各乡立都，三十有七。洪武二十四年（1391），编户二百八里，内关隅一十八里，乡都一百九十里，后增编二十里，共二百二十八里。嘉靖四十一年，析东关三鄙，置东关五鄙，共二百三十里。乡与里延宋制，而鄙时有析而增编者，今共二百七十八里。……宁泰乡，十一都、十二都。…… 十二里，八鄙，其村：祁家巷、许村、王进舍、赵村、罗坦、杨家坦、樊村、王进坑、西岔、西坑、茅舍。”清劳逢源、沈伯棠等（纂修），《歙县志》，《中国方志丛书》影印清道光八年（1828）尊经阁刊本（台北：成文出版社，1975），卷一之五《舆地志·都鄙》，页2上-4上（总页145-149）又云：“元明于附郭立关隅八，于各乡立都，三十有七。洪武二十四年（1391），编户二百八里，内关隅一十八里，乡都一百九十里，后增编二十里，共二百二十八里。嘉靖四十一年（1562），析东关三鄙，置东关五鄙，共二百三十里。乡与里延宋制，而鄙时有析而增编者，今共二百七十八里。……宁泰乡，十一都、十二都。……十二都，八鄙，其村：上丰、溪头、祁家巷、许村、王进舍、赵村、罗坦、杨家坦、樊村、王进坑、西岔、西坑、茅舍、屯田、古溪、田里、金村、大桥头、茶坦、坑口、前山、泉水龙、上田、环里、泉潭、程思坑、古山下、青山、庄边、沙堤、西沙垒汪岭、罗家弯、杉木岭。”从上可见许村之位置，乃在歙县宁泰乡第十二都之内。许氏之族人有明一代向有行商远方，或远扬海外，或侨居异国。例如嘉靖年间许辰江，“航大海，驾沧江，优游自得，而膏沃充腴，铿锵金贝，诚古逸民中之良贾也”；又或如许二、许三兄弟早年出海，便入赘于大宜满剌加，其后许一、许四更“尝往通之”。相关研究参见唐力行，《论明代徽州海商与中国资本主义萌芽》，《中国经济史研究》1990年第3期，页90-101。

③参见《新安医籍丛刊·综合类（一）》，《书目提要》，页5云：“先生系歙县许村人，世居邑城，与当时歙之名医汪赤厓先生有渭阳之亲。缘弱龄善病，而从新安名医程嘉豫（字天佑）习医，少游姑苏复从尤松年习针灸，后又师事新安名家黄席有、绩溪方博九。”

族谱牒家训中坦称当时业医者收入常在训蒙者——一般中下士人的另一大出路——薪得十倍以上[①]，则是一般传记资料中避而不谈的背景。其习医过程，据言曾事新安名家程嘉豫（字天佑），亦曾因少游姑苏而从尤松年习针灸。返而再事新安之黄席有及绩溪之方博九。由此可窥见许氏曾得家乡名医指点，亦尝访求苏吴地区业有专长之医家教导。如此描绘，从当时徽州、苏州士人往来系谱来看，均属平常。明清以来徽州与苏吴地区已发展出一往来网络，因此出身歙县许村之年轻习医者，自称曾受益江南与本地之前辈并不稀奇。许氏日后幼科表述内容，亦反映此信息互通之一斑，其习医兼及针灸，于许氏幼科临症表现亦得印证。[②]

许氏长寿，据称终生执业邑城，主治幼科，而兼及妇、内，其临症用药，无论对患者病家之施治或医士同人之对质，均可为观察所谓"新安医者"活动与徽州人口福祉提供难得案例。唯欲论此，所仗线索主要仍在许豫和所留医籍著述。依文献所及，许氏曾遗医著七种，其中三项有关痘疹方面的著述，未为《新安医籍丛刊》所辑，包括他注解的当时盛传的痘疹名著《痘疹金镜录注释》2卷[③]，他自己研发而成的《橡村痘诀》2卷，及随之摘录而成的《痘诀余义》1

① 关于宗谱资料之记载，参见多贺秋五郎，《宗谱的研究·资料篇》(东京：东洋文库，1960)；同作者，《中国宗谱的研究·上卷》(东京：日本学术振兴会，1981)。

② 许豫和行医用药以本草药方为主，偶用针砭之法辅之，唯其熟读医书，深谙针砭之法，这可从他在《怡堂散记》的《华先生中藏经论治》和《散记续编》的《用药有法》两则篇章的讨论中看出。基本上许氏在医学理论上主张以"汗、吐、下"三法，"而兼众法"，其中所谓的汗法"灸、蒸、渫、洗、熨、烙、针、砭、射、导引、按摩，烦解表者"，即为针灸治疗理论之应用。在实际的医案记录，许氏用针灸之法主要是在治疗喉科相关疾病、急症。如《散记续编》的《附论喉科》所引五案，并举《名医类案》中三例，多以针法疗之，如中一案"一孩，未周岁，上颚起悬痈，色紫，是热毒所结，急针之，出紫并不多，次日连点三针，血多肿消，与导赤散加生犀屑，二剂愈"。见《怡堂散记》，上卷《华先生中藏经论治》，页39下–41下；《散记续编》，《用药有法》，页22下–26下；同书，《附论喉科》，页50下–55上。

③ 见《新安医籍丛刊·综合类（一）》之《书目提要》。《痘疹金镜录》又名《痘疹全婴金镜录》《幼科痘疹金镜录》，3卷，明翁仲仁撰。其书刊于1519年，原刊本已不复见，现存者均为本书的增补或改订本，故名称颇多。卷数有3卷本、4卷本不一。3卷本如《痘疹金镜录真本》(又名《痘疹全婴金镜录真本》)，卷上、中为痘病证治及歌赋；卷下为方药。4卷本为《增补痘疹金镜录》(又名《增补痘疹玉髓金镜录》)，其卷1为儿科病症歌赋二十余首；卷2、3为痘疹的辨证论治（包括歌赋论述）；卷4为痘科治疗方剂。内容简要实用，选方尚平稳，流传较广。许豫和自言："因思痘诀之成，皆由翁仲仁先生《金镜录》推广而出。《金镜录》一书，杂症不无简括，而于痘疹一科可谓深切而著明者。近世幼幼之家，靡不遵之。"复言："是书流传已久，原刻不得复构，坊本甚多舛谬，爰以鄙见重加注释，愿学者逐段推求，临症施治，自无实实虚虚之误，是金镜之复磨也。"因作《痘疹金镜录》之注释。参见许豫和，《重订翁仲仁先生金镜录序》，载《翁仲仁先生痘疹金镜录》，页3上–3下。此书较为人所知之版本有：乾隆五十年乙巳（1785）刻本、清乾隆嘉庆间顾行堂刻本、清同治十年辛未（1871）刻本、清同治十一年壬申（1872）刻本、清同治刻本、清清刻本、抄本、上海受古书局石印本、上海中一书局（转下页）

卷。[1]此三种痘症相关著作，可能流传当时，或亦以单帙付刻，辑入其他医类丛编，后世并不易见。无论如何，许氏对幼科痘疹方面之经验与见解，亦多间见于乡梓士人为四种他著所为序辞[2]，值得另为专论。至今许豫和因辑入医籍丛刊而得见的，倒是他另外四种医学笔记:《热辨》1卷、《治验》1卷、《怡堂散记》2卷及《散记续编》1卷。[3]此四帙五卷之内容，绝大部分为其幼科临症之论说、处方及个案记录，而偶涉妇内。据证论说考量下，下文即拟援原命题，循序由《热辨》《治验》及《散记》三处切入，试析许氏幼科之见，并借窥其执壶歙邑半世纪之轨迹，讨论此个案与考量所谓“新安医学”之间可做如何解析。

四、《热辨》

（一）伤寒、温病与热症

许氏幼科所遗七著中，《热辨》1卷，依许豫和乙未年（乾隆四十年，1775）顾行堂所署自序，原“列于《〈橡村〉痘诀》之后”，据言亦尝别帙流传。依目内有“热辨上、中、下”及“辨诸杂症之属热者”“辨诸症之有寒有热者”“发搐论”“先天不足论”“暖病”“火疮”等20篇。[4]所谓“热病”，即各类健康变化下所发生间使患者体温升高的疾病，古今中外常见。中国医史自古对此棘手而遍存的病况，议论不绝。早如《素问·六元正纪大论》已有“温病乃起”一

（接上页）石印本等九版本。参见薛清录（主编），《全国中医图书联合目录》（北京：中医古籍出版社，1991），页482–483；王乐匋，《新安医籍考》，页637–638。

①见《新安医籍丛刊·综合类（一）》，《书目提要》，页5。《橡村痘诀》、《痘诀余义》二书较为人所知之版本有：清乾隆五十年乙巳（1785）刻本、清乾隆嘉庆间顾行堂刻本、清同治十年辛未（1871）刻本、清同治十一年壬申（1872）刻本、清同治刻本、清刻本、抄本、上海受古书局石印本、上海中一书局石印本等九种。参见薛清录，《全国中医图书联合目录》，页482–483；王乐匋，《新安医籍考》，页637–638。

②见《新安医籍丛刊·综合类（一）》，《书目提要》，页5。

③《热辨》《治验》《怡堂散记》及《散记续编》四书较为人所知之版本有：清乾隆五十年乙巳（1785）刻本、清乾隆嘉庆间顾行堂刻本、清同治十年辛未（1871）刻本、清同治十一年壬申（1872）刻本、清同治刻本、清刻本、抄本、上海受古书局石印本、上海中一书局石印本等九版本，参见薛清录，《全国中医图书联合目录》，页482–483；王乐匋，《新安医籍考》，页637–638。许氏医书于乾隆五十年首次刊行，同治十年（1871）吴星堂等人募资重刊行世，此后则未见重刊。现存《许氏幼科七种》乃同治刊本，乾隆刊本已很少见，《新安医籍丛刊》中所收《热辨》《治验》《怡堂散记》及《散记续编》四书，俱依同治十年（1871）刊本，并参照有关抄本，进行校点刊行。参见《新安医籍丛刊·综合类（一）》，《书目提要》，页5–6。

④［清］许豫和，《目录》，《小儿诸热辨》，页1上–2上。

语[①]，出现“温病”之词。《素问·热论篇》又有“今夫热病者，皆伤寒之类也”之说。[②]由此上古医经渊源，可知“温病”“热病”，古常并提，初且归于“伤寒”大类之下。故《难经·五十八难》所列“伤寒有五”之中，除中风、伤寒、湿温之外，热病与温病亦被分列而并举[③]，侧身其间。近世南方医士循此脉络，对温热之病的起因，多依从《黄帝内经》的看法，以为是“冬伤于寒，春必温病”[④]。据之，就温热等症的治疗，《素问·至真要大论》有“热者寒之”“温者清之”[⑤]的抗衡原则。东汉张仲景《伤寒论》所提清热、攻下、养阴等法，到了中古以后成为此思路下之延伸。

及中古而近世，中国医疗转入关键期，温热之病，宋、金、元重要医家，均欲挣脱经方之医界绳墨。宋之郭雍（约1106—1187）以为温病之发生，冬受寒邪，伏而化热，春而发温外，也有春季时令温邪，即时发病而起者[⑥]，一言点破温病不皆伏于冬邪，开启后世四季均可因六淫之邪化热成温的理路。金之刘完素大胆提出“六经传受，自浅至深，皆是热证”一说[⑦]，建议外感热症治疗，应寒凉清热表里双解。其后王安道（1332—约1391）于《医经溯洄集》中复疾

①《六元正纪大论篇第七十一》云：“初之气，地气迁，风胜乃摇，寒乃去，候乃大温，草木早荣，寒来不杀，温病乃起。其病气怫于上，血溢，目赤，咳逆，头痛，血崩，胁满，肤腠中疮。”见南京中医学院（编著），《黄帝内经素问译释》（上海：上海科学技术出版社，1991年第3版），页572。

②《热论篇第三十一》云：“黄帝问曰：今夫热病者，皆伤寒之类也。或愈或死，其死皆以六七日之间，其愈皆以十日以上者何也？不知其解，愿闻其故。岐伯对曰：巨阳者，诸阳之属也。其脉连于风府，故为诸阳主气也。人之伤于寒也，则为病热，热虽甚不死；其两感于寒而病者，必不免于死。”见《黄帝内经素问译释》，页230。

③“五十八难曰：伤寒有几？其脉有变不？然：伤寒有五，有中风，有伤寒，有湿温，有热病，有温病，其所苦各不同。”见清丁锦（注释）、陈颐寿（校正），《古本难经阐注校正》，收入陆拯（主编），《近代中医珍本集·医经分册》（杭州：浙江科学技术出版社，1994），页947。

④《阴阳应象大论篇第五》曰：“故曰：冬伤于寒，春必温病；春伤于风，夏生飧泄；夏伤于暑，秋必痎疟；秋伤于湿，冬生咳嗽。”见《黄帝内经素问译释》，页42。

⑤《至真要大论篇第七十四》曰：“治诸胜复，寒者热之，热者寒之，温者清之，清者温之。”见《黄帝内经素问译释》，页636。

⑥《温病论六条》曰：“雍曰：医家论温病多误者，盖以温为别一种病，不思冬伤于寒，至春发者，谓之温病；冬不伤寒，而春自感风寒温气而病者，亦谓之温；及春有非节之气中人为疫者，亦谓之温，三者之温自不同也。”见［宋］郭雍，《伤寒补亡论》，《历代中医珍本集成》影印1925年苏州锡承医社重刊本（上海：上海三联书店，1990），卷18，页2上–2下。

⑦《伤寒直格序》曰：“伤寒谓之大病者，死生在六七日之间，经曰：人之伤于寒也，则为病热，古今亦通，谓之伤寒热病，前三日，太阳阳明少阳受之，热壮于表，汗之则愈。后三日，太阴少阴厥阴受之，热传于里，下之则痊，六经传受，自浅至深，皆是热证，非有阴寒之病。”见［金］刘完素，《伤寒直格》，《中国医学大成续集》影印新安吴勉学校刻本（上海：上海科学技术出版社，2000），卷首《伤寒直格序》，页1上。

呼"温病不得混称伤寒"[①]。诸般发展，如今看来，均在将温热病症自伤寒论述及冬邪春温的旧见中解脱出来，提醒医家重视四季时感均可发生的温病与热症，因而值得为之另立项目，专门钻研。近年中外医史学者，对明清以来的温病传统，以及所谓"温病学派"在南方的演绎发展，亦渐增研究与认识。[②]

（二）许氏之《热辨》

盛清悬壶徽州歙县邑城的许豫和对上述中医热病之医经医史背景，究竟了解多少，并不清楚。唯因他对医理与临证双线发展，交相为证，在其20篇热病论辨中，屡次三番针对所谓时医俗见之热症疗治，多所议论，可以窥见许氏对明清南方医家偏重温热的脉络有所体会。

单帙成书的《热辨》小册，依梓刻后所见目次，大抵分含六组议题。一是《热辨》上、中、下三篇，开宗明义地剖析了许氏对小儿热病之定义、病因、性质、疗治之基本看法。[③]二是许氏对性质和症候上可能与热症相关之其他病症，一一检视两者间关系。如书中5、6、7三篇，分论诸症中性质"属热""有寒有热"，以及寒症中须以"急温"处置者。[④]三是作者析辨一般幼科病症中与小儿热症关系密切，须与之合并考虑[⑤]、会诊处治者。这方面最切要的问题莫如"小儿发搐"和各种旧谓"惊风"的问题，因为卷中有第8、9、10篇之《热辨·发搐论》《热辨·风搐》和《热辨·虚风》三篇。[⑥]四是某些幼科症候，发热虽未必为其主症，然一般医者、病家容易以之与热病联想，连带引起许豫和对彼等处置方式之商榷。譬如第12篇所谈之《热辨·结胸论》，第17、18、19三篇分论之《热辨·疰夏》《热辨·暖病》《热辨·火疮》等均为其例。第五方面，则是许豫和对热症疗法之纠正。例如第4篇《热辨·论木通》，说的是新安地区医者沿用"木通"一药之误[⑦]；第13篇谈"九制胆星"法，即地方上以胆汁（通常是牛胆汁）之苦寒抑

---

① "夫惟世以温病热病混称伤寒，顾每执寒字以求浮紧之脉，以用温热之药，若此者因名实乱，而戕人之生，名其可不正乎。"见［元］王履，《医经溯洄集》，《丛书集成初编》本（长沙：商务印书馆，1937），页17。

② 参见 Marta Hanson, "Robust Northerners and Delicate Southerners: The Nineteenth-Century Invention of a Southern Medical Tradition," *Positions: East Asia Cultures Critique*, Vol. 6, No. 3（Winter 1998）, pp. 515–550.

③［清］许豫和，《小儿诸热辨》，《热辨上》《热辨中》《热辨下》，页1上–33上。

④ 同上，《辨诸杂症之属热者》《辨诸症之有寒有热者》《辨寒症之当急温者》，页37上–40上。

⑤ 同上，《发搐论》《风搐》《虚风》，页41上–44上。

⑥ 同上，《结胸论》，页45下–46下；《疰夏》，页49下–50上；《暖病》，页50上–50下；《火疮》，页50下–51下。

⑦ 同上，《论木通》，页24上–26下。

制性燥而味辛之“天南星”所成，许氏期期以为不可。[①]第14篇，具体指出当时流行的“广东蜡丸”及“人家制送丸散”之不可取[②]，从常用药方中之可议者，而论及坊间与小儿热症相连之其他处置方法。第11篇许氏所谈《热辨·补遗》及最后第20篇所述《热辨·新定日用诸方》[③]，可在此思维下一并读之。最后第六方面，是许豫和在歙县治疗小儿热症，思索相关医理，而留下他对小儿病理和生理方面的若干综合性见解，如第15篇《热辨·先天不足论》及第16篇《热辨·辨小儿无七情之谬》[④]，可视为许氏对小儿热症之临症论治所遗余思。

缘此线索检视全书，数十年行医歙邑的许豫和率先点出，种种小儿发热之症，病因病源固异，综而视之，却占其临床诊视案件之八成，逼得他不能不特别为之留心考量。一如他在《热辨·自序》中所说：“予曰：保幼以来，日所临症，少则十数，多至近百，虽四时气运不齐，大约病热者十居其八。”[⑤]而他在《热辨》首篇《热辨上》之开端，也开门见山表示：“小儿之病惟热为多。”[⑥]这未必是新安歙县一带地方幼科临症特有现象，或可能为18世纪末中国儿童流行病形态之一斑。然依其所见，宏观上许豫和对小儿热症还有几个通则式看法：一则是他赞成传统近世幼科主张，以“小儿纯阳之体，宜乎其病热之多也”[⑦]。也就是说在幼科生理上视小儿为一性属“纯阳”之身体，从而不以其易有体温升高之现象为怪，先把幼儿发热诸症置于一“经常”或常见的“健康异常”分类下。二则是他在专业知识范围内，亦知针对此一幼儿常见症状，医经医书过去早有许多讨论。对这些“古书辨之甚详”的内容，他另有一番见解，见后文逐一析述。然而最重要的是他认为与之同时习医、业医者，不但未尝细察过去医理传统，平日各自面对小儿热症时也常因穷于应付，而且“草菅人命”。据他自白，这古今医理论述与临症实践双方面之隔阂落差，也是催促他自录心得，希望“遍告于斯世”的主要缘由。类似的古今差距、业者不察之叹，近世医者袭自儒士之老生常谈，后文仍可再析。然热症之论确实代表许氏以己见佐前言之一重要幼医议题，若复确属新安歙邑幼儿之常见主症，情实就更不能轻忽。

---

① [清] 许豫和，《小儿诸热辨》，《辨九制胆星之误》，页46下–47下。

② 同上，《论广东蜡丸及人家制送丸散之误》，页47下。

③ 同上，《补遗》，页44上–45下；《新定日用诸方》，页51下–55上。

④ 同上，《先天不足论》《辨小儿无七情之谬》，页48上–49下。

⑤ 同上，《热辨自序》，页1上。

⑥ 同上，《热辨上》，页1上。

⑦ 同上，《热辨自序》，页1上。

因之成帙的《热辨》小书，首当其冲，上篇先就缨锋不避地提出了作者对一般热症（尤其是小儿热症）的整体看法。许氏先循传统思维，称小儿常生热症，与“外而风寒暑湿燥火之乘，内而乳食生冷甘肥之滞，以及惊恐跌仆麻痘丹疹”等周遭环境、日常照养，乃至常有伤疾，都脱不了关系。[①]只不过依其所见，“初发之状，大势相同”，也就是说小儿健康异常不少在初期出现体温变化而发燥发热的症状，虽然细查之下，“所以致热之因则异”。因此若是医者病家不明就里，遇到发烧发热，青红皂白不问，“病家但云发热，医家答以退热”，“六淫不分，食物不辨”，不但“毒发不明部分，早晏不明气血，阴阳虚实、藏府经络不求病本”，结果往往“热久不退，夭人生命者不可胜纪”。类此之观察，作者固先为自己造出一个处理小儿热病上自诩别有之见地，好为后文施展“活幼一科别开生面”奠机。[②]细阅《热辨上》篇，组织上却袭常规，依序先从风、寒、暑、湿、燥、火六项切入；其后再论伤乳、生热、伤食、发热，而及消乳消食之方；最后分言惊、麻痘、丹疹、水痘、疮疥与发热之关系，及其疗治之道。[③]

总而言之，许氏论小儿热症，注重由析论病因、病机入手，再视病理之断定，研拟调整既有疗治途径及处方，可视为其幼科“医论”落笔发言之个人款式。[④]

（三）小儿热症谱系

许豫和对上述各种不同病因病机下所呈“小儿热症”及衍生问题，大抵做四部分讨论：一是整体性考量，譬如此症于小儿或一般成人现象相类与否，以及小儿此类热症易现之主症（symptoms）与固定病史（natural course of disease）。二是此类小儿热病在流行病学上所呈之形态（epidemiological pattern），譬如说是常见或者罕见，季节性特征如何（是春夏常见或秋冬易得），是急症或慢症，通常会不会传染等。三则论其诊治，即对付该症，依中医之君臣佐使，各应用何药物，其药引及加减为何，何类药材、处方切不可用等。四则可谓临症诊治此症时许氏个人之医疗社会学笔记（medical sociological notes），譬如说面对该症，一边是他所知医论经方，或过去医籍所见名医儒医之处置，另一边则是他号称（可能亦常见）的庸流、庸医之俗见做法。他所自称的“予处”就是一位

① [清] 许豫和，《小儿诸热辨》，《热辨上》，页1上。

② 同上，页1上–5上。

③ 同上，页1上–9上。

④ 参见熊秉真，《幼幼：传统中国的襁褓之道》一书对中国幼科医籍“医论”体例之说明。亦见本书第三章。

常厕身两极间的斟酌、摆荡者，面临着无止息的挣扎与拉扯。同时跻身此挣扎与拉扯图像中的，还有在此过程前后，与他同时穿梭执业于市镇村邑间的歙邑医士。这些赫然出现在许氏字里行间的“吾歙时医”①，才是他行医笔记为读者留下珍贵难得的新安幼科群体行履之一瞥。

依此结构，许氏谈因“风”而起的小儿热症，先称“风者百病之长”，“无日无时不为人患”，“小儿受之与大人无异”，“轻则为感，重则为伤，又重则为中”。论其症状，则“发热啼吵”，亦有“咳嗽吐乳，或喷嚏呵欠，指冷面青，或两太阳浮掣，即是头痛。或手搦头仰，即同项强”②。

再言疗治，许豫和将小儿的风热之症依惯例分为太阳、少阳、阳明等症。分论用药之君佐，以“太阳症多羌活为君，少阳症多柴胡为君，阳明症多葛根为君，总以荆防为佐”。讲明各证处方用药之主副成分后，再细谈临症所见各种不同的从症（次要症状），各用药时该考虑增减的成分。譬如：“痰嗽鼻塞加前胡、桔梗、杏仁、橘红数味，痰嗽吐乳加橘红、半夏、麦芽三味，惊跳手搦加天麻、钩藤二味，葱姜为引。”据他随后对小儿风热的施药与病理分析，之所以如此论症施治，主要在“功专走表”“辛甘发散”的思维下，希望靠出汗来化解此类与“风”相关的“小儿热症”，认为若能成功地达到“风从汗解，热从汗退”的效果，此类问题就不至于使小儿“缠绵”病榻。③

（四）执业歙邑身影

在这一段讨论小儿风热症的文字之末，许豫和特别发表了他对当时一同执业地方（而非徽州或新安地区）的医者，以及被他斥为庸医之流的本地同行，在处理相关问题上的做法。他说，从这方面的市场行为所见，“最可怪者”，莫过于“吾歙时医于解表剂中，多加赤芍、木通二味”。之所以有此流行处方，依他揣测，是因为这些同乡医生（所谓的“吾歙时医”），看到小儿风热常伴有“惊跳”征候，而照传统五行脏腑之说，习以某种“金器为引”。赤芍“味酸苦”，木通“苦降利水”，如此“酸苦涌泻为阴”，依许豫和的判断，阴阳“两气相兼”，辛、甘、酸苦“三气相并”，若再有金器之压，“风邪何由得解”④？歙医

① ［清］许豫和，《小儿诸热辨》，《热辨上》，页1下。

② 同上，页1上–1下。

③ 同上。

④ 同上，页1上–2上。

秉承此一用药施治传统，习用“木通”，显然令许氏极为不悦。在《热辨》一书的“上”“中”“下”三篇总论之后，他随有一篇题为“论木通”的专论[①]，反复说明《神农本草》[②]自古载有，和李时珍（1518—1593）《本草纲目》亦明列的通草[③]，一向被视为性辛苦之药味，不意甄权（540—643）[④]与《别录》突然号称其性“甘”，或“甘淡”，在相持之下，引出“吾歙幼科习用木通”，“竟成故套”。许豫和说他自己对此处方用药的地方流风，实“不知始自何人”，唯不能掩饰“予甚恶之”的强烈反对立场。特书专篇，大声疾呼，且重言“知我罪我”，似欲为之押上自己终生执业幼科的地方信誉。[⑤]对习用木通治疗小儿风热的歙邑同业，以及他口中不足与言的“庸流”医者，他直言分析热症与“风”之关联，重点不在小儿病症必须一一“分门治热”，而是在“热里寻源”[⑥]。坚持细辨热症之病因病机，方得“渡线之金针”，疗治用药也才能顺势有效。

（五）古今之质与推敲反复

《热辨》之中篇、下篇乃作者许豫和借征引医经及过去名医名著之相关论述，佐以自身临症地方经验与一己之见所成之对质与讨论，故其体例常以“经曰”为首，随之以“问”。从这部分材料中，很可以窥视清乾隆时期一位歙邑幼医的知识渊源和专业脉络，如《热辨中》篇起首即引经曰：“人之伤于寒也，则为病热。”意欲迎首面对中医习以伤寒为热症之源的传统说法，并逐步展开近世以后

---

① [清] 许豫和，《小儿诸热辨》，《论木通》，页34上-36下。

② 本草之始，众说纷纭，《神农本草》之名当始于梁人阮孝绪《七录》，是目前所知最古老之本草书。此书非一人一时之作，就其内容所载，药物产地多有后汉之郡县地名，因而推断成书于汉代，最早当可推至公元前1世纪。然则宋代以后，其书不复见，以后所见乃是后人从历代本草著作中抄录而成，因往往称之为《神农本草经》辑本。详细记载参见薛愚（主编），《中国药学史料》（北京：人民卫生出版社，1984），页80-98；中国医籍提要编写组，《中国医籍提要》（长春：吉林科学技术出版社，1988），页103-105。

③ 明代药学发达，医药著作众多，《本草纲目》更是明清时期本草书籍版本最多者。作者李时珍，字东璧，祖为铃医，父李言闻为当时名医。李氏自幼习儒，涉猎群书，学识广博；因幼患羸疾，故素重医药，因仕途坎坷，遂致力于家学，终以医术名震一时。李氏以《本草》一书关系重大，而历代旧著舛错万端，不可胜数，乃兴编纂之志，积三十年心力，考引八百余家，搜罗百世，而成《本草纲目》。其书共16部，收药1 892种，改正过去本草“草木不分，虫鱼互混”的状态，广采众家之长，是明以前药学著作之集大成者。详细讨论见李云，《中医人名辞典》，页284-285；薛愚，《中国药学史料》，页275-284；中国医籍提要编写组，《中国医籍提要》，页119-121。

④ [唐] 甄权，隋唐间人，因母病与其弟立言究习方书，遂以医术知名，著有《脉经》1卷、《针方》1卷、《针经钞》3卷、《明堂人形图》1卷，均佚。今世存《甄氏针灸经》1卷，疑即《针经钞》。参见李云，《中医人名辞典》，页909。

⑤ [清] 许豫和，《小儿诸热辨》，《论木通》，页34上-34下。

⑥ 同上，《热辨上》，页2上。

对热症，尤其是小儿热症的相反、别类等种种驳杂论述。又如在引经据典，逐一对质之后，作者以代拟之疑，设“问：阴虚何以夜热？”与一般“阳盛生外热”的看法合并讨论。[①]

许氏所引过往权威医书及其著述，多为大名鼎鼎，本师徒相授、父子相承、传习医道，或经文字世界自学，接触儒医脉络下之医药的地方执业者不能不知之医史名人与专著，可略见清代地方医者，与上古医典，近世医家的接续（或断裂）。东汉而宋元，乃至由明而盛清，地方医疗工作者如何承先，由此可知部分梗概。[②]张仲景之《伤寒论》，金元大家李东垣（李杲，1180—1251）、朱丹溪（朱震亨，1281—1358）之言[③]，古代幼科鼻祖钱乙（许豫和原文称为“钱氏”）之作[④]，幼医流传常用的《婴童百问》[⑤]，或者药学本草方面要著，如《本草衍义》[⑥]，及他以为医著中对热病临症论治留下可议之处，如《金匮要略》（许豫和原文称为《要略》）、《玉机微义》[⑦]，便是其例。

由许氏征引行家及彼等之著述项目与内容，可引申而见地方业医之训练与

---

① ［清］许豫和，《小儿诸热辨》，《热辨中》，页10上–12上。

② 目前资料，未见直接信息说明许豫和之授徒，因之，对其“启后”方面之活动，犹待未来探究。

③ ［清］许豫和，《小儿诸热辨》，《热辨中》，页12下、15上–15下、21上；《热辨下》，页23上。张仲景，名机，东汉人。自幼嗜医，从名医张伯祖学，工于治疗，遂渐有时誉。张氏生于乱世，建安以后疫病流行，人多以伤寒亡故。张氏专力于内科杂病之研究，尤注重伤寒病论证，著有《伤寒卒病论》10卷，原书已佚，经后人整理，编成《伤寒杂病论》《金匮要略》二书，二千年来，仍为中医所重。《伤寒论》专论外感热病，其中根据病症发展状况，分别用汗、吐、下、温、和、清诸法，众法甚备。详细讨论见李云，《中医人名辞典》，页449–450；薛愚，《中国药学史料》，页121–131；中国医籍提要编写组，《中国医籍提要》，页181–183。李杲，晚号东垣老人，金元年间河北真定人。李氏殚力研究《内经》《伤寒》诸医典，不墨守古法，于医理多有发明，首倡“内伤脾胃，百病由生”之论，著《脾胃论》阐发其说，自成“补土”一派。见李云，《中医人名辞典》，页288。朱震亨，世称丹溪先生，元代人。武林罗知悌以医著称，得刘完素之再传，并旁通张从正、李杲二家之说，朱氏往而从之学。朱氏不以师授为满，复汇综三家之说，去短补长，创“相火论”“阳有余，阴不足”诸论，后世以为“补阴”一派，后与刘完素、张从正、李杲并称金元四大家。见李云，《中医人名辞典》，页178。

④ ［清］许豫和，《小儿诸热辨》，《热辨中》，页16下。

⑤ 同上，《热辨下》，页31上–31下。鲁伯嗣，明人，生平籍贯不详。著有《婴童百问》，以问答形式论述小儿疾病之诊治。书凡10卷，每卷10问，总计百问，故书名《婴童百问》。此书从病因、病理、症候、治疗、方药等方面，详述百余种儿科病症，附方840首，乃鲁氏博采诸家之长，及《巢氏病源》《千金方》《小儿药证直诀》等精要，自成一家之言。详参李云，《中医人名辞典》，页870；中国医籍提要编写组，《中国医籍提要》，页343–344。又，是书有台北故宫博物院藏善本（台北：新文丰出版社，1987年影印）。

⑥ 同上，《热辨中》，页22上–22下。宋代本草著作多为官修，《本草衍义》一书乃是真正由私人所编修之作。作者寇宗奭，宋代政和年间曾任医官，充任“辨认药材”一职，因考验诸家之说，参以自验，而撰成《本草衍义》。其书并未新增新药，而着重历来药品考证，为后来李杲、朱震亨等人所信重。参见薛愚，《中国药学史料》，页225–228。

⑦ 同上，《热辨下》，页23上、24上–25上。《金匮要略》原隶于张机所撰《伤寒卒病论》，其中论伤寒病部分，经王叔和编次，另成《伤寒论》；杂病部分一度亡佚，直至宋代方才自旧书中检出《金匮玉函要略方》之残卷，校订后方以成书。其书专论内科杂症，兼述外科、妇科，阐述各种疾病（转下页）

知识范围。如就医统传承及论著方面而言，其所沿袭之往哲著述范围通常包括何人何书；对这些过往权威之说法，其熟习、接受之程度如何；及凭个人执业经验，胆敢提出疑问，另主新见之可能；疗治处方上，另辟蹊径之所在。

譬如许氏在《热辨中》篇中提出的一个重要争论焦点，是所谓小儿热症，在不同情况下是"当汗"或"不可发汗"的问题。对此，他先称"经曰"有称风寒时热，"汗出而散也"。又说另有经曰："病温者，汗出辄复热。"再引《热论》之书，云："汗出而脉尚躁盛者死。"[①]最后许豫和才如按语般地提出他自己的经验之谈："予治小儿热病尝有言：不难于未汗之前，而难于既汗之后。热不退，阴气先绝，邪热独留。"[②]这也就是说他自己遇到小儿热症，在已知传统"经曰"多持矛盾说法的背景下，仍循惯例之一决采"汗下"路线，然就自身临床结果来看，发汗并非百无一失、随施即灵的万应疗法。他在篇中最后对小儿热症之"当汗不当汗"，提出了一系列主张，以脉浮、伤寒者，"可发汗"，用以呼应张仲景以麻黄汤主治头痛发热、恶风、无汗而喘之太阳病，并随而列举尺脉弱者，咽燥喉干者，咳而失小便者，以及淋、衄、疮等患，和脉沉细数之少阴病者，以之为均不可发汗之类别。[③]18世纪一位施诊地方的幼科医生，若用心临症，反复推敲其所承知识技能，认真核对自己的实作经验，其依赖、斟酌、调整、修正传统典范，乃至另立主张的点滴步骤，便能以"治验"文类留证当世，下传后世，为医史或专业知识积累之基石。

（六）悬壶地方之疾呼

许豫和对小儿热症的论说，除医理、医经方面的申述对质外，最易突显其地方业医身份及临床经验心得的，是他挺身指出的当代谬误，如前述他痛斥歙

（接上页）之病因、诊断、治疗与用药，为汉代以前治疗杂病之大成。参考李云，《中医人名辞典》，页449–450；薛愚，《中国药学史料》，页121–131；中国医籍提要编写组，《中国医籍提要》，页232–234。《玉机微义》原名《医学折衷》，为明代徐用诚所著，经刘纯增补后，始易名为《玉机微义》。其书搜罗广泛，自《内经》以下，诸如仲景、叔和、巢元方等医论无不采入，尤主刘河间、李东垣、朱震亨诸家之说，并贵折中其要，对诸门证治方例之叙述，无不畅通其源流，简而能赅。参见李云，《中医人名辞典》，页735；中国医籍提要编写组，《中国医籍提要》，页452–453。

① [清] 许豫和，《小儿诸热辨》，《热辨中》，页10上–17上。

② 同上，页10下。另《评热病论篇第三十三》云："帝曰：愿闻其说，岐伯曰：人所以汗出者，皆生于谷，谷生于精，今邪气交争于骨肉而得汗者，是邪却而精胜也。精胜则当能食而不复热；复热者邪气也，汗者精气也，今汗出而辄复热者，是邪胜也，不能食者，精无俾也。病而留者，其寿可立而倾也。且夫《热论》曰：汗出而脉尚躁盛者死。今脉不与汗相应，此不胜其病也，其死明矣。狂言者是失志，失志者死，今见三死，不见一生，虽愈必死也。"见《黄帝内经素问译释》，页263。

③ 同上，页14下–15上。

邑时医喜用木通之误[①]，或他在《热辨》一帙中以专论批评的"九制胆星之误"和"广东蜡丸及人家制送丸散之误"[②]。前一篇的要点，在说明中医药常用的天南星一物，因"味辛而性燥猛"，过去医者往往"以胆汁之苦寒抑之"，也就是说，用被认为药性苦寒的胆汁去调和被指为药性燥热的天南星，结果两物作用，可收平衡互抑之功。这种习惯做法，许氏本觉无可厚非。不过他坚持在调和两味相反而相成的药物时，应注意"过犹不及"之理。以一份胆汁制一份天南星所成之药，本无不是，即他所谓"一制而陈者良"。但当他赫然发现"近世医家每将牛胆汁九制南星藏之，以为奇货而书重价"，则期期以为不可。因为依他的理解，天南星一药之所以可能有助于解决热症，乃在于"取其辛以散风，燥以疏痰"。如果九加胆汁，结果可能药性上完全盖过了天南星的辛燥之性，而只剩下胆汁的纯粹苦寒，从而也可能失去了治剂上仗辛燥之天南星治疾，以医热症之原意。[③]由这部分讨论，亦可研判此歙邑幼医，对地方药材供应，南方（如广东）成药使用的掌握及看法。许氏之见，即便未必全然可取，却呈现了清代地方专科医生施医一地，而不能不舌辩论战左右，投身于当时供需关系与错综复杂、未必全如人意的清代歙邑医疗市场。

至于他非议四周愚夫愚妇习用"人家制送丸散"成药，原因在于以他执掌城邑的经验而言，临症看病，开方用药，所面对的往往是随时随地发生的病变（他所谓的"治时病"），"以时行之风痰壅闭，理当随时用药"。医者现场"临时变通"遂成关键，与一般民众，日常"调补"喜欢买些现成丸药补身截然不同。如果风疾热症与日常进补两异，不得随便以服用市面丸散济事，那么去任意采购"制于粤东，挟利者货之四方"的广东蜡丸，就更不可取。孰知"愚夫愚妇误服"，"医家执而从误"，"受害者不知凡几"[④]。发上述议论时，许氏并未明言他口中常称"送药无方"的愚夫愚妇，是否即为日常登门求诊的歙县乡亲，更未点明他上文中的"近世医家"，或此文中令他头痛的医家，是否即为县城周围的同业。不过他文中以"昧者"与"有识之士"对举为其诉求之时，一位执业盛清歙县城邑地方幼医的处境不能不跃然纸上。

---

①［清］许豫和，《小儿诸热辨》，《论木通》，页34上–36下。

②同上，《辨九制胆星之误》，页46下–47下；《论广东蜡丸及人家制送丸散之误》，页47下。

③同上，《辨九制胆星之误》，页47上。

④同上，《论广东蜡丸及人家制送丸散之误》，页47下。

五、《治验》

（一）十六附一篇

许豫和以《治验》为名，刊刻流布另一卷幼科著述，内含十六附一篇讨论。据书后为其留跋之姻亲曹城的说法，此著说问世之际——很可能跋语所记乾隆壬寅年（四十七年，1782）秋天以后——对地方缙绅知医者而言，总结了一位歙邑老幼医之临症经验精义。[①]曹城在跋后语里，先依例数了一遍传统医药中幼科之难能而可贵，以及医论纷纭而莫衷，往往爱之害之。从此可见长期疗治经验中所积累具体实例之价值所在，也就凸显医者许豫和执业幼科于乡邑所遗个人治验之意义，由跋者曹城先为读者追述，自古轩、岐作《灵》《素》，固有仲和、华佗（约145—208）等神医，然“无治小儿之法”。史传巫妨有《颅囟经》之作，至秦越人、洁古老人（张元素）始论治幼之道，而“无治痘疹法”[②]。到了宋代，幼科鼻祖钱乙、陈文中等明经络、分表里虚实，开启了幼科更明确的辨证论治之途。由宋而明，经阎季忠、杨士瀛、薛己、张介宾[③]（1563—1640）等幼科先辈推展，“各宗所见”，幼科和痘疹才见多面进展。不过据曹城之见，这幼科由无而有，始萌而壮的演绎，到了清朝乾隆，一般人面临的幼医景象，往往仍是“立说益繁，莫适为主”[④]。有“祖清凉者，或落井而下石”，也有“祖温补者，或

① [清] 许豫和，《治验》，曹城《跋》，页1上-1下。曹氏跋语位于卷首，实为序文，据曹氏跋语略云，该跋是阅许豫和所示《痘诀》二卷、《杂症》一卷、《治验》一卷，共三帙四卷之后而笔，非专对《治验》一书而写，故终篇之言，重点包括表彰许氏于痘疹方而注疏，以“贯通钱、陈诸家而察其制方之妙”，且为“业医者之准则”。

② [清] 许豫和，《治验》，曹城《跋》，页1上-1下。《黄帝内经》共18卷，《素问》《灵枢》各有9卷，内容包括摄生、阴阳、脏象、经络和论治之道，相传是黄帝与岐伯、雷宫、伯高、俞跗、少师、鬼臾区、少俞等多位大臣讨论医学的记述。其成书年代向有争议，约是战国至秦汉的作品。相关记载参见严世芸（主编），《中国医籍通考》（上海：上海中医学院出版社，1990），页3-19。华佗，沛国谯人；善医，尤长于外科，并作五禽戏以除疾，兼利蹄足，以当导引。参见李云，《中医人名辞典》，页154-155。

③ [清] 许豫和，《治验》，曹城《跋》，页1上。巫妨，一名巫方，传为尧臣，精于医道，据载曾撰有《小儿颅囟经》，其书不传。今世传之《颅囟经》乃宋人伪托之作。参见李云，《中医人名辞典》，页313。秦越人，号扁鹊，战国时渤海人。通晓内、外、妇、儿、针灸诸科，精于切脉、望色、听声、写形，尤善于推究病源，临症应手即效，据《史记》所载：“扁鹊名闻天下，过邯郸闻贵妇人，即为带下医；过洛阳闻周爱老人，即为耳目痺医；入咸阳，闻秦人爱小儿，即为小儿医；随俗为变。”参见陈邦贤，《中国医学史》（上海：商务印书馆，1937），页25；李云，《中医人名辞典》，页691。张元素，字洁古，其于医理推重《内经》诸书，而临症多不循古，尝谓：“运气不齐，古今异轨，古方新病不相能也。”故自成家法，为易水学派之开山。参见李云，《中医人名辞典》，页439。

④ [清] 许豫和，《治验》，曹城《跋》，页1上。阎孝忠，一作季忠，北宋人。幼时多病，屡经儿科名医钱乙救治。及长，留意医学，亦擅长儿科。曾搜集钱乙医论、医方，编《小儿药证直诀》一书，（转下页）

救火而抱薪”[①]。清凉、温补对立，是非未明，业医者或因师承而依违其间，或竟按已见随机处置，结果患儿可能纷纷受害。在此背景之下，曹城说，“今年夏（即出书之乾隆四十七年，1782）”，当其姻亲长辈许豫和示其所著《痘诀》二卷、《杂症》一卷与一卷《治验》，读后见其贯钱、陈先贤诸家，“察其制方之妙，究其求本之旨”，于处方论治和探问医理上均有殊见，乃推崇曰：此四卷三帙之付梓流传，“岂唯婴幼托命焉，抑亦业医者之准则”[②]。所言固为序跋幼科著述的泛泛常谈，要者在今业医、病家、读者得因诸帙付梓、刊布、流传，而细检歙邑老医许氏究以何等治验之案，逐条明示自己临症乡里数十年之心得，而细评其临床实证上之成绩得失。观《治验》一帙17篇之内容，大抵包括四大类别：开首一项很可能是许氏诊视最繁、领悟最多的几种地方幼儿常见健康威胁，如种种“风症”和他所谓的“顿嗽”。对于“风症”，他录之10条实例论“惊风发搐”，随以7条附论。[③]其后还有22个实例，谈“暑风发搐”[④]，而且以专篇谈丙申（乾隆四十一年，1776）一年漫漫长夏中，他在地方所见层出不穷的“暑风”案例。[⑤]对于“顿嗽”的问题，他也是先有专篇总论，再以丁酉（乾隆四十二年，1777）夏天之治验“复论”之。[⑥]

风、嗽之外，第二项许豫和特别分篇析述了他对疟、痢、丹毒斑疮等当时常生的“急症”[⑦]，并逐一说明他对疳、肿胀、喘等一般视为“慢症”的个人治法。[⑧]

常见急慢症及其实例外，第三类是许氏在用药方面所提特殊主张，如《治验·辨鸡肝药》，以及一般的《治验·用药须知》。[⑨]

（接上页）附自著《小儿方论》于其后。参见李云，《中医人名辞典》，页833。杨士瀛，号仁斋，南宋怀安人。世代业医，至士瀛尤精，且长于著述，幼科方面撰有《仁斋小儿方论》4卷。参见李云，《中医人名辞典》，页323。薛己幼承庭训，兼通内、外、妇、儿诸科，著述极多，有《痘疹方论》2卷，并校注前贤医书多部，与幼科相关则有《保婴金镜录注》《校注陈氏小儿痘疹方论》《校注钱氏小儿药证直诀》等书。参见李云，《中医人名辞典》，页952。张介宾，号景岳，年十三岁随父至京师，从名医金英学，尽得其传。其于医，效法李东垣、薛立斋，为明末医界补土派代表人物。对《内经》多加研究，为后世医家所推崇，幼科方面则作有《慈幼新书》《痘疹诠》《小儿则》等。参见李云，《中医人名辞典》，页441。

① [清] 许豫和，《治验》，曹城《跋》，页1上。

② 同上，页1下。

③ [清] 许豫和，《治验》，《惊风发搐》《附论》，页1上–6下。

④ 同上，《暑风发搐》《附论》《或问》，页7上–14上。

⑤ 同上，《丙申长夏复论暑风》，页15上–16上。

⑥ 同上，《顿嗽》，页17上–17下；《复论顿嗽》，页18上–19上。

⑦ 同上，《疟》，页27上–28上；《痢》，页28上–30下；《丹毒斑疮》，页31上–34下。

⑧ 同上，《疳》，页20上–22下；《肿胀》，页23上–26下；《喘》，页35上–36上。

⑨ 同上，《辨鸡肝药》，页22下–23上；《用药须知》，页42上–46下。

第四类是许氏谈治验医案之余，卷中所夹数篇临证散论道出他为何视顿嗽、疟、痢为“三难”的一番看法，以及对痰喘、肿满“二险”的认识。[①]翻检四类罗列，间见18世纪初歙邑周围，后世公卫学者可能有兴趣的地方病（endemics）形态、季节性流行病（seasonal epidemic diseases）类型，以及幼医许氏亲身访视之罹病患者身份（许氏治验录写中常详细指明他所诊视患者之姓名、年龄、出身背景）。当然亦不乏施治幼科之地方医者日常执业时曲折多变，时固得手，但也有功败浩叹之实情。

（二）五十七案例

在医理、医论、处方之外，此《治验》一卷十六附一篇共录57条许豫和执业幼科时所处理过的案例。以他临症歙县五六十年的行医生涯而言，此处所见自非他的全部完整临床病历，而是他在执壶经验中自以为有特出印象，具医疗代表性，值得讨论而公布流传的选择性例证。因之，无论依医疗社会学对施诊实况的重视，或流行病学对疾病与患者之分类，此57例的群体图像或更值得一析。

首先，就医案之撰写体例而言，不论证之宋代钱乙以来幼科医案类型[②]，韩懋（1441—1552）《医通》（成书于1522年）中所言的理想范式[③]，或明代以往

① [清] 许豫和，《治验》，《三难》，页40下；《二险》，页40下–41上。

② 依目前可见之文献，中国的幼科似乎自始即有某种案类式载记，且意图传递出一种临床临诊的现场式氛围。较为人熟知的是，一向被奉为幼科鼻祖的钱乙所流传下来习称《小儿药证直诀》3卷，除了47条医论、114首医方之外，上卷还包括23项案例。就钱乙所长的幼科而言，每条治证始于对病童（患者）的介绍，包括患童之姓氏（有时有名）、其监护者之身份（通常是男性家长，如父亲或祖父等之职称、地位），随并提及患童与家长间的人伦关系（于言及某童某人之三子或侄女某某时，自然亦透露了患童的性别）、自身年龄。接着，才依序夹评夹叙地述及患者的一般健康状况，以及他（她）目前具体征候和医者的临床判断、处方疗治。对后世所关怀，而划归病理、病史、疗程、临床诊治结果等近现代医学类案例经常要求的叙述项目，也多留下相当详尽的信息。通览卷中整篇的记载，固有不少治愈而足为自豪的病例，也有不少坦称束手无策或以死症告终的例子。参见熊秉真，《案据确凿：医案之传承与传奇》，载熊秉真（编），《让证据说话：中国篇》（台北：麦田出版公司，2001），页202–209。亦见本书第三章，《医案之传承与传奇》。

③ 医家对于医案类文献的理想要求，明代医家韩懋所著《医通》一书中，曾以“六法兼施”为标准，责求医案中之上选者。要求内容除“望形色”“闻音声”“问情状”“切脉理”传统四诊之法外，还应包括医者对该案“论病原”的推敲，与“治方术”的斟酌。韩懋曾说道：“六法者，望、闻、问、切、论、治也。凡治一病，用此式一纸为案。首填某地某时，审风土与时令也；次以明聪望之、闻之，不惜详问之，察其外也；然后切脉、论断、处方，得其真也。各各填注，庶几病者持循待续，不为临敌易将之失，而医之心思既竭，百发百中矣。”参见韩懋，《医通》，收入《中华医书集成》（北京：中医古籍出版社，1999），卷上《六法兼施》，页2–3。关于中国医案之详细讨论，参见熊秉真，《案据确凿：医案之传承与传奇》，页201–252。亦见本书第三章。

幼科医案之长短繁简二类发展模式[①]，许豫和此处所留下的歙邑治验均属长短适中、体例一般的记法。每案大致长数十至百余字不等，起首注明患者姓氏、性别、年龄，随录其症状，医者许氏临症之诊断、处方、疗治过程及最终结果。

（三）患童群像及性别

就所录患者而言，虽未必案案皆叙全貌，很难理出任何生物统计上之意义或医疗社会学上之类型及代表性，但因明确均来自盛清歙邑地方幼医视诊案例，其性质之实证价值仍不可忽。先以性别而言，许豫和所记诊视患儿包括男女性，虽则卷中所录女性患童仅有三则。[②]二是作者论《治验·暑风发搐》所录七症中的二条，一为“暑月发搐”的“汪氏女”，“搐甚无汗，壮热强直”，见幼医许豫和记他如何以羌活、防风等药所处三服不同笺方，使她搐定而痊。[③]二是他口中“张孝占兄”的六岁女儿，也是“暑风发搐，壮热，脉洪大，日中时甚”。据许豫和说等他见到此位女童时，已是罹病后四天了。他问诊时发现，患儿病发后曾出现“发热呕吐”现象，判断是“暑邪由胃入心胞”，主以白虎汤加黄连治之；但又考虑到“前医曾经大下”，女孩“人事昏倦”，作为第二轮经手的幼科医生，他“不敢更用峻剂”，决定“先以粥汤调其胃，清心安神之剂养其心”，

① 粗略而言分两大类：一是简述型案例，这类案例叙说上常以“一儿”如何如何为始，既无姓氏，也无家庭、身份、社会背景。随即提及患儿（无性别指标）之大略症状，并记下医者万全的诊断、处方、疗法及最后的结果（“愈”或“亡”）。此类简案，既无任何四诊（望、闻、问、切）之类当时临床医疗上常有的信息细节，也没有医者对患儿罹病、疗程、处方、用药等分析。原文多仅于数十字内结束。不论刊版或重印，不过寥寥数行。另外一类，则较近似《史记·扁鹊仓公列传》和《小儿药证直诀》中有关钱乙的案类载记款式，属于一种比较繁复型的医案。这类内容丰富、叙述曲折的案例，不但载明患者个人与出身资料（姓名、性别、年龄、亲长身份、地域等），还长篇大论地阐述罹病之初情状，初诊时医者审视之发现，一切四诊所得结果，及步步临症观察、问讯、推敲的过程。然后述及医者的初步判断，夹杂着此医与彼医（其他的业医或时医）的争辩角力，诸医与家属之间对辨证、论治的商榷、争执，以及此后患儿病情与疗治上的多番曲折、难测变幻。当然，对医者所开处方，其个别成分、炮制方法与预期疗效，也有正面析述。最后，此案结局如何，应有一个直截了当的交代。总之，这类“繁复型”医案，内容丰富，叙说起来像演艺故事般曲折，阅读或听讲间不免带有几分动人的戏剧性高潮或低回。参见熊秉真，《案据确凿：医案之传承与传奇》，页201-252；Ping-chen Hsiung, “Facts in the Tale: Case Records and Pediatric Medicine in Late Imperial China,” in *Thinking with Cases: Specialist Knowledge in Chinese Cultural History*, ed. Charlotte Furth, Judith T. Zeitlin, and Ping-chen Hsiung (Honolulu, HI: University of Hawaiʻi Press, 2005), pp. 152-168.

② 按《治验》书中所提女性患童共有六处，分别是：《暑风发搐》中的“汪氏女”“张孝占兄女”；《辨鸡肝药》的“江氏女”；《疟》的“汪氏室女”；《丹毒斑疮》之“族孙女”；以及《杂记》之“张夔一兄女”。但上述“江氏女”与“汪氏室女”两则均是在讨论鸡肝药与疟的文字中被带出，内容较少，不被列为医案统计。故在文中被列为医案案例讨论的为《暑风发搐》中的“汪氏女”“张孝占兄女”与《丹毒斑疮》之“族孙女”共三则。

③［清］许豫和，《治验》，《暑风发搐》，页7下-8上。

待胃气少回后再用清心之药对之。所以在女童午热惊作、面赤痰响、舌苔黄黑的情况下，许氏继续以黄连、山栀、木通“治心”，以橘红、半夏、菖蒲“开痰”，以辰砂、琥珀、牛黄细研冲服以“宁心定搐”。最后很幸运地，不知是否全仗这组三合一的“清心之剂”在三日后使这位许豫和友人的六岁女儿，“热退神安”。不过，许氏在结束这条记录前，特别强调患童仍在发热时不能以“下药”处理夏天“暑风发搐”之症。该症之所以得转危为安，“缘此女胃气素强”，粥品调胃而胃气回复，得待医者以清心之剂愈之。否则，“倘胃气不回”，则“无能为矣”[①]。

许氏记载所活女性患童的第三例，是在他谈《治验·丹毒斑疮》首例所录一位“周岁”的“族孙女”。这位女童，“壮热啼吵，下身赤肿”。许豫和也不是患童家人请来的第一位医生，唯据称前治无效。许氏诊视之时，谓“医作风热治不退”。此依他断为“赤游丹毒”之例，但又有“病家误用敷药”的问题，虽则患童看来“热甚腹胀”，病况有增无减。许氏临症，立刻三管齐下。一则“急以荆、防、羌活疏其表”，二则“赤芍、只壳、木通清其里”，三则“更于腿臀红肿处，砭去恶血”，最后“乃去羌活加炒黄柏”，“二剂丹渐退”[②]。许氏临此三症，治验上均表明本非患家首选之医。视病处方时又一再采用自己一再抨击地方同行常误用之“木通”，可见他医论之发言不可片面遽信；而施治时必要下药与砭法齐用，亦见乾隆地方幼医临床并非局限于本草药方等内科式处理。总之，这三则女性患童治案，说明了歙县家长遇到家中女童患病，不但未必弃之不顾，且罔效而一再求医。[③]因此，许豫和平日诊视者，虽则男童必然较多，但确是男女都有，其循症录写治验案例遂自然留下少数女童之病历。

（四）患儿之社会谱系：亲疏、背景、年龄及其他

性别之外，检视许氏《治验》中所示患童身份，依社会类型，如亲疏关系或地理区域而言，图像清楚显示许豫和既执业于宗族发达、聚族而居的徽州歙邑，自经常诊治亲族子弟所罹各种疾病。例如所记有二则族侄（一为《治验·疳症》下列“肝脾两伤，腹膨内热，雀目羞涩，人渐枯瘦”；一为《治验·丹毒斑疮》

---

① ［清］许豫和，《治验》，《暑风发搐》，页8上–8下。

② 同上，《丹毒斑疮》，页31上。

③ 关于女童医疗之讨论参见Hsiung, *A Tender Voyage*, pp. 194–198；熊秉真，《中国近世士人笔下的儿童健康问题》，《“中研院”近代史研究所集刊》第23期上册（1994年6月），页1–29。亦见本书第十章。

下列“十岁，患时热。身发紫斑，口鼻出血”）[①]；二则族孙（一为“肿胀”项下，称“族孙患水肿，已经一月”；一列《治验·杂记》之下，“族侄寰隽子，十岁，患腹痛半月不止”）[②]；一则侄之孙（《治验·杂记》下记“惟楷侄之孙，十二岁，更齿，摇伤出血不止”）。[③]姻亲儿童中，有二则亲翁孙（一为“汪赤厓亲翁孙，素患惊风发搐”；一为“汪赤厓亲翁第五孙，晋三兄子也。初秋患伏暑泄泻”）[④]，即为此县邑医者服务乡梓亲族幼龄人口之例证。

七则亲族子孙，加上前述族孙女之例，共八案。八案外，亲疏关系之下一层，是许豫和笔下所谓“某兄”之子或孙。近世中国人口中习称之某兄某公，常为一般礼貌下对熟识友人之敬称，虽未必有任何血缘亲疏关系，却代表尝有往来的家庭患者。此非陌生病家范围内，许氏列举不下12案，患童所罹急、慢各症不一。[⑤]幼医许氏常依时俗以父祖名号载记患童身份，其间不乏一家二案之例（《治验·痢》下记周履庚兄五岁之子，“痢疾六朝”，及其三岁次子，“又患痢”）。[⑥]二案未记发生确切时间，因无法臆知是否同时罹病或彼此间有无任何关联，析述案例时亦未及传染之可能（书中他处尝有关于传染之专门讨论，故悉他并非没有“传染”疾病之概念）。唯可知同一家族多儿患病，均往求邑城幼医，对某些熟人而言，许氏或具歙邑“家庭医师”之功。仅一处录有“发热痰嗽”的“桂林洪贯珍兄子”，以父名记患儿身份而连带籍贯。

---

① [清] 许豫和，《治验》，《疳》，页20上；《丹毒斑疮》，页33下–34上。

② 同上，《肿胀》，页24上；《杂记》，页37下–38上。

③ 同上，《杂记》，页38上。

④ 同上，《惊风发搐》，页1上–1下；《暑风发搐》，页9上–10下。

⑤ 这类案例散见《治验》全书，分别为《惊风发搐》，页2上：“张孝占兄子，百日。本有胎热，因受惊风发热惊搐。始用疏风退热散惊药，热不退，搐反甚，至夜半口鼻眼角抽出鲜血，舌胀满口，药不得入，危矣！”《惊风发搐》，页2下：“张诏苍兄乳子，患惊风，面青指冷，头仰目窜，喉中有痰。”《惊风发搐》，页2下：“斗山殷良彩兄子，六岁。发热惊搐，目窜反张，不省人事。”《暑风发搐》，页7下：“王旭林兄孙，患暑风，热甚惊搐。”《暑风发搐》，页8上–8下：“张孝占兄女，六岁。患暑风发搐，壮热，脉洪大，日中时甚。发则面赤痰响，惊搐随作。”《痢》，页28下–29上：“周履庚兄子，五岁。痢疾六朝，请予治。发热脉大，不思食，后重人倦。口渴，舌苔下牙根作痒。此中气虚，胃热甚也。”《痢》，页29上–29下：“周履庚兄次子，三岁。又患痢，痢甚身热，与清热导滞之剂，两目忽然上窜，非惊非风，少停又窜，如烛影动摇之象。”《丹毒斑疮》，页33上–33下：“巴如冈兄子，百日。患罨烂疮，起自阴囊，上侵腹背。”《杂记》，页37上：“巴雪坪兄子，隽堂世兄也。六岁。病咯血，间或鼻衄，内热，脉弦。”《杂记》，页37上–37下：“张夔一兄女，七岁。摇头喊叫，岁发三五次，病二年矣。渐发渐近，甚至日发一二次，二月不休，面青人瘦。”《杂记》，页38下–39上：“江文聘兄子，年二十。素能代筹家务，婚娶之夜，忽然目瞪手战，不知所之。”《杂记》，页39下：“桂林洪贯珍兄子，发热痰嗽，多汗恶风，日久不愈。”《杂记》，页39下–40上：“曹问麟兄子，百日。内有风痰之患，或一月一发，两月一发。”《杂记》，页40上–40下：“张诏苍兄次子，出胎四十日，壮热目斜，左足红肿。”

⑥ [清] 许豫和，《治验》，《痢》，页28下–29下。

某兄之子、某兄之孙而外，再下一类，就属许豫和诊视的一般患儿，实例中一贯以某氏子称之。歙邑常有姓氏，如汪氏子、程氏子、黄氏子、郑氏子[①]，均有多例病案在列。可见歙邑部分家庭、宗族子女，是许氏幼科常客。另有患童，许氏于具其氏族名外，加上某地某氏，如荷池程氏子[②]，或北门饶氏子。[③]再有病例，许氏称之为“邻家子”[④]，未知是客套昵称，或竟真为许氏邻坊。此一般患童类下，包括57例中之28例，占其治验所列实案半数左右。是否亦可间而推知许氏平日歙邑行医所视患儿，过半确属周边求诊各姓各氏的一般患童，待查其他地方家族信息，再做推敲。

此外，在少数情况下，许氏明书患儿之特殊出身或状况，如山野之人，或劳役饥饿之人，谓“山野之人，忽然腰足闪痛，俗名土箭打”，平常就“急于痛处拍出青紫色，以银针刺出恶血”。许氏称“亦刮沙之意也”，却主张是“地气所感”，为“山野之人夏月有之”疾患；而“瘴气多染劳役饥饿之人”[⑤]。这就说明了健康疾病与人时地皆有关系，显示当时地方业医中之好学深思者，对后来公卫流行病学上所重视的疾病健康形态与某一人群的居住环境、生活方式，有不可否认的互动关联，多少已有些概念。正如许豫和在《治验》卷末的一段结语，有“若非其时、非其地、非其人，皆无此患‘痧胀’”的说法。如此体察，若无执业地方数十年之目睹亲见，四季寒暑之临症得失，以及积累无数经验、证之

① 关于汪氏子之记载，参许豫和，《治验》，《肿胀》，页26上；《喘》，页35上。关于程氏子之记载颇众，参同书，《惊风发搐》，页4下；《暑风发搐》，页8上；《肿胀》，页23上–23下；《喘》，页35上。关于黄氏子之记载，参同书，《惊风发搐》，页4上–4下；《疟》，页27下。关于郑氏子之记载，参同书，《疳》，页21下；《痢》，页29下。

② ［清］许豫和，《治验》，《痢》，页28上–28下云：“荷池程氏子，七岁。患时痢，纯白，请予治。予适他出，一医谓：纯白为寒。用平胃散加炮姜、附子，二剂，儿忽目不见物。予曰：‘阴伤也。’痢多亡阴，辛燥之剂复伤之。急宜养阴六味丸溶化与服，煎剂用黄柏、苦参、当归、白芍、沙参、茯苓、陈皮、甘草，二日而能视，痢亦渐止。河间云：‘俗谓：赤热白寒者。非通作湿热处治。’于此可见。”

③ ［清］许豫和，《治验》，《惊风发搐》，页3上云：“北门饶氏子，发热两月，屡更医，皆用疏散药。一日忽然发搐，目斜手搦，有时筋急如反张状，脉弦数，无涕泪，此热久阴伤之故。予用生地、丹皮、当归、白芍、山栀、麦冬、天麻、钩藤、羚羊角，二剂定，十剂愈。”

④ 其一云：“邻家子，脾土素弱，受暑，泄泻发热，烦渴。初以四苓加葛根、扁豆、厚朴，泻不止，渐加甚。予用六君加乌梅肉，二剂而愈。一时患此者，皆用此法，竟不作惊。俗以乌梅酸收，多不肯服，不知乌梅解暑妙品，生津和胃，泻热除烦，约束六君，归功脾土，又能平肝木，使不侵脾，安蛔虫使不妄动，止泄其余事耳。一药之功而具众妙，世不知用，惜哉！”见《治验》，《暑风发搐》，页8下–9上。另一则云：“邻家子，忽恶寒发喘，目瞪鼻扇，声如曳锯，面青下痢。予曰：‘此肺中风也。’诊其脉已绝，不可救。是日又一儿，十三岁，喘亦如之，但鼻有涕，喘虽甚，能咳，脉尚滑，药难进。予命煮葱、姜、艾叶，以布囊熨背，冷则易之。一时辰，喘渐松，进三拗汤，汗出而愈。《百问》云：‘凡人为风邪所中，皆自背上五脏俞而入。’故以熨法代灸法。倘遇此症，急须为之，缓则无及矣。”见《治验》，《喘》，页35下。

⑤ ［清］许豫和，《治验》，《沙症辨》，页50上。

医经前说之切合相违，是不易发展出来的。

至于许豫和所诊视患者之年龄分布，若以其《治验》中所涵实例视之，有生后四十日[①]、百日[②]等不满周岁之婴儿。年龄分布的另一端偶然也包括长至二十岁的青年，甚至成年、老年男女。[③]但最常见的，还是二三岁以上至六七岁之间的幼龄儿童。这个患者年龄分布，也进一步证实了近世中国幼科医学的发展，无论在分科专业化、自身知识技能专长，乃至市场需求、“顾客”来源上，至少到了18世纪初的南方安裕县邑，如乾隆徽州之歙邑，已有相当程度的供需相符。幼龄男女的疾病健康需求与家庭求医行为，早使如许豫和一般的地方幼医拥有行业上独立操作的空间。

（五）医疗人类学侧写

再就执业之状况而言，许豫和悬壶幼科于歙邑之实情，与过去医史研究所知近世他地医者执业及民众求医之行径，景况相当类似。[④]从其《治验》所载临诊各案所见，许氏身边常有其他医生同业[⑤]，治疗期间，也常须应付周围同行医家评议之压力或烦扰。这表现近世歙邑地方医病关系，无论对医者或病家而言，多非一对一的单向操作，往往是在多重多方考量，两造间不断相互斟酌、经常反复下的曲折选择。明清时期中国一般城镇的医病活动，也就是在此变动

---

① [清] 许豫和，《治验》，《杂记》，页40上–40下云：“张诏苍兄次子，出胎四十日，壮热目斜，左足红肿，服疏散惊风一剂，次日热不退，足肿至膝，色红紫，丹毒上攻也。改用生地、丹皮、赤芍、黄柏、栀仁、木通、料豆、甘草一剂，红紫处砭出恶血，热稍松。次日肿至囊腹。书云：‘入腹入肾者不救。’险矣！询其去血甚少，复令以芦荻劙去恶血甚多，仍服前剂，热退肿消。尝见服疏散药，外用敷药者多死。血热为患，当服凉血药，砭去恶血，所以得痊。且此症胎毒所发，无表邪，何用疏散？”

② [清] 许豫和，《治验》，《丹毒斑疮》，页33上–33下云：“巴如冈兄子，百日。患罨烂疮，起自阴囊，上侵腹背。医用荆、防、蝉退、蒡子、连翘、银花、甘草之类。疮渐延蔓唇口、眼眶、四肢指节，无所不有，色红紫，皮塌烂，舌如杨梅，啼哭不住。且其母前产二胎皆死于疮。医用药与前无异，恐蹈前辙，求治于予。予曰：‘罨烂疮，先天之毒。病自里发，与风湿在标者不同，治当从内解。今用疏托药，是助其欲发之势，故延蔓愈甚也。’为制一方：马料豆、土茯苓、丹皮、黄柏、银花、山栀、人中黄、甘草、木通九味，不时与服。外用雄猪油、紫草同煎，鹅翎涂疮，冬桑叶、川贝母、甘草等分，为末，绢囊扑之，疮渐收，热渐平。愈而复作，治法如前。两月后不复发矣。后所经罨烂疮，皆用此法，能吮乳者皆效。”

③ [清] 许豫和，《治验》，《疟》，页27下云：“谢氏子，年二十。暑疟，三发寒已即热，热已即寒，循环无休，脉洪大，热甚时呕血水。用白虎汤加柴胡、黄芩、丹皮、山栀，一剂血止，二剂脉平，三剂热减，四剂止。”

④ 参见Joanna Grant，*A Chinese Physician: Wang Ji and the“Stone Mountain Medical Case Histories”*（London: Routledge Curzon，2003）; Volker Scheid，*Currents of Tradition in Chinese Medicine*，*1626-2006*（Seattle，WA: Eastland Press，2007）.

⑤ 例如“北门饶氏子，发热两月，屡更医”，后来才请许氏治疗，“用生地、丹皮、当归、白芍、山栀、麦冬、天麻、钩藤、羚羊角，二剂定，十剂愈”。参见许豫和，《治验》，《惊风发搐》，页3上。

不居、各方持续调整的复杂多变状态下所形成的社会活动场域。[①]至于所记载乾隆（18世纪前叶）歙县儿童的健康状况，在求医记录上值得幼科医史讨论的，包括若干地方流行疾病之梗概大样，如各种原因所造成的夏季痉挛抽搐（暑风）、激烈嗽喘（顿咳），是常见的幼儿疾病。疟、痢等急性传染症，也是幼医常感束手的儿童健康杀手。饮食营养失调或药物伤害所造成的身体虚弱（疳），以及夏季湿热影响下所造成之肿胀、丹毒、痧胀、斑疮，亦对幼龄人口造成清楚的健康威胁。[②]

在疗治方面，自以为用心而有经验的执业幼医如许豫和者，多半一边参考过去医经、权威、旧说之见解处方，一边视临床病童疾患发展实况，斟酌药方加减，或全面修正，研发独见秘方。缘此之故，许氏于行医县城数十年后，以七十多岁之一介老幼医，终于晚年留下自己一生幼科歙邑治验之隅见鸿爪。[③]

① 近世中国医病关系之曲折，可由幼科医案观之，例如钱乙《小儿药证直诀》，其中所述，幼医虽是医疗分支中的后起之秀，但各类医者川流坊间市集，比比皆见，且流派杂见，竞争激烈。钱乙固似薄有医名，力争上游，最后也侧身太医之列，成为官府封认（officiating）的医疗体系、医学知识挂钩之一环。面对患者呻吟辗转，病家交相指责，诸医滔滔不绝，医案的主角在攻讦倾轧、纷纷扰扰之中，罕得一个主控全场、独撑大局的地位。总而言之，他之所以欲列诸案为例，是因为环绕这些林林总总的小儿发搐事件周围，除了他欲排纷解难、一显身手的意图外，还常有其他医者在场（不论是他口中一般的有医、彼医，或者大谬以为不然，却又深知对方挟带莫大权威压力的邑中儒医）。这些知识、技术与职场上常相左右的异类竞争者，往往是他当下析疑，事后书写示众最主要的争辩对象。至于眼见儿孙罹惊，心焦如焚、心乱如麻的父母家长，面对纷纷扰扰又一是莫衷的众口诸医，如时下市面上及后世民众难免不患是症、不处此景的芸芸众生，当然是当时有志欲伸、有技欲施、有见解欲展示而地位未定的初出道幼医万全，正思努力折服，事后亟希说动的广大“想象的”关键性听众。参见熊秉真，《案据确凿：医案之传承与传奇》，页202–209；Hsiung，“Facts in the Tale，” pp. 152–168.亦见本书第三章。

② 关于中国儿童的疾病与健康，传统幼科医籍长期以来就流传着所谓“儿科四大症”或“幼科六症”之说。此四大症或六症究竟意何所指，众说纷纭，并没有一致的看法。有说是“惊、疳、吐、泻”四者，有说是“惊、疳、痘、疹”，或者即以“惊、疳、吐、泻、痘、疹”合成所谓的六大症。无论如何，在幼科医学行世期间（大约当宋至清代，或11至19世纪之间），依医者之见，曾有数种主要的疾病困扰中国的幼龄人口，似乎是不少人的公论，而且众人对这些儿童健康上的“黑名单”——不论是四或六项重症——似乎也有些共同的指认。关于这些困扰近世儿童的几类主要疾病，参见熊秉真，《安恙：近世中国儿童的疾病与健康》（台北：联经出版事业公司，1999）一书。全书主要章节有五：首先，谈“惊风”和传统幼医对儿童精神及神经系统病变的相关认识，以及各种不同程度和情况下儿童惊悸、抽搐问题。其次，专研过去医籍所见对于小儿之“疳”的讨论及记录，牵引出过去千年左右各种缺乏之症，和儿童消化机能失序与营养良窳的问题。其三，以幼儿之“吐”症为中心，分析过去幼医认识下，各种不同类型的呕吐，其病因、症状、诊断、治疗与历史演变。其四，讲小儿的“泻与痢”，包括急性与慢性腹泻，不同季节、原因的腹泻，以及下痢不止的主病。其五，专论近世小儿之“痘”症，而兼及诸“疹”，从其定义、症状、调养过程，探讨预防之道的发展，以及痘症流行在中国之间，医者对其他儿童皮肤病变即所谓各种疹病的了解和钻研。

③ [清]许豫和，《治验》，《惊风发搐》，页4下–5上云：“三十年前，曾见毕载源兄子，泄泻已成慢惊，吃下药物，随时泻出，不能停止，众医束手。汪履嘉先生用鸡子黄调赤石脂末，顿热六君子汤溶化服之，泄止，惊不复作，亦妙法也。”

六、《散记》

（一）古今之变与公私之辨

医论（如《热辨》）、医案（如《治验》）之外，许豫和还著有上（20篇）、下（33篇）两卷的《怡堂散记》，及一卷的《散记续编》（21篇），类别上属于近世医学著作中常见的临症笔记或杂感、随录。《怡堂散记》上、下卷前都有作者自述序目，及嘉庆二年（1797）曹文埴（1737—1800）为之所著之序。[①]《散记续编》前则有作者之序目，及嘉庆六年（1801）曹振镛（1755—1835）所著之序。[②]从六篇自著及他著序言，可见作者及推介者欲为此组3卷《散记》所传达的声音，即医道传承上的古今变革和医疗服务上的捐私为公。在《怡堂散记》卷上之前，许氏自笔序目称："散者，无头无绪，不整不齐之谓。"内容来自"讲习古方，节录名言"，因常"搜罗于寒夜，是涉猎之散记也"。刊刻流布之动机，在"记虽不多，类而推之，其理不外是矣"。还说，平日临诊，日常生活情景常"有时研砚而客至，有时执笔而饭熟，于是失者十之七"。结果找出十分之三的办法是："心之所向，欲舍不能，随时记忆，存于腹稿。"因之"大概不在途中，则在枕上，此诊治之散记也"[③]。

"诊治之散记"加上"涉猎之散记"所成的《怡堂散记》卷上、卷下，依作者之见，主要在医理用药上别"古今之变"，因于医道精神上亦须突破一般岐黄医家旧执"公私之别"。这层要旨，许豫和在序言中反复自白，与之熟识而为其

---

①［清］曹文埴，字近薇，安徽歙县雄村人，乾隆二十五年（1760）传胪，累官户部尚书，以母老乞归。其官豫章时，拓省会试院，增设四千余席，就试者称便。家居葺阖郡考棚，重兴古紫阳书院，六邑人文蔚起，倡率之力多焉。曹氏在籍奉母十二年。年六十四，卒于家。嘉庆五年（1800），谥曰文敏。而后以子振镛，追赠太子太傅、武英殿大学士。著有《石鼓砚斋文钞》20卷、《诗钞》32卷、《直庐集》8卷、《石鼓砚斋试帖》2卷。相关记载参见清劳逢源、沈伯棠等，《歙县志》，卷8《人物志·宦迹》，页52下-53上（总页854-856）；石国柱等（修）、许承尧（纂），《歙县志》，《中国方志丛书》复印1937年歙县旅沪同乡会铅印本（台北：成文出版社，1975），卷6《人物志·宦迹》，页66下-67上（总页966-967）。

②［清］曹振镛，字俪笙，雄村人，尚书曹文埴子。乾隆四十六年（1781）进士，选庶吉士，任翰林院编修，后升侍读学士。嘉庆初年，升少詹事，授通政使，历任内阁学士，工部、吏部侍郎。嘉庆十一年（1806）升工部尚书。嗣奉命撰《高宗实录》，书成，加太子少保，转掌户部事，拜体仁阁大学士。道光初，进拜武英殿大学士，军机大臣兼上书房总师傅，又以平喀什噶尔，位功太傅，画形紫光阁，列次功臣之首。十五年卒于官，年八十一。宣宗亲临吊丧，下诏褒恤，赐谥文正，入祀贤良祠。著有《纶阁延辉集》《话云轩咏史诗》等。相关记载参见石国柱、许承尧等，《歙县志》，卷6《人物志·宦迹》，页79上-80下（总页991-993）。

③［清］许豫和，《怡堂散记》，上卷《序目》，页1上。

作序的乡亲亦一再深深致意。

对于通达辨明“古今之变”，许豫和在《怡堂散记》卷下序目说：“读古人书，全在得解，咕哝读过，虽多何益？”“临病制方”之所以要“从古法”，就像“不由规矩，何以为工”，对许氏而言本是毋庸置疑的行医起点，但这只能是一个最低原则的起点，放长眼光，不能变成一套固执刻板的临诊成规或行医终点。关键不只在于业医态度上的开放，而是临床上由古而今，气候、寒热均异，拘泥古书古法未必治得了近时、当地之病，也就难救得了今世幼儿之命。许豫和感喟自己常见周围同业，不乏“执守一方，终身行之而不悟，受其害者，何可胜纪？”自称：“予欲唤转迷途，不辞苦口，将古人未畅之旨，醒出一二，启悟后来。”也希望参阅其散记见解者，临症而详加推敲，用以逐案“计其效验”[①]。许氏以诊治结果检查、补充、修正医书古方而成今之《怡堂散记》，即以实证式方法砭别古今异同、方书长短。

这也就是说，行医者如他事涉古今之辨，固因古人可能有“未畅之旨”，更重要的是近世业医者以为古经古方所指与临证者如许氏及其病患所处的盛清歙邑，与过去业医者、名医处境，在时间和空间上已有莫大的距离。此时、空距离所牵出的，不只是历史认识上之隔绝，更包括生物、病理上可能产生的流变。这层实证与认知双重落差，不但执业地方的医者如许豫和者，不能不了然于胸，连为他《散记》写序的同乡兼患童家属也有相当体认，不吝为之一申。嘉庆二年（1797）为《怡堂散记》写序的曹文埴就说[②]，他读毕上、下二卷，以自己不通医道之身，不禁喟叹，岐黄以来中国之医籍，“其书几汗牛充栋”，学医习方者大可“守其法足矣”，不必“各衿创获，迭擅神奇”以“成救世之效”。然再思而悟，“知理之无穷，而其法亦随时有异也”。尤其是“《灵》《素》经书，千古不易，而天地气化，人生禀赋，随时为厚薄”，“且南北异宜，山川间隔，一郡一乡气感各别”，“即一乡之中，又随世转变”，所以“今之疾不必同于古之疾也”。不单气化、禀赋，使疾病有了变化，连处方所用的药物，也有了时空的差异。故曰：“又况药物之产，随地气变迁。”“或同一名而古今迥殊，或犹是一物而前人审验未真。”[③]此处有识者的俗见（educated lay opinion），倒替地方上行医

① [清] 许豫和，《怡堂散记》，上卷《序目》，页1上。

② 曹氏自言曾读过许氏所着之《橡村痘诀》一书，并为之序。见 [清] 许豫和，《怡堂散记》，上卷，[清] 曹文埴《怡堂散记序》，页1上–4下。

③ [清] 许豫和，《怡堂散记》，上卷，[清] 曹文埴《怡堂散记序》，页2上–3上。

治病，处方用药上求知求变的医生，如许豫和于一般经验上找出路的老幼医，发出了一些旁观者的公道之声。他以为彼等用心用力，“博览古书”，以“相时症之变”之余，还愿意将自己临床心得不断证之古书古方，坚持“必使吾之精神与药之气味，两相融洽而后药为我用”[①]，而且以此反复推敲的结晶，“不敢自秘”，将“出以广其传”。归根究底，坚持人生禀赋，郡县气感，药物差异与在“古今之变”的医德，加上明“公私之别”的勇气，才使沉寂静态的医经万方与当下歙县幼儿的疾病生死，借着不厌反复尝试的地方幼医，摸索新径，并将心得公诸大众，就教大方。

辨私利公义之际，许氏自序点出的虽不过是众所周知的“万世岐黄之道，所言者天下之公言，非一家之私论”等医书陈腔，然知易行难，四处所见，自已不乏“偏执之流，不以人命为重，各私其学于家”[②]。《怡堂散记》曹序也同意，在今疾与古疾不同、药物随产地而异的情况下，执业地方的医生，如许豫和者，“不敢自秘”，将自已数十年幼科诊疗之心得与疑惑，公之于世，“以广其传”，求其“有益于时”[③]。这番化私利为公义的说辞、想法、做法，固不乏自我肯定与作品行销之动机，却显现出清代中国地方医学在知识流布、公开辩论与专业伦常，在医学知识与医疗活动日益市场化下点滴走向医学专业化之间的进退实情。

（二）《怡堂散记》卷上、卷下

就内容而言，《怡堂散记》的卷上、卷下及《散记续编》，各有不同偏重，也有若干共同关怀。论内容结构，《怡堂散记》卷上重点在谈歙邑幼医常见之地方性疾患，如首篇之乳儿“风痰”，和所附7条析述，以及次篇所言“惊风发搐”和所附6条讨论。[④]这类地方幼科流行病（regional pediatric epidemiology）方面的数据，还可进一步做季节性疾病（seasonal diseases）讨论。如许氏言“春杪夏初多见发热不退之症，治之屡验因记之”，“论暑月吐泻初起须用黄连香薷饮（7条）”，及“甲辰（1784）秋时痢甚计其所见复论症记之（26条）”[⑤]。这里显示春夏之交的小儿热症、暑季的小儿吐泻，以及秋天的幼儿时痢，是乾隆歙邑附近

① 曹序中所引许豫和之言。见［清］许豫和，《怡堂散记》，上卷，［清］曹文埴，《怡堂散记序》，页3上。

② ［清］许豫和，《怡堂散记》，下卷《序目》，页1上。

③ 同上，上卷，［清］曹文埴，《怡堂散记序》，页3下。

④ 同上，上卷《风痰》，页1上–2下；上卷《惊风发搐》，页2下–5上。

⑤ 同上，上卷《惊风发搐》，页4上；上卷《论暑月吐泻初起须用黄连香薷饮》，页5上–8下；上卷《甲辰秋时痢甚计其所见复论症记之》，页8下–12上。

幼龄人口的常见症患。在常见病与季节性疾病以外，由医学分科角度视之，同卷中还有许豫和借散记形式所留下的“小儿常有之病”“幼科少见二症”甚至“妇人病”等[①]，亦可见许氏本身临症，对幼科常见与少有之症患，或者小儿身罹与罕得之健康变化，早有警觉。其日常执业范围固以小儿为主，然妇幼健康一体，需要时他也不吝提供对妇人疾病方面的照护。其实，在妇幼科以外，许氏医案中还可见到极少数他对成年男子的治疗记录。

临症随笔，除了记录地方疾病形态，更有临床心得。不论在诊断方法上，如何“看虎口”，或者“方脉治验随录十五症”，乃至“诊治杂言”“又论治体”[②]，都是许氏执业歙邑幼医的具体报告。其间有驳杂的报道，如题为“得心随录”或“见闻事实录”，或不讳透露“病可治病家不知信任者录四”，以及“见而不能治者录四”等事例及感言。[③]这也就是在地方流行病和临床心得双重田野报道基础上，悬壶歙县半世纪以上的资深幼医许豫和，方得于其《怡堂散记》卷上之末，对医辈前贤提出个人呼吁，随对同行后学表示其直率建言。前者如“华先生中藏经论治”，或谈“喻嘉言先生议病式”；后者如“与门人定议病式”，及“医家必读全经始知治法”等。[④]

与卷上相较，《怡堂散记》卷下内容商榷的主要在开方与用药。在用药上，最后《怡堂散记·药性解》一篇，除载录作者许豫和对21味个别药物的药性分析外[⑤]，更对治疗小儿疾病常用汤、丸、散、膏，逐一细论。[⑥]涵括于个别药材、药方讨论之上的，是他对当时幼科临症下药、处方手法上的见解，譬如谈“制

① [清] 许豫和,《怡堂散记》, 上卷《小儿常有之病》, 页37上–38下; 上卷《幼科少见二症》, 页38下–39上; 上卷《妇人病》, 页35下–36上。

② 同上, 上卷《看虎口》, 页36下–37上; 上卷《方脉治验随录十五症》, 页23上–30下; 上卷《诊治杂言》, 页44上–46下; 上卷《又论治体》, 页46下–47下。

③ 同上, 上卷《杂治得心随录可为法者二十二症》, 页12上–23上; 上卷《见闻事实录四》, 页34上–35下; 上卷《病可治病家不知信任者录四》, 页30下–32下; 上卷《见而不能治者录四》, 页33上–34上。

④ 同上, 上卷《华先生中藏经论治》, 页39下–41下; 上卷《喻嘉言先生议病式》, 页41下–42上; 上卷《与门人定议病式》, 页42上–43下; 上卷《医家必读全经始知治法》, 页43下至44上。

⑤ 同上, 下卷《药性解》, 页27下–41下。其中所论21味药物为: 人参、地黄、肉桂、附子、炮姜、白附子、款冬花、大黄、陈皮、厚朴、天麻、桑寄生、龙骨、黄土、盐、姜、枣、辰砂、琥珀、饭膏、甘草。

⑥ 许氏治疗幼儿常用之汤、丸、散、膏均见于《怡堂散记》下卷: ①药汤, 如:《千金参麦汤》, 页15下;《地黄饮子》, 页18下–19上;《清燥汤》, 页19上–19下;《补中益气汤》, 页20上–20下;《清暑益气汤》, 页22上–22下;《葛花解酲汤》, 页22下–23上。②药丸, 如:《桂附八味丸》, 页15下–16上;《枳术丸》, 页23上–24下;《青蒿丸》, 页24下–25上。③药散, 如:《逍遥散》, 页16下–17上;《玉屏风散》, 页18上;《五苓散》, 页18上–18下;《六一散》, 页24下;《举卿古拜散》, 页25下。④药膏, 如:《火花膏》, 页25上–25下。

方之难”及“因病制方”，或论“七方之制”[1]。并且以此为基点，与“大家论治”，乃至抒发自己对“阳常有余阴常不足”的看法[2]，或有关“邪”“隔”等问题的领悟。[3]卷下之初，许氏对肝、脾、肾的议论，以及他所发表对“秋伤于湿”的季节性生理与病理主张，在《怡堂散记》的脉络中，也可视为他对用药、处方一生心得之指引。

（三）《散记续编》

《散记续编》1卷，对作者而言，主旨仍在持续以自身临症地方幼科的长年经验，拟为与传统医论之对质，用明儿童疾疢古今之变化，与投身特定时空（盛清歙邑）幼儿安恙事业医者应有之认识。从《散记续编》侧观目录前简短的序目，医者化身的作者许豫和再申“《易》之为义，吉凶悔吝生乎动，动则变”，以之为他行医临床哲理上的原则，就是：“天地运行之气，亦动机，亦变机也。”[4]从这个天地运气不断运转，必呈“动机”及“变机”的角度视之，人的健康和疾病不能没有与时俱迁的特性。职是之故，此“人感之而生病，安得不变？”对成年男女如此，对幼龄婴童犹然。一位临诊数十年的地方专业医生，反思临诊所及，是“老医临症，与日俱新”，随而必须不断以自己临床所见，佐之过去医经医说的看法。正因佐证结果，往往自身“目之所历”，与一般“书之所载”对照下，竟有差池，“或古之所有，今之所无”，或“古之所无，今之所有”。如此一来，连身为地方幼科老医的作者许豫和自己不能不承认：古代医书所提，而现今地方未见的儿童健康问题，未必皆消失于无形，或仅代表一己悬壶过程中未尝临诊遭遇（所谓“非无也，我之未见也”）。反之，那些过去医书医者未及而自己临床上偏偏一再看到的病例，其实也未必代表过去完全没有，只不过是疾病发生率（epidemic incidence rate）与一己交叉而成之巧遇（所谓“其有也，我适得而见之”[5]）。这个现代流行病学上以地方疾病盛行率（epidemiological prevalence）等概念所呈现的健康变化图像，正是执业乾隆歙邑的老练幼医许氏以其《散记续编》留下古今变化对照记录时，在流行病学理论或公卫发展概念

① ［清］许豫和，《怡堂散记》，下卷《制方之难》，页13上–13下；下卷《因病制方》，页25下–27下；下卷《七方之制》，页13下–15上。

② 同上，下卷《大家论治》，页10下–12上；下卷《阳常有余阴常不足》，页9上–10下。

③ 同上，下卷《邪之所凑其气必虚》，页4下；下卷《三阳结谓之隔》，页4下–5上。

④ 同上，《散记续编》，《序目》，页1上。

⑤ 同上。

上，所展现的一些关键性突破与逐步精密化的体会。用他的语言，即所谓："与时变通，色脉合之，医之道也。"①

至于嘉庆六年（1801）为他陈辞推出《散记续编》的竹溪同乡故旧曹振镛，从序言角度要特别强调的，正是医者如许氏者以流"传"医方和陈"出"秘籍在弘扬医疗上的重要性，以及地方老医所录"验案"对这"传"与"出"两层作用在专业知识流布与医疗伦理上的关键性意涵。曹序先引许豫和之慨叹，以为心慈保赤之道所以不足，在于常遇到三种"众弊"：一是"粗谙药性，未读方经"，即遇急事，因循束手，弗思挽救，"是不仁也"。二是识见不足，不能洞得先机，犹如"心内热而饮冰，纵力可回天，孰若调和于未熏蒸之始"，"况命方延日，终难拯救于已焦烂之余"，"是则所谓舛也"。三是诊断治疗过于大胆大意，"身即起于半生，势已滨于九死"，莽撞意气用事，病人深受攻伐之害，"是敢于杀人而不敢于养人也"。曹振镛自言聆闻许氏喟叹之余，一己之见仍以为传布医之正道或有效验之医疗，是对此三弊和其他医疗困境的不二法门。因为各地若充斥着种种"不验之经"和"未传之录"，医者病家遂毫无折肱向学之素材可为依凭，也缺乏起步后彼此辩难之机会。治病化生既非易事，"用药如用人"（"必识其辛者、甘者、酸者、苦者"），而"治病如治米"（"试思其簸之，扬之，淘之，汰之"）。只有以"治案"之成效（efficacy）彰否，为医学上立说论品之根据，医疗才能在有凭有据的基础上与时俱进。更切要的是，以公开传布有效的治案记录，化私藏待验之秘籍，为可公开检核、辩难之医学医理，如是任何一人一家亲亲子子之"私见"方得化而推之为老老幼幼之"公心"②。

据曹振镛说，他之所以承继父辈曹文埴二度为许豫和作序的传统，珍视推介许氏之缘，揄扬作者以七十八高龄付梓之《散记续篇》，固有感于许氏过去曾治愈自己侄子三年腹痛之疾，复感于此地方老幼医自身童颜发冲，更生儿齿，显见其杏林扶健有方，加上展卷亲抄之余，深深体会传写治案在学医论症上不可磨灭的重要性，益生不书不快之感。③

《散记续编》21篇的内容大致包括三个大类：一是对过去医学传统及诊断用药的商榷，二是作者自申行医论治时的特殊心得，三是记录个人悬壶地方在临床上的治验及案例。第一类论医统传承，如言读经，论五行，讲医说、医品，

①［清］许豫和，《散记续编》，《序目》，页1上。

② 同上，曹振镛《序》，页1下–5上。

③ 同上，页5上–6上。

乃至相机用药及用药之法。[①]诸篇论述都代表了作者许豫和在执业幼科于歙县，对自己所承习之医理医药传统常存之思索与推敲。这类议论中，有些篇名，如《散记续编·再论秋伤于湿》[②]，直截表白了他反复以今证古，以地方践履佐照书面通论的鲜明立场。

第二类以行医心得阐述己见，包括整体性地谈“生气”“消长”，甚或有以“杂言”为题的随感。[③]这也不乏临床上生理病理的看法，如“小便之行全以气化”，或用药方面如何处理“药误思救”之类的紧急状况，以及治疗处方上的特殊考虑，如言“庸工治疟疾，有不用柴胡者，为集柴胡解，以悟之”[④]。

第三类论临床治案，有直名《散记续编·治案》之专篇[⑤]，亦有专言喉科之两篇[⑥]，及借附过去所著保赤、痘诀、放痘、麻症等言论之续言与补遗[⑦]，综而遂见他于歙邑专长幼科的经验与成果。近世执业地方之医生，识书且能文者，多不能不以儒医自许自期。载录治验，商榷医经，刊梓案例，流传市面，亦此行医而以儒者自居自视的惯性表现之一端。许氏《散记续编》最后附《散记续编·自和前刻落成五首》[⑧]，是此地方幼医而兼载文士流风之末所附最佳写照。

七、余论

近年若干学者、乡亲于资料辑录、个案研究、文化认同上传扬的所谓“新安医学”，是否真如世界科学史理论上所期待，确因其于医理上之主张、临床上

---

① [清]许豫和，《散记续编》，《读经》，页1上–2下；《论五行》，页7下–12下；《医说》，页18下–21上；《医品》，页21上–22下；《用药相机》，页26下–31下；《用药有法》，页22下–26下。

② 同上，《再论秋伤于湿》，页2下–5上。

③ 同上，《生气》，页5上–7下；《消长》，页12下–14上；《杂言》，页16下–18下。

④ 同上，《小便之行全以气化》，页14下–16下；《药误思救》，页35下–36下；《庸工治疟疾有不用柴胡者为集柴胡解以悟之》，页31下–35下。

⑤ 同上，《治案》，页36下–44下。

⑥ 同上，《附论喉科》，页50下–55上；《辛酉小春附论喉症》，页55上–56六下。

⑦ 同上，《保赤续言》，页44下–46下；《痘诀续言》，页46下–48上；《放痘补遗》，页49下–50下；《麻症续言》，页48上–49下。

⑧ 许氏诗五首，其一曰：“心诚一可贯，技众理能兼；水冷成汤暖，花香作蜜甜；生机随我用，著述为人严；欲算围棋胜，难教信手拈。”其二曰：“张子逢人说，言同说项斯；先声为彼导，后起不妨迟；好古有新得，论交结梦思；曲高能和我，学术两相知。”其三曰：“文敏曹公序，如冠两度加；续承詹士好，感德更弥涯；已附清云士，惭非著作家；先知绵后觉，悉理敢争差。”其四曰：“承师多面命，自少已知几；每获前言验，因思昨日非；羊亡无路泣，鸟倦有巢归；老抱岐经读，步趋何敢违。”其五曰：“书签时插架，车轴日涂膏；到老何曾佚，为心敢不劳；鸟蟾忙里过，江汉古来滔；不负增年录，镌梨又一遭。”见许豫和，《散记续编》，《自和前刻落成五首》，页56上–56下。

之实践，尝奠基于或构建成一套特殊学理典范，从而成支成派，是一个学界迄今未究，也非仓促可决的问题。若遽以近人后世所辑新安医籍为凭，或凭一般民间流传的新安名医立论，而不论近世侧身其间者半皆成名于外，显赫有声者多仅贯籍新安，而绝少执业新安一府六邑，及其各自之医学成就与新安地方人口之健康安恙间之关联，自难建立起任何直接联想或实质意义。

由此思维出发，盛清悬壶歙县数十年的幼科老医许豫和，及其所遗少数临诊鸿爪，遂因另成一类而弥足珍视。盖其一生行医地方，于热症、治验及散论，无论载录实案，对质经说，或辩驳他论，所本者要在自身诊视歙县幼儿之所见所为。以此微观记录出发，佐证籍属新安之历代名医，或执业新安之他科医士，尤以彼等对热症、治验、用药等散记，核对其他地方相关医论、医方、医案之所呈，遂对新安幼医或近世中国地方医疗与地方医说、医派之形成，得一具体而实之案例。据此类文献、踪迹之核考，而思地方医疗、人口健康与家族兴衰间之信息消长，虽未必为此组素材之唯一或最佳用法，然中国医史或地方健康却亟须此类看似琐细，实则由渐而著，终或聚沙成囊，始能寻得另一立微而足道之起点。

至于引发本文研究的宏观乃至理论性关怀，亦即乾隆歙邑许氏幼科之例，则是如何能助吾等对历史上究竟有无“新安医学”可言，或者被拟为“新安文化”“徽学”一支的“新安医籍”，在当今科学、医疗、技术史上，又当作如何之研判、理解。抽丝剥茧，或可分以下诸层次析述之：其一，如前各节所示，考量其所留文献信息。许豫和籍出许村，其后行医执业均在歙邑，其处方留案亦立基于此。由此意义而言，他所代表的确实是一个地方医者（local practitioner）；而其“地方”，至多是其在《热辨》《治验》《散记》中时常反复而不免偶露怨怼的出身同一乡邑的所谓“歙医”，并非府属“徽州”，更遑论“新安”。其次，许氏在自述、序跋及其他字里行间，曾提及其在习医求艺过程间曾受益于苏吴医家，其论事辨理时，亦有举神农本草及其他典范前贤（如李时珍）之处。这些事实显示乾隆时期出身歙邑而执壶地方之幼医如许豫和者，援因明清以来徽州地方之社经地位，以及其与长江中下游苏吴等富饶繁荣区域之往来，即便地方上学习医疗之中下层之作者，亦有受惠于此文化地理上大环境，或者希冀艳羡而跻身此明清帝国首善之区的地域传统（regional tradition），乃至从而与更上一层的名医、硕儒之天地，借议题与文字世界相攀联。也就是说，许氏于此等文字世界之表达，虽未必全属于无稽之附会，然其七种医籍之作，尤其《新安医籍丛刊》未收，本文未遑细检的有关痘疹方面之《痘疹金镜录注释》《橡村痘诀》《痘诀余义》等籍，确实是为此乾隆歙邑地方幼医，在思维信息、临诊行医及自我认定上与此地方（歙邑）牵系所及的区域（徽州、苏州、江南）乃而全国（隐于其医籍、行旅之后，呼之欲出的京邑与明清帝国）医疗网络，提供一个值得一再推敲的重要个案（case）。缘此个案，固可知悉晚近中外医疗之科学史学者对所谓地方（local）、区域（regional）、全国（national,if applicable）、全球（global），或普世典范（universal paradigm）在学术内涵与技艺传统上之传承或移转之论。但同样重要的是，乾隆歙县许氏幼医之例，让我们更清楚意识到此普世而区域、地方之层级分明的学术分析架构，未必须视此三项范畴为上下从属，甚至彼此互斥之关系。西方国家近代科学医疗史的发展足以显示[①]，在历史机缘适而碰撞相接之时，地方活动与区域思维随时可拔地而起，成为举世闻明典范之一环。

最后，明清中国研究中所关怀之“徽学”或“新安文化”，就许氏幼医及其他医籍所示之新安医学而言，在明清当时亦多属揄扬地方，显名父祖籍贯之作为，从近代尤其晚近数十年之附会斑斑可见。前已枚举，毋庸赘言，其他同仁对湿病、孟河医派之论著足为参佐。[②]

① Kuhn, *The Structure of Scientific Revolutions*, Chapter 9.

② Cf. Hanson, “Robust Northerners and Delicate Southerners,” pp. 529–541; Scheid,*Currents of Tradition in Chinese Medicine*, Chapters 2–3.

第六章

新生儿照护

一、前言

过去不论东西，人常自诩高于万物，标榜古今，传扬不已。如今生物界之知识广为流传，学术上文理之分殊隔阂难再僵持，许多人世上之现象，其生物面与生理基础其实毋庸讳言，也就是说，倘若大家意觉，作为动物中灵长类（primates）之一员，人类在许多方面，“其去禽兽者几希！”本身并不是什么值得长吁短叹的事。人类生命之启端，由交接而妊娠而初诞，代代繁衍，就是一个明显的例子。

去掉虚荣或者无知，重新检视个别个人之诞生，即便进入历史时期，人群已有种种屋宇之呵护、食物之供给、社群之互助，要保证每位呱呱坠地的初生婴儿都能撑过最初几个小时，由第一天到第二天到第三天，不但历史人口学家高举人口转型期（pre-transitional population）前婴儿高死亡率（infant mortality）之警讯，实际史籍中之片断信息莫不传递着“生活维艰”之前近代社会（pre-modern society）生命存活定律。也就是说，对每个新生命，顺产落地固然不易，婴儿落地以后要活下来还是险关重重，丝毫不能大意。

其实至今，人类学家与心理学家，由生理和文化双重角度，与其他生物相较，生为灵长目的人类，其妊娠期之长（怀胎九月或十月）、哺育期之艰，惊异不置。[①]从这个角度来看，早有祖先崇拜信仰、重视家族繁衍的中国人，在医疗知识技术的研发上，早于隋唐医籍中，就特别标出了“初诞法”，一直演为《古今图书集成》里所标出的幼科医学中特出的一支，称为“小儿初生护养门”，不能说不是一个社群与其科技与文化表里相符、目标清楚的一个例子。

如今重翻典籍，考掘知识，不但有机会重新认识此一支持中国人口平稳安定，较其他欧洲等旧大陆地区人口成长，更为节节升高之背景。此单一因素，固不足以保持人口之成长乃至走向爆炸，但无此专长知识与技术之支撑，东亚大陆板块千百年来，芸芸众生之绵延不已，在历史上会是一个更难理解、更难解释、更不可思议的突出事实。

---

① 可参照Alison Gopnik之新作：*The Gardener and the Carpenter: What the New Science of Child Development Tells Us About the Relationship Between Parents and Children*（NY:Farrar, Straus and Giroux, 2016）.

中国的传统医学，自唐宋而明清，知识和技术上及传播流布，都进展显著。[①]其间传统幼科在近世的演变，尤为出色。[②]过去少数留心医学史之学者，专注于对医药文献之考订阐释，援旧有词汇，排比对照，用示其本身演化过程。未尝将此医学演进，与数百年来中国历史脉动，试作联想，进而探索近世医学具体发现，对中国社会，到底有何实质意义？产生了如何的影响？

循此理路，以近世为例，最易让人想起的问题就是数百年医学演进与人口成长的关系。若将此两方面的问题联想在一起，两个个别存在的现象，忽因彼此并论，而呈现新的含义。从医学史的角度来说，医药知识和医疗技术的进步，不单代表科技在纯学术方面的进展，更意味着一个社会医疗条件与健康环境的改善。从现代人口学的角度立论，一地区人口持续而大幅的成长，医疗与卫生状况之改进，常为必要条件。中国近世人口之巨幅成长，众所皆知。然其背后因素，除了人口移动、新作物之引进、粮食增产、边际农地之使用之外[③]，对于造成人口滋长的技术面条件，应如何解释呢？就近代各国人口成长实况为例，医疗落后、健康环境恶劣的情况下，只靠农作物增产，粮食之充分供应，并无法救亡图存，有效维系一地人口于不坠。同理，对中国近世人口成长可提出一个假设性问题：何等医疗条件与健康环境，方能使得中国百姓得享玉米、甘薯、花生之滋？或者我们可以问一个更小的问题：近世中国是如何将初生婴幼儿扶育成功，以得谷粮之惠？

历史人口学的基本认识是，高出生率与高死亡率遍存传统社会。[④]依现代人口学的看法，要突破此一多生多死、多死多生的恶性循环，必须先有死亡率之降低，从而逐渐控制自然出生率，终致改变一个社会的人口结构，并提高人口品质。想要降低死亡率，首要的问题是如何防范婴幼儿的大量夭折。因为近代以前，一般旧社会里，婴幼儿死亡比率极为惊人，而且通常年龄愈幼小的儿

---

① 参见陈邦贤，《中国医学史》（上海：商务出版社，1937）；《中国医学百科全书·医学史》（上海：上海科学技术出版社，1987），页10–18；Paul Unschuld, *Medicine in China,A History of Ideas*（U.C. Berkeley Press, 1985）.

② 参见本书第二、第四章；《中国医学百科全书·医学史》，页43–45；［日］丹波元胤，《中国医籍考》（北京：人民出版社，1983再版），幼科部分。

③ Ping-ti Ho, *Studies on the Population of China, 1368-1953*（Cambridge, Mass.: Harvard University Press, 1959）.

④ Peter Laslett,*The World We Have Lost*（Taylor and Francis,1965）;T.H. Hollingsworth,*Historical Demography*（Ithaca: Cornell University Press, 1969）; D.V. Glass and D.E.C.Eversley（eds.）, *Population in History*（London: Edward Arnold, 1969）.

童夭折率愈高。[①]反而言之，若要了解一地人口的持续成长，婴幼儿的照养及健康可以提供重要信息。中国近世幼科医书与医案，资料浩瀚，内容丰富细致。以现代医学知识详加审读[②]，很可为近世人口成长的技术面问题，提出一些特别的解释。

本章是这个大方向下的一个小尝试。现代医学显示新生婴儿存活率常为一地医疗水准之指标，亦为降低婴幼儿死亡率的关键。于此前提下，本章探索中国近世对新生儿的照护，在知识和方法上的演变，并试论其对历史人口学可能有的意义。

传统中国幼科医书，数量浩瀚，内容丰富，可谓世界医界之奇葩。近世数百年间，除了一般医籍或妇科、本草等医书中所含幼科部分之外，单单就幼科专籍，目前可知的仍有百数十种。其中重要的幼科专书，明清两朝，在各地一再付梓，甚至重印二三十版。这些幼科医籍的内容，涵括各类对幼儿保健及幼科疾病的分析、讨论与治疗，对每项问题，有论、有方、有案，多有积累三五代，乃至二十多代临床经验者，是传统幼儿健康史及幼科医学发展史的一手资料，举世仅见。对了解中国近世幼儿健康状况，及当时医界与一般社会对幼儿医护的实际能力，此项卷帙浩繁、内容精致的传统幼科典籍，无疑是最珍贵的宝藏。

本章仅拟择取传统中国幼科医籍中有关新生儿照护的材料，说明由唐宋到明清，传统社会对照顾新生婴儿，在知识和技术上的演变。进而将此新生儿照养的原则和方法与现代儿科医学的原理和技术做一对照，以凸显传统中国在新生儿照护方面的水准。从而衡量其所代表的历史意义，以及对中国历史人口成长可能有的影响。

下文将先说明中国近世对一般初生婴儿，最初24小时内采行的照顾，具体地说明照护工作的进行。其次，将此新生儿照护所涉及的一些关键性步骤，如身躯内外的洁净，断脐和脐带护理，新生儿体温的维持，如何开始喂乳，及紧急状况的处理等，一一凭文献考订，做仔细的分析与讨论。然后，将中国近世新生儿照护在关键步骤上显示的重要发现和进步，做一系统的说明。在此基础

① Lawrence Stone, *The Family, Sex, and Marriage in England, 1500-1800*（London: Weidenfeld and Nicolson, 1977）.

② 参见Victor C. Vaughan, R. James Mckay, Waldo E. Nelson, *Nelson Textbook of Pediatrics*（Philadelphia: W.B. Saunders Co., 1975）, Chap.7, "The Fetus and the New-born Infant," pp. 322-406; John P. Cloherty and Ann R. Stark（eds.）, *Manual of Neonatal Care*（Boston:Little Brown, 1985）。

之上，乃能探索此知识与技术的进展，所带动社会育婴方法的改善，对近世中国历史可能有的意义。

二、中世纪以来的新生儿照护

隋唐时期，中国幼科医学尚未萌芽，传统医学对幼儿健康虽十分关切，然苦无指导原则可循。一旦稚龄儿童出了毛病，众皆束手。不过当时最重要的医籍中，在讨论少小医方部分，已了解到应注意初生婴儿所需特别照顾。王焘的《外台秘要》中，有《外台秘要·小儿初生将护法一十七首》，及《外台秘要·儿初生将息法二首》两篇，专谈婴儿照护问题。[①]孙思邈的《千金方》中，也有《千金方·初生出腹论》一篇，细述拭口、断脐、包裹、甘草法、乳儿、浴儿等新生儿照顾方法。[②]因知中国中世，幼科医学未尝发达之先，医界权威已将"初生小儿"之将护方式独立出来，视为一个个别问题，做专门的讨论。而且细考《外台秘要·小儿初生将护法》及《千金方·初生出腹论》的内容，可以确定两个重要事实：一则是此两篇文字中论及的"初生"，指的确是刚出母腹的新生婴儿，二则是两者对新生儿照护上重要的脐带处理、身体内外的洁净及保暖包裹等问题，都有具体说明，也提到"脐风""口襟""鹅口""重口"等新生婴儿常有的病变。

传统中国对新生婴儿照养的注意，宋、金、元时期，继续不断。尤以此一阶段，幼科医学萌发，有突破性进展。[③]幼科专著纷纷问世，其中对初生婴儿养护，自有更进一步的解析。宋代的《小儿卫生总微论方·初生论》，是一明例。[④]当时医界重要典籍中，对新生儿照养，也出现较详细的讨论。宋朝张杲的《医说·小儿初生畏寒》[⑤]，金朝张从正的《儒门事亲·过爱小儿反害小儿说》[⑥]，

①［唐］王焘，《外台秘要》（台北：新文丰出版社，1987年影印明崇祯庚辰［十三年，1640］，新安程氏经余居刻本），卷35，页421–430。

②［唐］孙思邈，《初生出腹论》，《千金方》（收录于《古今图书集成》卷422《医部汇考402·小儿初生护养门》），页30b–31a。

③ 参见陈邦贤，《中国医学史》（上海：商务印书馆，1937），页81；《中国医药学家史话》（台北：明文书局，1984），页67–69，97–99；《中国医药史话》（台北：明文书局，1983），页261–268。

④ 参见［宋］不著撰人，《初生论》，《小儿卫生总微论方》（清乾隆《文渊阁四库全书》本第741册），卷1，页52。

⑤［宋］张杲，《小儿初生畏寒》，《医说》（台北故宫据日本传钞明嘉靖甲辰［二十三年，1544］顾定芳刊本影印微卷），卷10。

⑥［金］张从正，《过爱小儿反害小儿说》，《儒门事亲》（辑于明王肯堂汇编《医统正脉全书》，清光绪丁未年［三十三年，1907］京师医局所重印本。台北：新文丰出版社，1975），页5935–5941。

元朝危亦林的《世医得效方·初生》《世医得效方·护养法》[①]，朱震亨的《格致余论·慈幼论》《丹溪先生治法心要·初生》篇[②]，是显著的例子。从这个阶段的相关资料来看，中国医界此时对新生儿养护显然较前一时期认识更多，特别提到新生儿的保温、洁净，满月前不碰生水，讲求脐带护理等原则。对婴儿诞生后一些重要的处理步骤（如断脐、下胎粪等）及可能有的后果，开始多方面摸索。幼科专业医生的经验及专门书籍的刊布流传，使医界和社会上对新生儿照护在知识面探讨和技术面讲求，都较前丰富、多样，有内涵。

到了明朝，15、16世纪，中国对新生儿照护的认识，随着幼科医学本身的茁壮，普遍成长。明代幼科医书中对初诞慎护的讨论，篇幅大为增加，内容更为复杂，论点也臻于成熟。育婴方面有像《宝产育婴养生录》、万氏《育婴家秘》等专书问世。[③]当时的幼科要籍，如寇平的《全幼心鉴》[④]、鲁伯嗣的《婴童百问》[⑤]、王銮的《幼科类萃》[⑥]和薛氏的《保婴全书》[⑦]等，对初生将护之法都做了相当详尽的发挥。议论中对鞠养方面的细节，各有看法。对新生婴儿健康的变故，也各有解说。有关新生儿照护上最重要的一些原则，见解类似。共同体认到，要保障新生儿的生命安全，周到、合理、有根据的照护，是终究的解决之道。因当时新生儿健康的威胁，大半来自后天照顾方式的错误或人为疏忽。许多致命的新生儿病变，根本可借妥善护养预先防范。这个预防观念的树立，对数百年中国初生养护上的努力，有如画龙点睛、提纲挈领。指出新生儿照护的根本之道，在借当时医理和临床双方推证，设法确定危害新生儿健康、威胁新生儿存活的因素，并提出具体可行的防范。

明末清初，17世纪前后，传统中国新生儿照护的理论与实际更臻成熟。《古

① 参见［元］危亦林，《初生》《护养法》，《世医得效方》（清乾隆《文渊阁四库全书》第746册），卷11，页359–360。

② 参见［元］朱震亨，《慈幼论》，《格致余论》（辑于王肯堂汇编《医统正脉全书》第14册），页9324–9328；及其《初生》，《丹溪先生治法心要》（台北：新文丰出版社影印明嘉靖年间刊本），页826–830。

③ 参见［明］不著撰人，《宝产育婴养生录》（台北“中央图书馆”藏明刊黑口本影印版本），卷1；及［明］万全，《育婴家秘》（湖北科学技术出版社，1984年重印明嘉靖刊本），页6–9。

④ 参见［明］寇平，《护养之法》《初生将护法》《将护法汤氏谓护养》《发际》，《全幼心鉴》（台北“中央图书馆”据明成化四年［1468］刊本之善本书重印微卷），卷2。

⑤［明］鲁伯嗣，《护养法》，《婴童百问》（台北：新文丰出版社据台北故宫博物院藏明丽泉堂刊本影印，1987），卷1，页18–21。

⑥［明］王銮，《护养论》《小儿初生总论》，《幼科类萃》（北京：中医古籍出版社，1984年影印明嘉靖年间刊本），页7–9；页55–56。

⑦［明］薛铠，《护养法》《初诞法》，《保婴全书》（台北：新文丰出版社，1978年影印明崇祯沈犹龙闽中刊本），页5–8；1–3。

今图书集成·医部汇考》的幼科部分，出现“小儿初生护养门”[①]。集合过去医家数十种分析，专论初出母胎婴儿在照护上应注意的事项，应采的方法及相关的医方与医案。至此，新生儿的照护在传统中国医学中自成一门学问。属于幼科医学之一部，而冠其首，盱衡举世医界，诚为医学观念上之一重要突破。[②]此一进展，对中国新生儿照护之推展，代表一个重要的里程碑，有承先启后之功。至此，明代以来幼科医学医理研究与临床实际的配合，于新生儿照护上有一新的总结与前瞻。16世纪之后，中国传统幼医在深入专精与普及推广两方面的努力，功效益彰。此时讨论初生护养的法则，已意识到愈幼龄的婴儿，身体愈为脆弱，易于夭亡。故不但初生头一个月的育婴工作十分重要，新生婴儿的头七日，甚至刚出腹的前两三天，或者第一个24小时的照护处理，更是关键。因为此一认识，清代幼科医籍对新生儿照护的论述，转而注重对初生婴儿的急救措施。清代幼医权威陈复正的《幼幼集成·初诞救护》一篇，剖析因难产、早产或生理异常婴儿的种种危急状况，并切实指出对这些婴儿该如何做急救的工作。[③]传统对初生婴儿的重视，由中世纪讲求对正常婴儿的照护，经过近千年不断摸索和钻研，终于走向对高危险群婴儿的急救处理。此长久锲而不舍的努力，在知识和技术上确有一些重要突破。其发展过程，在理念上，由做好初生养护工作，以预防健康新生儿之夭折，减低婴儿罹病死亡的机会，进思致力于高危险群新生儿的抢救。步步取向，与近代西方幼科医学在新生儿照护方面的进展，亦若合符节。

三、初诞之首日

传统中国对新生婴儿的照顾，各地区随民情风俗而略有差异。正如明朝徐春甫《古今医统大全》中的《幼幼汇集·婴幼论》及万历年间龚廷贤的《新刊

① 《小儿初生护养门》，《古今图书集成》，卷422，《医部汇考402》，页306。

② 新生婴儿的照顾，传统西方向属妇产科之范畴。近代以前，欧美新生儿之照护多为助产士或收生婆（midwives）所经手。西方幼科医学发展较晚，20世纪以前少数论及儿童疾病与健康问题的医籍，亦全不见对婴儿照养的知识与技术面讨论。新生婴儿由妇产科转归小儿科（pediatrics）照料，在西方是20世纪中以后逐渐转变。新生儿医学（Neonatal Medicine或Neonatology）在小儿科中成为一门独立的学问则是晚近二三十年间的发展。参见Mark W. Kline et al., *Rudolph's Pediatrics*（NY: McGraw-Hill Education, 2018）, 23e, “Section 4: Newborn”。

③ ［清］陈复正，《初诞救护》，《幼幼集成》（上海：上海科学技术出版社，1978年据清翰墨园本校正重印），页25–26。

济世全书·小儿初生》篇所言，“婴儿初生，车篮裥褓，各随风俗”[①]。然考其细节，所采步骤其实大同而小异。在重要处置上，绝大多数的情形类似。今依其时序先后，简述近世中国在婴儿初出母腹的24小时内，通常所做的一些照护工作，以为后文分析此等照护手续演进之背景。

旧时中国婴儿一出母腹，收生或旁侍者立即要做的第一件事，是“急用软绵裹指，拭去口中恶汁”[②]。此“拭口”或净口的习俗，中古以来即盛行不衰。[③]近世医者对此一举动背后的理由，意见不一，但幼科医生及民间家庭对其必要性均深信不疑。一再强调必须抢在新生儿啼声未发之先行之，以免婴儿口中所含污物于啼哭喘息之间被吞咽入腹。此“拭口法”[④]是传统新生儿照护工作的第一步。

拭口既毕，初生婴儿啼声亦发，一般将护之法的下一步是为新生儿做身体清洁，即“初浴”[⑤]。初生小儿之“初浴”，可以汤浴，亦可以干拭。比较传统的办法是预先备好温水，“先浴之，然后断脐”[⑥]。近世幼医多顾虑新生儿保暖，怕湿洗易着风寒，民间后从而多行“三朝洗儿”，待第三天再备沸汤浴儿，称为“洗三”[⑦]。拭口后初步净身的工作，即以绵帛干拭代替。只要“周围秽血，皆令尽净”[⑧]，不必下水。

---

① ［明］徐春甫，《婴幼论》，卷88，页3a–4a；《小儿初生总论》，《古今医统大全》，页6；［明］龚廷贤，《小儿初生》，《新刊济世全书》（台北：新文丰出版社，1982年影印日本宽永十三年［1636］村上平乐寺刊本），页751–753。

② ［明］鲁伯嗣，《初诞》，《婴童百问》，卷1，页15–18。

③ ［唐］孙思邈，《初生出腹论》，《少小婴孺方》（台北故宫据日本文政庚寅十三年［1830］偷闲书屋刊本影印微卷），页7–13。

④ ［宋］不著撰人，《初生论》，《小儿卫生总微论方》，页52；［元］朱震亨，《慈幼论》，《格致余论》，页9324–9328；［明］薛铠，《初诞法》，《保婴全书》，页1–3；［元］危亦林，《拭口法》，《世医得效方》，卷11，页359；［明］不著撰人，《拭口法》，《宝产育婴养生录》，卷1；［明］寇平，《拭口法》，《全幼心鉴》，卷2；［明］薛铠，《拭口》，《保婴全书》，卷1，页3–5；［清］吴谦，《拭口》，《幼科杂病心法要诀》（辑于《医宗金鉴》，卷50），页12–14；［清］程杏轩，《拭口》，《医述》（合肥：安徽科学技术出版社，1981年据清道光年间刊本重印），卷14，页917–918。

⑤ ［明］徐春甫，《小儿初生总论》，《古今医统大全》，卷88，页6；［宋］陈自明，《初生浴儿良日》，《妇人大全良方》（清《文渊阁四库全书》第742册），卷24，页800；［明］寇平，《初生浴法》，《全幼心鉴》，卷2；［明］王肯堂，《浴儿法》，《幼科准绳》，集之一，页45；［明］王大纶，《洗浴》，《婴童类萃》，页4；［清］吴谦，《浴儿》，《医宗金鉴》，卷1，页15。

⑥ ［唐］孙思邈，《初生出腹第二》，《少小婴孺方》，页7–13；［明］龚廷贤，《新刊济世全书》，页751–753。

⑦ ［明］王大纶，《初诞论》，《婴童类萃》（北京：人民出版社，1983年据明天启年间刊本重印），上卷，页61–65。

⑧ 参见［宋］不著撰人，《初生论》，《小儿卫生总微论方》（清乾隆《文渊阁四库全书》本第741册），卷1，页52。

拭口、净身之后的第三步，是新生儿照护的关键，即断脐。近世中国民众"断脐"的方式不一，割断、咬断、烧断、剪断，文献中均有记载。[①]断脐方法，唐宋到明清的逐步改变，是近世中国新生儿养护演进的关键，容后细论。断脐之后，伤口均必须以灸法等略作处理，敷上药粉，仔细包裹。这种种脐带护理，即"裹脐"的功夫[②]，近世亦颇受重视，有一套相当讲究的办法。

断脐后，才将初生婴儿以父母"故衣"或细软绵帛裹起，称为"裹儿"[③]。裹儿的原则在保暖而不过热，也有认为是保护婴儿不因肢体活动受伤，或保护婴儿不受外人外物的惊扰。故包裹婴儿可助其稳妥、安全、温暖、舒适。[④]

初生婴儿啼声既发，浴洗、断脐、包裹料理停当，其他社会中，照护工作可告一段落，该抱婴儿就母怀吮乳入睡。但依传统中国习俗，哺乳之前，均先予以朱蜜膏、甘草汤、黄连汁等下腹，去其体内恶汁、胎粪，清净胃肠，再让婴儿就乳进食。[⑤]此一习俗，固可视为新生儿卫生之一节，最早源于古来中医"胎毒"之说。[⑥]旧时中国初生婴儿，因有24小时后方得吮乳者。[⑦]

前述近世初生婴儿头一日的照护手续，在中国各地各阶层间不是一成不变的定规。谈其变化，最少有三种：一是步骤先后次序的调换，二是各步骤处理方式的略异，三是手续过程的简化。在照护步骤先后次序的调整上，譬如《小

---

① 参见［宋］不著撰人，《断脐论》，《小儿卫生总微论方》（《文渊阁四库全书》第741册），卷1，页53–55；［明］不著撰人，《断脐法》，《宝产育婴养生录》（台北"中央图书馆"藏明刊黑口本影印微卷），卷1，［明］寇平，《断脐法》，《全幼心鉴》，卷2；［明］徐春甫，《断脐法》，《古今医统大全》，卷10，页5640–5641；［明］孙一奎，《断脐法》，《赤水元珠》（清乾隆《文渊阁四库全书》第766册），卷25，页843；［明］龚廷贤，《断脐法》，《寿世保元》（上海：上海科学技术出版社，1989年重印），卷8，页568。

② ［元］危亦林，《灸法论》，《世医得效方》（《古今图书集成》第456册，卷422），页31b；［明］万全，《小儿不宜妄针灸》，《育婴家秘》（《古今图书集成》第456 册，卷422），页32a；［明］寇平，《新生儿戒灸》，《全幼心鉴》，卷2；［明］王銮，《芽儿戒灸》，《幼科类萃》，页14–15；［明］孙一奎，《戒灸》，《赤水元珠》，卷25，页843。

③ ［金］张从正，《过爱小儿反害小儿说》，《儒门事亲》，页5935–5941；［明］龚廷贤，《小儿初生》，《寿世保元》，卷8，页567–568。

④ ［唐］孙思邈，《初生出腹第二》，《少小婴孺方》，页7–13。

⑤ ［唐］孙思邈，《初生出腹论》，《少小婴孺方》，页7–13；朱震亨，《初生》，《丹溪先生治法心要》，页826–830；［明］方贤，《初生说》，《奇效良方》（《古今图书集成》第456册，卷422），页31b；［明］鲁伯嗣，《初生》，《婴童百问》，页15–18；［明］王肯堂，《初生》，《证治准绳》（台北：新文丰出版社，1979年据明万历三十五年［1607］刊本重印），页45；［明］王大纶，《初诞论》，《婴童类萃》，页61–65；［明］龚廷贤，《小儿初生》，《新刊济世全书》，页751–753。

⑥ ［明］寇平，《下胎毒》，《全幼心鉴》，卷2；［明］王銮，《下胎毒论》，《幼科类萃》，页11–12；［明］徐春甫，《下胎毒法》，《古今医统大全》，卷10，页5639；［明］王肯堂，《下胎毒法》，《证治准绳》，页46–48；［明］孙一奎，《除胎毒》，《赤水元珠》，卷25，页1–2。

⑦ ［元］朱震亨，《初生》，《丹溪先生治法心要》，页826–830。

儿卫生总微论方·初生论》里所提到，将才出母腹的婴儿急先举之，然后“便以绵絮包裹，抱大人怀之温暖”，然后才进行拭口、净身等活动。代表一派特别着重保温的做法。其顾虑在“盖乍出母腹中，不可令冒寒也”。所以一切卫生及脐带护理，都可等到新生儿被棉絮包裹，体温维持没有问题以后，再逐一处理。①

二则各项照护步骤处理方式之略异，文献上亦有线索。譬如拭口以求洁净的手续，有些习俗讲求除口舌外，连眼睛及周围的污汁秽血，皆亦小心拭净。又如净胎粪，各地各人所用的处方也不同，从最早的朱蜜法、甘草法②，到后来常行的黄连法、牛黄法③，乃至民间较简便的豆豉法、韭汁法④，都是殊途而期同归。其间所显现的差异，代表各地习俗传承之别，以及不同阶层和文化背景的人，其知识及经济条件之异。

三则习俗和社会背景之不同，也使近世中国某些地区和家庭，照护新生婴儿的方法趋繁或化简。比较考究的家庭，在拭口、初浴、断脐、裹脐、裹儿、净胎粪等基本手续外，还有另予其他镇神安魂汤药，或滴喂猪乳等滋养之品。⑤北方农家盛行对新生儿施以灸壮，以防各种风噤病变，是区域性习惯。近世南方幼医多不赞同。⑥至于将一般初生将护法简化行之，在乡村民众中是很可以理解的。最普遍的，像将初生拭口与净胎粪两者合一，或根本只做断脐、包裹、就乳等必行事项，在近世农村，也不足奇。

综而论之，近世中国各地区各阶层所行的新生儿照护，究竟同多异少，在观念和技术上均属同一医护与民俗传统。更重要的是，这个近世汉民族的初生养护文化中，所涉最主要的原理和方法，像初生婴儿拭口与净身、下胎粪、断脐和脐带护理、保暖与洁净，确有共同体认。而且这些新生儿照护方法的关键，

---

①［宋］不著撰人，《初生论》，《小儿卫生总微论方》，页52。

②［唐］孙思邈，《初生出腹论》，《千金方》（收录于《古今图书集成》卷422《医部汇考402·小儿初生护养门》），页30b–31a。

③［明］鲁伯嗣，《初诞》，《婴童百问》，卷1，页15–18。

④［明］方贤，《初生说》《违和说》，《奇效良方》，页31b，31b–32a；及［明］薛铠，《护养法》《初诞法》，《保婴全书》（台北：新文丰出版社，1978影印明崇祯沈犹龙闽中刊本），页5–8，1–3。

⑤［唐］孙思邈，《初生出腹论》，《千金方》，页30b–31a；［元］朱震亨，《慈幼论》，《格致余论》，页9324–9328；《初生》，《丹溪先生治法心要》，页826–830。

⑥［元］危亦林，《灸法论》，《世医得效方》（《古今图书集成》第456册，卷422），页31b；［明］万全，《小儿不宜妄针灸》，《育婴家秘》（《古今图书集成》第456册，卷422），页32a；［明］寇平，《新生儿戒灸》，《全幼心鉴》，卷2；［明］王銮，《芽儿戒灸》，《幼科类萃》，页14–15；［明］孙一奎，《戒灸》，《赤水元珠》，卷25，页843；［清］程杏轩，《医述》（合肥：安徽科学技术出版社，1981年据清道光年间刊本重印），卷14，页919。

其知识与技术，由中古而近世，各个时代，均有重要的进展与突破。这种种进展与突破，代表整个幼科医学辛勤钻研的成果，更代表近世中国健康环境的大幅改善，其历史意义与影响不容忽视。

四、断脐法的演进

在传统社会或比较简陋、原始的卫生状态下，一个健康的新生婴儿，因照护失误可遭受生命危险，其最严重的威胁来自脐带处理不当所引起的新生儿破伤风。它常于婴儿初生一周内发病，杀伤率极高，是近代以前新生儿死亡的主要因素。若要有效控制新生儿死亡率，对脐带处理的正确认识及对新生儿破伤风的防范，是首要之务。中国自古以来对断脐、裹脐及脐带感染所造成的“脐风”问题，即十分重视，近世幼医，唐宋而明清，在断脐方法和预防脐风两方面也有重要的进步，值得专述。

传统中国对初生断脐和脐带护理的重视，远远超过其他社会，且留下大量文献，足使后人对过去千年断脐法的演进，有详细的了解。依民俗资料及传统幼科产科专籍，可知旧时中国民间为新生儿断脐，最原始的办法大致有二：一是以利器割断，包括用刀片割断、用剪刀剪断，甚至以瓦片切断。二是不用任何器具，以牙齿咬断。[①]近代以前中上家庭大抵择刀剪割断者为多，农村民间则不乏用瓦片或口咬方式弄断脐带。

早在唐朝，医界已注意到初生小儿易生脐带病患，想摸索出一种合适的截断脐带的方法。7世纪中叶，权威医籍《千金方・初生出腹论》中提出对断脐的看法，谓：

> 儿已生……乃先浴之，然后断脐，不得以刀子割之，须令人隔单衣物咬断，兼以暖气呵七遍，然后缠结。[②]

此忠告中，可见中古医者对断脐问题态度相当审慎，对过去径以刀割，或直接咬断，已启疑虑，觉得刀割可能根本不可取，直接以口齿接触脐带也不合

---

① 参见高镜朗，《断脐法》，《古代儿科疾病新论》（上海：上海科学技术出版社，1983），页2–3。

② ［唐］孙思邈，《初生出腹论》，《千金方》（收录于《古今图书集成》卷422《医部汇考402・小儿初生护养门》），页30b–31a。

适，因建议避免以金属利刃断之，而在口齿与脐带间先以布帛隔开，这算是断脐方法上讲求卫生的第一步。此一建议，因作者孙思邈及《千金方》本身的地位备受尊崇，在中世纪后数百年间常被援引。8世纪中，王焘的《外台秘要·小儿初生将护法一十七首》，对断脐的说明，与《千金方》所载几乎完全一致。[①]

断脐法的下一个进步，要到12世纪中的医学文献才能看见。南宋绍兴二十六年（1156）太医局刊行的一部儿科医书《小儿卫生总微论方》里，对新生儿断脐的处理，有了突破性的建树。书里讨论初生慎护和脐带照护时首先指出，传统所谓初生小儿的“脐风”，其发病症象与成人破伤风过程完全一样。因而推论认定新生儿破伤风的病因也与成人因外伤而致命的恶疾毫无二致。[②]脐风源于后天外感既被点明，断脐过程和伤口处理，就更为紧要。这方面，《小儿卫生总微论方》可能受到传统疡科和针灸的启示，发前人所未见，提出一种以“烙脐饼子”和灸法，借高温烧灼处理脐带伤口，以减免感染的处理方式。原文谓：

> 才断脐讫，须用烙脐饼子安脐带上，烧三壮，炷如麦大。若儿未啼，灸至五、七壮。[③]

这种以高温烧灼处理脐带伤口的方法迅即传开，其临床上的效应可能予近世幼医及有识父母相当的鼓励。脐风虽未完全消灭，但经验证明高温烧灼可能提示了一个正确的方向。

明清时期幼科医者日增，幼科医学日盛，对断脐一事议论纷纷，颇欲集思广益，寻出一个安全的断脐护脐之道。四百多年后，16世纪中，明嘉靖二十八年（1549），湖北儿科世医万全刊印了代表祖传心血的《幼科发挥》。书中对当时盛行的三种断脐方法，提出了他的评论，说：

> 儿之初生，断脐护脐，不可不慎。故断脐之时，隔衣咬断者，上也。

---

① ［唐］王焘，《外台秘要》（台北：新文丰出版社，1987年影印明崇祯庚辰［十三年，1640］新安程氏经余居刻本），卷35，页421–430。

② 参见［宋］不著撰人，《脐风撮口》，《小儿卫生总微论方》，卷1，页56–58。

③［宋］不著撰人于其《断脐论》中所谓烙脐饼子之方，即以“豆豉、黄蜡各一分，麝香少许，以豆豉为细末，入麝香研均，熔蜡和剂，看大小捻作饼用”。见《小儿卫生总微论方》，卷1，页53–55。

以火燎而断之，次也。以剪断之，以火烙之，又其次。①

从这段文字中，可知16世纪上半，中国社会仍在多方面寻找妥善的断脐方式。在这个集体探索与努力的过程中，日益专业化的幼科医界，凭其丰富的临床经验与缜密的医理训练，自然最易有突出见解，万全的分析即是一个明显的例子。他的讨论显示，隔衣咬断法，在当时诸般断脐方式中，代表比较传统的一种，尊崇者也许仍多。16世纪前后医籍中续有援引，可为佐证。②不过，重要的是，16世纪初起，幼科医界所倡的一些更安全合理的断脐方式，如明代太医院使薛己力主的烧灼断脐法，以及援《小儿卫生总微论方》进一步发明的剪断火烙的方法，在社会上和医界评价日高，有后来居上之势。

明正德年间（1501年左右）薛己所提倡的烧灼断脐法公诸于世，建议民众：

儿生下时，欲断脐带，必以蕲艾为拈，香油浸湿，熏烧脐带至焦，方断。③

这种以浸油蕲艾为捻，直接火烧断脐的方法，乍闻似乎相当原始。但就当时医疗卫生条件而言，却是一种十分有效的封闭伤口，避免感染的方法。传统中国疡科手术上以烧灼处理伤口，达到高温消毒的效果，成绩相当显著。新生儿断脐也是一个简单的手术，断脐后伤口要免除感染之患，火灼仍是最好的选择之一。诚如万全在前段论断脐护理的结语中所表白，目的在“如此调护，则无脐风之病。所谓上工治未病，十得十全也”。事实上，万全《幼科发挥》这整篇讨论的标题十分醒目，就叫作“治未病”④。

到16世纪末，医界对脐风发病的原因愈来愈有把握。不但确知与断脐使用的铁器有直接关系，而且进一步肯定脐风感染，与一向揣测断脐所用铁器的温度没有什么关系。一度有人建议将使用“剪刀先于怀中令暖”，以衣襟中纳暖后的刀剪断脐，后知并无根据。似乎亦不能减低脐风的发生率。明末著名儒医王

① ［明］万全，《治未病》，《幼科发挥》（《古今图书集成》第456册，卷422，《医部汇考402·小儿初生护养门》），页32b；又见康熙韩江张氏刊本（北京：人民出版社，1957），页11–12。

② 参见［明］不著撰人，《断脐法》，《宝产育婴养生录》，卷1；［明］寇平，《断脐法》，《全幼心鉴》，卷2；［明］徐春甫，《断脐法》，《古今医统大全》，页5640–5641。

③ 参见高镜朗，《古代儿科疾病新论》，页15–16。

④ ［明］万全，《治未病》，《幼科发挥》（辑于清《古今图书集成》第456册，卷422，《医部汇考402·小儿初生护养门》），页32b；及康熙韩江张氏刊本（北京：人民出版社，1957），页11–12。

肯堂于其所著《幼科准绳》一书中对断脐法的议论，证实了这个看法。①因王肯堂之声名显赫，其著作流传极广。生冷铁器之为初生小儿染患脐风祸首，渐为大家接受。②高温或火灼对伤口处理上的效果，也日益明显。

进而言之，断脐如此一个简单的手续，客观而言，非不得已，不该排除利刃割断的方式。因就外科手术而论，以瓦器或他物断脐，固不足取。就是隔衣咬断，虽较口齿直接接触略胜一筹，仍称不上最安全便利的方式。烧灼断脐也许对防范伤口感染相当有效，但是在新生胎儿身边燃起火炬，直到用火烧断脐带为止，本身并不方便，也不免有安全上的顾虑。如果能采用锋利的刀剪断脐，而在器具和伤口处理上能做到高度的消毒，手术过程最为简便迅速，伤口齐整，出血最低，应是最理想的选择。

16、17世纪间，中国定有许多医界人士和有识之人，在努力寻找这个更安全便捷的断脐法，希望在烧灼断脐和火烙伤口的基础上再求突破。这些努力与尝试，终于在17世纪末、18世纪初有了突出的结果。乾隆七年（1742），清政府编辑的医学巨著《医宗金鉴》，正式公布了这种安全断脐法的内容。婴儿初生时，先将断脐用的剪刀过火烘烧，再以烧灼过的剪刀剪断脐带。以现代的眼光说，即以高温消毒后的锋利工具进行割断，这是第一步。其次，以火器绕断脐带而烙之。即以火灼封住割断后的伤口，并用传统的烙脐饼子，安灸脐上，加强免疫的作用，防范脐带感染的机会。为了更迅速有效地推广这个理想的断脐法，《医宗金鉴》的编者将此番手续化作一首七言口诀：

> 脐带剪下即用烙，男女六寸始合宜，烙脐灸法防风袭，胡粉封脐为避湿。③

口诀可将关键性步骤教给当时卫生条件和知识水准不高的民众，比较容易在交通和传播状况不佳的农村社会传播开来。在此以前，幼科医界也有一些著作，提到断脐手续之前，应将脐带在离开婴儿六寸或更长的距离，先用细线紧

①见［明］王肯堂，《断脐法》，《幼科准绳》（台北：新文丰出版社，1979年重印明万历年间刻本），页46。

②［明］孙一奎，《断脐法》，《赤水元珠》，页843；及［清］程杏轩，《断脐法》，《医述》，页917。

③［清］吴谦，《断脐》，《幼科杂病心法要诀》（辑于《医宗金鉴》，台北：新文丰出版社，1981年重印清乾隆年间刊本），卷50，页14–15。

扎，然后再行断脐。[①]先扎紧脐带，候血液流通终止，生理组织功能中断后，再截断脐带。对减少出血、防止感染都很有益。

新生婴儿脐带，先择合适部位扎紧，再以高温烧灼过的利刃剪断，然后烙封伤口，并以灸法预防感染。层层手续既达到手术上迅速便捷的效果，防范伤口感染上也做了周密的处理。如此断脐的手术，与过去中国诸般旧法相较，或较诸世界上其他传统社会的脐带处理，都是一个惊人的进步。单有此知识和技术水准之改进，即使尚无详细的新生儿死亡率统计，根据现代流行病学与病理学对新生儿破伤风的了解，做一大略估计，其对降低婴儿死亡率应有相当急剧而明显的影响。近世中国在断脐法上步步改善，及16、17世纪所获致成果，加上当时幼医在普及化上所做的努力[②]，使得新生婴儿存活的机会大为提高。传统医学进步，有效改善中国人口成长的客观环境，这是一个具体的例子。

五、脐带感染与新生儿破伤风

中国近世在断脐与脐带护理上的逐渐改进，不是一个偶发现象，而是一项有实证基础的进步。其背后关键，是过去千余年传统医界对脐带感染和新生儿破伤风，在临床经验和学理知识上的持续演变。这个知识的进步，和它所带动的技术改良，实在是中国近世幼科医学最突出的成就之一。

传统社会中，新生婴儿生命最严重的威胁，来自脐带处理不当所引起的感染。尤其是新生儿破伤风，对健康的新生儿杀伤力最强。近代医学在细菌说成立，微生物学发展以后，已确知新生儿破伤风系因断脐用具不洁，破伤风杆菌经脐部伤口侵入体内，产生毒素沿神经或淋巴、血液传至中枢，与神经组织结合，引起全身痉挛，使婴儿死亡。此急性感染的病程大致可分三期。首先，有3到14天的潜伏期。被感染的新生儿，以4至7天内发病者最多。犯病的初期或有先兆，腹胀脐肿。婴儿哭闹不安，不时喷嚏。吮乳口松，牙关紧闭。经过一天左右，即进入痉挛期。此时患儿唇口撮紧，啼声不出，不能乳食。进而全身肌肉僵直，喉肌和呼吸肌痉挛使婴儿终告窒息，或死于并发的肺炎、败血症。此症死亡率极高，而且犯病愈早，预后愈差。20世纪抗生素等新药物未发明之

① 见缪仲淳，《广笔记》；高镜朗，《古代儿科疾病新论》，页2–3。
② 参见本书第二章。

前，几乎无法救治。[①]然而从另一个角度说，这是一个完全可以预防的疾病。只要断脐工具经过某种手续消毒，断脐后的伤口处理妥善，就可根本杜绝此可怕急症。

早在幼科医学发轫之前，传统中国已注意到脐带感染及新生儿破伤风的问题。公元3世纪末，晋太康年间《甲乙经》中，就提到名医皇甫谧用针灸法治疗小儿“脐风”[②]。古代中国医籍所说的“脐风”，指的很可能是以新生儿破伤风为主的初生婴儿疾病。当时对其他各类脐带感染的，以及对脐风本身病因认识，还相当模糊。中古中国的医界权威，如巢元方、孙思邈、王焘等，著作中均论及初生小儿易罹“脐风”的问题。[③]此时期对“脐风”与“脐肿”“脐疮”等因脐湿而造成的脐部感染之间的分别，没有清楚的看法。有人继续把新生儿破伤风的症候称为“胎惊”或“胎风”，意指即初生婴儿所患抽搐或惊厥。只有观察力较敏锐的人推断它是一种由脐部引发的病变，坚持用“脐风”之名，认为与断脐不当有直接关系，并明言此为初生小儿恶症。出生一腊（7日）之内发病者，罕能逃生。

到了宋朝，11世纪末、12世纪初左右，中国幼科成形。对“脐风”一病，有了突破性的见解。首先，幼科鼻祖钱乙率先于《小儿药证直诀》中，论初生小儿“脐风”与“撮口”的毛病。明言新生儿出现“急欲乳，不能食”，或所谓撮口的现象，其实皆源于“风邪”由脐传入，在婴儿体内蕴发病变所致。[④]此一症状与病理上初步而正确的推断，广为12世纪医者接受。此后百多年间，所有重要医籍如陈言的《三因极一病证方论》，张杲的《医说》，论及撮口不乳症候，均与初生“脐风”之患并举。[⑤]确定一向所谓的初生婴儿撮口问题，其实是“脐风”——即新生儿破伤风——发病初期的症状，为异症而同病之一例。而这个初生小儿撮口与脐风的疾病，均为脐带感染所致。许多医家也承认“小儿初生

①《中国医学百科全书·儿科学》（上海：上海科学技术出版社，1988），页81–82；陈聪荣，《中医儿科学》（台北：正中书局，1987），页29–33。

②《甲乙经》刊布于晋太康三年（282）。关于中国古代对脐风的认识应可参见高镜朗，《古代儿科疾病新论》，页14–16。

③ 见［唐］孙思邈，《初生出腹论》，《千金方》（收录于《古今图书集成》卷422《医部汇考402·小儿初生护养门》），页30b–31a。［唐］王焘，《小儿脐汁出并疮肿方一十一首》，《外台秘要》，页57–60。

④［宋］钱乙，《撮口》《脐风》，《小儿药证直诀》（《古今图书集成》第457册，卷427，《医部汇考402·初生诸疾门》），页2a–2b。

⑤［宋］陈言，《小儿脐风撮口法》，《三因极一病证方论》（清乾隆《文渊阁四库全书》第743册），卷18，页427；［宋］张杲，《脐风撮口》，《医说》，卷10。

一七内忽患脐风撮口者，百无一活”[①]。点明这是一种死亡率极高的新生儿疾病，常在婴儿出生七天内犯病。而且一旦病发，群医束手，“百无一活”。

12世纪中，关于“脐风”的第二个重大突破，见于宋代不著撰人的《小儿卫生总微论方》，对“脐风撮口”症的分析。这段论述十分精辟。先描述此新生儿疾病的症状，说：

> 儿自初生至七日内外，忽然面青，啼声不出。口撮唇紧，不能哺乳。口青色，吐白沫。四肢逆冷。乃脐风撮口之证也。

其次，推敲其致病之源。谓此病症的关键，在“初生剪脐不定伤动，或风湿所乘”。用当时的医学语言说，就是因伤口外感所致。而不是传统医者一向所信内蕴胎毒，蓄发造成。这是一个非常大胆的判断，对“脐带”的认识算是跨出了一大步。不过，此书对新生儿破伤风一病最关键性的观察，在紧接着的一段文字。以初生小儿的脐风撮口：

> 亦如大人因有破伤而感风。则牙关襟，而口撮不能入食。身鞭，四肢厥逆。与此候颇同。

这段分析，鞭辟入里，揭开了自古以来初生“脐风”究属何症之谜。明言新生儿破伤风之发病过程，与成人破伤风发病过程一般无二，均出现牙关紧闭、不能入食、身体僵硬、四肢痉挛等症状，终于不治。在细菌说尚未出现，也没有现代科技足以直接证明破伤风杆菌为造成两种破伤风之同一病源之前，12世纪初，中国的幼科专家，凭其敏锐的观察力和正确的联想，明白地推断初生小儿所患的“脐风”与大人“因破伤感风”本为同一病症。从此进一步确定脐风一症的病因所在。也因而更有把握指出其预防之道。这个“脐风”知识上的突破，是中国传统幼医实证精神的一大胜利，足以夸耀世界医史。

得此关键性指引，13世纪以后中国对新生儿破伤风一症的体认日益明确。首先，建安年间，杨士瀛在幼科名著《新刊仁斋直指小儿方论》中，揭言“初生噤风、撮口、脐风，是三者一种病也”。表示过去所见，发生于初生婴儿身上

① [宋] 陈言,《小儿脐风撮口法》,《三因极一病证方论》, 卷18, 页427;[宋]张杲,《脐风撮口》,《医说》, 卷10。

的噤风、撮口两症，其实与脐风是同一疾病在初发阶段的先兆。[①]这个初生小儿的恶疾，有4到7天的潜伏期，常在婴儿诞生后一腊（7天）之内发病。因而旧时俗称“四六风”或“四七风”[②]。初生婴儿愈早发病，预后愈差，绝少有存活的机会。《新刊仁斋直指小儿方论》明言“撮口最为恶候，一腊内见之尤急”。也说脐风若出现“撮口不问”，遂告不治，爪甲黑者，即刻会死。所以著者杨士瀛呼吁大众，对此初生噤风、撮口、脐风最有效的方法，还是在预防。“依法将护，防于未然，则无此患。”《新刊仁斋直指小儿方论》的结论，14、15世纪金元间之医家均表赞同。[③]

15世纪后，明代幼科专家继承宋元基础，认为初生小儿噤风、撮口、脐风皆为同一急症。祸因种于断脐不洁所造成的外伤感染。此疾病有一段潜伏期，不过一旦发作，就非常险恶，“十难救一”。最好的办法，还在讲求断脐与脐带护理，如寇平在《全幼心鉴》所论能避开感染，“若过一腊，方免此危”[④]。也就是说，新生儿断脐和脐带护理做得妥善，婴儿七天内能不犯此恶疾，就算避开了危险灾厄。

《幼科发挥》的作者，明代专长幼科的万全，更沉痛地表示，根绝脐风的办法，唯在“治未病”，即加意讲求安全洁净的断脐与护脐法，考虑烧灼断脐或以火烙封住伤口。如果：

> 不知保护于未病之先，不知调护于初病之日。其泡子落入腹中，变为三证。一曰撮口，二曰噤风，三曰锁肚。证虽不同，皆脐风也。撮口证儿多啼，口频撮者，……不乳者不治。

此处万全不但再度肯定以往因症得名的许多小儿疾病，像撮口、噤风、锁

---

① 《新刊仁斋直指小儿方论》里有一篇《初生噤风撮口脐风方论》，分别说述三者之症候，谓：“噤风者，眼闭口噤，啼声渐小，舌上聚肉如粟米状，吮乳不得，口吐白沫，大小便不通。……撮口者，面目黄赤，气息喘急，啼声不出……舌强唇青，聚口撮面，饮乳有妨，若口出白沫而四肢冷者，不可救药。……脐风者，断脐之后为水湿风冷所乘，风湿之气入于脐而流于心脾，遂令肚胀脐肿，身体重着，四肢柔直，日夜多啼，不能吮乳，甚则发为风搐。若脐边青黑，撮口不问，是为内搐，不治。爪甲黑者，即死。”见［宋］杨士瀛，《初生噤风撮口脐风方论》，《新刊仁斋直指小儿方论》（台北故宫据宋末建安刊本影印，微卷），卷5，页12–14。

② 高镜朗，《古代儿科疾病新论》，页14–16。

③ ［元］危亦林，《噤风》，《世医得效方》，页360；［元］朱震亨，《脐出血、脐久不干》，《丹溪先生治法心要》，页909–910；［元］曾世荣，《议脐突》，页56–57及《议撮口》，页68–69；《脐中受热》，页126–127，《活幼口议》（北京：中医古籍出版社，1986年重印明嘉靖刊本）。

④ ［明］寇平，《全幼心鉴》，卷2。

肚，其实都是脐带感染而致的新生儿破伤风，而且提出一个惊人的看法，认为脐风的毛病，是因一种实体媒介——泡子——经过脐带伤口，“落入腹中”，婴儿因而发病。由宋代确定脐带外伤感染，到明代设想有具体传染媒介，中国近世对新生儿破伤风这一重要的疾病的认识又进一步。万全并直接辩驳他人，坚持脐风是一种无药可救的急症。认为旧时一些药方，其实全然无效。[①]对付新生儿破伤风，不但预防重于治疗，且在现代医药发明以前，其实只能预防，无法治疗。

六、妥善的脐带护理

16世纪起，中国医界对脐风的认识，与其对断脐与护脐之讲求，齐头并进。医学知识进步与护理技术发明相辅相成。常见的数十种明代幼科医书，论及初生小儿照护或病症时，均以很长的篇幅讨论脐风及脐部疾患的问题。此时脐风、撮口、噤风三症之为一病，已成定论。王銮的《幼科类萃》以为如此，孙一奎的《赤水元珠》亦然。《幼科类萃·噤风撮口脐风》一条下，孙一奎直言此“三症一种症也”[②]。除发病过程、详细症象外，对新生儿破伤风4至7天的潜伏期，及发病后的危险性，也有更确切的分析。这些分析，进一步地表示，过去提及的一些一般性新生儿脐带感染所致脐炎，如传统所谓脐湿、脐疮、脐肿等，与脐风是截然不同的两种问题。这些初生婴儿脐带发炎的现象，当然也值得注意，并设法防范治疗。但对新生儿杀伤力最强，而救治罔效的“脐风”，仍是初生照护工作的关键。因而妥善的断脐方式与脐带护理，万万不可轻忽。明清幼科医家对断脐与脐风问题的重视，使他们锲而不舍地继续追究脐风一症的种种相关问题，同时极力将已有的了解和预防之道，用口诀和其他浅显的办法，尽快普及民间。此专精研究和努力推广两方面的配合，使近世中国得获一种相当进步的脐带护理法，为新生婴儿的健康和安全，奠下了一块稳定的基石。

16、17世纪中国幼科发展蓬勃，医界对脐风及脐带护理的认识多有精进。

---

① 原文是：“或问脐风三症，古人有方，何谓不治。予曰，一腊之内，谓初生八日，草木方萌，称有触犯，顺便折伤，……噤风者，乳食不得入，则机疡于上矣，锁肚者，便溺不得通，则机疡于下矣，所谓出入疡则神化灭者是也。神出机息，虽有神丹，不可为也。岂蜈蚣蚕蝎诸毒药之可治耶。”［明］万全，《脐风》，《幼科发挥》（北京：人民卫生出版社，1957年据康熙年间韩江张氏刊本重印），页11-12。

② ［明］王銮，《治脐风撮口噤风之剂》，《幼科类萃》，卷3，页75-79；［明］孙一奎，《噤风撮口脐风》，《赤水元珠》，卷25，页845-848。

此时医籍言及新生儿破伤风之病因，均谓缘于断脐过程中的外染[①]，而且与断脐时铁器的处理不当有直接关系。[②]对于具体感染途径，《幼科金针》的作者秦景明曾提及，由“初生剪缚脐带不得法……或以冷刀断脐”，以致“客风侵入脐中”，所造成的“脐风撮口”之症，其疾病发展路线，由脐带伤口传入脾络，中间会有一个“蕴邪”的现象。[③]此类对于脐风症类似“酝酿期”的揣测，与当时多位医者力称此症是婴儿初生一周内的特殊疾病[④]，恰相呼应。清初，夏鼎甚至在《幼科铁镜》中申论，辨识新生儿破伤风与其他类似的初生婴儿疾患，主要指标就是发病期。新生儿破伤风有固定的潜伏期与发病期，因而他可以断言：“三朝之内，便是脐风，如七朝之外，定然不是。”[⑤]关于脐风一症具有潜伏蓄发之特征，及其间可能有感染媒体，明清的幼科医家，继万全的“泡子”说之后，继续朝此方向思索。18世纪中，陈复正于《幼幼集成·脐风论理》中再抒己见。谓小儿断脐不慎所招致的脐风，在外染内传的过程中，的确经过一段“蕴蓄其毒，发如脐风”，由酝酿而发作的过程。《幼幼集成》的论证，且对新生儿“脐风”在临床上的诊断，再做发挥。认为当时医家辨识脐风的办法，多有不确，为害不小。建议照护婴儿的母亲，在三朝一七的时间内，每日仔细检查孩儿两边乳房。如乳房内出现“小核”，加上小儿不时喷嚏，多啼哭而吮乳口松，即“真候也”。陈复正的建言，是中国诊疗术上注意到以摸乳下淋巴腺协助诊断的重要文献。[⑥]

无论如何，从务实的角度而言，脐风一症的最重要特性，仍在其为初生婴儿的急性恶症。一旦罹患发病，绝大多数“无可救疗”[⑦]。“万无一愈”[⑧]，终至不治。[⑨]因而面对脐风之威胁又想挽救新生儿的生命，只有预防一途。幸而时至

① 如16世纪徐春甫论“脐风候”之病机时称“小儿先后有脐风者，多因断脐带后，为风湿所伤而成也”。见［明］徐春甫，《脐风》，《古今医统大全》，页5709–5711。

② ［明］薛铠，《噤风撮口脐风》，《保婴全书》，页8–23；《脐风》，《保婴撮要》（《古今图书集成》第457册），卷428，页8a。

③ ［明］秦景明，《脐风撮口》，《幼科金针》（台北：新文丰出版社，1977年影印明刊本），页5–7。

④ ［明］王大纶，《噤风撮口脐风论》，《婴童类萃》，页66–68；［明］裘吉生录存，《陈氏幼科秘诀》（辑于［明］袁体庵编著《证治心传等十种》，台北：新文丰出版社，1976），页3–5，《脐风》。

⑤ ［清］夏鼎，《脐风》，《幼科铁镜》，页5a–6b。

⑥ 其有关脐风诊断脐术的讨论，谓“惟令乳母每日摸儿两乳，乳内有小核即其候也。然乳内有核发脐风者固多，而复有不发脐风者。此法十有七八，亦有二三分不确，但看小儿不时喷嚏，更多啼哭，吮乳口松，是真候也”。见［清］陈复正，《脐风论症》，《幼幼集成》，页27–29。

⑦ ［明］徐春甫，《脐风、撮口、口噤噤风、脐突》，《古今医统大全》，页5709–5719。

⑧ ［明］龚廷贤，《脐风论》《脐风撮口》，《新刊济世全书》，页754–757。

⑨ ［明］孙一奎，《噤风撮口脐风》，《赤水元珠》，卷25，页845–848。

16世纪末，中国医界对于此症只要“防于事先，必无此患”，已有相当的把握。[①]防患于未然的办法不止一种，最切实的还在断脐与护脐的功夫，须做到安全洁净，尽量消除任何污染的机会。

其实新生儿脐带护理不当，伤口受湿沾污，会导致的脐部疾患，不止脐风一端。对这一点，传统中国的幼医早有体认。对初生婴儿脐带断而未脱之前，中世纪以来医籍非常关心，就是因为脐带本身伤口愈合、干萎脱落过程不理想，会出现轻度发炎，或因水、尿沾湿，发生种种脐带感染现象。8世中，唐代王焘著有《外台秘要·小儿脐汁出并疮肿方一十一首》，证明当时已意识到“小儿脐汁出不止，兼赤肿”，应该设法改善，思以一些简单药方帮助初生婴儿脐带自然干落，减少伤口发炎产生“脐疮”的机会。[②]新生儿脐部被污染而发生一般性红肿发炎，多半因潮湿所致，因而旧时医籍多直以“脐久不干”名之。[③]宋代《小儿卫生总微论方》虽曾提及小儿脐疮，久而不愈，可能转为撮口脐风等险症[④]，不过多半情况下，脐湿、脐肿、脐疮等脐部疾患仅止于局部，虽可能影响新生儿的饮食睡眠，但不致构成生命危险。及至近世，幼科医界明知此类一般性脐部感染与脐风实为二事，病因亦不相同。脐疮、脐肿，多为脐部为水或尿沾湿引起，其关键在受湿，与脐风之因生冷铁器等致外伤风邪，迥然而异。[⑤]脐疮、脐肿的解决之道，不在断脐过程，而在断脐后，脐带脱落前时脐带护理。须避免感染，方不致演为脐湿生疮的毛病。

新生儿的脐带护理，传统称为“裹脐法”。包括断脐后的用药、包扎，此后的检视更换、清理，防止潮湿感染，直到脐带自然变干脱落。这部分裹脐的功夫，最重要的原则是注意保持清洁干净，避免脐带受湿或遭污染，明代育婴专著《宝产育婴养生录》中所示：

> 凡裹脐须会白练，柔软，方四寸，新绵，厚半寸，与帛等合之，缓急得中。……儿生二十日乃解脐视之。或燥刺其腹疼啼叫，当解之，

---

① [明]王肯堂，《噤风撮口脐风》，《幼科准绳》，页52–58。

② [唐]王焘，《小儿脐汁出并疮肿方一十一首》，《外台秘要》，页57–60。

③ [宋]张杲，《脐风撮口》，《医说》，卷10；[元]危亦林，《噤风》，《世医得效方》，页360；[元]朱震亨，《脐出血、脐久不干》，《丹溪先生治法心要》，页909–910；[元]曾世荣，《议脐突》，页56–57，《议撮口》，页68–69；《脐中受热》，页126–127，《活幼口议》。

④ [宋]不著撰人，《脐风撮口》，《小儿卫生总微论方》，卷1，页56–58。

⑤ 参见[明]寇平，《脐疮》《脐湿生疮》，《全幼心鉴》，卷2；[明]王肯堂，《脐湿》《脐疮》，《幼科准绳》，页58–59；陈聪荣，《脐风》，《中医儿科学》(台北：正中书局，1987)，页29–33。

易衣再裹。儿解脐须闭户下帐，冬间令火里温暖，仍以温粉敷之。[①]

这段描述，很能显示近世中国对新生儿脐带护理原则已有相当之掌握。详细说明断脐后包扎脐带的纱布，必择全新上等白色丝绸，裁成四寸见方后，夹以半寸新的绵帛，做成一块洁净柔软的裹脐用小方垫。裹脐时，应注意松紧适中，以免造成婴儿不适。脐带裹上后，过一段时日，须解开包扎丝绵，视脐部伤口愈合及变干情况。其间若有任何异常现象，如脐久不干、伤口出汁、红肿成疮，或婴儿本身腹疼啼叫，表示脐部不适，要随时除去旧的包扎纱布，更新裹脐丝帛，并敷施适当“温粉”或其他药物，治疗简单的发炎，助其早日愈复，自然干落。每逢解开包扎，易衣再裹时，《宝产育婴养生录》特别提醒家人，不要忘了先“闭户下帐，冬间令火里温暖”。务使解裹更换的手续，在一个温暖、安适、不惧风寒的室内进行。近世对裹脐法的建议，大抵与《宝产育婴养生录》所述相似。[②]其原则在保持脐带的干燥清洁，并顾到婴儿的温暖舒适。

综合中国近世对断脐、脐风与裹脐的知识演进，到了16、17世纪，标准的新生儿脐带处理大致是这样的：婴儿出生后，接生者或家人即先用干净丝绵托裹脐带，并取一细线，于婴儿脐带“离肚二三寸处，以线扎住”[③]，暂时阻断脐带与胎盘的衔接，并防止出血。随后以烧灼过的利剪，迅速剪断脐带，火烙封上伤口。断脐完毕以后，敷上些干燥性的药粉[④]，再以预先备好的白色丝帛及新绵叠成的裹脐布，将脐带仔细裹扎起来。此后最好“日日照看，勿令儿尿浸湿”[⑤]。常检视，勤更换，为的是防止脐部因水尿沾湿发炎，也注意提防新生儿破伤风之恶疾。期望初生婴儿的脐带，能在理想、安全的断脐手续及干燥洁净的脐带护理下，顺利愈合脱落。

这种理想的断脐裹脐方式，近世中国的社会，知之诚难，推广亦不容易。然而医界深知此事攸关生死，常有举子不易，而染脐风致命。要杜绝脐风之患，唯有推广正确的断脐与脐带护理常识。因而鲁伯嗣的《婴童百问》，以简单的问

① [明] 不著撰人，《裹脐法》，《宝产育婴养生录》，卷1。

② [明] 寇平，《裹脐法》，《全幼心鉴》，卷2；[明] 徐春甫，《裹脐法》，《古今医统大全》，卷10，页5641；[明] 王肯堂，《裹脐法》，《幼科准绳》，页46。

③ [明] 李梴，《初生裹脐》，《医学入门》(《古今图书集成》第456册)，422卷，页346。

④ 传统医籍中提到的裹脐时敷在脐带上的干燥性药粉有好几种。常见的如《宝产育婴养生录》(卷1)中所说的“温粉”，《丹溪先生治法心要》(页909–910)等所说的白枯矾末，以及《医宗金鉴》所说的“胡粉散”等。

⑤ 见《大生要旨》所论裹脐法及高镜朗，《古代儿科疾病新论》，页3–4。

答方式说明其理。[①]万全的《育婴家秘》[②]、寇平的《全幼心鉴》[③]、秦景明的《幼科金针》[④]和吴谦的《医宗金鉴》《幼科杂病心法要诀》，均特别费心，将断脐、护脐的办法编成口诀[⑤]，期使此重要知识，能借口耳相传，在城乡各地散播开来。使初生婴儿都能顺利开始一个健康的人生，一如宋代幼科鼻祖钱乙之志："使幼者免横夭之苦，老者无哭子之悲。"

七、身体内外的洁净与卫生

（一）拭口

中国社会很早就沿有一套对新生婴儿身体洁净的处理办法，其中"拭口"的习俗，至少在唐代文献里已确凿有据。孙思邈《千金方·初生出腹论》一篇，起首即谓：

> 小儿初生，先以绵裹指，拭儿口中及舌上青泥恶血，此为之玉衡（或作玉衔）。若不急拭，啼声一发，即入腹成百病矣。[⑥]

依此说法，在中古时期，中国人接生初生婴儿所要做的第一件事，就是用绵裹指，探入婴儿口中，急将婴儿口中舌上的污物拭擦干净。依当时医家的看

---

① ［明］鲁伯嗣，《噤风撮口脐风》，《婴童百问》，页21–34。

② 万全在《脐风》一篇中以七言口诀，提醒家长脐风对初生小儿的威胁性，并呼吁大众注意预防，谓"脐风恶候儿遭伤，一腊之中最不详，识得病在何处起，无求无患早提防"。见［明］万全，《育婴家秘》（武汉：湖北科学技术出版社，1984年重印明嘉靖刊本），页59–60。

③ ［明］寇平《全幼心鉴》里有关于脐带感染的口诀五言、七言各一首，谓"水毒伤肠窍，风邪入脏中，面青唇口噤，吐沫似痫风，啼叫脐青出，（胸）翻乳不通，四肢加厥冷，寒噎命归空"。又言"风邪早受入脐中，七日之间变吉凶，若见腹疼脐凸起，恶声口噤是为风"。见［明］寇平，《脐风症》《撮口症》《脐疮》，《全幼心鉴》，卷2。

④ 秦景明在《脐风撮口》一篇之首，即以七言口诀说明婴儿感染脐风的危险性，以"生下婴儿脐受风，啼声短小面通红，痰涎不受唇收撮，急治还须总付空"。见［明］秦景明，《脐风撮口》，《幼科金针》，页5–7。

⑤《医宗金鉴》对断脐法，及脐风噤口、撮口、脐湿脐疮，均分别有七言口诀，说明预防与治疗之道。其论脐风曰："断脐不慎起脐风，感受风寒湿水成……脐青口噤为不治，一腊逢之命必倾。"又及脐带护理，曰："浴儿不慎水浸脐，或因绷袍湿积之，脐间淋漓多痛痒，甚则焮肿作疮痍。脐湿必用渗脐散，疮肿金黄散最宜，治疗之法须如此，临证施之不可疑。"见［清］吴谦，《医宗金鉴》，卷50，页20–41。

⑥ ［唐］孙思邈，《初生出腹论》，《千金方》（收录于《古今图书集成》卷422《医部汇考402·小儿初生护养门》），页30b–31a。

法，初生小儿随胎所含的这点血水污汁，一定要在婴儿出母腹的一刹那立即拭净，否则婴儿张口啼哭之间，污物入腹，会引发各种病变。因有当时医学权威的强调和警告，加上历代医籍之一再宣导[①]，“拭口”的习俗，从古代到近世，一直为民间所奉行。

婴儿初生，口中确常含有一些黏液和羊水，为了保持新生儿的口腔卫生，近代医护人员于接生后，亦多以纱布拭净其口，或以简便的抽吸器抽净口腔和咽喉附近的液体。其根本理由有二，一是如上所述，纯粹为了达到新生儿口腔清洁，以免口中黏液，成为污染媒介，引起新生儿口腔、唇舌的感染，妨害婴儿健康及哺乳。近代儿科医学所以重视去除新生儿口中液体的第二个理由，有可能是因有时婴儿待产前或生产过程中，会经由口腔含吸部分羊水，而此部分羊水若曾遭胎粪污染，婴儿初出母腹之际又因张口呼吸，误将污染后的羊水黏液吸入，可能会引起呼吸道的感染，而并发新生儿支气管炎或肺炎。因而直到现代，羊水吸入（meconium aspiration）仍是新生儿医护注意防范的一个现象。[②]

传统中国接生后要求立即为初生小儿“拭口”，社会大众并不了解背后医理所在。不过近世幼医凭其丰富的经验和敏锐的观察，推敲旧时“拭口法”或“拭秽法”[③]的道理，及所谓拭口不及所引发的“玉衔疾”[④]，到底因何而起。

关于婴儿初生即应施以“拭口”，清洁口内污汁，其理由何在，旧时医界说法不一。大抵唐宋至明初，比较传统的解释，是将之与古老的“胎毒说”附会在一起。认为婴儿诞生时，口中所衔秽汁异物，可能与胎中潜伏在身的“胎毒”有关。若不迅速拭净，留在口中，或进入身体，会引发各种婴童恶疾。寇平《全幼心鉴》中对拭口法的解说，即沿此主张立论。他说：

> 小儿在胎，口有秽恶。生下啼声未出，急用新软绵包指，拭去口中恶汁，免使咽下。咽下则为他日痘疮，不可不知。若伏之在于心，

---

① ［唐］王焘，《外台秘要》，卷35，页421–430及［宋］不著撰人，《初生论》，《小儿卫生总微论方》，页52；［元］朱震亨，《慈幼论》，《格致余论》，页9324–9328；［明］薛铠，《初诞法》，《保婴全书》，页1–3；［元］危亦林，《拭口法》，《世医得效方》，卷11，页359；［明］不著撰人，《拭口法》，《宝产育婴养生录》，卷1；［明］寇平，《拭口法》，《全幼心鉴》，卷2；［明］薛铠，《拭口》，《保婴全书》，卷1，页3–5；［清］吴谦，《拭口》，《幼科杂病心法要诀》（辑于《医宗金鉴》，卷50），页12–14；［清］程杏轩，《拭口》，《医述》，卷14，页917–918。

② John P. Cloherty and Ann R. Stark, *Manual of Neonatal Care*, pp. 203–206.

③ 危亦林称之为拭秽法。参见《世医得效方》，页359，《拭口法》。

④ 宋《太平圣惠方》及陈自明《妇人大全良方》中，都有对“玉衔疾”的讨论。

遇天行时气，久热不除，热乘于心，心主血则斑。伏之在胃，而胃主肌肉，发出外则出疮疹。伏之在脾，则出水泡。伏之在肺，则出脓泡感冒风寒。其毒当出世之小儿，每不能免此者，或幼年不去，年至四五十岁亦无可免。[①]

《全幼心鉴》的陈辞，代表此传统派对初生“拭口”的看法。宋明时期，不少医籍，如《世医得效方》《宝产育婴养生录》《古今医统大全》的《幼幼汇集》，论述“拭口”，均循同一路线。[②]依他们的想法，婴儿初生口中常有的“恶汁”，相当不洁，如果出生之际拭口不及，一旦小儿将之咽入腹中，可能变成潜伏体内的一种“毒”。这种“毒”潜藏婴儿体内，使他一遇天行时气挑战，容易发生痘疹水泡等婴幼儿恶疾，或患感冒风寒等毛病。《全幼心鉴》的作者寇平且将此番心得编为一首口诀，劝导大家注意拭口的重要。以：

小儿生下不能啼，恶物咽中未去之；软绵急须揩拭口，好将硃蜜（现为“朱蜜”）莫疑迟。勿令他日为疮疹，免使乘心热透肌；活法定用须讲究，从来此理少人知。[③]

拭口之理，民间也许确实“少人知”，明朝幼科医界却是人尽皆晓，而且议论不一。16世纪末，颇负盛名的业医张介宾终以其长年的临床经验、敏锐的洞察力和清晰的推理，对拭口法背后的医理提出了独到的辩解。他先表示，对传统的玉衔与胎毒说已生怀疑，也不相信初生婴儿口中污物进入体内，是因吞咽入消化道而出毛病，认为：

保婴诸书皆云，分娩之时，口含血块，啼声一出，随即咽下，而毒伏于命门，因致他日发为惊风、发热、痘疹等证。此说固似有理，然婴儿通体无非血气所结，而此亦血气之余，何以毒遽如是？即使咽之，亦必从便而出，何以独留为害？无足凭也。

---

① 参见［明］寇平，《拭口法》，《全幼心鉴》，卷2。

② ［元］危亦林，《拭口法》，《世医得效方》，页359；［明］不著撰人，《拭口法》，《宝产育婴养生录》，卷1；［明］徐春甫，《拭口法》，《古今医统大全》，卷10，页5637–5639。

③ 参见［明］寇平，《拭口法》，《全幼心鉴》，卷2，页14a。

他接着指出，自古拭口法背后真正的意义，乃在婴儿诞生之时，“形体初成，固当为之清楚”。是为了新生儿的口腔卫生，不是为了防范婴儿咽下污物，“而毒伏于命门”。他还特别申明，如果污液进入婴儿体内，会引发病变，应该不是经消化道所出的毛病。依当时医籍对初生婴儿拭口不及而致污液入体，出现高热、生痰，如感冒风寒症状来看，其所惧者，很可能包括羊水吸入，经呼吸道感染的新生儿肺炎。上引《景岳全书》的论述，已排除胃肠感染造成消化道疾病的可能。

总之，古来流传的初生拭口法，主要防范的可能是少数婴儿羊水吸入肺部而感染并发症。对绝大多正常新生儿而言，此拭口手续的目的，仅在做到必要的口腔与咽喉卫生。如张介宾所言，“拭去口中秽恶……，亦初诞之要法，不可无也”。道理主要就在“遍拭口中，去其秽浊，与向所附会的胎毒说，并无甚干系”[①]。到了明代，一般所采的初生拭口，手法亦较过去讲究，除如过去以干净柔软的新绵帛包指拭口之外，有人在产妇足月时，即：

> 预以甘草细切少许，临产时以绵裹沸汤，泡盏内覆湿。收生之际，以软绵裹指，蘸甘草汁，拭其口。[②]

以甘草汁或淡姜汤拭口[③]，或者“用盐茶以帛蘸洗其口”[④]。乃至以燕脂（现同“胭脂”）蘸茶清，擦拭婴儿的口舌齿颊[⑤]，都是一些简易的新生儿口腔清洁法，近世一般家庭而言，相当方便可行。

最重要的是，到了16、17世纪，中国医界已普遍承认，初生拭口法之必要，固为防范少数污液吸入所造成的病变，主要仍在新生儿的口腔卫生。《医宗金鉴·拭口》篇，以口诀点明其中缘由，说：

> 拭口须用燕脂法，秽净方无口病生；古云未啼先取秽，只缘未察此中情。[⑥]

① ［明］张介宾，《初诞法》，《景岳全书》（清《文渊阁四库全书》第778册），卷40，页75–76。

② ［明］薛铠，《拭口》，《保婴全书》，卷1，页3–5。

③ ［明］张介宾，《初诞法》，《景岳全书》，卷40，页75–76。

④ 参见［清］程杏轩，《拭口》，《医述》，页917–918。

⑤ 参见［清］吴谦，《拭口》，《医宗金鉴》，页12–14。

⑥ 同上。

到了19世纪初，业医程杏轩所辑的《医述·幼科集要》中，综合近世医家对拭口的解说，已十分明白此手续的意义所在。认为在“小儿初生未啼时，以指轻擦其口，挖去污血，随以甘草汤软帛裹指，蘸拭口中涎沫”。或“用盐茶以帛蘸洗其口，去其粘涎”。均在清洁婴儿口腔中的黏液，防范感染，发生传统所称“马牙、鹅口、重舌、木舌”等口腔和舌部的病变。而且书中赞同陈飞霞等医者的主张，建议照护新生婴儿者，应考虑将此清洁口腔的“拭口”法延长使用。不论用盐茶或淡姜汤，每日三次至五六次，洗拭婴儿口腔唇舌，一直到过周岁。如此“每日洗拭，则毒随涎去，病从何来”①。

初生拭口之习，是一个自古流传，民间奉行，而不明其所以然的接生手续。经过幼科医界之反复探索，到近世终能阐述其背后学理根据，并细言各种拭口方式之短长，使初生婴儿的口腔感染及羊水吸入等危险，得到适当的防范。知其缘故后，有人努力将之推展，一方面要求新生儿照护者拭口时，应连带以干净绵帛，将婴儿眼部周围及头脸等部位都擦拭清洁，防止新生儿眼睛感染或皮肤不洁，引起不适。②另一方面，又倡言延伸此口腔卫生到初生期以后，使拭口成为婴儿个人卫生习惯中固定的一环。这多方面的发展，使传统中国为初生小儿拭口一事，脱离“习而不察”的阶段，成为一项有实证基础的新生儿保健，并推广应用范围，让此传统社会优良的习惯，成为近世婴幼儿口腔卫生的基点。

（二）净身及初浴

婴儿经产道，乍出母腹，周身湿漉，连带血水黏液，亟须洗净，似极明显。然各个社会为新生婴儿净身所采办法却不相同。早在唐朝，中国医学文献即已提及小儿出生初浴的问题。7世纪中，孙思邈的《千金方·初生出腹论》特别强调，儿已生，拭口，出声后，“乃先浴之，然后断脐”。理由在“若先断脐然后浴者，则脐中水”。文中还说，“新生浴儿者，以猪胆一枚取汁，投汤中，以浴儿，终身不患疮疥”。并且警告家人，“勿以杂水浴之”③。从这些描述中，我们可以知道，中世纪中国社会普遍以水浴初生婴儿，且主张在断脐之先完成浴身的手续。当时浴儿用的“汤”，可能是煮沸过后的温水。讲究的人家，且于汤水中投以猪胆汁等彼等以为有药性作用之物，相信浴之能预防婴儿皮肤病。8世纪中，

---

① 参见［清］程杏轩，《幼科集要·开口》，《医述》，页918–919。

② ［明］张介宾，《初诞法》，《景岳全书》（清《文渊阁四库全书》第778册），卷40，页75–76。

③ ［唐］孙思邈，《初生出腹论》，《千金方》（收录于《古今图书集成》卷422《医部汇考402·小儿初生护养门》），页30b–31a。

王焘的《外台秘要·浴儿法一十一首》，内容较《千金方》详细丰富。明言以熟汤浴儿，浴讫，且应“以粉摩儿”，其他原则大抵相似。[①]

到了宋朝，中国医界对婴幼儿的健康更为注重，幼科医籍中育婴知识也更为精湛。《小儿卫生总微论方·洗浴论》，正可代表此婴儿健康常识之进展。谓：

> 儿才生下，须先洗浴，以荡涤污秽，然后乃可断脐也。若先断脐，则浴水入脐而为脐疮等病。及浴水，须入药，预先煎下，以瓶贮顿，临时旋暖用之。不犯生水即佳。

随后列举当时民间常用的十种浴儿煎汤用药[②]，并仔细说明如何准备浴儿用汤水：

> 凡煎汤，每用水一斗，入药，煎至七升，去滓。适寒温用之。冬不可太热，夏不可令冷。须调停得宜，乃可用之。

《小儿卫生总微论方》所及，已掌握婴儿初浴的重要原则。如浴水以沸过为佳——浴汤约煮至十分之七，滚沸消毒自然毋庸置疑——新生婴儿不犯生水成了共守的禁忌。为怕临产时措手不及，可预先将浴汤煎好贮起，届时加暖备用。婴儿洗浴时，应注意浴水之寒暖适宜。

新生儿洗浴须注意的原则——干、净、暖——上述12世纪育儿医书中已明显可见。近世医家，因愈来愈重视维持婴儿干、暖的重要性，遂思索有无汤浴外其他的净身方法。明代育婴要籍的《宝产育婴养生录·浴儿法》中，即引《保生要录》的议论，表示初浴前后新生儿保暖的问题，实在值得重视。主张初生小儿候浴之时，应先以棉絮裹起，浴后亦当注意保暖。[③]此时也明白提出初生婴儿一月不犯生水的规矩。一方面是为了保暖，也想避免新生婴儿接触生水而遭

① 籍中提及一种最简便的浴婴的“浴煮方”，以“汤熟，添少许清浆水，一捻盐，浴儿。浴讫，以粉摩儿”。见［唐］王焘，《浴儿法一十一首》，《外台秘要》，卷35，页440–444。

② 书中所具十种浴儿之煎汤用药为：“用猪胆汁汤浴儿，则不患疮癣，皮肤滑泽。用金银虎骨丹砂煎汤，则癖邪恶，去惊。单用虎骨亦得。用李叶切半升煎汤，则解肌热，去温壮。用白芷二两，苦参三两，挫碎煎汤，则去诸风。用蒴藋、葱白、葫麻叶、白芷、蒿本、蛇床子煎汤，退热。用苦参、黄连、猪胆、白芨、杉叶、栢叶、枫叶煎汤，去风。用大麻仁、苓陵香、丁香、桑葚、蒿本煎汤，治诸疮。用金银、桃奴、雄黄、丹砂煎汤，则辟邪除惊。用益母草煎汤，治疥癣诸疮。”见［宋］不著撰人，《洗浴论》，《小儿卫生总微论方》，卷1，页52–53。

③［明］不著撰人，《浴儿法》，《宝产育婴养生录》，卷1。

感染，但另一方面又需净身。为了兼顾两者，明朝幼科专家想出一种办法，就是提倡以擦拭代替水洗。或用沾了沸汤的手巾，或用干净的绵帛，迅速拭净婴儿身体，立即将之包裹起来。如此干、净、暖三种需要可兼而得之。新生婴儿净身的手续以这种改进方式完成，可减少湿浴带来感染或着凉的机会。这种改良的净身法，最初可能源于天寒而缺水的北方。后来接受的人愈来愈多①，明朝中叶以后，幼科医书中亦多可见。②

婴儿初生净身的需要，基于保暖及防湿感染的考虑，可以干拭完成，近世中国社会遂将新生儿首次湿洗的时间挪后，一般均以婴儿诞生后的第三天为之，传统称之为"洗三"，且多择吉辰。此洗三之礼，成明清新生儿初浴的普遍风俗，盛行民间。医学文献上固然比比皆是③，笔记小说及传记资料中亦常见描述。"洗三"所用浴水仍为煮沸过的汤液，或掺以猪胆汁，或为五根汤，或用其他药性植物（如薏苡之枝叶）煎成。④其中以五根汤最为普遍。其准备办法，如《赤水元珠》所述，为：第三日浴儿，予每用五根汤极妙。五根汤者，桑、槐、榆、桃、柳是也。各取嫩枝三寸长者二三十节煎汤。看冷热入猪胆汁二个浴之。周岁之内可免疮疥丹毒，又可以避邪恶。《赤水元珠》并主张，不必太固执洗三之俗，不知变通。三朝洗儿既是为了保护新生儿不受风寒感染，那么是否要在第三天予以初浴，就不必是一成不变的规矩。尤其体质较弱的新生儿，只要有适当方法保持身体洁净，大可以多等十天半月，待婴儿身体稍为健壮以后再行汤浴。即如《赤水元珠》所说：

> 盖三日浴儿，俗礼也。倘儿生脆弱，迟十数日或半月，亦无害。择晴明吉日，于无风房内浴之。⑤

由断脐前的水浴，到沸过的汤液，乃至不犯生水，勿湿脐部，寒暖适宜，

---

① 参见高镜朗，《洗儿法》，《古代儿科疾病新论》，页4–5。

② ［明］王大纶谓："儿初生，将猪胆汁洗浴，令肤细腻，且无疮疥。如无，用软绢轻轻洗之，其白垢自还。每见稳婆将肥皂洗儿头面，抹入眼中，致目日久不开，因害成瞽有之，且令皮肤粗涩。"见《小儿禁洗浴》，《婴童类萃》，页4。

③ ［明］寇平，《初生浴法》《洗浴吉凶日》，《全幼心鉴》，卷2；［明］孙一奎，《浴儿法》，《赤水元珠》，卷25，页843–844；［明］王肯堂，《浴儿法》，《幼科准绳》，页45；［清］吴谦，《浴儿》，《医宗金鉴》，页15。

④ ［宋］张杲谓"薏苡浴儿"之记载，谓"薏苡叶汤浴初生婴儿，一生少病"。见《薏苡浴儿》，《医说》，卷10。

⑤ ［明］孙一奎，《浴儿法》，《赤水元珠》，卷25，页843–844。

避免着凉，到终以干拭解决初浴之需要。而至于出生后第二日或更迟的“洗三”，汤浴新生婴儿，至15、16世纪近世中国社会，已有一套相当务实而比较安全的浴婴办法。足以顾及新生儿身体洁净的需要，同时减低感染着凉的危险。这套办法，经由《全幼心鉴》及《婴童百问》《医宗金鉴》等浅显的传述，或简便的口诀，广传民间。三朝浴儿的“洗三”，在明清已是家喻户晓的习俗。这个较为安全合理的初浴方式，对增进新生婴儿健康，是一项有益的贡献。

（三）下胎粪与初乳

婴儿呱呱坠地以后，断脐、净身，包裹停当，下一步就是如何或何时开始进食。依中国传统的规矩，并不赞成在婴儿出生后立即哺乳。主张先饲以甘草汁或其他稀薄药饮，清除婴儿体内与生俱来的胎粪，待消化系统较清净后，再吮母乳。这个下胎粪或清理胃肠的步骤，中世以前常用甘草汁或黄连法为之。医籍如葛洪《肘后方》中已有记载，很可能是古代盛行民间的一种育婴习俗。此习俗之流行，与当时社会普遍相信的“胎毒”说，有密切的关系。唐代医书，如《千金方》和《外台秘要》中，有关初生养护的言论，都述及清理新生儿“胸中恶汁”之事，甘草、朱蜜、牛黄是常用的办法。[①]或吐或下，希望婴儿胎粪略得涤除，再予乳食。（不过《千金方》中也说，如将备好的一份甘草汁饮尽而无效果，亦不必勉强过量，以免伤害婴儿。）

到了近世，这个以甘草、朱蜜等方式清理胎粪的传统仍为社会奉行，亦为医界称道。只是使用的方式变化愈来愈多，更重要的是，明清幼科专家对这层手续的原因有了更进一步的考虑。寇平的《全幼心鉴·下胎毒》一篇特别说明：古之为方书中，言儿始生落草，服朱砂、白蜜、黄连欲下胎毒，明医详之。论曰：今之人比古之人，起居摄养，大有不同。其药乃伤脾败阳之药，若与儿服后，必生异证。……大抵万物人之类，从根本而生长。若根壮实，则耐风寒。……凡下胎毒，只宜用淡豆豉煎脓汁，与三五口，其毒自下。又能助养脾气，消化乳食。[②]从这段论述及其他医学文献中，可知古代中国社会因认为胎儿妊娠过程自母体承得一种热毒，为未来染病之原。故主张婴儿诞生后，用一些清热利下之剂，先清理肠胃，除去其“胎毒”，再开始喂乳。下胎毒的方法，最早常用“朱

① ［唐］孙思邈，《初生出腹论》，《千金方》，页30b–31a；［唐］王焘，《外台秘要》，卷35，页421–430。
② 见［明］寇平，《下胎毒》，《全幼心鉴》，卷2。

蜜法”。隋唐开始，医家倡言以较温和的“甘草法”代替。近世幼科医籍，如前引《全幼心鉴》，对民间一向先令婴儿吮咽利下薄汁，清除胎粪，再予乳食的传统，有了新的看法。首先，明代以后幼科权威寇平等人，均斥责过去所用下胎粪的药剂，如朱蜜、黄连等，药性过于峻烈，主张代以效用平和的淡豆豉薄液。明代幼科名著，像王銮的《幼科类萃》[①]、徐春甫《古今医统大全》的《幼幼汇集》[②]和王肯堂《证治准绳》中的《幼科准绳》[③]，均作此议。

其次，这些幼医著作，一再强调所谓今昔之异，力陈当时社会“起居摄养”，与古代“大有不同”。因“今之人”的身体状况异于“古之人”，照养婴儿的办法也应求新求变，不能一味承袭旧习。其实，与其说近世中国人与中世以前的人起居摄养方式有别，而倡言应采取新的育婴态度和方法，不如说近世幼科医学知识拓展，推动了中国育婴方法之转变改进。以下胎粪一事为例，实际上寇平、王銮、徐春甫等人的论点，最有意义的，还在论述最后一部分，谈到他们之所以劝人使用淡豆豉汁下胎粪，是因发酵过低盐分的淡豆豉，有清理肠胃和帮助“消化乳食”的作用。[④]

换言之，到了16世纪，中国幼科医界终于对民间奉行甚久，但不知所以然的下胎粪习俗，有了进一步的学理认识。元明清医家改良后的下胎粪方法，如用淡豆豉汁、韭汁或猪乳等，一方面可以清理新生婴儿的消化系统，一如现代婴儿室先予之以稀葡萄糖液或白水，净其肠胃，诱导婴儿吮吸的动作，以为随后哺乳之准备；另一方面，产后妇女，初乳不一定立即涌至。近世幼科医书亦提到母奶不即至，可饲初生婴儿以甘草汁、淡豆豉汁，尤其是猪乳，及时补充婴儿体内所需液体，暂时为母乳之代用品。故至明清，旧时“下胎毒”之习，已因此一步步的新观念与新发现而改称“开口法”。医界及民众均逐渐意觉，此传统习俗的确有其可取价值，但其间的道理与胎毒论已不相干，乃代表另一番育婴常识。[⑤]

---

① [明] 王銮，《下胎毒论》，《幼科类萃》，卷1，页11–12。

② [明] 徐春甫，《下胎毒法》，《古今医统大全》，卷10，页5639。

③ [明] 王肯堂，《服药下胎毒法》，《幼科准绳》，页46–48。

④ 高镜朗，《泻毒法》，《古代儿科疾病新论》，页6–7。

⑤ [明] 张介宾，《初诞法》，《景岳全书》(清《文渊阁四库全书》第778册)，卷40，页75–76；[清] 陈复正，《调燮》，《幼幼集成》，卷1，页26–27。

八、保温与新生婴儿急救

（一）新生儿的体温

任何婴儿，乍出母腹的一刹那，都是奋力求生的关键。对于足月正常的婴儿而言，维持体温是生存的基本要件之一。中国中世医籍已表示，保暖是初生养护法中很值得注意的问题。《千金方》中曾提醒家长在“裹脐时，闭户，下帐，燃火，令帐中温暖。换衣亦然”①。中国传统医理自《伤寒论》以来，一向最忌风寒，育婴常识承此观念，加强维护新生婴儿的体温应是自然趋势。

不过到了近世，幼科专家对于维持新生婴儿体温的重要性有了新的认识。先是宋代张杲的《医说·小儿初生畏寒》，以：

> 小儿初生，候浴水未得，且以绵絮包裹，抱大人怀中暖之。及浴了，亦当如此。虽暑月亦未可遽去。绵絮渐渐去之。乍出母腹，不可令冒寒气也。②

依传统中国习俗，一般赞成先拭浴再断脐。张杲的主张，则建议接生者将待浴婴儿先裹起。也就是说，新生儿一露面，不论如何，先将之用棉絮包裹起来，以保温暖，防止新生儿体温之散失，也减低遭风寒着凉的机会。

其实近世幼医谈及新生儿初浴、断脐、裹脐、裹儿等手续时，均不忘叮嘱育婴者，注意确保婴儿的温暖。防风、防湿、防寒，是当时育婴秘诀中重要的一环。明末幼医名著，王大纶的《婴童类萃·初诞论》，所谓“初离胞胎，亦宜温暖”③，实足代表近世幼医普遍的态度。

不过，更值得注意的，是近世幼医终于意识到，对于难产下诞生，或有其他危急状况的新生儿而言，婴儿体温之维持，常为其生死存亡所系。这一层关系，王大纶的《婴童类萃》中即曾论及。而最早提出这个看法的，是宋代不著

① ［唐］孙思邈，《初生出腹论》，《千金方》（收录于《古今图书集成》卷422《医部汇考402·小儿初生护养门》），页30b–31a。

② ［宋］张杲，《小儿初生畏寒》，《医说》（台北故宫据日本传钞明嘉靖甲辰［二十三年，1544］顾定芳刊本影印微卷），卷10。

③ ［明］王大纶，《初诞论》，《婴童类萃》（北京：人民出版社，1983年重印明天启年间刊本），上卷，页61–65。

撰人的《小儿卫生总微论方》。书中论及，因难产或其他原因造成状况危殆的初生婴儿，大人亦采一些紧要措施设法挽救。说：

> 又儿才生下，气欲绝不能啼者，必是难产或冒寒所致。急以绵絮包裹其儿，顿放大人怀中温暖。若已包裹，须更添之，令极温暖。且未得断脐，将胞衣置炭火上烧之。仍捻大纸脚盛蘸油点着，于脐带上往来遍燎之。以脐带连脐，得火气由脐入腹故也。更以热醋汤，捋洗脐带。须臾则气回啼哭，然后如常洗浴、断脐。此法甚良，救者甚多。①

《小儿卫生总微论方》此段讨论，明白指出体温之维持，对挽救难产等状况危险的婴儿十分重要。特别强调遇及此类危急状况，第一件要做的事，就是赶紧用棉絮包裹婴儿，立将包好的婴儿置于大人怀中取暖，增加救活的机会。并一再提醒接生人员，婴儿包裹完妥，但状况不佳者，应再添数层衣物包裹，“令极温暖”。且暂缓洗浴、断脐，待婴儿复苏无碍，再行料理。该书的论述，显然已相当清楚体温之维持对新生儿的重要性。近世其他医籍也提到，遇有类似危急状况，婴儿一落地，一切手续皆缓，唯当先以炭火暖过的棉絮，裹住婴儿，保其温暖，方可论及其他救亡功夫。近世中国尚无如现代婴儿保温箱之设置，但知以暖过的棉絮毛毡包裹难产或早产的新生儿，其求保温之意则一。类似《小儿卫生总微论方》的保暖急救方法，广见明清幼医要籍。②

因对保暖一事的重视，近世中国家庭特别注意新生儿照护上的防风、防湿、防寒。对健康的婴儿，减低着凉感冒，引发新生儿支气管炎和肺炎的机会，即大大减少了新生儿死亡率。对于危急的婴儿，强调保温取暖，确能增加其存活概率。这两方面，近世中国幼科专家之见解，功不可没。

（二）异常状况与新生儿急救

大凡一个社会对育婴之讲求，多半先及健全者，后及危殆者。中世中国医籍论新生儿照护，大抵均以足月健康婴儿为对象，未尝涉及异常状况或新生儿

① ［宋］不著撰人，《回气论》，《小儿卫生总微论方》，卷1，页52。

② ［宋］陈言，《小儿初生回气法》，《三因极一病证方论》，卷18，页426–427；［宋］张杲，《小儿初生回气》，《医说》，卷10；［元］危亦林，《女脐法》，《世医得效方》，卷11，页359；［明］寇平，《初生回气法》，《全幼心鉴》，卷2；［明］徐春甫，《初生回气法》，《古今医统大全》，卷10，页5636–5637；［明］孙一奎，《回气法》，《赤水元珠》，卷25，页3。

急救的问题。[①]到了宋元，医界开始讨论如何挽救因难产等而诞生时状况危急的婴儿。前述《小儿卫生总微论方》建议，以保暖及暖脐、热醋汤捋洗脐带等方法，设法抢救危险的新生儿，算是这方面的一个开端。当时幼科医界所想挽救的婴儿，主要是落地“不啼”者，即“儿才出生母腹中，哭声迟者”。除上述保暖等手续外，此等所谓“小儿初生回气法”中，有一种传统而简易的办法，俗称“葱鞭法”。即婴儿产下之际，若发现有不啼不动、呼吸困难等紧急状况时，“急以葱白细鞭其背”，期以轻击背部之助力，加上葱白辛味之刺激，使婴儿哇然出声，终能转危为安。旧时社会，行葱鞭法同时，亦有“呼父小名”者[②]，是民间医疗与祝祷并行的一种救儿习俗。不过“回气法”或“葱鞭法”想拯救的婴儿，多已足月，生理上可能无大窒碍。只因生产过程遇到困难，或诞生之乍气绝不啼，只要急救奏效，婴儿很可能立即啼哭如常，转危为安。

然因明清中国幼科医生对新生儿急救兴趣愈来愈浓，关心的范围也逐渐扩大。除继续钻研如何面对“初生不啼”的问题，极力推广已知的“初生回气法”外[③]，也开始研判各种诞生状况异常的新生儿，亟思补救之道。明朝王大纶《婴童类萃》一书中，即出现好几种初生情况异常的救治方法，包括“通便法”，“治儿初生，大小便不通，腹胀欲绝者”，及对付出生时“鼻塞气粗”或“无谷道”，甚至“遍身无皮”者。[④]

到了清朝，陈复正著《幼幼集成》一书时，竟出现《幼幼集成·初诞救护》专篇，集中讨论各种新生儿的异常状况，并说明简便的急救方法。其中谈到十种异常现象，除前此医家所及的“初生不能发声”“难产气绝”“回生起死”等外，还加上“受寒肾缩”“闷脐不能出声”“初生不尿”等新的问题。此篇《幼幼集成·初诞救护》，对明代医者偶或触及的“生下无谷道”“初生无皮”“初生大小便不通”等状况，有更进一步的处理。[⑤]依当时的环境和技术，陈复正所谈的新生儿急救法，内容切实可行，应有部分成功的概率，挽救相当数目的早产、畸形、低度残障的新生婴儿。

---

① ［唐］王焘，《外台秘要》（台北：新文丰出版社，1987年影印明崇祯庚辰［十三年，1640］新安程氏经余居刻本），卷35，页421–430；［唐］孙思邈，《初生出腹论》，《千金方》（收录于《古今图书集成》卷422《医部汇考402·小儿初生护养门》），页30b–31a。

② ［宋］不著撰人，《回气论》，《小儿卫生总微论方》，卷1，页51。

③ ［明］寇平，《护养法》《初生将护法》《将护法汤氏谓护养》，《全幼心鉴》，卷2。

④ ［明］王大纶，《初诞》，《婴童类萃》，页61–65。

⑤ ［清］陈复正，《初诞救护》，《幼幼集成》，页25–26。

近世中国医者，由讲求正常的新生儿的照护，到留意救助难产婴儿，终至设法抢救早产和部分畸形婴儿。到18世纪，传统新生儿照护经过漫长的摸索，在许多重要环节上颇有建树。新生儿急救方面，其所能者诚仍不足满足社会所期，但衡之世界幼科医学当时的状况①，其成就亦值得注意。

九、历史意义

与西方相较，新生儿照护在传统中国一直特别受重视。从目前文献来看，欧美幼科医学独立为专科的时间相当晚。19世纪以前西方相关书籍，内容多囿于少数儿童疾病的讨论，未尝多留心幼儿卫生保健，更未尝对新生婴儿照护做专门的探讨。传统西方接生多由产婆为之，产科医籍中对新生儿的讨论相当粗略。相形之下，传统中国医界在新生儿照护方面所花的心血与获致的成果，确实相当突出。一千年来，由隋唐医家的关注，经宋代幼科的发展，到明清，新生儿照顾各方面终有全面的进步。

中国近世的新生儿照护，如上文所述，于16世纪中叶到18世纪中叶（1550—1750）的两百年间，有了最长足的进展。这个进展可从四方面来理解：第一，若干中世纪以来即已注意到的关系新生儿生死的关键，得到了突破性的解决。这方面，近世幼医对新生儿破伤风的认识，因而对断脐护脐方法的指导，是最有力的一个例证。单以这项对“脐风”见解上的突破和断脐、护理技术上的改善，即可能意味成千上万新生儿性命的拯救。

第二，在此以前已经沿行的一些育婴习惯，在医理上有了新的认识，方法上也有新的改良。传统拭口、初浴和下胎粪等习俗的演进是明显的例子。这些认识和方法上的进步，代表近世幼科医学对新生儿生理卫生的需要，有了新的体认。而这个新的有实证基础的体认，是保护新生儿健康的莫大福音。

第三，到了这个时期，幼科医界除了继续致力于健康新生儿的妥善照护，更开始设法挽救难产、早产或其他残障、病变的高危险群的新生儿。对新生儿体温的维持、其他异常状况的处理及简单的急救方法，做了相当有意义的探讨。这个新的探讨，代表整个近世幼医在新生儿照护上，已迈入一个新的里程。早

① Thomas E. Cone, Jr., *History of American Pediatrics*（Boston: Little Brown and Co., 1979）; *History of the Care and Feeding of the Premature Infant*（Boston: Little Brown and Co., 1985）; George F. Smith and Dharmapuri Vidyasagar（eds.）, *Historical Review and Recent Advances in Neonatal and Perinatal Medicine*（printed and distributed by Mead Johnson Nutritional Division）,Vol. 1, Neonatal Medicine.

产和难产儿及新生儿急救工作的展开，使得以前毫无希望存活的婴儿，有了前所未有的生机。

第四，极重要的一点，是这段时期内，新生儿照护知识大量普及并广于流传。一则各类幼科医籍不断涌现市场，其中较受重视者且在全国各地不断重印，有的发行数版到数十版之多。民间各种幼科常识的传抄本也屡见不鲜。这些一版再版及彼此传抄的幼科医籍，成为一种改善婴童健康的社会力量。再则，其间幼科医师及社会有识之士，将已知的理想育婴方法，尽力化为易于传诵的口诀，编成浅显的问答手册，有些且辅以示意的图解。这一波波普及化的功夫，将改进后的新生儿照护知识和技术推广开来。有这些普及化的媒介，传统中国新生儿的照护，乃由质的变化，而发生量的影响，是一项不能忽视的事实。

目前中国历史人口学的成果，尚无详细的近世新生儿存活率、罹病率或死亡率资料[①]，足以举之与幼科医学在新生儿照护上的进展，对照参佐，而互相为证。但上述四方面的演进，本身意义重大。单以此类事实立论，中国新生儿生存和健康环境，此两百年间确有了重大的改善。而此项改善，必然有助于新生婴儿的存活，减低其夭折率。

尤有进者，此新生儿照护的进步，乃近世整个中国幼科医学演进的一小部分。而这个整体幼医的成长与进展，在中国近世社会史上尚值深究。目前可确言者，为传统中国医界，经过数百年摸索，持续的观察与研究，激烈的辩论，终于更正了过去的错误，在知识和技术上超脱传统权威之囿，于婴童健康和幼科疾病的领域，有了丰硕的成果。澄清此一现象，使我们对中国近世科技文明的演变，有一番新的体认。新生儿照护的进步，使人之生存，有一个更好的开始，新生儿照护历史的研究，或者亦可为中国医疗健康史与历史人口学的交相辉映，做一个具体而微的启端。

---

① 参见 Ts'ui-jung Liu, "The Demographic Dynamics of Some Clans in the Lower Yangtze Area, Ca. 1400–1900," *Academia Economic Papers*, Vol. 9, No.1 (March, 1981), pp. 115–160; "The Demography of Two Chinese Clans in Hisao-Shan, Chekiang, 1650–1850," in Susan Hanley and Arthur Wolf (eds.) , *Family and Population in East Asian History* (Stanford, Stanford University Press, 1985) , pp. 13–61. I-chin Yuan, "Life Tables for a Southern Chinese Family from 1365 to 1849," *Human Biology*, Vol. 3, No. 2 (May, 1931) , pp. 157–179。刘翠溶，《明清时期长江下游地区都市化之发展与人口特征》，《经济论文》(台北："中研院" 经济研究所)，第14卷第2期，页43–86。

第七章
乳与哺

历史工作的责任或者趣味，是在关键的事务上把普世的需求和某一时地对该普世需求所做的个别的、特定的处理，做一个交会点上的说明与分析。这个普世需求与特异处理的交会，是社会文化史的主旨，在医疗健康史的研究成果上尤其显著。本章所要析述的近世中国社会中对婴幼儿出生后“乳与哺”问题上的实践，就是一个重要的例证。

人虽号称万物之灵，其生其长，其育其养，在生命启端之初，脆弱柔软，与其他生物或者灵长类的婴儿，实则十分类似。生物之维持，饮食时刻亟须。甫出母胎的婴儿吃什么？如何吃？想应自然而然，其实细节上的问题困难不少。这也是为什么民俗上视婴儿之弥月、周岁为莫大的欢庆，至今乃然。“乳与哺”一章，就要借古代医书典籍之助，重访此枝枝节节，体其艰辛，方见近世中国社会对解决初生婴儿哺养饮食的普世需求上，所衍生出的日常生活上具体的办法。

婴儿初生，呱呱坠地，常人立即想到的，就是将之付予母怀吮乳。所谓养活养活，能养乃能活；养育养育，滋养正是扶育者的首要之事。而乳养方式也确实代表每个社会育婴文化中最基本、最普遍，也最核心的一环。喂食母乳一事，对婴儿的营养健康，及对妇女的生育调节，关系密切，是现今医学及人口学上已知的事实。近时学者乃多有兴趣，检视妇女饮食、婴儿吸吮可能对喂乳者乳汁分泌及乳汁成分的影响。①亦有学者致力于喂乳方式的比较，欲究不同的喂乳习惯对该人群之营养状况与人口增减，可能造成的差异。②一般而言，大家对过去历史上的哺育行为认识不多。此处即欲以传统产科及幼科典籍为轴，近世传记资料为辅，试究中国过去的乳哺之道。其所讲求乳养哺育婴儿的方法，当时重视的原则及禁忌，并思索其背后的原因，其所代表的社会意义和价值，及在各家庭中实行的情形和遭遇的困难。以示近世中国育婴文化中极家常而重要的一面，并为其理论面和实践面之对照。

一般人虽常将“哺乳”两字并提，似以两者所指为一事，其实严格言之，“哺”与“乳”本为二事。“乳者奶也”，指的是喂以奶汁；“哺者食也”，指的是

① 参见 *Contemporary Patterns of Breastfeeding, Report on the WHO Collaborative Study on Breastfeeding*（Geneva: World Health Organization, 1981）。

② 可见 R.G. Whitehead（ed.）, *Maternal Diet, Breastfeeding Capacity, and Lactational Infertility*（Tokyo: The United Nations University, 1983）及 John Dodding（ed.）, *Maternal Nutrition and Lactational Infertility*（New York: Raven Press, 1985）。

饲以食物[1]，也就是现代所说的给予婴儿辅食。二者并论，乃涵括育婴法中乳养面之种种考虑。

一、传统的乳儿法

唐代幼科专业尚未出现，但重要医籍中已有言及哺乳事宜者。[2]宋承其后，育婴之方因幼科萌生而益见精辟。《小儿卫生总微论方》中的议论很可以见到早期乳养论之丰富内容：

> 凡乳母，乃血气化为乳汁，则吾谓善恶悉由血气所生。喜怒、饮食，一切禁忌，并宜戒慎。若纵性恣意，因而乳儿，则令儿感生疾病也。若房劳乳儿，则令儿瘦瘁交胫不能行。若醉以乳儿，则令儿身热腹满。若畜热乳儿，则令儿变黄不能食。若怒作乳儿，则令儿惊狂上气。若吐下乳儿，则令儿虚羸气弱，是皆所忌也。凡每乳儿，乳母当先以手按散其热，然后与儿吮之。若乳惊汁涌，恐儿咽乳不及，虑防呛噎，则辄夺之，令儿少息，又复与之，如此数次则可也。又当视儿饥饱节度，一日之中，知几乳而足，量以为常。每于早晨，若有宿乳，须当捻去。若夏月不去热乳，令儿吐哯，冬月不去寒乳，令儿咳利。又若儿大喜之后，不可便乳，令儿惊痫。若儿大哭之后，不可便与乳，令儿吐泻。又乳母不可太饱，恐停滞不化。若太饱，则以空乳令吮，则消。
>
> 凡每乳儿，乳母当以臂枕儿头，令儿口与乳齐，乃乳之。不可用膊，恐太高，令儿饮乳不快，多致儿噎。又乳母欲寐，则夺去其乳，恐睡着不觉，被乳填沃口鼻，别生其他事，又且不知儿饥饱也。[3]

篇中所论，主要涉及三个方面：一是正确的乳儿方法，包括其手续、规律、姿势及应注意的事项；二是基于当时医界对人乳性质的认识，形成对供应乳汁妇女的种种要求及禁忌；三是重视乳养对象——婴儿——的生理及心理状况，以免影响其对乳汁的接受与吸收。今分释于下：

---

① 参见［明］不著撰人，《宝产育婴养生录》（台北“中央图书馆”藏善本微卷），卷2，《哺儿法》。

② 参见［唐］孙思邈，《少小婴孺方》（台北故宫博物院藏善本），页6；［唐］王焘，《外台秘要》（台北：新文丰出版社，1987年影印），页444–446。

③［宋］不著撰人，《乳母论》，《小儿卫生总微论方》（见《景印文渊阁四库全书》741册），卷2，页9–11。

（一）正确的乳儿法

近世幼医教导妇女乳养婴儿，重点在指出一套合适的喂乳方式。包括喂乳前的准备，喂乳时的姿势，平时喂乳的规律，以及乳汁的温度、流速、新鲜度，和其他喂乳时应注意的细节。其目的在协助乳儿的母亲或乳母用一种最安全、合宜、舒适的办法养育幼儿。前段所引宋代《小儿卫生总微论方》的说法中对这些方面都做了一些建议。首先，关于准备手续，它要妇女在乳儿前，先用手按乳部，散去一些热度，再予婴儿吸吮。刚把乳付婴儿时，要防范乳汁太丰，一时间泉涌而出，婴儿吞咽不及，即刻被呛。遇到这种情形，母亲可以马上将乳头夺出，让婴儿少事喘息再与。这样反复几次以后，可以建立起一种和缓适中而有规律的喂乳方式。其次，该设法树立一套日常乳儿的规则，使婴儿进食的时间和分量大致固定而规律。其诀窍在母亲细心观察婴儿饥饱程度，慢慢揣摩出一个原则。知道每天大概须乳养多少次，每次付乳分量如何。然后把这个固定的饲乳次数和食量变成一个常轨。因为如果不建立一个有规则的喂乳方式，不但婴儿的饮食秩序可能紊乱，影响其消化和健康，更常有母亲不知不觉间把孩子喂得太饱。为了防范乳母饲儿过饱，《小儿卫生总微论方》提议妇女可以把吸吮已空的“空乳”付予婴儿，满足其继续吮吸的需要，而不致造成小儿腹满，“停滞不化”的问题。

关于乳汁本身，《小儿卫生总微论方》的讨论中说到，每天早晨，妇女如果发现胸内藏有“宿乳”，应将它捻去以后，再令婴儿吸吮。而且要妇女夏季除去“热乳”，冬月除去“寒乳”，再行乳儿。这些说法涉及当时对母乳性质的认识。因对母乳品质非常重视，讲究新鲜温和，所以对所谓隔宿但仍藏在母亲乳房中的乳汁，或夏天、冬天温度可能稍热稍寒的乳汁，都心存疑虑，主张除去。

为了保持乳养时的方便、舒适与安全，《小儿卫生总微论方》劝告妇女采取适宜姿势。每次乳儿时记得以自己的手臂托住婴儿的头部，使枕了母亲臂膀的婴儿，口部恰与母亲乳部相齐。这样进行乳养，对双方都最方便舒适。依文中所谈，当时妇女乳儿似常采卧姿。因而特别警告妇女，勿用肩膊托枕儿头。如此高度太过，反使婴儿不便吮吸，饮乳速度较慢，甚至引致吮乳姿势不佳，被噎被呛。在乳儿安全方面，除前所提，应注意初乳时乳汁流速太快，或乳养时姿势不良，容易发生婴儿被呛噎的危险。《小儿卫生总微论方》特别讲到，母亲想就寝时，应将乳头自婴儿口中夺出。因怕母亲入睡以后，不留意之间乳部填住孩子口鼻，发生窒息等危险。而且边睡边乳，很难掌握食量，最后不易知孩子饥饱。

对于一般乳儿方法，《小儿卫生总微论方》所述相当周延。凡喂乳手续、规则、分量，合适的姿势，乳汁的状态及应注意的安全事项，四方面都有中肯的建言。此后近世医籍对这方面的意见，或简或详，时有深入发挥，但大抵不出《小儿卫生总微论方》所言范畴。在喂乳规律和分量方面，宋代陈自明《妇人大全良方》的《产乳集·将护婴儿方论》一篇，有类似的看法，以：

> 饲乳之后，须依时量多寡与之。勿令太饱，恐成哯奶，久则吐奶，不可节也。[①]

认为每天按时喂乳，注意所予婴儿乳汁之分量，以免饲之过饱。

乳儿应维持定时定量，此后医者亦多言之。对于定时一事，元朝幼医名著曾世荣的《活幼口议》中且有专论，即《活幼口议·哺乳·议乳失时哺不节》中，说明婴儿出生后，按时饲乳，对其健康成长非常重要。而乳养的原则，在“合乎中道”。如果年幼婴儿不按时喂乳，不但不能“壮其肌肤”，健康必然受损；“不病自衰”。要家长千万不要过早剥夺了幼儿乳汁的滋养，予以其他食品，而使孩子生病或受别的伤害。[②]

曾世荣的议论，强调母亲应按时乳婴，担心家人不重视或不善于乳养婴儿，影响其健康，所言平实切要。然其所注重者在当时实属特出。因近世幼医顾虑家长乳婴方式有所偏差，多怕母亲爱儿心切，饲之过量。明代传用的《宝产育婴养生录》即引前贤之言，劝人乳儿时“不可过饱”。盖“满而必溢，则成呕吐”。乳儿致太饱，可能是一般家长尽量喂奶下自然易犯的毛病。近世医者再三以节制反复致意，代表专业幼医者的见解和建议。明代寇平的《全幼心鉴·乳儿法》[③]、

---

① ［宋］陈自明，《产乳集·将护婴儿方论》，《妇人大全良方》（见《景印文渊阁四库全书》742册），卷24，页8。

② 曾氏《议乳失时哺不节》一段原文谓：“议曰：物萌失之灌溉，长必萎焦，儿诞违之乳哺，壮必怯弱。大凡生成之理，合乎中道者，以应运化之宜也。夫人失乎正礼者，乃违玄元之数也。凡儿在胎，则和气养之，食不及乳，乳饱即不食，无致剀也。虽食无乳，祸害生焉。是故乳不可失时，食不可不节。乳失时，儿不病自衰；食失节，儿无疾自怯。乳者，壮其肌肤；食者，厚其肠胃。所谓乳哺二周三岁，则益其体，今人未用，夺其乳，入月恣肥甘，岂不致疾伤害，熟为郁嗟。”见《哺乳》，《活幼口议》（北京：中医古籍出版社），页79。

③ ［明］寇平，《乳儿法》，见《全幼心鉴》（台北“中央图书馆”善本微卷），卷2。

王銮的《幼科类萃·乳哺论》[①]及徐春甫的《古今医统大全·乳哺》[②]，均做此论。《全幼心鉴·强施乳食令儿病》中，以不善乳儿者常怪己儿多病，其实幼儿常病，过失不在幼儿，而在成人。并引前人之论，重申“婴儿常病，伤于饱也”。要家长注意控制乳养分量，勿强予乳食。[③]《幼科类萃》则援民间旧谚，谓“婴儿常病，伤于饱也”，赞成“忍三分饥，吃七分饱”[④]。后之医者多承此说。

关于乳汁之温度、新鲜度和品质，《小儿卫生总微论方》以后续有人论。陈自明《妇人大全良方》警告乳儿的母亲勿用“大段酸咸饮食”，以免口味重及刺激性食品影响母乳，不利婴儿。不要“才冲寒或冲热来，便喂儿奶”[⑤]。怕母乳当时体温影响婴儿对乳汁的接受和消化。因一种模糊的对母乳新鲜和温度的关切，使传统医者一直坚持母亲每晨喂乳以前，把乳房内所谓隔日“宿乳”，捏出去除，再开始乳儿。《小儿卫生总微论方》之后，元代危亦林的《世医得效方》[⑥]，明代寇平的《全幼心鉴》[⑦]，均作此说。这些劝诫，与当时医界对母乳性质的认识有关，后将再论。

至于喂乳时的姿势，《小儿卫生总微论方》以后医者也有一些修正意见。陈自明的《妇人大全良方》，不赞成过去臂枕儿头的主张，建议母亲为婴儿准备几个填有豆子的布袋，作为枕头，将之置其身之两侧，把婴儿夹托起来，靠近母亲身边。另一方面，他还表示，如果母亲需要夜里喂乳，应起床坐好，再抱着婴儿喂乳，勿用原来的卧姿喂乳。[⑧]两则修正性的意见，表现对婴儿食乳时的舒适安全设想之周到。明代寇平《全幼心鉴》，续言旧式卧时以臂枕儿的姿势，但同意夜间喂乳应起身抱儿再饲。[⑨]

---

① [明] 王銮，《乳哺论》，见《幼科类萃》（北京：中医古籍出版社，1986年重印），页9–10。

② [明] 徐春甫，《乳哺》，见《古今医统大全》（台北：新文丰出版社，1978），卷10，页5633。

③ [明] 寇平，《强施乳食令儿病》，原文谓：“不善操舟者，罪河之屈曲，非河之罪也，不善操舟者之罪也。不善乳儿者，罪儿之多病，非儿之罪也，不善乳儿者之罪也。后汉王潜大论云：婴儿常病，伤于饱也。乳哺多，则生痫疾，盖小儿饥病，多有伤患。《素问》云：饮食自倍，肠胃乃伤。大抵强饱乳食，自令儿信然矣。”见《全幼心鉴》，卷2。

④ [明] 王銮，《幼科类萃》，页10。

⑤ [宋] 陈自明，《妇人大全良方》，页9–10。

⑥ [元] 危亦林，《乳哺法》，《世医得效方》（《四库全书》746册），卷11，页17。

⑦ [明] 寇平，《全幼心鉴》，卷2。

⑧ 陈自明之原文谓：“夜间不得令儿枕臂，须作一二豆袋，令儿枕，兼左右附之，可近乳母之侧。……如夜间喂奶，须奶母起身坐地，抱儿喂之。”见 [宋] 陈自明，《妇人大全良方》，页9–10。

⑨ [明] 寇平，《乳儿法》，《全幼心鉴》，卷2。

[宋]　李嵩《市担戏婴》

宋代名家李嵩的《市担戏婴》，工笔细写一村妇光天化日，襁褓哺乳，多儿绕身，争攀市担，以及担上挂满玩具，美不胜收的宋代士民文化信息。

台北故宫博物院编辑委员会编，《婴戏图》（台北故宫博物院，1990），页 21

为了喂乳时的安全，母亲就寝时应即不再予乳，多位医者均作此论。元代危亦林的《世医得效方》，和明代寇平的《全幼心鉴》，即有此见。但对母欲寐当夺其乳，危亦林提出的理由是“恐睡困不知饱足”[①]。寇平辄以“恐其不知饱足，亦成呕吐”[②]。反均未及《小儿卫生总微论方》重视寝时乳儿易致窒息的危险。

① [元] 危亦林，《乳哺法》，《世医得效方》，页17。

② [明] 寇平，《乳儿法》，《全幼心鉴》，卷2。

综而言之，12世纪到17世纪，由宋到明，中国医界所揭示的一般乳儿法，所讲求的手续、规律、舒适、安全等原则，大致相当合理，与近代所识并不相悖。只是对于饲乳的时间和分量，尚未意及应否随婴儿成长年龄而做调整。对乳汁的品质、温度、新鲜度等，过去十分重视，代表当时医者对婴儿健康和福利的高度关切。其中难免夹有过犹不及的看法，建议捏去宿乳即与后世对母乳认识相左。[①]至于中世纪以来部分医籍表示，母亲若投乳汁于地，使虫蚁食之，将令乳汁枯竭[②]，则反映旧时医籍中仍夹有少数民俗迷信的成分。

（二）对乳养者的要求

传统中国医者认为乳汁出自母体，与母亲的生理与心理状况有最直接的关系。乳养中的母亲，其饮食、情绪、体温、健康上的任何变化，都会立即反映在其所产生的乳汁上，随而影响婴儿的健康、安危，因而对乳养中妇女的日常饮食及情绪活动有非常广泛而严格的约束。《小儿卫生总微论方》要求乳养中的妇女，重视饮食上的禁忌，不要在房劳、醉后、畜热、发怒或吐下的情况下乳儿，已涵盖饮食、情绪、温度、健康四方面的要求，也是后来医籍中常谈的问题。陈自明《妇人大全良方》，提醒妇女在“阴阳交接之际，切不可喂儿奶，此正谓之交奶也，必生癖”，而且“奶母不可频吃酒，恐儿作痰嗽惊热昏眩之疾”[③]。注意行房和酒后勿乳，算是比较基本的禁忌。明代《宝产育婴养生录》的要求，较前广泛。除过去提过的新房、有热、怒、新吐、醉之外，并称浴后、有娠、风疾和伤饱之下，亦不宜喂乳。[④]后来王銮《幼科类萃》[⑤]及徐春甫《古今医统大全》[⑥]和朱惠民《慈幼心传》[⑦]中的讨论，虽略有增损，大抵不出其议题。

---

① 亦可参见高镜朗，《新生儿及乳儿期的饲养》，《古代儿科疾病新论》（上海：上海科学技术出版社，1983），页24–28；Ralph Houlbrooke（ed.），*English Familly Life 1576-1716*（N.Y. and Oxford: Basil Blackwell, 1988），pp. 103–104.

② 如［明］不著撰人，《乳儿法》，《宝产育婴养生录》（台北“中央图书馆”善本微卷），卷1；［明］寇平，《乳儿法》，《全幼心鉴》，卷2。

③［宋］陈自明，《妇人大全良方》，页10。

④［明］不著撰人，《宝产育婴养生录》，卷1，《乳儿法》。

⑤［明］王銮，《乳哺论》中，要求母亲注意饮食禁忌，病中勿乳，同时热、寒、怒、醉、吐下、积热、新房、新浴、热冷、怀妊，均对乳儿有害，特别强调母安则子安的原则。见王銮，《幼科类萃》，页9–10。

⑥［明］徐春甫，《乳哺》中，言及母亲的饮食、热寒、怒、醉、怀孕，均可影响或有害乳养。见徐春甫，《古今医统大全》，卷10，页5633。

⑦［明］朱惠民，《乳儿法》中，除言母亲注意饮食，并谓热、冷、醉、新浴、新房、怀娠，都不直乳儿。且特别提出情绪因素之重要性，以“母为气郁不舒，乳必凝滞，令儿食之，疾病立至”。见《慈幼心传》（台北“中央图书馆”善本微卷）。

同一时代，对乳养者身心状况影响乳汁，殃及婴儿一事，发挥最多的，仍属寇平的《全幼心鉴》。《全幼心鉴·乳令儿病证》中列举了十种会致婴儿于病的母乳，包括喜乳、怒乳、寒乳、热乳、气乳、病乳、壅乳、魃乳、醉乳、淫乳，皆分别讲明饮后导致婴儿的毛病，附注历代医者的讨论。[①]十项中，病乳、壅乳、魃乳、醉乳四者涉及母亲健康状态，喜乳、怒乳、气乳、淫乳四项指的是母亲饲乳时情绪异常，而寒乳、热乳则指母亲饲乳时的温度。首次以喂乳状态直名其乳，强烈地反映了近世医者一种普遍的观念。认为妇女育婴期间的身体和心理状态，直接影响其所分泌乳汁的品质。因而喂乳前或当时所作活动、所处状态，立即会使乳汁发生变化，而影响婴儿健康，即如王銮在《幼科类萃·乳哺论》中起首所言：

> 初生芽儿，藉乳为命。乳哺之法，不可不慎。夫乳者，荣血之所化也。至于乳子之母，尤宜谨节。饮食下咽，乳汁便通。情欲动中，乳汁便通。病气到乳，汁必凝滞。儿得此乳，疾病立至。不吐则泻，不疮则热，或为口糜，或为惊搐，或为夜啼，或为腹痛。病之初来，其溺必甚少。便须询问，随证调治。母安则子安，可消患于未形也。[②]

喂乳中妇女的饮食健康，直接反映于乳汁的成分和品质，传给婴儿，近代医学已确知如此。至于母亲的情绪和体温，是否也会影响乳汁和婴儿，现今医学尚未验证。不过近世中国医者确实认为乳汁反映母亲之生理与心理，十分敏感细微。乳汁左右婴儿健康安危，又最直接。故其主张，宁加予妇女格外广泛严格的禁忌、约束，求保护稚弱婴儿于无辜。

（三）婴儿的吮乳条件

传统中国医者认为，要达到理想的喂乳效果，母亲的种种准备、身心状态及喂乳方法，固然十分重要。但是接受乳汁的一方，即吮乳的婴儿，其状况也会影响喂乳的结果。只是传统健康学对接受者的要求较对供应者要简单得多，多半集中于婴儿准备就乳前及吸吮当时的状况。前引《小儿卫生总微论方》的

---

① [明] 寇平，《乳令儿病证》谓："喜乳涎喘生惊；怒乳疝气腹胀；寒乳奶片不化；热乳面黄不食；气乳吐泻腹胀；病乳能生诸疾；壅乳吐逆生痰；魃乳腹急脏冷；醉乳恍惚多惊；淫乳必发惊痫。"见《全幼心鉴》，卷2。

② [明] 王銮，《幼科类萃》，页9。

看法，主张小儿大喜大哭之后，不可立即乳之[①]，并没有解释缘由何在。但小儿哭后或啼时不当予乳，是近世幼医普遍意见。元危亦林的《世医得效方》[②]，明代不著撰人的《宝产育婴养生录》[③]，寇平的《全幼心鉴》[④]，王銮的《幼科类萃》[⑤]，及朱惠民的《慈幼心传》[⑥]等，均作此说。危亦林和《宝产育婴养生录》的议论且明言：

> 儿啼未定，气息未调，乳母匆遽以乳饮之。故不得下，停滞胸膈而成呕吐。此患有之，可不为戒。[⑦]

说他们反对婴儿哭后或啼时喂乳，因当时婴儿情绪激动，喘息不定，会影响吮乳时的吞咽及饮乳后的消化。《全幼心鉴》《幼科类萃》和《慈幼心传》所表示的意见，大抵相似。都在担心婴儿啼哭未定之前，立即让他就乳，容易发生"气逆不消"的现象。更严重的情形，如《宝产育婴养生录》所言，婴儿惊哭醒起，即便乳之，"儿气未定则杀人也"，还会有呛噎致命的危险。[⑧]为了喂乳时的安全，也为了喂乳的妥帖舒适，吮乳时最好母子双方情绪安稳。就像当时医籍常戒母亲勿于浴后立即乳儿，也在顾及母亲浴后气息不定，劝其"定息良久"以后，再付乳婴儿。[⑨]

婴儿饮乳时的情绪，如何影响他接受乳汁及事后消化乳汁的情况，近代医学尚不清楚。但婴儿啼哭、大喜、情绪激动的情形下，急忙吮乳，确实易生呛噎的危险。而情绪恶劣，会影响进食和消化，则是一般生理学上的常识。依此，欲达良好乳养效果，母亲必须注意饮食，采取合适办法，婴儿亦得配合，不啼哭乱叫。母安子宁，乳养才有最佳结果。

---

① [宋] 不著撰人，《乳母论》，《小儿卫生总微论方》(见《四库全书》741册)，卷2，页9–11。
② [元] 危亦林，《乳哺法》，《世医得效方》，页17。
③ [明] 不著撰人，《宝产育婴养生录》，卷1，《乳儿法》。
④ [明] 寇平，《全幼心鉴》，卷2，《乳儿法》。
⑤ [明] 王銮，《乳哺法》，《幼科类萃》，页9–10。
⑥ [明] 朱惠民，《乳儿法》，《慈幼心传》。
⑦ [明] 不著撰人，《宝产育婴养生录》，卷2，《哺儿法》。
⑧ 同上。
⑨ [明] 不著撰人，《宝产育婴养生录》，卷1，《乳儿法》；[明] 寇平，《全幼心鉴》，卷2。

二、择乳母

传统中国医界一向主张婴诞世后，以母亲自喂乳为尚。宋代幼科医籍所谓“儿生自乳养者，一切不论”[①]。认为只要是母亲自己喂乳的婴儿，大致少有问题，可以不必讨论。不过，若母亲自己不能饲乳，社会和医界都不反对有能力的家庭佣请乳母代为乳养。目前看到过去对“佣乳”持保留态度的一篇言论，针对的是人道考虑，而非幼儿健康。宋儒程颢曾表示担心被雇乳母可能弃自己的幼儿于不顾，佣乳者等于剥夺了他人婴儿的乳汁，陷其子于饥饿，不如考虑佣“二妇乳三子”，多请几位乳妇，将其本身的幼儿亦一起乳养。[②]过去中国士人及医者不反对佣乳，可能因为中国佣乳者一向将乳母雇请到家来乳养照顾孩子。由佣乳的雇主家庭负责乳母的饮食，并可监督乳母乳养时的情形。不像近世西方将幼儿送出，任乳母将婴儿领回自乳。结果死亡率极高，自然引起社会的关切和医界的反对。[③]

一旦请人代乳，中世以来中国医界对如何选择适当乳母提出许多恳切的建议。早在唐代，孙思邈的《少小婴孺方》即谈到“择乳母法”。以：

> 凡乳母者，其血气为乳汁也。五情善恶，悉是血气所生也。其乳儿者，皆宜慎于喜怒。夫乳母形色所宜，其候甚多，不可求备。但取不胡臭、瘿瘘、气嗽、瘑疥、痴癃、白秃、疬疡、沈唇、耳聋、齆鼻、癫痫。无此等疾者，便可饮儿也。师见其故灸瘢，便知其先疾之源也。[④]

---

①《小儿卫生总微论方》,《乳母论》，卷2，页9。

② 宋元明清的医家与士人，对佣乳一事，向无严重异议。程子建议以“二妇育三子”的方式，兼顾乳媪亲生婴儿的需要，算是唯一的斟酌之论。《郑氏家范·治家杂训》中曾谓：“诸妇育子，苟无大故，必亲乳之。不可置乳母，以饥人之子。”强调母亲应尽量亲自喂乳，而不赞成佣用乳母的原因，也是顾虑乳妇亲生婴儿被弃置一边，挨饿受饥（见《古今图书集成》，321册，《家范典·治家篇》，卷2，页10a）。此传统中国人道主义的看法，与西方偏重亲乳对婴儿本身营养之利，以佣乳易造成该婴儿本身之夭亡者，出发点很不相同。

③ Lawrence Stone, *The Family, Sex, and Marriage in England, 1500-1800*（N.Y.: Harper and Tarchbooks, 1979）, pp. 55, 65, 269–273; Michael Mitterauer and Reinhard Sieeor, *The European Family*（Chicago: The University of Chicago Press, 1982）, p. 42.

④［唐］孙思邈，《少小婴孺方》（台北故宫博物院藏善本），页6。

认为乳母性情和善，形色悦人，当然最好。但在不可求全的情况下，最重要的，还是注意其健康状态。孙思邈提出11种有皮肤、呼吸、癫痫等毛病的人，不适合佣而乳儿。他并且顾虑到，欲佣为乳妇者，本人可能不愿自动透露过去病历及种种隐疾。故巧妙地指示由有经验的医师查看她身上灸疗留下的瘢痕。从这些瘢痕的部位可以揣测判断出该妇人过去罹患过的疾病，决定其是否适合佣乳。隋唐到两宋时期，论及择乳母者，如王焘的《外台秘要》[①]及宋的《小儿卫生总微论方》[②]，意见大抵相类，均以为性情相貌虽有关系，但健康状况仍为择定乳母的首要条件。宋陈自明的《妇人大全良方·将护婴儿方论》，综而述曰：

> 择乳母，须精神爽健，情性和悦。肌肉充肥，无诸疾病。知寒温之宜，能调节乳食。奶汁浓白，可以饲儿。[③]

理想的乳母人选，性情精神均佳，肌肉健壮而无疾病，而且懂得一般保健常识，知道如何调节饮食，善待乳儿。一切的重点，还在于她能供应浓白乳汁，饲养婴儿。

明代妇幼医籍对选择乳母一事，考虑愈加周详。除了前人述及者之外，新加了两项要求：一是排斥残废及恶貌者；二是特别注意乳母的性情德行，怕对婴儿有不良的影响。明代留下的《宝产育婴养生录·择乳母法》，即加称“独眼跛足，龟胸驼背，鬼形恶貌，诸般残患者”，皆不可用，并特别指出，乳母与幼儿“渐染之久，识性一同，由如接木之造化也，其理甚详”，关心乳母对婴儿识性习染之影响。[④]寇平的《全幼心鉴·择乳母》中也说：“形容丑恶不宜乳。”加上“联疮麻风毒”，并沿称婴儿久而缘染乳母识性之说。[⑤]16世纪起，幼科医籍如王銮的《幼科类萃》，关于“慎择乳母”一项，竟然不见古来对乳母疾病记录的重视，专言其禀赋、情性、令儿速肖及识性染渐的问题。[⑥]徐春甫的《古今

① ［唐］王焘，《拣乳母法》，《外台秘要》（台北：新文丰出版社，1987年影印），页446。

②《小儿卫生总微论方》，卷2，页9。

③［宋］陈自明，《妇人大全良方》，卷24，页9–10。

④［明］不著撰人，《宝产育婴养生录》，卷1，《择乳母法》。

⑤［明］寇平，《全幼心鉴》，卷2。

⑥［明］王銮，《慎择乳母》，原文谓：“凡乳母禀赋之厚薄，情性之缓急，骨相之坚脆，德行之善恶，儿能速肖，尤为关系，殊不知渐染既久，识性皆同，犹接木之造化也，故不可不择也。”《幼科类萃》（北京：中医古籍出版社，1984），页14。

医统大全·幼幼汇集》亦复如是。[①]朱惠民的《慈幼心传》也说："乳母宜择精洁、纯厚、笃实及乳浓厚者为佳，若残疾陋恶及乳清淡者不宜用。"并同意乳母之识性，久而染之幼儿。其性情与个人卫生、残疾，都值得注意。当然，能供应浓厚乳汁，仍为要旨。[②]

17世纪之幼医，如王大纶的《婴童类萃·择乳母论》中所言，则综合诸说。先指出："小儿随母呼吸，母安则子安，母病则子病，此必然之理也……。且儿禀父母之精血，化育而生。初离胞胎，血气脆弱，凭乳母之乳而生养焉。"确定乳母对婴儿十分重要。择乳母时，一则要重其气质，"须要婉静寡欲"，因为婴儿"强悍暴戾，和婉清静，亦习随乳母之性情。稍非其人，儿亦随而化矣。犹泾渭之分焉，源清则脉清，源浊则脉浊"。另一方面，也不能忽视其身体健康，以"无痼疾并疮疥者"为宜。乳母健壮与否，常决定幼儿身体之强弱。"乳母肥实，则乳浓厚，儿吮之则气体充实。乳母瘦瘠，则乳清薄，儿吮之则亦清瘦体弱。壮实肥瘦，系儿终身之体格，非小故也。"不过他不如过去医者，未一一举出不宜佣乳的疾病名称，也未再排除残废恶貌者。倒是特别提出"生过杨梅疮者，儿吮此乳，即生此疮，如出痘症，十难全一"，以为不可。并谓"有体气者，儿吮此乳，则腋下狐臭不免"。但并未排斥拒绝。[③]

传统医者对选择乳母的主张，与当时彼等对乳汁性质的认识，及对乳母的职责之规范，均有关系。乳母体格的强弱及罹患的疾病，可能影响所产乳汁的量与质，是一个合理的假设。不过妇女的疾病状况，包括过去曾患的疾病和目前正患的疾病。目前正患的疾病，多半直接影响乳汁分泌，即所谓"病乳"，不宜饲儿。虽则当时医籍并未言及替代之道。至于曾罹疾病，慢性病或传染病，会影响乳妇健康或传给婴儿，自然不适喂乳。如过去医籍中所提慢性咳嗽、结核症、传染性皮肤病或某些精神病等，均在禁忌之列。至于有些急性疾病，妇女病后健康已完全康复，并不一定会影响到乳汁分泌或哺乳情况，其实不必否定。近世医籍一度排斥残疾者及丑陋者佣乳，多半是一种社会歧见，不见得有医学生理上的根据。至于论及乳母性格及习性的重要性，一则是乳母性情暴躁不稳，可能影响其乳婴时的责任心及可靠性；二则当时乳母除喂乳外，还代司母职，负责照顾幼儿种种琐事，可能是其婴幼年时期关系最亲密的人。故其性

① [明] 徐春甫,《择乳母》,《古今医统大全》(台北：新文丰出版社，1978)，卷10，页5634。

② [明] 朱惠民,《择乳母》,《慈幼心传》(台北"中央图书馆"善本微卷)。

③ [明] 王大纶,《择乳母论》,《婴童类萃》(北京：人民卫生出版社，1983)，页7–8。

格习惯，自然影响孩子生活及心理。有些关于婴儿睡眠、洗浴、抱提、行动、嬉戏、受惊等问题，也成为叮嘱乳母的一部分。此为择乳母时的社会面及心理面考虑，与狭义的医理无关。

三、哺食之方

婴儿吮饮母乳的同时或稍后，常有辅以乳汁外其他食物者，古时称为“哺”，即现今所谓的辅食。因为婴儿出生时胃肠脆弱，所以何时及如何开始饲予辅食，成了一个值得斟酌的问题。中世医籍中议及“哺儿法”者，重点在如何择定合适的时间，开始哺以乳之外的食物，对食物的内容则谈得相当简略。王焘《外台秘要》仅谓“平定成日”，或“寅、丑、辰、巳、酉日”，是初哺儿之良日。并谓男孩不得于戊、己日开始哺食，女孩则应避开丙、丁日。至于食物的准备，只说“其哺不得令咸”，勿予婴儿口味太重的食物即可。[①]其中未及婴儿开始哺食的年龄，也没有讨论该如何调制哺食食品。择吉时开始哺儿，固然表示中古社会对婴儿哺食一事的重视，也显示当时医者一部分看法仍为民俗信仰所影响。

中世以后，中国幼科医籍中论及哺儿法者渐多，其议论大致围绕四个主题：一是哺食分量的节制；二是乳哺并用的警诫；三是对开始哺食时间与食量的建议；四是对婴儿哺食品内容的指点。

关爱幼儿因欲满足其饮食之需，大约是为人父母自然的本能。对于有经济能力的父母，此不断饲儿乳食的冲动，可能造成哺养过度之弊。传统医者多以中上家庭为其服务对象，故常忧心妇女哺儿过量。元代曾世荣的《活幼口议·哺乳》，即以“哺不节”与“乳失时”并列，为婴儿乳养上的两大问题。认为适当哺食可“厚其肠胃”，但须注意太早开始哺食的问题，所谓“入月恣肥甘”。尤其“食不可不节”，没有节制地给予婴儿辅食，将使“儿无疾而怯”[②]，会造成身体衰弱。这是哺食方面需要注意的第一个原则。

慎于哺食的态度，使近世幼医担心婴儿肠胃不能同时接受消化乳汁和食物。要求家人将两者分开喂儿，不要同时连续饲之。如元代危亦林的《世医得效方·乳哺法》所言：

① [唐] 王焘，《哺儿法》，《外台秘要》，页444。
② [元] 曾世荣，《活幼口议》，页79。

> 乳后不与食，哺后不予乳。脾胃怯弱，乳食相并，难以克化。幼则成呕，而结于腹中作疼。大则成癖、成积、成疳，皆自此始。[①]

哺乳不交杂而食，以免造成消化困难，明代幼科医籍如《宝产育婴养生录》[②]及《全幼心鉴》[③]，仍续言之。代表当时幼医对哺食方面的第二项主张。

更重要的是哺食幼儿开始的时间和分量的问题。对于何时适合给予婴儿辅食，过去医者议论纷纷。早期医者，似乎赞成给年龄极小的婴儿哺以辅食。明代《宝产育婴养生录》中引葛氏《肘后方》说，“儿生三日，应开腹，助谷神。用碎米浓作汁饮，如乳酪。与儿大豆许，旋令燕之”。认为小儿刚出生三天，就可以研碎米作浓汁，令咽豆大分量，以开胃助肠。又谓“儿生三日之外，当与少哺，以粟米煮粥饮，研如乳汁，每日与半蚬壳许。以助谷神，导达肠胃”。这是主张最早哺儿的例子。书中所引孙真人言，则谓“以粳米饮，七日外，与三大豆许”。由初生三日变成生后七日。不过最初给婴儿的辅食，都是米浆等以谷类加水制成的婴儿食品，成分单纯，口味平淡，适于婴儿肠胃。当时的看法，予刚初生几天（三日或七日）的婴儿以少量的谷制辅食，用意在助开幼儿胃口，帮忙刺激消化道的蠕动，不是现代所在意的丰富所摄营养。中古之后，愈到晚期，医者主张始哺的年龄也愈晚。上书所引巢氏之言，已改称：“儿生满三十日后，当哺少物，如二枣核许。至五十日，樱桃许。上百晬，如大枣许。若乳少，当以意增之。不可多与，恐不能胜。”认为婴儿出生三十天之后，可予微量固质食品，分量随年龄渐长而逐增，但不可多与。文中并首次提到母亲乳汁供应不足者，可酌增辅食的分量，表示已视辅食为婴儿辅助食品。又引《圣济经》言，以“儿生三日用饮，过三日用哺哺之，以赖谷气也”。对于始哺之量，谓“哺之多少，量日为则”。并谓：“三十日后须哺，勿多者。若不嗜食，勿强与。强与则不消，而后成疾。”[④]明寇平《全幼心鉴》对“哺儿”表示的意见，细节不同，而原则相类。以：“初生小儿始哺，十日前如枣核，二十日倍之，五十日如弹子大，百日如枣。若乳母奶少，不得从此法，当用意增之，却不可过饱。若儿不嗜食，勿强与之，强与之则不消，必成疾也。”[⑤]总之，婴儿哺食之始，早期医者谓于

① [元] 危亦林，《世医得效方》，页17。

② [明] 不著撰人，《宝产育婴养生录》，卷2，《哺儿法》。

③ [明] 寇平，《全幼心鉴》，卷2。

④ [明] 不著撰人，《宝产育婴养生录》，卷2，《哺儿法》。

⑤ [明] 寇平，《全幼心鉴》，卷2。

生后三日或七日，稍后改称三十日后。所予食品，多为米粟等谷类，研细和水制成浓汁。而且分量极少，以数大滴为始。目的在助开肠胃，故不勉强。乳哺均不宜过，是近世多位幼医共同的看法。[①]这些何时及如何开始婴儿哺食的建议，是有关哺儿的第三类意见。

最后，近世幼医对初试哺儿时，应如何准备食品，或喂予何类食品，亦有一些具体的主张。有经验的幼医如钱乙等，一方面看到“儿多因爱惜过当，三两岁犹未饮食，致脾胃虚弱，平生多病”，深觉遗憾；另一方面又深知婴儿肠胃脆弱，特别调制适当食品才能开始哺食。钱乙的建议是：

> 半年，宜煎陈米稀粥粥面时时与之。十月后渐与稠粥烂饮，以助中气，自然易养少病。惟忌生冷油腻甜物等。[②]

钱乙此处所谈的哺儿食品，与中古哺儿所予初生数日婴儿开其胃肠的谷汁不同。已较接近近代所谓的辅食，用以辅助半岁后婴儿乳汁外食物的需要。即文中所谓“助中气”，使之增强体力，“易养少病”，非早期所言“开腹助谷神”。此时的哺儿，始于半岁左右，仍以稀软粥面为宜。婴儿十月以后，粥可逐渐变稠。但是一切生冷、油腻、甜物，仍应避免。王肯堂《幼科准绳》中引《宝鉴》，赞成“儿五十日可哺如枣核，百日弹丸，早晚二哺”。但认为在“三岁未满，勿食鸡肉”，以免“子腹生虫”[③]。清代程杏轩《医述·幼科集要》，也主张哺儿当谨慎为之，不必太早开始。一周岁前，婴儿可单靠母乳。如果母乳不足，可辅以炒熟早米磨粉加糖，用沸水冲成的米浆。无论如何，应勿予肉食。[④]

整体而言，传统对给予婴儿辅食，态度相当谨慎，且略趋保守。[⑤]在哺食开始的时间和分量上，主张采渐进的方式，逐步增加。一再强调勿饲食过度，

---

① 参见［明］王銮，《乳哺论》，《幼科类萃》，页9–10；［明］徐春甫，《乳哺》，《古今医统大全》，卷10，页5633。

②《古今图书集成》，卷422，页34a。

③ 同上。

④《医述》所引《幼幼集成》之原文曰：“小儿在胎之时，冲脉运血以养之，及其产下，冲脉载血以乳之。乳为血化，所以儿之脾胃，独与此乳汁相吻合，其他则皆非所宜矣。凡小儿一周二岁，止可饮之以乳，不可哺以谷食。盖谷食有形之物，坚硬难消，儿之脾气未强，不能运化，每多因食致病，倘乳少，必欲借谷食调养者，须以早米炒熟磨粉，微入白糖，滚汤调服，不致停滞。至于肉食，尤为有害。”见［清］程杏轩，《医述》，页915–916。

⑤ 亦可参见高镜朗，《古代儿科疾病新论》，有关“新生儿及乳儿期的饲养”及“断乳后的饲养”之讨论，见页24–25；26–28。

使之太饱，并要求避免味重难化的食物，均为合理原则。但乳食不得并予，则为无端过虑。对婴幼儿辅食内容的限制，也过严格。三两岁内幼儿，除乳汁外，只能辅以烂熟的粥面和蔬菜，蛋白质和维生素及矿物质的摄取，都可能不足。中国传统育婴法在乳食方面，重消化而忽营养，于此可见。中古医者建议婴儿哺食，可自出生后数日至数十日后开始，重点在“助谷神”，协助消化系统发挥功能，不注意哺食品内容对婴儿营养之助益，亦为此论点的一项明显辅证。

四、几项乳养问题

一般母亲乳养婴儿，即便遵循医者之建议，不见得皆能顺利。传统幼科医籍中亦讨论了一些有关乳儿问题，足以反映妇女常遭遇的困难及当时的应付之道。这些环绕着乳儿问题的议论，以涉及乳汁不足时的婴儿代用食品、不乳、吐乳及断乳四项主题者为最多。

（一）代用食品

母乳供应量不足时，若无力雇人佣乳，可用的代用品一般有二，一是其他动物之乳，一是稀薄的谷粉制品。以家畜之乳饲儿，中国社会中一定早有人尝试。农村家中普遍饲猪后，猪乳饲儿，以补充母亲初乳未至或乳汁不足，更多为医者鼓励赞同。钱乙甚至教导民众一种最卫生便捷的撷取猪乳的方法。以猪仔吮吸，引得母猪乳汁涌出后，再将母猪自后脚提起，猪仔将自动脱开，即可取得干净、安全、新鲜的猪乳，饲养婴儿。[①]猪乳之外，羊乳亦可为用，且被视为补品，北方民众用者尤多。若无畜乳代用，平常家中母乳不足时，最常用的补救办法，是以各种磨细的谷粉，加水煮成薄汁饲儿。其方式与开始哺儿时所备之婴儿辅食相类。许多谈哺食的医说里，亦明言依法制成的哺食品，可供母乳不足时，作为婴儿的代用食品。[②]

（二）不乳

婴儿“不乳”的问题，宋代钱乙已注意到。以为婴儿急欲乳而不能食，

---

① “张焕论云：初生时或未有奶子，产妇之乳未下，可用猪乳代之，可免惊痫痘疮。钱氏曰：初生小儿至满月内，可常取猪乳，滴口中最佳。按圣惠方取猪乳，须令猪儿饮母，次后便提猪母后脚，猪儿口自离乳，急用手捋之，即得乳矣，非此法不可取也。”见《古今图书集成》，卷422，页33a。

② 如［明］寇平，《哺儿》，见《全幼心鉴》，卷2。

意味不正常之现象，可能为某些病症表征，不能不理。[①]此后之医籍，对不乳的现象，或试施疗治[②]，或申述其因。认为造成不乳之原因多端，难产、着凉、胃撑胀、患病，或急性感染、排泄困难等，都可能使婴儿拒绝乳食，应辨证而论治。[③]总之，大家均同意《幼科杂病心法要诀》的看法："儿生能乳本天然，若不吮兮必有缘。"应究其因而矫正之。[④]婴儿若持续不肯就乳，照养者必须正视解决。[⑤]

（三）吐乳

婴儿吐乳，是另一个常见而广为近世幼医讨论的问题。早期医者注意到，有初生婴儿吐乳及患病与发热时吐乳等两种吐乳现象。[⑥]元明以后，对小儿"哯乳"及"吐乳证"的讨论益详。[⑦]以幼科名医万全的分析，最为深入切要。他提纲挈领地将小儿吐乳的问题，依其原因分为三个类型。一是因过饱而造成的"呕乳"。谓：

> 呕乳者，初生小儿，胃小而脆，容乳不多，为乳母者，量而与之，勿令其太饱可也。子之胃小而脆，母之乳多而急。子纵饮之，则胃不能容，大呕而出。呕有声，而乳多出。如瓶注水，满而溢也。

二是因抱儿姿势不适造成的偶然"溢乳"的现象。谓：

> 溢乳者，小儿初生筋骨弱，左倾右侧，前俯后仰，在人怀抱扶之也。乳后太饱，儿身不正，必溢出二三口也。如瓶注水，倾而出也。

---

① ［宋］钱乙，《急欲乳不能食》，《小儿药证直诀》（台北：新文丰出版社，1985），页18。

② 如：［宋］张杲，《不乳》，见《医说》，卷10。［元］危亦林，《不乳》，《世医得效方》，卷11，页14–15。［明］王銮，《治不乳之剂》，《幼科类萃》，页61–62，74–75；其中多为刺激胃肠蠕动，及轻泻、助消化之药。

③ 参见［宋］不著撰人，《初生不乳不小便》，《小儿卫生总微论方》，卷1，页56；［明］王肯堂，《不乳》，《证治准绳》，页49–50；［明］龚廷贤，《不乳》，《寿世保元》，页572–573；［清］程杏轩，《不乳》，《医述》，卷14，页920。

④ ［清］吴谦，《不乳》，《幼科杂病心法要诀》，页18–19。

⑤ 亦可参见陈聪荣，《不乳》，《中医儿科学》，页24。

⑥ 见［宋］钱乙，《生下吐》《吐乳》，见《小儿药证直诀》，页14–15；［宋］张杲，《小儿伤乳食发热》，《医说》，卷10。

⑦ 如［元］曾世荣，议《哯乳》，《活幼口议》，页73–74；［明］鲁伯嗣，《呕证吐乳证》，《婴童百问》，卷5，页338–345。

三是无特别原因而微渗出的“哯乳”。谓：

> 乳者，小儿无时乳常流出，口角唇边常见，如瓶之漏，而水渗出也，即哺露。

万全随即则云，呕乳、溢乳均非严重问题，只要饮乳量稍予节制，注意举姿抱姿，即可避免。时常哯乳的婴儿，可能胃力较弱，应考虑予藿香、木瓜等辛香之剂以助消化而改善之。[①]

万全的论述，将婴儿吐乳的各种原因和征象，一一解析。将日常吐乳和伴随疾病出现的呕吐两种现象分别开来，为此前医者所不及。其后医籍续论吐乳，多着力于二者之分别。正常的吐乳，常见而不必诊治。因病而致的吐乳，则不能不予疗治，赖细察形色脉证而辨治之。[②]

（四）断乳

婴儿以母乳为主食，到达某一年龄必须终止，转而摄取其他食品。此断乳之年龄，各个社会不同。传统中国乳儿时期较长，断乳的时间较晚。极少早于一周二岁者，多半在二周三岁，也就是两足岁左右，才真正断乳，转采哺食。[③]遇有母亲乳汁不足，或怀妊在先者，也有在一至两周岁间尝试断乳的。

断乳一事，常非易事，古今中外皆然。一则幼龄断乳对婴儿的饮食习惯和身体健康是一项挑战；二则不论何时断乳，总有许多婴儿啼哭不就，使母亲很难顺利达成任务。有鉴于此，自古幼科医籍中多有论及断乳之方者，欲协助断乳不成的母亲，达成终止喂乳的目的。从这些断乳方等资料中更可以确定，过去中国妇女多以居家育儿为责，乳儿时期延长，三四岁尚未断乳的情形并不稀奇。医者与社会大众均不以为意。到四五岁，五六岁后，还继续吮乳的幼儿，才被视为问题，欲予改善。[④]

---

① ［明］万全，《呕吐》，《幼科发挥》，卷1，页66–69。

② 参见［明］薛铠，《呕吐》，《保婴全书》，卷5，页662–663。［明］王肯堂，《伤吐乳》《吐不止》，《证治准绳》，页530–534；页50。［明］张介宾，《吐乳》，《景岳全书》，卷41，页101–102。［明］孙一奎，《伤乳》，《赤水元珠》，页25。［清］吴谦，《哯乳》，《幼科杂病心法要诀》，页39–41。［清］程杏轩，《哯乳》《吐泻》，《医述》，页954–955。

③ 参见［明］寇平，《乳儿法》《哺儿》，《全幼心鉴》，卷2。

④ ［明］寇平的《全幼心鉴》和王肯堂的《证治准绳》，均以“小儿年至四五岁当断乳而不肯断者”，为关心之对象。［明］龚廷贤的《寿世保元》，则以“小儿三四岁或五六岁，当断乳，不肯断者”（转下页）

至于实际上如何解决婴幼儿断乳不成的问题，过去医者建议迹近民俗疗法。中古以来盛传民间的一项"断乳方"，唐代医籍已有载记。元代朱震亨的《丹溪先生治法心要》中，仍然可见。此方之内容指：

> 山栀子三个，烧存性，雄黄、朱砂、轻粉各少许，共为末，生麻油调匀。儿睡着时，以药抹两眉，醒则不食乳矣。①

这个处方是传统中国医籍中最常见的协助母亲断乳的办法。近世幼医之述，或略有增减修饰，但基本题旨不变。②以山栀、雄黄、朱砂等磨粉，调入生麻油，涂在熟睡中幼儿的双眉上，谓能使之醒后即不再食乳。此处方的效果，应以自我安慰成分居多，与实际奏效的关系不大。正如当时流传社会的，讲求为幼儿断乳特别择定吉月吉日一样③，这类号称能助母亲断乳的办法，表达了家长对幼儿顺利断乳的强烈希冀。更重要的是，这类处方对母亲心理可能有的助益。因有具体可行之方，或赋予断乳困难的母亲额外的信心和勇气。得此鼓励，坚其意志，终告成功。

传统医籍中一再载录断乳之方，一方面显示断乳对许多妇女确是困扰，另一方面也表示当时医界对此琐碎问题的关切。号称中国医史上开宗立派的金元四大家之一的朱震亨，对婴儿哺乳问题仅有的一项申述，就是断乳之方，可为力证。此外，近世医者谈论婴儿断乳问题时，或兼及婴儿胃肠不适，消化有恙，以为均可能影响断乳的顺利与否，提醒大家注意。④也有提供协助母亲消退乳汁的处方，以配合断乳之需要。⑤凡此均见传统医者对婴儿断乳及相关事宜的重视，与设想之周到。

（接上页）为衡量采用断乳方之标准。见［明］寇平，《断乳法》，《全幼心鉴》，卷2；［明］王肯堂，《断乳法》，《古今图书集成·医部》，卷422，页34a；［明］龚廷贤，《断乳》，《寿世保元》，页518。

①［元］朱震亨，《断乳方》，《丹溪先生治法心要》（台北：新文丰出版社影印明刊本，1982），页913。

② 参见［明］寇平，《断乳法》，《全幼心鉴》，卷2；［明］龚廷贤，《断乳》，《寿世保元》，页518；［明］王肯堂，《断乳法》，《古今图书集成》（引《证治准绳》），卷422，页34a；［明］孙一奎，《断乳法》，《赤水元珠》，卷25，页57–58。

③［明］寇平的断乳方中，以"子虚、丑斗、寅室、卯女、辰箕、巳房、午角、未张、申鬼、酉觜、戌胃、亥壁"为断乳吉日，尤以卯日为吉，并认为"三月、五月、七月忌断乳"，见《全幼心鉴》，卷2。

④［明］寇平，《断乳法》，《全幼心鉴》，卷2。

⑤［明］龚廷贤，《断乳》，《寿世保元》，页518。

五、实际的例证

哺乳婴儿之不易，从近世幼科医籍案例及明清传记资料中，亦可略窥一二。

（一）医籍所见

明代万全的《幼科发挥》中，列举了五个具体的婴儿吐乳的个案。其中两件是婴儿因病吐乳不停。一位是该县（湖北罗田）陶姓儒学教官八个月大的儿子，“汤凡入口即吐”。一位是王次峰三个月大的次子，也是“药乳不纳”。均以猪胆汁、童便调理中汤丸剂，冷服而愈。另外有一个例子，是英山郑孔韶三个月的女婴，患伤食吐乳。据万全判断，是因积食过饱所致。家人起初否认，后来婴儿吐出饭食，才承认五天前到外祖父家探访，显然有人爱儿过切，竟哺予三个月的女婴大量（半碗以上）饭食，使她几天后，仍然“壅塞肠胃，格拒饮食，所以作吐”。最后万全乃以“下”法解决问题。后面两个例子涉及的，都是新生婴儿吐乳的现象。第四个例证，是“一儿初生即吐”。万全顾虑一般所用钱氏木瓜丸，新生儿脆弱的胃肠可能承受不住。建议家长设法分辨此儿吐乳的原因。如果是“初饮乳，乳多过饱”所致，只要令母亲注意缓缓与之即可。若因浴时着凉所致，亦可用温和的办法调治。如以一杯乳汁与姜葱同煎而少与服之，或用炙甘草煎汤清理肠胃。第五个案例是一婴儿，“自满月后常吐乳”，父母十分忧心。万全先即判断，可能非疾病所致。告之曰：“呕吐者，非常有之病也，今常吐乳，非病也。”以为因病而致的吐乳，数日来去，不会经常发生。经常发生吐乳，一定是乳养方法出了问题。建议父母，观察母亲平日乳儿及婴儿吐乳时的情况。如果“母气壮乳多者，唯恐儿饥，纵儿饱足”。乳儿过度，会使婴儿将“所食之乳，涌而出”。这种呕乳，情势“如瓶之注水，满而溢也”，“宜损节之”。如果母亲怀抱时左右倾侧，使乳流出，是因姿势不当造成的溢乳。只要“能紧护持，则不吐也”。如果婴儿胃弱，消化力不强，“不能受乳而变化之”，以致“无时吐之”，而“所吐不多”，是一般所称的哺露。万全建议，给予整肠胃、助消化的肥儿丸。①

清代魏之琇所辑《续名医类案·小儿乳病》中也刊录了八个婴儿乳养困难的实例。其中有两个例子，是乳儿得病，影响乳食。一是16世纪湖北一位两个

①［明］万全，《呕吐》，《幼科发挥》，页66–69。

月大的婴儿，忽然发热不乳。还有一位婴儿，忽患喑不能出声。皆分别对症诊治。

另有两个例子，是婴儿饮了酒乳或醉乳而出的状况。一是名医张从正所遇一小儿“寐而不寤”。诸医均以睡惊治之，甚或有欲以艾火灸之。婴儿的父亲谓：“此子平日无疾，何骤有惊乎？”对诸医的判断表示质疑，以之求教张从正。张从正诊其两手之脉，决定并非惊风。乃窃讯其乳母：“尔三日前曾饮醉酒否？”乳母遽曰：“夫人以煮酒见饷，酒味甚美。三饮一罂而睡。”张从正至此确定此婴儿久寐不醒，是母亲、乳母双方大意，贪饮美酒，酒后“乳儿亦醉也”。乃以醒酒剂解之。此外，明御史陈公金陵家中小儿，一日亦忽“闭目，口不出声，手足俱软”。急延医治之。孟友荆见之乃云：“公子无病，乃饮酒乳过多，沉醉耳。浓煎六安茶，饮数匙便醒。”由此二例，可见母亲酒后乳儿，使儿乳后昏睡不醒，确曾发生。

魏氏《续名医类案》中又有二例，涉及“交乳”或“淫乳”，即母亲交媾后立即乳儿，造成婴儿不适。一是万氏所遇的一位小儿，出现吐乳便黄、身微热等现象。万氏起疑是“热乳”所致。询母，谓并未食热物。万氏乃密语其父曰：“必伤交媾得之。”并解释谓“父母交感之后，以乳哺儿”而成。另一个例子，是薛立斋所治的一小儿，有“目睛缓视，大便臭秽”之症，据判断也是“饮交感时乳所致”。近代临床记载，母亲交媾后立即乳儿，有时确会使小儿出现呕吐、啼吵、腹泻等轻微不适，但逾时即安，影响并不如旧时医者所言之广泛严重。[①]不过受当时的中国医疗文化及社会所影响，传统中国对淫乳不宜仍相当重视。

最后魏氏还录了两个例子，是母亲或乳母乳汁供应不足所造成的问题。内容情景均十分动人，值得注意。一是王三峰两岁的儿子多病。万氏往视，认为“此乳少病也”。父亲最初的反应是很不赞成，说：“儿乳极多。”待医生走后，母亲回头检查乳媪，才发现她果然无乳。再问她平日如何养育孩子，她答道：“昼则饭以哺之，或啖以粑果。夜则贮水以饮之。”原来这两岁的婴儿白天靠乳母嚼饭哺之，夜间则单饮水度日。久之营养不足，难怪经常生病。父母发现实情以后，又回头去找医生。此时医生在构思对策时，表现过人的智慧，特别为婴儿的处境设身考虑。曰：

欲使即换乳母，则儿认惯，不可换也。若不使有乳妇人哺之，则

① 参见高镜朗，《古代儿科疾病新论》，页25。

疾终难治也。不若仍与旧母养之，择一少壮有乳者，夜相伴，以乳哺之。久而惯熟，自相亲矣。

医生建议，暂留乳母，而另以有乳的妇人夜伴婴儿眠并乳之，渐熟后再换。兼顾婴儿心理及营养双方面的需要，十分周到。此例亦反映，觅得可靠乳母着实不易。而婴儿两岁仍仗乳汁为主食，与医籍所载断乳晚、哺食的一般策略相当吻合。婴儿缺乳时的代用品，以细软谷类和水为主，亦在在反映过去哺乳上的保守倾向。

第二个缺乳的例子，是陆养愚所治姚明水的儿子。此儿甫满一岁，母亲无乳，“乃以糕饼枣柿哺之”。久之，小儿的营养和消化都出问题。“上则口舌腐烂，下则脓血相杂。治疗半载，肉削如柴，饮食少进。”后以补中益气汤缓以匙灌，经过相当时间的疗养，才逐渐改善。[①]两个缺乳的实例，都显示妇女无乳乳儿，过去仍是相当常见的问题。而代用食品，以甜果或碳水化合物为主，更是造成这些婴儿营养不良，体弱易病的原因。

万氏及魏氏两种医籍所载案例，可见婴儿吐乳、过乳、饮醉乳、淫乳或乳时罹病，均为实际问题。母亲乳少或无乳及哺食不宜，亦会使婴儿哺养出现困难。过去的父母，育婴时遭遇这些问题，不论男婴女婴，有能力的家庭均尝就教专长幼科的医生。当时有经验的幼医乃以其专长之临床学识，设法助人。

（二）传记所载

明清所遗传记资料中，偶或透露当时育婴乳养的个别状况。披沙拣金，弥足珍贵。当时一般家庭均以母亲自乳儿为原则，家族及传记资料常有记载。不少妇女生育间隔呈二至三年的规律，亦可为一辅证。[②]母亲乳养婴儿，吐乳及乳汁不足是常遇到的困扰。黎培敬（1826—1882）幼时母亲自乳，即曾发生吐乳不适现象。[③]此外，母亲健康发生变化，乳汁供应自然受影响。陈衍（1856—1937）婴儿时期，其母患病，乳汁遂绝。[④]婴儿期，母亲缺乳或乳汁不足，若家

---

① 均见魏之琇，《小儿乳病》，《续名医类案》（1769《四库全书》，册785），页82–84。

② ［清］黎培敬自述，黎承礼编，《竹闲道人自述年谱》（《年谱丛书》第44辑，台北：广文书局，1971），页3。

③ 同上。

④ 陈声暨，《侯官陈石遗年谱》（《年谱丛书》第57辑，台北：广文书局，1971），页11。

庭无力佣人代乳，孩子的健康也随之受到影响。皮锡瑞（1850—1908）幼时因母无乳，乳养状况不佳，遂致“幼弱”①。

母亲乳汁不足或失去供应，又无人代乳，迫使转用其他代用食品哺养婴儿。左宗棠（1812—1885）生时，母亲即无乳。宗棠日夜号泣，母亲只能饲以米汁。②岑毓英（1829—1889）原由母亲自乳，不幸周岁前丧母，他又不肯接受别人代乳，不得已之下，祖母只好哺之以粥。③传记资料中提到的婴儿代用食品，仍以稀薄的谷类制品为多，与医籍中之记载相当一致。

士人家庭母亲乳汁不足，或者不愿不便自乳，佣人代乳的情况很多。如前所述，明清的医界和社会舆论对佣乳一事并无异议，只是适当乳媪难求。近世传记常提到雇请乳母，而合适的乳母并不易得。曾纪芬（1852—1942）的传记曾提到，曾氏家族雇请乳媪乳儿的事。④陈英士（1878—1916）母亲产后多疾，亦仗佣乳媪乳之。⑤但要找到好的乳母，十分困难。过去医籍家训中充满警诫家长应慎择乳母的忠告，史实中亦反映出许多家庭寻找乳母所遭遇的困难和挫折。邵行中（1648—1711）襁褓中需人喂乳，祖母等为他四处征选乳母都不成功。最后“十易保母，乃得乳”⑥。徐鼒（1810—1862）的传记也说，家人为他“觅乳媪，不称意，久得孙氏乃安”⑦。汪康年（1860—1911）幼时，母亲为他找人代乳，一直不能如意。其后他的二弟、三弟出生，决定不再雇用乳媪，都由母亲亲自乳养。⑧这些例证，及前医案所录乳母无乳而以饭水相诈之事，一方面显示，佣乳一事，易生流弊。想请到好的乳母，的确十分困难。另一方面，也表示当

---

①“公述先母瞿恭人事略云：后复有孕而病，医者误以药下之堕，几殆，自是羸弱多疾，锡瑞幼善病，几不全者数矣，恭人病，无乳，虽雇乳媪，恭人躬保抱抚护，寝食不离侧，遇锡瑞病，辄日夜不眠，药饵祈祷，至困顿弗惜。”皮名振，《清皮鹿门先生锡瑞年谱》（《新编中国名人年谱集成》第16辑，台北：台湾商务印书馆，1981），页4–5。

②“按家书甲子与孝威书云：吾家本寒素，尔父生而吮米汁，日夜号声不绝，脐为突出，至今腹大而脐不深，吾母尝言，育我之艰，嚼米为汁之苦，至今每一念及，犹如闻其声也。”严正钧，《左文襄公年谱》（见《年谱丛书》第38辑，台北：广文书局，1971），页5。

③ 赵藩，《清岑襄公毓英年谱》（见《新编中国名人年谱集成》第2辑，台北：台湾商务印书馆，1978），页7–8。

④ 曾纪芬，《崇德老人自订年谱》（见《年谱丛书》第56辑，台北：广文书局，1971），页9。

⑤ 徐咏平，《民国陈英士先生其美年谱》（见《新编中国名人年谱集成》第8辑，台北：台湾商务印书馆，1980），页4。

⑥“祖母抚先生，十易保母，乃得乳。”（据《五世行略》及邵国麟所作《念鲁先生本传》）姚名达，《清邵念鲁先生廷采年谱》（见《新编中国名人年谱集成》第17辑，台北：台湾商务印书馆，1982），页9。

⑦［清］徐鼒，《清敝帚斋主人徐鼒自订年谱》（见《新编中国名人年谱集成》第6辑，台北：台湾商务印书馆，1978），页3–4。

⑧［清］汪康年，《汪穰卿先生传记》（《年谱丛书》第59辑，台北：广文书局，1971），页10。

时医界及经常佣乳的士人家庭，对“选择乳母”之事，一直相当重视。而这种仔细重视的态度，自然为婴儿福利多加一层保护。

六、结语

整体而言，传统中国对婴儿的乳哺之道非常重视。医界对乳养婴儿时的规律、食量及位置、安全等原则，所论切实详细。这一套乳儿的主张，假设婴儿在饮食消化和体能状况上都比较脆弱，故对所有乳养相关之事，讲求加倍的留意与保护。而将一切乳养的责任与禁忌置于乳养者（母亲或乳母）之身。

这种加意保护幼儿的立场，亦反映在选择乳母和讲求哺食方面。择乳母的标准，繁复严格。所示始哺和断乳的时间都比较晚，而且哺食的食物内容清淡简单，重消化过于营养。层层建议，将婴儿视为一个十分脆弱而易受伤害的生命体，无力自保。整个传统中国的育婴文化，在这个方面似乎显得有些保护过度。相形之下，西方近代医界所谈的哺乳之方，立论上要大胆而放任得多。虽仍强调母亲自乳等原则，但基本上假设婴儿生来已备若干自求多福的条件，不会轻易受损。乳养者很可以视情况，随意调整哺乳的细节和规律。①

然反而思之，传统中国一般卫生防疫条件，不能与现代相提并论。当时的医药环境下，婴儿健康若生变故，事后能有的补救和治疗方法非常有限。权衡之下，加倍讲求保护就成了最稳妥的抚养之道。医案及历史实例，显示其顾虑的林林总总问题，确实存在民间，也说明了所揭示的原则，曾发生过真实的影响力。在当时卫生医疗和经济社会各方面的客观环境下，传统所讲求的乳哺之道，即便在保护婴儿上有些微矫枉过正之处，但是其维护幼儿的苦心，的确为保全婴儿生命，绵延幼年人口，发挥了可贵的力量。

总之，传统中国对婴儿哺乳的讨论相当务实。虽无生物化学及营养学等现代科学知识，其对喂乳及哺食的种种原则，考虑理性，技术面之讲求亦相当周详。依当时医籍及传记资料所示，喂食母乳乃为近世最通常的喂养婴儿方式。动物之乳和谷类薄汁只是母乳不足时的代用品，佣乳亦仅限于中上家庭。普遍喂以母乳，对传统中国的婴幼儿健康及人口增长，均有重大的意义。首先，对婴幼儿而言，母乳营养安全，加强免疫，又无虞于其他代用品（常以生水调制，

---

① Thomas E. Cone, Jr., *History of American Pediatrics*（Boston: Little Brown Co., 1979）, Chapter 6, “Infant Feeding of Paramount Concern,” pp. 131–150.

易受污染）之卫生问题，健康上最有保障。其次，相当长的喂乳期（一般中国妇女断乳较晚，通常于婴儿二周岁左右才停止喂乳），对妇女之自然避孕及加长生育间隔期，都有帮助。中国历史人口学之研究，发现一般生育间隔期在二至三年，而妇女平均生育率只有5.2左右，可视为一相关辅证。尤因近世中国对产后行房虽曾有禁忌，而并未使之绝迹，医书对淫乳（行房后立即乳儿）的警告，足以说明当时夫妇之房事常常并不受乳儿之影响。如此情况下，长的喂乳期可能是传统时期，在有限的技术条件下，最普遍而有效的一种控制生育的因素。过去医者及民众，对此因素之运用，已有相当之认识。另外一方面，中上家庭雇用乳母，可能缩短生育之间隔期，增长富裕家庭妇女之生育率，而延长乳妇（通常出身贫家）的生育间隔期。唯因乳母住入主人家庭，饮食喂乳都有主人之供应监督，与西方相较，依赖佣乳之婴儿存活率，大为提高。

最后，哺乳历史上多由妇女负责。若以近世中国医籍建言所示，乳育婴儿之妇女，其福利与需要都颇受关注。对乳养中妇女之种种要求，乃因将之与幼弱婴儿对举，“为母者强”，妇女此时被视为强有力之供应者；非相对于男性权威下，为弱者之一种。一般对传统妇女角色之讨论，重社会面而忽生理面。近世乳哺资料之提示，亦可略为矫正。

第八章

婴幼儿生理

对从事科学史研究，尤其是医学史工作的人而言，其概念上一向须面对的一个挑战，或者突破的一个关口，就是于重重叠叠的史料、古籍中如何披沙铄金，确定哪些是过去一时一地的"旧说"，哪些又是千古不移的"真知灼见"，或者躲藏在这些"真知灼见"背后的永恒的疑问，乃至穿戴着旧时语言习惯的说法，一些披挂了历史灰尘、色彩、模样的某种对宇宙、人生不变的追求过程中，所留下的一些对某个特定问题在思索、推敲、追问，设法解决过程中所留下的一段时代演变在科学史与生命医学史上的"轨迹"。

这项揭开层层知识面纱的工作之所以不易，一则是19、20世纪以来近现代科学之演变神速，给了世人一种"谜底终已揭晓"、我们终于有了"标准答案"，掌握全部"科学真理"的错觉。也就是说，如今一般人对现代科学之普世性定论，其为"真知灼见"，既然深信不疑，对照之下，此前所有"近代以前"的想法、说法、做法不免相形而见绌，显得十分可鄙可笑，既为过去的"无稽之谈"，不得已之无知与无助之状况，应该也就不值一提，没有太多需要重翻故纸，重提的往事，重访的旧址、老路。这种近现代科学的一往情深、崇拜信仰，在生物医学领域尤其突显，从而也就更增加了在医学史上重访旧迹的困难。

此外，揭开"历史辞语"，尤其是医学技术上的陈词旧说，本身也是件困难的功夫。要能拂去语言上的旧尘，考虑"历史辞语"背后对人类生理健康上长久不变的"疑问"，以及每个时代、地区对这些长久不变的生理健康疑问所曾有的预设，其想法、做法，不论如今看来，有多少站得住、站不住的地方，因其设想曾为过去人口存活实践上的凭依，总是值得重看、重想。

从上述两个层面上说，过去幼医流传多时的对婴幼儿生理变化上所谓的"变蒸"一说，是一个很好的范例。

因为出生一两岁之内的婴幼儿，生理上有两个最突出的特征，就是他们一方面成长发育的速度很快，即便以肉眼观察，不谓之日新，月异则是确凿无疑。另一方面，这些幼龄小儿还常常出现身体上的不适，容易发生体温上升、腹泻乃至饮食不思等情形。两种现象并存，很为过去照顾他们的家人与医生担挂。大家都想了解这快速成长的表象之后，其生理变化的步骤到底为何。更欲判断常有的不适中，何者为自然的生长变化，何者为异常病变，必须寻医救治。

面对这个婴幼儿生理变化的基本议题，传统中国医界曾尝试提出一种看法，称为"变蒸"之论。以之说明婴幼儿健康之常态和变态，及与婴幼儿成长发育间的关系。这个传统变蒸说的理论，前后在中国幼医界风行千年左右，其间经过不同阶段的发展与辩论。如今重新检视此“变蒸”说在中国幼医界兴起、发展与变化的过程，一则可以了解过去千年来中国医者对婴幼儿生理曾有之基本知识为何；二则从其中的曲折变易，也可以意识到推动过去健康与医疗知识兴衰进退背后的理念或动力所在。

一、初步假设

中世纪以前，中国医界对初生婴儿的生理变化并没有任何特殊的看法。公元第7、8世纪左右，重要医典中才开始提出一种新的理论，谓婴儿出世后的前五百多天里，生理上乃循着一种“变蒸”的法则逐步成长变化 。[①]当时这种有关小儿“变蒸”的初步假说，可以唐代孙思邈《少小婴孺方》中的论述作为代表。孙氏对所谓“变蒸”一说的叙述相当详细，首谓：

> 凡儿生三十二日一变，六十四日再变，变且蒸；九十六日三变，一百二十八日四变，变且蒸；一百六十日五变，一百九十二日六变，变且蒸；二百二十四日七变，二百五十日八变，变且蒸；二百八十八日九变；三百二十日十变，变且蒸。积三百二十日小蒸毕后，六十四日大蒸，蒸后六十四复大蒸，蒸后一百二十八日复大蒸。凡小儿自生三十二日一变，再变为一蒸，凡十变而五小蒸又三大蒸，积五百七十六日，大小蒸都毕，乃成人。[②]

基本上这是一段相当机械化的叙述，认为婴儿初生前一年半左右的生理变化，依照一种刻板规则进行。前320天之内，每32天经过一“变”。再过32天（也就是每64天）有“变”加上“蒸”的情况，总共经过十变和五小蒸（即320日），再有三次“大蒸”（分别在生后384日、448日和576日），小儿生后576日之时，此阶段之成长方告一段落，“乃成人”。

这段文字中所谓的“变”，简单说是变化或改变的意思。“蒸”则指的主要是小儿体热的现象。依孙思邈此处所言，婴幼儿生理成长变化循一种“固定进

---

① [明] 张介宾的《变蒸篇》亦谓：“小儿变蒸之说，古所无也，至西晋王叔和始一言之，继自隋唐巢氏以来，则日相传演，其说益繁。”见张介宾，《景岳全书》（《四库全书》，778册），卷41，页110。

② [唐] 孙思邈，《变蒸》，《少小婴孺方》（台北故宫善本收藏书），页2–3。

阶”的方式进行。每32日（即一个月左右），有一次明显的变易。而每64日（即两个月左右），会有身体发烧不适等现象伴随此正常变易出现。如此一共经过十次变化和五次轻微的发烧不适，320天后（即一岁左右），小儿再有三次比较严重的发烧不适（前两次间隔64天，后一次间隔128天），小儿一岁七八个月时，其身体成长变化乃大致完成。这就是有关婴幼儿生理变化的“变蒸”论初步提出时的面貌。其重点在认为小儿生理变化，循一定规律进展，每到固定时日，会出现“变”和“蒸”的现象。这种解说，将小儿生理变化视为一种机械化过程，而且首度将自然的成长变易与婴幼儿健康异常身体不适现象相提并论，以为两者是相关一物之两面，同为幼儿生长所必经。

至于“变蒸”说中所谓的“变”，到底指的是小儿生理上何部门之变，如何之变；所谓的“蒸”，到底是为何而蒸，背后的道理何在，这个时期的医说均尚未及。孙思邈仅简言：“小儿所以变蒸者，是荣其血脉，改其五脏，故一变竟辄觉情态有异。”表示变蒸的现象代表小儿的血脉需要发展增荣，五脏也在改变之中。并指出每过一段时日一变后，小儿神情体态均较前期不同，作为证据。

如今重读孙氏等的变蒸之说，除其对小儿生理变化之假说值得检视，更应追问，中世纪中国医者为何突然提出此一理论，其动机与背景何在。要解此疑，关键在变蒸论的后半段所述，言及此看法在临床上的应用，及其所带动育儿习惯的变革。孙氏变蒸论在叙述变蒸的过程后，立即提起此变蒸征象，通常包括体热、出汗、不欲食等。症状之轻重与发生的时间，各个别婴儿可能会有差异。①重要的是，照养婴儿者须能确认其症候为正常变蒸过程的一部分，与小儿其他疾病症状不同。②主张变蒸说的中世医界权威，如孙思邈等，论说中一再强调，呼吁医者及家长注意，小儿成长的生理变化中，本常伴有一些身体不适。家人不应大惊小怪，当思此为必然而正常的生理成长变化，慎勿慌乱中求医施药。

---

①孙氏原文谓：“其变蒸之候，变者上气，蒸者体热。变蒸有轻重，其轻者体热而微惊，耳冷尻冷，上唇头白泡起如鱼目珠子。微汗出。其重者，体壮热而脉乱，或汗或不汗，不欲食，食辄吐哯，目白睛微赤，黑睛微白。又云目白者重赤，黑者微变，蒸毕自精明矣。此其证也，单变小微，兼蒸小剧。凡蒸平者，五日而衰，远者十日而衰，先期五日，后之五日为十日之中，热乃除耳，儿生三十二日一变，二十九日先期而热，便治之如法。至三十六、七日蒸乃毕耳。恐不解了，故重说之。”见孙思邈，《少小婴孺方》，页3–5。

②孙氏原文续谓：“若于变蒸中加以时行濁病，或非变蒸时而得时行者，其诊皆相似，惟耳及尻通热，口上无白泡耳。当先服黑散以发其汗，汗出温粉粉之，热当歇，便就瘥。若犹不都除，乃与紫丸下之。……变蒸与温壮伤寒相似，若非变蒸，身热耳热尻亦热，此乃为他病，可作余治。”见孙思邈，《少小婴孺方》，页4–5。亦见《古今图书集成·医部》，卷427，页1b。

孙氏对照养婴幼儿的家人建议：

> 变蒸之时，不欲惊动，勿令傍多人。儿变蒸，或早或晚，不如法者多。又初变之时，或热甚者违日数不歇。审计变蒸之日，当其时，有热，微惊，慎不可治及灸刺，但和视之。①

显然在中世纪以前，中国家长常有一见婴儿发烧出汗，不思饮食，立即求医。而当时医界对这些小毛病又动辄施以峻厉的吐下等药，结果造成大量婴幼儿的夭折伤亡。医者中深思熟虑者，亟欲改革此育儿习俗及可悲的社会现状，乃提出此新立的“变蒸”之论，说明小儿初生一两年内，生理上须经许多阶段的生长与变化。过程中本易出现发烧等轻微不适。扶幼者应理解此自然与正常过程，勿轻易投医施药，带给稚弱者不必要的伤害。孙氏的《少小婴孺方·变蒸论》，分于四处再三申诫，成人切勿随便对婴儿施以不必要的灸刺药治。②可见中世医者欲改革旧时习气，提倡一种较温和自然的育婴法，很可能是推动变蒸说产生最主要的背景。

无论如何，中世重要医典均赞同此变蒸说之假设。孙思邈外，隋代巢元方的《诸病源候论》和唐代王焘的《外台秘要》③，均有类似讨论。

二、变蒸之议

关于小儿生理的变蒸理论，中世医界权威提出以后，曾盛行一时。尤以宋代幼科兴起到元明两代，历经七八百年，中国幼科及医界普遍遵奉变蒸之说。其间亦不断有医者提出对小儿变蒸现象的诸般看法。但综其内容，不外有二：一在进一步推论此生理变化的具体步骤及背后原理；二在继续推敲对变蒸中婴幼儿应有对策及当注意事项。这两方面议论中，有几个特别值得一提的里程碑。

首先，在尝试进一步说明变蒸此一小儿生理的内情上，近世中国幼科鼻祖钱乙的努力最为明显。钱乙在《小儿药证直诀·变蒸》一篇，开头即谓：

---

① ［唐］孙思邈，《少小婴孺方》，页4–5。亦见《古今图书集成·医部》，卷427，页1b。

② 除上引之段落外，其余三处分别谓，“（他症之外）审是，变蒸不得为余治也”；“当其变之日，慎不可妄治之，则加其疾变”；“当是蒸上，不可灸刺妄治之也”。见［唐］孙思邈，《少小婴孺方》，页6。

③ ［唐］王焘，《小儿变蒸论二首》，《外台秘要》（台北：新文丰出版社，1987影印），卷35，页431–434。

小儿在母腹中，乃生骨气，五脏六腑，成而未具全。自生之后，即长骨脉，五脏六腑之神智也。[1]

［清］ 姚文瀚《岁朝欢庆图》

此《岁朝欢庆图》，署清代姚文瀚之作。局部放大，可见绘者白描当时幼龄人口之日常举止习好，难如菲利普·阿里耶斯对传统欧洲绘画中的儿童图像，咎其不过是“缩小尺寸的成人”。

台北故宫博物院编辑委员会编，《婴戏图》（台北故宫博物院，1990），页 38

钱乙于此提出一个主要的看法，认为小儿之所以会有变蒸的现象，是因为婴儿刚出生的时候其骨骼脏腑虽成形而未完全。所以要经过相当时日成长变化，才渐发展成完备的状态。为了解释为何32日一变，并确指320日内长骨气及生长脏腑的过程，钱乙刻意建立了一套理论，仔细说明这个过程发生的原理和可能的步骤。[2]姑不论其推论是否合理，钱乙之所以要铺陈这一大套说辞，除代表他对小儿生理变化的揣测外，更重要的是，他希望进一步说服家人及医者相信他的看法，从而承认变蒸是所有婴幼儿自然必经。如他结语所言“是以小儿须变蒸蜕齿者，如花之易苗”。因而各家成人遇到婴幼儿身体略微不适，不要轻易求医，遭峻药之害。

钱乙的这些看法，认为小儿在母腹中时，皮肤筋骨腑脏气血均未充备。故

① ［宋］钱乙，《小儿药证直诀》（台北：新文丰出版社，1985），页8。

② 原文先说明长骨之理，后述及生脏腑之次序，大抵谓：“何谓三十二日长骨添精神，人有三百六十五骨，除手足中四十五碎骨外，有三百二十数，自生下，骨一日十段而上之，十日百段，三十二日计三百二十段，为一遍，亦曰一蒸。……凡一周变，乃发虚热诸病，如是十周，则小蒸毕也。计三百二十日生骨气，乃全而未壮也。故初三十二日一变，生肾志，六十四日再变，生膀胱，其发，耳与骶冷，肾与膀胱俱主于水，水数一，故先变。生之九十六日。三变，生心喜。一百二十八日四变，生小肠，其发，汗出而微惊，心为火，火数二。一百六十日五变，生肝哭，一百九十二日六变，生胆。其发，目不闭而赤，肝主木，木数三。二百二十四日七变，生肺声。二百五十六日八变，生大肠，其发，肤热，或汗或不汗，肺属金，金数四。二百八十八日，九变，生脾智。三百二十日，十变，生胃，其发，不食，肠痛而吐乳，此后乃齿生，能言，知喜怒，故云始全也。”见《小儿药证直诀》，页8。

生后有变蒸现象，以“长神智，坚骨脉”。此说当时颇能为人接受。11、12世纪宋代重要医籍，如《小儿卫生总微论方》[①]《圣济经》及陈言的《三因极一病证方论》等[②]，对变蒸一事均有类似的讨论。终究亦在强调婴幼儿许多偶发的身体不适，经过几天，自然会调整过来而完全消除。成人只要注意小心照顾，切忌妄予药治或灸刺。

继唐宋医者之后，试言其理与劝慎求医两方面的努力，元明医界多仍承续。亦有医籍集中议论后者，亟言小儿成长中发热等不适，应以合适照拂，助其度过。元代曾世荣有《活幼口议·议身体热》一篇。开宗明义，即谓“婴孩变蒸作热，按法依期”，是自然现象。“所受相参，有造化之令者，……烦助也”，不须外力相助。过程中，婴儿容易出现种种不安不适，乃至“儿与母俱劳”。但一切应付之道，仍以“善调理”为原则，通常“少顷即愈”。即便父母担挂，可以祝祷达其心意，或以温浴助其舒适。要在“初生胃弱，不必加饵”，仍以避免用药为上。[③]这方面，《全婴方论》有更痛切陈辞，论云：

> 变蒸者以长血气也。……窃谓此证小儿所不能免者，虽勿药可也。……予尝见一小儿至二变发热有痰，投以抱龙丸一粒，卒至不救。……然父母爱子之心胜，稍有疾病，急于求医，而医不究病情，率尔投剂。殊不知病因多端，见湿相类，难以卒辨。况古人禀厚，方多峻厉之剂，慎服可也。[④]

当时医者既无能力辨识小儿复杂多因之病情，处方中又多为幼儿脏腑所不

①《小儿卫生总微论方·变蒸论》谓：“小儿在母腹中，胎化十月而生，则皮肤、筋骨、腑脏、气血，虽已全具，而未充备，故有变蒸者，是长神智、坚骨脉也。变者易也，蒸者热也。每经一次之后，则儿骨脉气血稍强，精神情性特异。是以《圣济经》言，婴孺始生有变蒸者，以体具未充，精神未壮，尚资阴阳之气，水火之济，甄陶以成，非道之自然，以变为常者哉。……其轻者五日而衰，重者十日而衰。…… 不得惊动，勿令傍边人多而语杂，不可妄行灸刺。……”见《古今图书集成·博物汇编·艺术典》，卷428，《医部汇考·小儿初生护养门》，页47a–48a。

②［宋］陈言的《三因极一病证方论》，有《千金变蒸论》一篇，内容如其题示，大抵在摘录孙思邈述中之要点，而诫妄治及灸刺。见《四库全书》，743册，卷18，页27–28。

③ 此篇除谈婴儿体热之适当照拂外，并记述父母可以祝祷表达关切，疏导焦虑而助其康复，显示当时医界并不忽视心理因素在实用疗法中之意义。原文略谓：“法以父母各呵儿七遍，父先祝之曰：尔为吾儿，顺适其宜，我精我气，受天弗迷，阴阳纲纪，圣力扶持，薄有违令，随呵愈之，急急如律令。母复呵祝之曰：尔为吾子，胎气充汝，我血我脉，毋艰毋阻，万神喝生，有福为主，稍失调度，随呵而愈，急急如律令。”见《活幼口议》（北京：中医古籍出版社，1986年重印），页56–60。

④ 见《古今图书集成·医部·初生诸疾门》引，在《古今图书集成》，卷427，页29。

能承受的峻厉之剂，医界中有识之士只有劝诫父母改变病急求医的习惯，以周到的照顾代替不尽可取的医疗。前述二月幼儿投药而死的案例，可为鉴诫。

宋元而明，中国幼科由萌发而鼎盛。当时医籍对“变蒸”现象的讨论，不一而足。其中固有如《丹溪心法》，内容简略。[①]或如《幼科类萃》[②]，多袭前言。但亦有医者陆续依其经验，于旧说之上加添一己观察。如元危亦林《世医得效方》，指出小儿变蒸可能转为他症，应予注意。[③]或明代方贤《奇效良方》，谈到小儿变蒸时，眉上有脉红、脉青的现象等。[④]12世纪到17世纪，变蒸说盛行医界之时，除前述钱乙及曾世荣的议论外，尚有三家言论多有创见，值得一述。

一是明代寇平《全幼心鉴》中的讨论。寇氏书中对小儿变蒸一事，载有四篇不同论述[⑤]，详尽繁复，冠诸医籍。除一一详引巢氏、钱乙等前人之说外，亦有新见。其中尤以两项说法，值得注意。一是对变蒸时小儿生理变化之内情，每一蒸所涉之脏腑，提出一套新的假说。此假说始于所蒸[⑥]，与过去钱乙所谈始于肾者迥异。可见当时医界已有反对旧权威，意欲另立新论者。其《全幼心鉴·八蒸歌》的说法，显示对婴幼儿精神意志之生长变化，与运动器官之发育成熟，观察细密。[⑦]二则指出变蒸现象并不必发生于每位婴幼儿身上。对“例外”的情况，寇平说：

---

① 号称金元四大家之一的朱震亨，于其《丹溪心法·小儿论》中仅谓：“小儿变蒸，是胎毒散也。”见《古今图书集成》，卷427，页2b。

② [明]王銮，《变蒸论》，《幼科类萃》(北京：中医古籍出版社，1984年重印)，页80–86。

③ [元]危亦林，《变蒸》篇中谓：“其候与伤寒相似，亦有续感寒邪者。”见《世医得效方》(《四库全书》746册)，卷11，页15–17。

④ [明]方贤，《变蒸》，《奇效良方》(见《古今图书集成》卷427)，页3b–4a。

⑤ 分别是《变蒸》《八蒸歌》《小儿变蒸歌》《小儿变蒸候》，见寇平，《全幼心鉴》(台北“中央图书馆”善本书)，卷2。

⑥ [明]寇平，《变蒸》一篇谓：“一肝蒸，呼为尚书童子。二肺蒸魄，相开胸臆咳吃。三心蒸体舌为帝王血脉。四脾蒸精志为大夫。五肾蒸烈精生骨髓。六耳蒸筋脉通流能行。七蒸踝骨渐行。八蒸呼吸精神定。”见寇平，《全幼心鉴》，卷2。

⑦ [明]寇平，《八蒸歌》原文谓：“深嗟初育小孩儿，才出胎来识饱饥，在母胎中无触犯，乳哺温和渐觉肥，第一肝蒸生三魂，只眼难开瞳子昏，三两日间微壮热，定眼看人似欲言。第二肺蒸生七魄，喷嚏咳嗽开胸膈，见人共笑语喃喃，暗里时时长筋脉。第三心蒸生百神，方能识母畏傍人，血脉初生学反复，肌肉皮肤渐渐匀。第四脾蒸生意智，尻骨初成学坐戏，三焦胃脘初受盛，乳哺甘甜不间离。第五肾蒸生精志，血脉相通转流利，掌骨初成学匍匐，反复投搦随其意。第六筋骨初成蒸，九窍精液皆相应，时时放手立停停，气力加添日渐胜。第七膝胫骨初成，颜色红光遍体荣，举脚始身学移步，喽啰语舌百般声。第八呼吸定精神，气血调和畅一身，自喜自欣连自乐，见人见物便欣欣。”见《全幼心鉴》，卷2。

亦有不惊不热，或无证候，暗变者多矣。盖受胎壮实故也。[①]

认为有些婴儿生长中从来没有发烧等不适的现象，乃是因为其生理变化在没有表征下进行，并不代表他们没有变蒸的现象。这些小儿可能受胎时先天禀赋比较“壮实”，生长时不会表现出明显的不适。其实部分婴幼儿临床上全无传统所述变蒸之症，是否即代表其先天生理上较强壮，而在背后“暗变”，严格说来，是层次不同的两件事。不过至此幼医已正式承认，传统所称的变蒸，不是一个普遍必然的现象。临床上此一观察之确立，对未来变蒸说的进一步演变，很有关系。

近世幼医讨论“变蒸”之说，足资重视的第二个例子，是明代鲁伯嗣的《婴童百问》。鲁氏的《婴童百问·变蒸》篇，大抵接受前人看法，以为小儿生长之际多出现变蒸现象。不过特别指出，没有变蒸等不适，健康婴儿的身体精神应当如何。谓：

蒸之外，小儿如常。体貌情态，自然端正。鼻内喉中，绝无涎涕。头如青黛，唇似朱鲜。脸腮如花映竹，情意若天净月明。喜引方笑，似此平安。……凡观婴孩，颅囟固合。睛黑神清，口方背厚。骨粗臀满，脐深肚软。齿细发黑，声洪睡稳。此乃受气充足，禀赋得中，而无疾也。[②]

鲁氏之说，正面而详细地描述了健康婴童的体态精神，使医者家人见到清朗美丽、神清喜笑、厚实丰满、声音洪亮、睡眠安稳的孩子，更确定其平安无疾。这一项提醒，很可能帮助后来幼医加强分辨婴儿是否健康或在变蒸，从而重新思索变蒸现象之普遍性与必然性的问题。

近世幼医中对变蒸的看法中，第三个值得注意的，是16世纪幼医世家万全在《育婴家秘》和《幼科发挥》中的议论。万全的著作，基本上仍承认过去幼医对变蒸的主张，以为：

---

① [明]寇平，《小儿变蒸候》，《全幼心鉴》，卷2。王銮《变蒸论》中亦有类似的“暗变说”，见《幼科类萃》，页80–81。

② [明]鲁伯嗣，《变蒸》，见《婴童百问》(台北：新文丰出版社，1987)，页38–44。

> 变蒸非病也，乃儿长生之次第也。儿生之后，凡三十二日一变。变则发热，昏睡不乳，似病非病也。恐人不知，误疑为热而汗下之，诛罚无过，名曰大惑。[①]

万全虽认为变蒸之说大致仍可成立，但也提出几项自己的见解，修正过去的理论。一则他不赞同前人执意将变蒸二字分论脏腑，将先后各变各蒸固指某脏某腑的生长变化。他也不认为小儿经过变蒸的320日后，还有三大蒸的说法。以“变蒸之后，有三大蒸之说，后人因之，莫有觉其非者”。依他之见，三大蒸之论，“诚未达其旨也”，不足为取。二则特别指出，变蒸之征象，与婴儿身体强弱有关，是一具个别差异的生理现象。因为：

> 若一岁之内变蒸之日，似亦不可执也。形有强弱，气有清浊，变有迟速。故形壮气清者，其变常速。形弱气浊，其变常迟。谓三十二日一变者，乃举其大数如是也。至于形之强弱，气之清浊，则又禀于父母，出于造化阴阳之殊也。[②]

强调婴儿形体强弱之异，会影响其变蒸时之表现。与寇平等所谓“暗变说”，以“受胎壮实”者表面可能不会出现发热微惊等症候，颇有相互呼应之处。均在凸显小儿生长变化生理，常规之下，仍有许多差异。而且这些差异，与婴幼儿身体强弱有直接的关系。第三方面，万全欲与前人之说斟酌的是，认为过去幼科治变蒸常用发表攻里之药，固“误儿多矣”。但家人亦不可矫枉过正，将所有一二岁内幼儿不适均归为自然的变蒸，完全听其发展，不求医治。依万全的看法，婴幼儿于变蒸预定发生的时间出现不适，不一定都是生长变化所引起，很可能真为其他疾病所苦，应寻求适当的诊治。故曰：“儿当变蒸之时，或有伤风，或有伤食，法当治之。”一味忽视，可能造成另外的失误，照顾者“不可不辨”[③]。总之，万全凭其丰富的临床经验，对传统变蒸说的许多细节提出更深刻

---

① [明] 万全,《变蒸》, 见《幼科发挥》(北京：人民卫生出版社,1957重印康熙年间韩江张氏刊本), 卷1, 页12。

② [明] 万全,《变蒸证治》, 见《育婴家秘》(武汉：湖北科学技术出版社, 1984), 页62。

③ [明] 万全,《变蒸证治》, 页62。

的看法。目的不外乎再次呼吁医者及民众，勿过度拘执相信前人变蒸之说，应设法观察实情，弹性处理。万全固仍承认变蒸之说，但他实事求是的态度及商榷前说的做法，可为后代进而质疑者之鼓励。

总之，关于变蒸一说，到16世纪末，近世幼医大致均持相信态度。一如徐春甫在《古今医统大全》所示，彼等亦知关于变蒸的理论，有不止一家的解释。医者多半诸说并陈，徐氏则谓："(《宝鉴》与钱氏之）二说皆通。"重点总在主张变蒸是一种小儿自然的生理变化，如"龙蜕骨，虎换爪，豹变文"。照顾婴儿的家人，只要注意"不可深治太过"，视其症状之轻重，施予适当之调理，助儿度过，"至期自愈"①。

不过也就在这个时期，一方面变蒸说仍普遍盛行，另一方面医界也开始有人用更缜密的推理与临床验证，对过去的假设提出若干质疑。

三、启疑

近世医籍中首先对变蒸说提出疑义的，见于1584年孙一奎所著的《赤水元珠》一书。孙氏于《赤水元珠·变蒸》篇，提出自己的看法，说：

> 古谓三十二日一变生一脏，六十四日一蒸生一腑。三百二十日十变五蒸毕，则脏腑完而人始全也。大意谓人有三百六十五骨度，而合周天之数，以期岁该之云云也。愚谓婴孩离母，则腑脏已自具足，岂待变蒸完而后始生哉。观其下地，囫然一声，便能呼吸、饮乳、大小便，一如大人。设脏不完，啼声安出，又安能饮乳而成小大便哉。由是推之，所谓变蒸者，乃气血按月交会煅炼，使脏腑之精神志意，魂魄递长，灵觉渐生尔。……不然，观今之婴孩，未尝月月如其所云，三十二日必一变，六十四日必一蒸也。发寒热者，百中仅一二耳。间或有之，亦不过将息失宜，或伤风伤乳而偶与时会耳。虽不服药，随亦自愈。……若谓生脏生腑之助，则其谬也，不辩自知。②

孙氏凭其敏锐的观察力，对传统变蒸说提出了大胆质疑。他首先根据婴孩

①［明］徐春甫，《变蒸》，《古今医统大全》(见《古今图书集成》卷428)，页9a。

②［明］孙一奎，《变蒸》，《赤水元珠》(《四库全书》766册)，卷25，页25–26。

出生后就能呼吸饮乳，大小便排泄如常的事实，反驳旧谓小儿生时脏腑未全，须经一次次变蒸才能成长充备的说法。其次，据他观察，当时婴孩并没有依时发生变和蒸的现象。他所看到偶发寒热的婴孩不过百分之一二。而这些婴孩所以有发烧等症状，多半是照顾不周、着凉或胃肠不适，只是时间上与所谓变蒸之期巧合罢了。依他之见，婴幼儿生长，是一个持续渐进的过程，并没有跳跃性阶段。把小儿偶有的身体毛病，说成协助脏腑生长的征候，孙一奎认为是过去的一大谬误。

孙氏一番论辩，对变蒸说提出了重要质疑。此后医者虽有继续衍袭旧说者①，但医界中较深思者，对小儿生理变化，显然已不能以过去变蒸说为满足。孙氏书出四十年后，明代名医张介宾果在其《景岳全书》中，再度发表强烈疑义。以中世医者提出小儿变蒸说后，理论“日相传演，其说益繁”。但：

> 以余观之，则似有未必然者。何也？盖儿胎月足离怀，气质虽未成实，而脏腑皆已完备。及既生之后，凡长养之机，则如月如苗，一息不容有间。百骸齐到，自当时异而日不同。岂复有此先彼后，如一变生肾，二变生膀胱，及每变必三十二日之理乎？又如小儿病与不病，余所见所治者盖亦不少。凡属违和，则不因外感，必以内伤。初未闻有无因而病者，岂真变蒸之谓耶。又见保护得宜，而自生至长毫无疾痛者不少，抑又何也？虽有暗变之说，终亦不能信然。余恐临证者有执迷之误，故道其愚昧若此。②

张介宾与孙一奎同样，认为小儿足月出生时，各种脏腑器官皆已完备。若谓出生后的成长发育，也该是持续而全面的现象。张氏以为，其过程不可能是依序生长个别器官，也不该固定每32天必变一次。接着，以他临床检视过的健康与患病小儿为据，表示他诊查过的婴幼儿，若有身体违和，均因特定外感内伤所致，没有听说过完全没有原因而出现病状的。过去指为变蒸的假设，很可能站立不住。何况正如孙氏所言，他也注意到婴儿发生病变，并不是普遍的现象。孙一奎说：“发寒热者，百中仅一二耳。”且均为“将息失宜，伤风伤乳”而致。

---

① 例如17世纪初（1615），[明]龚廷贤，《寿世保元》（上海：上海科学技术出版社，1989）中的《变蒸论》，页568–569；[明]王大纶，《婴童类萃》（北京：人民卫生出版社，1983）中的《变蒸论》，页75–78。

② [明]张介宾，《景岳全书》，页109–110。

张介宾则谓，依他所见，照料妥当，从出生到长大，毫无疾痛者也不少。他还说，过去认为这些表面不见病痛的小孩，是在暗中变蒸。张介宾考虑后表示，他不能接受这种“暗变”的说法。觉得整个变蒸理论，不过为愚昧不明者带来更多的执迷之误。

变蒸之说经张介宾再度提出辩驳，17世纪至18世纪中，医界保守者如夏鼎、徐大椿者虽仍持旧说[①]，但到18世纪中陈复正著《幼幼集成》（1750）之时，其《幼幼集成·变蒸辨》已不再征引前人之说，径自提出质疑之说。陈氏辩驳变蒸，主要的论点有四。一谓过去谈变蒸者，均以之为幼儿生养五脏六腑征象。然细考所附处方，多含巴豆、水银等“峻下”之药，不免令人阅而生疑：“夫既曰长气血，生精神，益智慧，惟宜助其升生可也。顾且用毒劣灭其化元，不几于非徒无益，而又害之耶？”此为其一。再者讲变蒸过程者，将其日数与小儿骨节，一一与周天之数勉强凑合。关于脏腑变蒸，又有两三种不同臆说。或谓一变肾，或谓先变肝。依陈复正之见：

> 夫小儿脏腑骨度，生来已定，毫不可以移易者。则变蒸应有定理。今则各逞己见，各为臆说，然则脏腑竟可以倒置，骨度亦可以更张。是非真伪，从何究诘。……徒滋葛藤，迄无定论。将使来学，何所适从。……总之，此等固执之言不可为训。[②]

陈氏亦如前之孙一奎、张介宾，认为小儿之脏腑骨骼，生来已大致固定，不太可能依序重新生长。而主变蒸论之诸家，言论彼此矛盾，更使人难以信从。此为其二。更重要的是：

> 予临证四十余载，从未见一儿依期作热而变者。有自生至长，未尝一热者。有生下十朝半月，而常多作热者，岂变蒸之谓？[③]

陈复正以执业四十多年的经验，与孙、张二氏一样，对变蒸说中固执僵化

---

① 例如［清］夏鼎，《蒸变》，见《幼科铁镜》（1695），卷2，页9b–10a；［清］吴谦，《变蒸》，《幼科杂病心法要诀》（1742，台北：新文丰出版社，1981），页47；［清］徐大椿，《变蒸》，《兰台轨范》（1764，见《景印文渊阁四库全书》，785册），卷8，页538。

② ［清］陈复正，《变蒸辨》，见《幼幼集成》（1750，上海：上海科学技术出版社，1978重印），页47–49。

③ 同上。

的一面，不能苟同。他说自己从未见过一个婴儿，到时间果然发烧的。而且关于小儿发烧的时间，各个案例差别很大。有的孩子从小到大，从来没有发烧的问题。有的孩子却生下十天半月，就常常发作。难道这些情况都可以用变蒸一词全部概括吗？此为其三。最后，陈氏表示：

> 凡小儿作热，总无一定，不必拘泥。后贤毋执以为实，而以正病作变蒸。迁延时日，误事不小。但依证治疗，自可生全。[①]

认为小儿发烧并没有固定的时候，却总有原因。提醒后世家长，不要拘泥于过去理论。把孩子的“正病”也当成所谓变蒸的征象，耽误时间，迟不求医。照陈复正的看法，婴幼儿如果发烧，最好还是正视其症状，“依证治疗”，才是保全之道。此为其四。最后，陈氏并引张介宾之疑义，支持己论。

经过孙一奎、张介宾相继发难，再有陈复正的一番说辞，像为变蒸说画上了一个休止符。此后幼科医籍如《幼科集要》等再谈变蒸，已完全看不到对宋明旧说的引述，只完全采用张介宾《景岳全书》上的辩驳之辞。[②]数百年来曾盛极一时的变蒸论，至此竟已成一过时的假说。

四、婴幼儿生理学说的蜕变

变蒸这个传统中国医学对小儿生理变化的重要理论，由第8世纪孙思邈等的倡言，经过千年曲折起伏，到18世纪陈复正的反复辩驳，算是走完自己的里程，达到一个学说的终点。回顾此一学说的兴衰变化，不仅看到传统生理学知识本身的步步演变，更重要的是，意识到这知识演化过程背后，社会状况和幼科专业两方面的转变。当中世纪医者初步提出变蒸之说时，所面临的社会实况，是家长逢儿有病就急于求医。而当时医界不仅对小儿生理无甚了解，习用处方更都是些峻厉无比的汗剂，结果当然容易造成婴幼儿的大批伤亡。有感于现状，加上对小儿旺盛生机的观察，孙思邈等乃建立了变蒸的理论，重点在提醒医者及家人重视小儿快速成长的事实，并推测其间出现发烧不适等症状可能与此生

---

①［清］陈复正，《变蒸辨》，见《幼幼集成》（1750，上海：上海科学技术出版社，1978重印），页47–49。

②［清］程杏轩，《变蒸》，《医述·幼科集要》（合肥：安徽科学技术出版社，1981年重印），卷14，页929。

理变化有关，劝告大人勿急于求医投药。

此说一出，11到15、16世纪间，幼科发展时期，幼医权威亟欲在小儿生理方面建立起一套较完整、有系统的理论，以为新立专业诊疗之据。故钱乙以后的五六百年，重要幼医纷纷对变蒸提出详尽完密的理论。这些说法，内容繁复，环环相扣，惜无基本生理解剖学之助，完全建立在推测之上。与传统五行脏腑呈机械性的对照，其对应十分工整，却多半失于无凭据。当然，变蒸之说不能说完全是无的之矢，因为小儿快速成长的确是一件值得注意的事实。而体质较弱的儿童，值生长发育某些关键，如生齿长骨等，确实可能出现微烧腹泻、不思饮食等不适。[①]故近世幼医亦有小儿变蒸，俗称“牙生骨长”之说。[②]更重要的是彼等对“变蒸”之说，言之凿凿。数百年间，医界奉为圭臬，一方面使许多家长对婴幼儿，更注重调养照顾的功夫。偶遇不适，考虑到自然生理因素，不率尔轻易求医。另一方面也使医者见到轻病幼儿，思及其成长变化之理，慎勿轻用古代峻下之药。以目前对中世以后数百年医界及药学发展的认识，妄求医不如不治，的确常是可取的原则。中世以来变蒸的说法，因而可能挽救了许多婴儿的性命。

16世纪以后，幼医本身对变蒸之说由信而疑，遂以推翻。主要是对其学理根据（小儿初生脏腑未全的假设）产生怀疑，同时又注意到临床试验（许多幼儿从无变蒸之候或不依期而变）与旧说不能配合，故有质问驳斥之言。这背后，可以进一步推论，到了16、17世纪，中国社会的育婴习惯，因幼科医界本身的进展，乃至婴幼儿健康的状况，较数百年前，都有重要的改进。部分有识家庭减少了病急乱投医的习惯，有些医者也不再动辄对小儿下重药。所以孙一奎、张介宾、陈复正等在临床上所见到的健康幼儿，比例愈来愈高。孙氏谓：“发寒热者，百中仅一二耳。”张氏说：“保护得宜，而自生至长，毫无疾痛者不少。”陈氏以：“临证四十余载，从未见一儿依期作热而变者，有自生至长，未尝一热者。”[③]这个婴幼儿健康大幅改善的情形，值得进一步研究。不过此客观事实的成立，有部分正可视为变蒸旧说劝人重调养慎求医的结果。可能正是因为上一阶段的努力和进展，17世纪以后的幼医才得以有新的客观事实根据，回头检查“变

① 参见陈聪荣，《中医儿科学》（台北：正中书局，1987），页62。

② 见［明］寇平，《小儿变蒸歌》，《全幼心鉴》，卷2。

③［明］孙一奎，《赤水元珠》，页25；［明］张介宾，《景岳全书》，页110；［清］陈复正，《幼幼集成》，页48。

蒸”说曾造成的矫枉而过正的现象。要求家人勿对所有幼儿不适置之不理，听其发展。遇有明显症状，仍宜求医，对症治疗。

传统变蒸一说演变至此，让我们更认识到过去中国幼科医界的一些特质。一则旧时医者固为专业人士，但常兼扮社会改良者的角色。变蒸旧说的提出和新证的确立，显示中国幼医对其社会责任和专业精神两方面的重视。

二是变蒸说演变的历程，亦可见第8世纪、第11至12世纪及第16至18世纪，为关系中国幼医发展的三个重要阶段。第一阶段幼医尚未正式分立，但医界对小儿健康问题已拟出一些重要假设。第二阶段幼医专科初成，正努力建立系统化理论与诊治方针。第三阶段特色则在临床经验之丰富成熟，与专科论述之更细密深入。三阶段各有成就。而第三阶段的进展尤为重要，可谓传统幼医之巅峰。

最后，变蒸之实例，在在让我们认识到，所谓传统医学或中医，本身并非一套单一学说，而是一片壮阔的洪流。其间不断有许多支流汇入或分出。同时清浊诸水杂然纷陈，因而对同一个议题，就有正反合多种辩论的声音。即以变蒸论为例，最初医界因为对某些现象的关注、推测，而提出初步的假说，其后尝试与学科中其他相关的学说结合，发展更详细的解释，最后并因新的观察与证据，产生疑问与辩驳。整个经历由假设，经推理和实证检验，转而驳斥，并走向新阶段的假设，其过程之本质，与西方或近代任何一学科的经验并无二致。只是到17、18世纪之前，近代对病理、免疫及体质解剖上的一些重要认识尚未诞生，所以当时中国幼医界，虽已以其精辟的见解，扬弃变蒸的旧说，然而对小儿患病或成长，其生理上的原委却未能建立起一套更为确凿的新说。对小儿生理的认识，在变蒸说上我们看到的是一个学理上一个循环的落幕，而期待着下一个序幕的扬起。

第九章

成长与发育

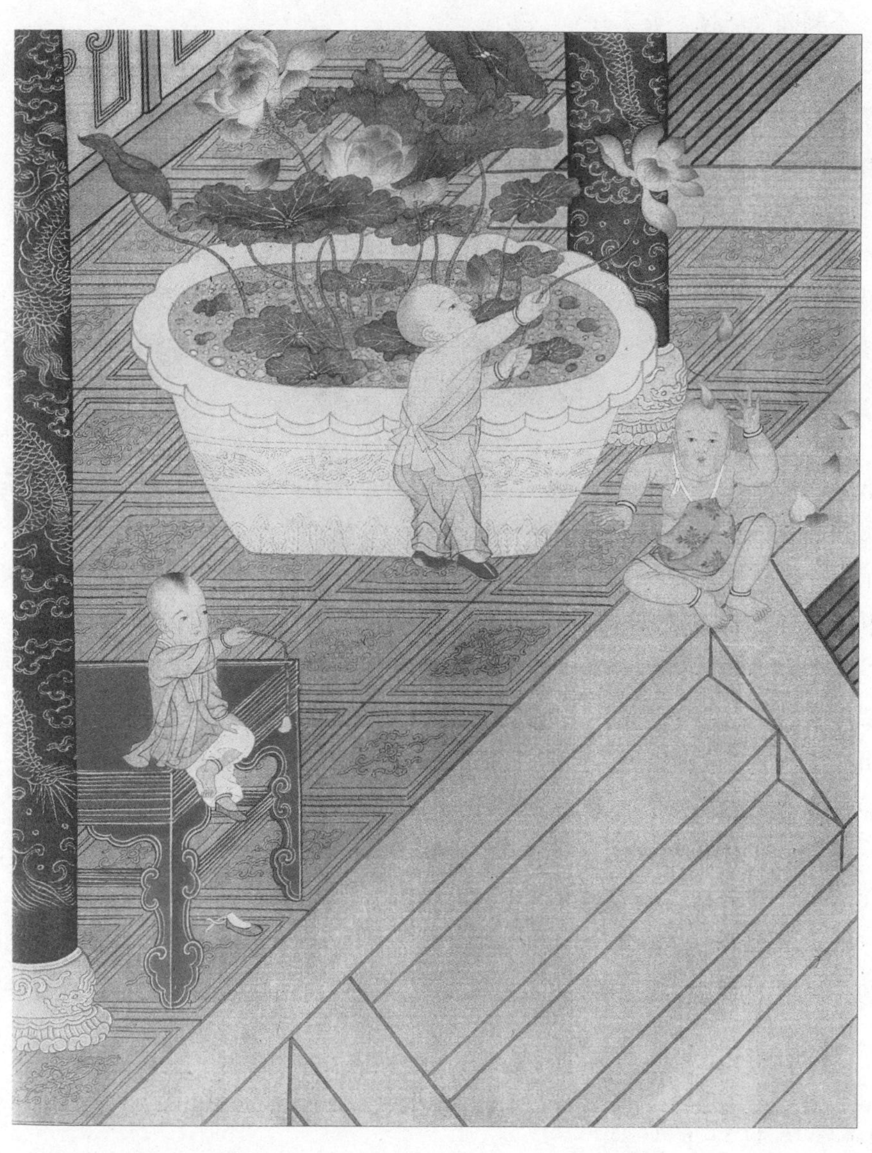

社会之繁衍，家族之绵延，代代之传递，均仗新生命之诞生、存活、茁壮成长。在一个重视家族绵延之社会，如受儒家孝慈传统影响下的近代以前的中国，对其一代代新生婴幼成员诞生后的成长、茁壮的状况，关注之切，不言而喻。关注所至，因之想找出一些关键的“指标”，某些是以显示婴幼儿落地后最初一个阶段里，是否生机旺盛，茁壮如常？或者说，如果婴幼儿成长和发育有某个“正常”的“进度”可言，有没有所谓的“进度超前”，或者“进度落后”的问题？如果有，一般人可以凭靠什么外观的“现象”，肉眼可见的形体、五官等的状况，做一个判断的凭据？好去注意、改善？

这种凡常庶民因对新生命之殷切期盼，不免推动、敦促着当时的专家学者、传统中国幼科的医生研求出了一套观测婴幼儿最初成长与发育机制的概念、词汇和简易能懂、不难操作的“指标”（indicator）。

这套指标，如今看来，像许多“专家知识”与“庶民生活”的交会点，固有不可磨灭的“实证性”（empirical character），也有其难以否认的，带有主观、情感成分的地方，“礼俗文化面”（local customs）。走过千百年以后，承载当时特定语言的科学实证性观察，当然珍贵。其间所杂糅的民俗、象征性祈望，也不是全无意义。

人是自然界的生物，冬去春来，万物萌生时，欣欣向荣，林木茂密，叶生草长。反观人之幼儿，若要冀望其生机（vitality）旺盛，滋养充沛，是不是一样要发生齿长、能走能行，发声语出，一切“依期”？“依期”若是关键，就代表一个对人类婴幼生长发育某种时间表（timetable）之预想，期望、关注时的祝祷。万一不幸有些进度跟不上，大家口中的“迟”，生发生齿，站立行走，出声言语上的“迟”滞，相对而言，也就教给了寻常百姓一种带着某种认识之下的揣测工作（educated guess work）。从下面对中国幼医和民俗交织下所讨论的婴幼儿生育发展上的“五迟”，遂可窥知当时医疗知识在实证上的观察，以及一般民众扶育婴儿的关注、兴奋与焦急所在。

因为，人体正常之成长与发育，是生理上基本而重要的现象。前者表示形体的成长，后者指机能的演进。实则人身形体成长与机能演进，关系密不可分，均为反映正常生理和人体健康之主要指标。[①]而人体之生长与发育，以婴幼儿时期最为快速明显，容易引起人们重视。采撷近世医籍资料，析述传统中国医

① Victor C. Vaughan, R. James Mckay, Waldo E. Nelson, *Nelson Textbook of Pediatrics* (Philadelphia: W.B. Saunders Co., 1975) , pp. 13–24.

界对婴幼儿生长与发育现象之了解，可示近代以前中国医学及生理学在此方面的知识，并视其观点变化，其认识长短及缘由所在。

一、正常的生长和发育

传统中国对婴幼儿生长发育的现象早有注意。中古医籍即已述及，唐代孙思邈在《少小婴孺方》中的看法可为代表。他表示，婴童：

> 凡生后六十日，瞳子成，能咳笑，应和人。百日，任脉成，能自反复。百八十日，尻骨成，能独坐。二百一十日，掌骨成，能匍匐。三百日，膑骨成，能独立。三百六十日，膝骨成，能行。此其定法，若不能依期者，必有不平之处。[①]

依这段文字记述，可知中世纪中国医者已知正常婴幼儿的生长发育，循序而进，有一定的阶段。由出生后两个月左右能识人知物，到百日能翻身，六个月会坐，七个月能爬，十个月能站立，周岁左右能行走。其进度与近代医学之了解，大抵相似。值得注意的是，孙思邈的观察中，除了婴儿的生理发展，亦包括其能咳笑应人等精神心理状况之表现，而且所述各阶段进展，举动表现均有生理体质上之成长为基础。例如，婴儿六月时因尻骨长成，故能独坐；七月时是掌骨长成，乃能匍匐等。不过，整体而言，孙思邈以为婴幼儿生长发育的主要指标，仍以其举止上的表现为主。尤其以婴儿在运动上面的进步，为判断其生长发育各阶段的重要凭据。这方面，孙思邈的看法代表了传统中国医界一个普遍的倾向：较重婴幼儿发育的功能面现象，而比较少注意其成长的形体面变化。他的记录说明，婴儿到一定年龄应该会做某些动作，未尝如近代医学要求成人注意婴儿身高、体重、头围、胸围等快速成长之现象。发育比生长似乎更易成为中国医者关心的重点。最后，孙思邈明白指出，每个婴幼儿成长之过程，应大致依此“定法”。若发现有“不能依期者”，即代表某婴童的成长发育出了问题。其异常现象，背后定有某种特殊原因。有此看法为据，宋代以后的医者乃欲进一步指出婴幼儿生长发育上的异常现象，以为辨识凭据。

---

① [唐] 孙思邈，《少小婴孺方》（台北故宫博物院藏善本书），页2–4。

二、成长发育上的异常

传统中国医界早就发现婴幼儿的成长和发育是一个值得注意的问题，有经验的医者意识到正常的发育成长代表幼童身心健康，却非人人皆然，更非理所当然。中国中世纪的医书，已提到一些协助小儿囟骨闭合的处方。[①]宋代以后，幼科独立发展，医者更特别指出若干婴幼儿发育的异常现象，反复讨论，并试予治疗。这些幼科医者首先注意到的是，有些婴儿幼童在身体心智发育的阶段上迟于正常孩童。前引孙思邈所论"不能依期者"，以为"必有不平之处"。就是说部分幼儿未能于预定时间达到正常发育，可能代表他们的健康出了问题。不过，传统典籍中述及婴幼儿成长发育现象很多，包括婴儿到了一定年龄能咳笑、识人，会翻身坐立，开始匍匐、站立、行走等。而宋元以后的医家，却仅选择性地举出几项婴幼儿发育上的指标作为讨论的焦点。包括毛发生长之枯疏，称为"发迟"；牙齿发育上的迟缓，称为"齿迟"；言语表达之迟滞，称为"语迟"；站立行走之困难，称为"行迟"。这种种婴幼儿发育上的问题，合称为"诸迟"[②]。明清后又有加上坐立不稳，为"立迟"，而有所谓"五迟"之说。[③]

诸迟或五迟中的各个项目，引起医界兴趣之早晚不同，所受到的重视也有轻有重。同一幼科医家医籍未必兼及各项，可能只择其中二三论之。然而要了解传统中国医界对婴幼童成长发育问题的看法，应对各项论述逐条剖析。今依婴儿成长发育上程序之先后，分别解说如下。

（一）发迟

传统中国人的健康观中，毛发之荣枯一直很受重视。古代养生及医疗著作，多以一人毛发之浓黑茂密为其身强体健、精血丰盈之象征。故幼科医者早即以婴儿头发之生长状况为其健康指标。宋代幼医始祖钱乙的《小儿药证直诀》中已有"发迟"一项。谓：

---

① 公元8世纪，[唐]王焘有《小儿囟开不合方四首》，见《外台秘要》（台北：新文丰出版社，1987年影印），页54–56。[唐]孙思邈的《千金方》中，也有《疗小儿囟陷方》。

② [明]龚廷贤，《诸迟》，《寿世保元》（上海：上海科学技术出版社，1989），页596

③ [清]吴谦，《五迟》，《医宗金鉴·幼科杂病心法要诀》（台北：新文丰出版社，1981），页211–212；[清]程杏轩，《五迟》，《医述·幼科集要》（合肥：安徽科学技术出版社，1983），页948–949。

> 发久不生，生则不黑，皆胎弱也。[①]

钱乙的论述反映出，中国人一向认为健康的人头发应密而黑，故婴童头发久不生，或毛发生而色泽不黑，都不是好现象。前者是标准的发迟，后者医家或直以“发黄”称之。[②]

婴童头发生长不如理想，虽则早有钱乙提出问题，但不为后辈医家普遍重视。明清幼科医籍中只有少数论及“发迟”。明寇平的《全幼心鉴》说：

> 儿禀受血气不足，不能荣于发，故头发不生。或者呼之为疳病，胙也。[③]

看法大抵与钱乙相类，将幼儿头发不生归因于先天禀受之血气不足，也就是钱乙所谓的“胎弱”。

明朝中叶（16世纪中）以后的医家，如万全和王肯堂等，对于婴童毛发不生或头发疏落，有了进一步的观察。他们以为造成这个现象的原因不止一端，尤应将先天体弱和后天遭损两项因素分别清楚。万全在《育婴家秘·发迟》篇中，承认一般幼儿若“发久不生”，或“生不黑者”，系因“肾虚”。但孩童大病后，身体遭受亏损，也会造成“其发成穗或稀少”[④]。王肯堂亦谓，小儿发疏薄不生，多因禀性血气不足，但有些情况则因患“头疮而秃落不生者”，是头部皮肤病变所造成。治疗上不能不做分别。

清代医籍，少数论五迟时兼及发迟，如吴谦的《幼科杂病心法要诀》和程杏轩的《幼科集要》。其所言症状（“发疏薄”，“发久不生，生而不黑”），所论原因（“禀气血虚”，“胎弱，父母精血不足，肾气虚弱”）[⑤]，均不出前人范畴，并

---

①《古今图书集成·医部》，卷431，页23b。

② 见［明］王肯堂，《发迟发黄》，《证治准绳》（《古今图书集成》，卷431），页26a。

③［明］寇平，《全幼心鉴》（台北“中央图书馆”善本书室藏微卷），卷2，《发迟》。

④ 原文谓：“头之有发，犹山之有草木也。发者血之余。发之多寡由于血之盛衰也。坎为血卦，血者肾之液。发者肾之苗也，故其色黑也。儿发久不生，生不黑者，皆肾虚也。宜地黄丸主之。大病后，其发成穗，或稀少者，乃津液不足，疳劳之外候也。宜集圣散主之。”见［明］万全，《发迟》，《育婴家秘》（《古今图书集成·医部》，卷431），页24b。

⑤［清］吴谦，《五迟》，《医宗金鉴·幼科杂病心法要诀》（台北：新文丰出版社，1981），页211–212；［清］程杏轩，《五迟》，《医述·幼科集要》（合肥：安徽科学技术出版社，1983），页948–949。

无新见。

综而言之，“发迟”，即婴幼儿头发迟久不生，或生而不茂、色泽不黑，是传统中国幼科特别指出孩童发育不良的现象之一。这个深具中国医学传统特色的见解，早在宋代经医家钱乙等提出，后来却未得幼医界的重视。可能因为头发迟生稀疏固然有碍观瞻，也可能代表孩童身体虚弱，但毕竟不是严重问题，对孩童日常生活不致造成太大妨碍。因而医者与家人视其为不急之务，少予关注。对造成此生长异常现象的原因，多归于先天禀受血气不足。主张用内服补中益气汤液济助，时或辅以敷剂刺激毛发生长，因头发生长是一个持续渐进的现象，没有固定或明显的年龄标准。此外，“发迟”之迟只是一个比较性和概略性的说法，并没有时间上精确的指标，以婴童何时尚无毛发，可谓之迟。“发久不生”，何时方视为久，也没有清楚的定义。只以毛发生长相对上之迟速荣枯疏密为身体健康之表征，观念深植中国传统。视婴儿而观其发，至今仍为民间比较其成长正常与否的简便指标。

（二）齿迟

早于宋代，中国幼科医籍中已指出有些婴童生齿时会出现困难。钱乙《小儿药证直诀》中说明这种“齿迟”的现象是：

> 齿久不生，生则不固，皆胎弱也。①

以为这些婴幼儿长齿过期不生，或虽然发了牙齿，但脆弱而不坚，不能发挥正常功能，都代表孩童成长上的异常。且常以之与骨骼成长异常所造成的“行迟”并列，认为两者反映的是相关的问题。

其后幼科医者大抵承认“齿迟”是一值得注意的问题，明代幼医典籍多有论及者。寇平的《全幼心鉴·齿迟》一条谓：

> 禀受肾气不足者，即髓不强。盖骨之所络而为髓，不足故不能充于齿，不生也。②

①《古今图书集成》，卷427，页2b。

②［明］寇平，《全幼心鉴》，卷2。

认为婴幼儿牙齿之生长，跟身上骨骼一样，靠髓之充足滋养。髓不足是因先天禀受的“肾气不足”。见解中断定孩童牙齿和骨骼成长息息相关，反映之生理实为一体之两面。正如钱乙将“行迟”与“齿迟”并列，显示此时幼医临床观察诊断，已有相当经验。只是对齿骨生长的原因，仍归先天肾气不足，未及后天滋养缺乏的问题。也尚未意识到现代所谓营养缺乏的毛病，或婴幼儿对钙质之需要。鲁伯嗣的《婴童百问》，及万氏秘传《片玉心书》对“齿迟”的讨论，与寇氏大抵雷同，仅疗法稍有变化。[①]

明代著名幼医薛铠论“齿迟”，也说：

> 齿者，肾之标，骨之余也。小儿禀受肾气不足，肾主骨髓，虚则髓脉不充，肾气不能上营，故齿迟也。

看法与明代其他幼医大抵相似。然薛氏于《保婴全书》中随列两个亲治验案，颇值检视。其一为：

> 一小儿，三岁，言步未能，齿发尤少。体瘦艰立，发热作渴。

另一例是：

> 一小儿体瘦腿细，行步艰辛。齿不坚固，发稀短少。[②]

从这两个实例中，可以进一步获知当时幼医界对“齿迟”一事在临床上的态度。一则是他们对婴幼儿牙齿生长之“迟”，其实持相当宽缓的尺度。因为婴儿发牙的现象不像长发之持续渐进，乃有明显时序。现代医学固明列婴幼儿二十只乳齿先后生长之大致时间[③]，古时中国亦知婴儿八九个月时应已“发牙”。然明代幼医却待小儿长至三岁（实足年龄二岁左右），齿仍少生，才视为异常，思予处理。二则是两个案例中记录的幼儿，除了牙齿生长上的困难（齿少，不坚）

---

①［明］鲁伯嗣，《婴童百问》（台北：新文丰出版社，1987），卷4，页216。《片玉心书》（见《古今图书集成·医部》，卷435），页44b。

②［明］薛铠，《齿迟》，《保婴全书》，页448–450。

③ Victor C. Vaughan, R. James Mckay, Waldo E. Nelson, *Nelson Textbook of Pediatrics*, pp. 23–25.

外，同时呈现不能言步、体瘦腿细、艰于坐立、发稀短少等现象。可见当时医者从实际经验中，已知“齿迟”在孩童生长发育上常非孤立现象，而是反映整体生理发育迟滞的一个方面。可能幼科医界对这一层的认识日益深刻，因而17世纪医籍，如龚廷贤、王大纶、王肯堂之论述中，对“齿迟”虽仍表示类似于薛铠的看法[①]，但到18世纪以后，清代幼医已不单论“齿迟”。而将其置于“五迟”之中，视其为婴幼儿生长发育迟滞之一端，而做整体之讨论。[②]

（三）语迟

婴幼儿成长发育到相当阶段即能出声，以言语达意。此一事实，传统中国医界皆知。中古以后，幼科医者注意到，有些孩童届时无法顺利发声吐字。特别记录此异常状况，称之为“语迟”，以为值得留意。中国幼科对“语迟”现象的认识和看法，历代曾经过一些演变。宋代钱乙在《小儿药证直诀》中提起“语迟”的现象时，谓：

> 若患吐泻或大便后，虽有声而不能言，又能咽物者，非失音。此肾怯不能上接于阳也，当以地黄丸主之。凡口噤不止，则失音语迟。[③]

钱乙的这段文字，有几个值得注意的地方。一则叙述中表示孩童语言上的困难，常伴有其他症状，如吐泻、口噤不止等。不一定是一个单纯孤立的现象，常与别的健康状况相关。二则指出两种不同“语迟”。一是“有声而不能言”，即非因失音造成的语言困难。孩童仍能发声，代表他发音的功能没有问题，声带发育正常（宋代中国医者尚不能分辨发音与吞食实经不同管道，所以钱乙特别称此类孩童“又能咽物”，以食道正常强调其喉咙完好，不是先天哑者），唯不能言语。这种情形，钱乙归之为肾怯，主张以地黄丸疗治。第二种“语迟”，则连发声都有问题。钱乙谓小儿“口噤不止”，会有“失音语迟”的情形。以钱乙的论述为例，可知宋代幼医已注意到“语迟”的问题，但对此症状只有初步的认识，也没有指出发育到何年龄尚不能言语者方属语迟之列。宋代另一医著

① ［明］龚廷贤，《寿世保元》，页596；［明］王大纶，《婴童类萃》（北京：人民卫生出版社，1983），页218–219；［明］王肯堂，《幼科准绳》（台北：新文丰出版社，1979），页756–757。

② ［清］吴谦，《五迟》，《医宗金鉴·幼科杂病心法要诀》，页211–212；［清］程杏轩，《五迟》，《医述·幼科集要》，页948–949。

③《古今图书集成》，卷427，页2b。

《医说》中有“治儿语迟”一条，作者张杲列出语迟的一些民俗疗法。对其症状之定义或分析，则完全付之阙如。[①]

16世纪以后，幼医对“语迟”乃有进一步的讨论。当时关于此症之原因，流行着一种“胎儿受惊说”的看法。如寇平《全幼心鉴》中所谓：

> 言，心声也。小儿受胎，其母卒有惊怖，邪气乘心，故儿感受母气，心官不守，舌本不通，四五岁长大而不能言也。[②]

寇平的讨论中，点出“语迟”的年龄指标以幼儿四五岁为准。可见当时幼科注意婴幼儿言语能力的发展，尺度相当宽松。对孩童罹致此症之原因，则以为早植母亲妊娠时期，因怀孕的母亲遭受恐怖的经验，胎儿间接受惊，“感受母气”，致使长大后言语发生困难。这种推论没有特别的依据。显示传统“胎教”说之泛滥，及早期幼医习将幼儿病症推谓植因久远。此受惊说明代曾风行一时，王銮的《幼科类萃》，鲁伯嗣的《婴童百问》，孙一奎的《赤水元珠》等，对语迟证治的看法均出一辙。[③]倒是寇平的推论，述及小儿在母胎中遭惊，致使“心官不守”“舌本不通”“长大而不能言”。注意到孩童言语能力，涉及精神（心官）和器官（舌）两种条件，必须生理心理状况都健全，言语表达才能顺畅。这个认识，点明婴幼儿语言表达的两种关键因素。

16世纪中，幼医世家薛氏父子，秉其丰富的临床经验，对小儿语迟现象提出了更进一步的看法。指出肇因不仅一端，除过去常说（薛铠引谓源于“钱氏云”）的妊母受惊，使“邪乘儿心，致心气不足故不能言也”，另外还有四种状况：

> 有禀赋肾气不足而言迟者。有乳母五火遗热，闭塞气道者。有病后津液内亡，会厌干涸者。亦有脾胃虚弱，清气不升而言迟者。[④]

前两项仍归因于先天禀赋及乳母影响。后两项推论，首度将焦点转指婴童

① [宋] 张杲，《医说》，卷10，《治儿语迟》，谓：“社坛余胙酒，治孩儿语迟，以少许吃，吐酒喷屋四角，辟蚊虫。”

② [明] 寇平，《全幼心鉴》，卷2。

③ [明] 王銮，《幼科类萃》，页440–441；[明] 鲁伯嗣，《婴童百问》，页221–222；[明] 孙一奎，《赤水元珠》（《四库全书》766册），卷25，页57–59。

④ [明] 薛铠，《保婴全书》，页461–463。

本身，值得注意。依薛铠的了解，认为孩童罹病后，或根本发育不良，身体虚弱，都会产生言语迟滞的现象。前者或许属暂时现象，后者则可能是长期的健康问题。薛铠随举两个实例，都是小儿有吐泻等毛病，同时发生喉音喑哑的状况。

17世纪中国的幼医，续此发展，讨论“语迟”问题，均转而归因孩童本身体弱，不再强谓母亲妊娠受惊。龚廷贤的《寿世保元》说：“小儿语迟，心气不足也。”[①]王大纶的《婴童类萃》则认为，是孩子本身“肾禀胎气不足”，“心肺失调，致舌本强，故不能发为言也”[②]。《寿世保元》中并记载一具体案例：

> 一小儿，五岁不能言，纤以为废人也。但其形瘦痿，乃肺肾不足。遂用六味丸，加五味、鹿茸，及补中益气汤加五味。两月余，形气渐健，将半载，能发一二言。至年许，始声音朗朗。[③]

依此，知近世幼医对“语迟”现象，所持年龄尺度亦相当宽缓。小儿到五岁仍不能言，方施疗治。17世纪医者已将此问题视为婴童本身健康缺失，若调养得法，幼儿健康获得改善，“形气渐健”，久之自然“声音朗朗”，发音语都不会再有困难。

18世纪以后的幼医，不再单独讨论“语迟”现象，而将之与“诸迟”并提，视为孩童成长发育整体缺失之一面。[④]清代幼科医籍已少举“语迟”个别为论，但仍视语言表达迟滞，为一发育上的异常。若持续数年，应设法补救。[⑤]

（四）行迟

婴幼儿成长发育的困难中，最受传统医者重视的，是“行迟”，即幼儿逾时不能行走，行动发生问题。宋代钱乙初提及此，论点相当简单，仅以“长大不行，行则脚软”，指为“行迟”现象。实包括两种状况：一是婴幼儿行走上较正常为

① [明] 龚廷贤，《寿世保元》，页595–596。
② [明] 王大纶，《婴童类萃》，页216。
③ [明] 龚廷贤，《寿世保元》，页596。
④ [清] 吴谦，《五迟》，《医宗金鉴·幼科杂病心法要诀》，页211–212；[清] 程杏轩，《五迟》，《医述·幼科集要》，页948–949。
⑤ [清] 魏之琇，《小儿语迟行迟》，《续名医类案》（《四库全书》子部91册），卷47，页146。

“晚”，故曰“长大而不行”；二是其行走功能有缺失，虽然勉强能行，但脚步不稳，出现“脚软”无力之状，行动不能自如。对此症状之发生，则与齿迟一般，笼统地归因于“胎弱”[①]所致。明代幼医对此问题有进一步的观察。寇平的《全幼心鉴》说：

> 儿生周岁，三百六十日，膝骨成，乃能行也。近世小儿多因父母气血虚弱，故胎气不强。骨气软弱，故不能行也。骨者髓之所养。小儿气血不充，则髓不满骨，故软弱而不能行。抑亦肝肾俱虚得之。肝主筋，筋弱而不能行也。[②]

此一论断，先即点明婴幼儿正常发育下，到固定年龄应能行步无碍。通常周岁，或生后三百六十日左右，骨骼发育成熟，“膝骨成，乃能行也”。若有不能依期行走者，推其原因，可能有几个不同的原因。一方面，有先天的因素，即父母身体不健康，“气血虚弱”，使婴童在胎儿时期健康已有亏损。所谓“胎气不强，骨气软弱”，埋下日后“行迟”伏因。另一方面，是后天因素所致，即幼儿本身发育状况不佳。包括论述中所及，骨骼和脏腑健康不如理想，或“小儿气血不充”，骨骼发育有缺失，“髓不满骨”（类似“齿迟”之现象），造成“软弱不能行”。或因“肝肾俱虚”，造成“筋弱而不能行”。总之，幼儿迟迟不能行走，代表筋骨发育不正常。寇平的看法，16、17世纪中国幼医界仍多采纳。王銮的《幼科类萃》和龚廷贤的《寿世保元》，对行迟方面的讨论可为明证。[③]寇氏随后列举的治方和案例，显示两个值得注意的现象：一是当时中国社会及医界虽均以为正常发育的婴儿周岁即应能行，但在临床上，幼科医生对“行迟”的年龄标准（一如其对“齿迟”“语迟”）要宽缓得多。寇氏的治方，“治婴孩小儿三岁不能行”，可为佐证。二是幼医凭其实证经验，知悉出现“行迟”问题的婴童，通常整体健康状况均差，因而会呈现成长发育上多方面的困难。如寇氏案例中所举婴童，表面看来，已有“颅囟开解，肌肉消瘦，腹大如肿”等异常状况，生理功能上，除行迟外，还有语迟、齿生迟的现象，甚至精神也不健康，“神色昏慢”。

---

①《古今图书集成》，卷427，页2b。

②［明］寇平，《全幼心鉴》，卷2。

③［明］王銮，《行迟证治》，《幼科类萃》，页444–445；［明］龚廷贤，《行迟》，《寿世保元》，页595。

［宋］ 苏汉臣《长春百子》（局部）

宋代中国的市景工笔，固为理想式描绘，但其中并不是完全见不到社会活动的侧写。此处长卷段落中见到的孩童户外游戏，幼龄群体中大背小，引伴呼朋，当时可能再常见不过，不以为奇。但穿隔世纪以后，如今看来，仍有其弥足珍贵的力道。

台北故宫博物院编辑委员会编，《婴戏图》（台北故宫博物院，1990），页69

这两层认识，近世其他幼医对“行迟”的讨论中亦明显可见。王肯堂《幼科准绳》中所述多起行迟实例，年龄从三数岁到五六岁，甚至十数岁皆有。[①]薛铠《保婴全书》论行迟时，所举两个治验的案例，“一小儿体瘦，腿细，不能行，齿不坚，发不茂。……一小儿六岁，面色㿠白，眼白睛多，久患下痢。忽声音不亮，腿足无力。……”[②]所描述的孩童，除行走上有困难外，均伴有多项成长发育上的缺失，如身体瘦弱，腿细无力，齿不坚，发不茂，面色苍白，精神不济。第二例甚至出现久患下痢，类似现代所称“佝偻症”的现象。故长期服用含胶、钙等滋补性汤药后，即“渐能行”，孩童的行动能力获得改善，其整体健康亦有进步，其他症状同时消释。“诸症悉愈，形体亦充实。”

近世幼医对婴幼儿“行迟”的看法，16至17世纪中，除承袭前见之外，也略有进展。一方面发挥前人推论，立说更为细密确实；一方面也设法分辨因不同情况所造成的行走困难，有走向“多因说”的倾向。

前者如16世纪中名医薛铠《保婴全书》中所说：

> 行迟者亦因禀受肝肾气虚。肝主筋，肾主骨，肝藏血，肾藏精。血不足则筋不荣，精不足则骨不立，故不能行也。……行迟用地黄丸加牛膝、五加皮、鹿茸，以补其精血。精血既足，则其筋骨自坚。[③]

① ［明］王肯堂，《幼科准绳》，页754–756。

② ［明］薛铠，《保婴全书》，页439–448。

③ 同上。

论述较前详细具体。特别强调精血滋养身体，使筋骨坚立，对小儿行走正常之重要性。

后者如16世纪末孙一奎的《赤水元珠·行迟》篇中，谓：

> 设未经跌扑损伤，及发惊搐强被束缚者，乃下元不足也。盖肾主骨，肝主筋，下元不足则筋骨痿弱，不能行动。①

明白指出跌扑等外来伤害，或发病惊搐，都可能导致幼儿不良于行。提醒医者当分辨不同肇因，再施补救。当时也有幼医凭其经验注意到，有些幼儿步行困难并非生理缺失障碍，纯粹是照养者呵护过度，抱保不令落地，反使其腿细羸弱，站行无力。王肯堂的《幼科准绳》即载有此例，以“儿自小伤抱，脚纤细无力，行立不得”②。龚廷贤则提到亲身诊治一位“富翁子，八岁不能步履。皆因看得太娇，放不落手。儿身未得土气，以致肌肉软脆，筋骨薄弱”③。可见近世幼医亦意识到，孩童成长发育上的缺陷，有些并非生理问题，实因人为照养方式不当所致。

17世纪幼科论著，如王大纶的《婴童类萃》，对“行迟”的看法多沿袭以前名医如薛氏等之论点。④17世纪中以后，医者不再将“行迟”当成个别问题举论，而将之视为婴童成长发育诸多健康缺陷之一，分析“诸迟”或“五迟”时，综合讨论。⑤

18世纪以后，幼医谈论婴幼儿成长发育缺陷，即所谓“五迟”问题时，新标出“立迟”一个项目。此“立迟”所指，并非婴童站立上发生困难，而是逾期不能独自“坐立”，即吴谦《医宗金鉴·幼科杂病心法要诀》中所说的，小儿“身坐不稳”的情形。⑥程杏轩《医述·幼科集要》中，描述其症状为“长不能立，立而骨软”⑦。此“立迟”现象，显然与随后发育上的“行迟”问题，关系密切。

---

①［明］孙一奎，《赤水元珠》，页58。

②［明］王肯堂，《幼科准绳》，页754–756。

③［明］龚廷贤，《寿世保元》，页599；［清］魏之琇，《续名医类案》，亦引此案例，见《景印文渊阁四库全书》，子部78册，卷47，页146。

④［明］王大纶，《婴童类萃》，页217–218。

⑤［清］吴谦，《五迟》，《医宗金鉴·幼科杂病心法要诀》（台北：新文丰出版社，1981），页211–212；［清］程杏轩，《五迟》，《医述·幼科集要》（合肥：安徽科学技术出版社，1983），页948–949。

⑥［清］吴谦，《医宗金鉴·幼科杂病心法要诀》，页211。

⑦［清］程杏轩，《医述·幼科集要》，页948。

但因此时幼医已将五迟视为整体而综合论述，故并未针对“立迟”发生原因及疗治方式做专门而深入的讨论。

三、近世幼医的认识

婴幼儿成长发育是一持续而复杂的现象，涉及新陈代谢与营养等生理因素，也关系心理智力之发展，非一二言可详。传统中国医者依其观察，先确定所有正常婴幼儿，其成长与发育应循定轨而有定期。健康婴童到一定年龄，自然会生发长齿，能言善语，能立能行，等等，而且其生长情况和功能应达一定标准。头发不但应如期而生，而且茂密浓黑。牙齿不但应适龄而发，而且坚固能嚼。婴童不但在该言语、坐立、行走的时候，都能言语立行如故，并且发音清朗，坐立得稳，行步有力。如果幼儿毛发稀疏不黑，齿生而动摇不固，发声而模糊难辨，勉强坐立而不稳，站起行走而脚软无力，都代表其成长发育的状况不甚理想。

所以传统中国幼医一如近代医学，先对婴童正常的成长发育过程有了了解，以之为基准，来衡量成长发育异常的情况。当时所注意到的成长与发育范畴已相当广泛繁复，除了生理面如发生齿长，已兼及心理情智的发展。彼等对语迟之讨论，涵括心智与器官双方面之健全，为一明证。除了静态的成长，传统幼医也很重视动作上所反映的发育状况。婴童能否如期坐立，稳当行走，对当时观察者都是显示其成长发育正常健康与否的重要信息。从他们对生长发育异常情况的讨论，亦可见彼等于此方面观念和知识的进展。其次，过去幼医界对婴童发育上“语迟”或“五迟”现象，所用之“迟”，其实含义相当广。一则代表婴幼儿生发、发齿、言语、行走上较预期年龄较晚，是“迟”的第一义。因为生长现象和发育功能上的迟滞，是其生理机能最明显易见的异常，因有“发迟”“齿迟”“语迟”“行迟”诸名。但这些“迟”，还有深一层的意义，即生长发育的“不健全”。发不黑，齿不固，语不清，立不稳，行而脚软，也都名之为“迟”，涵括广义的成长发育之不理想状态。

对于婴童成长发育，近世中国幼医虽知正常应在周岁前即已完成，但实际处置时所采尺度相当宽松。常待幼儿三五岁后仍无齿、不言，或不能行走，方施疗治。他们也意识到“诸迟”的现象，可能代表幼儿成长发育上的轻度困难，与身体出现长期残疾或严重障碍，如所谓五硬五软，龟背、鸡胸、拘挛、惊瘫等，仍有差别。[①]

与西方近代医学对生长发育的认识相较，传统中国重视发育现象过于成长。婴童能言语行走，功能发育健全，成为判断其生理机能正常之重要指标。不如西方近代医学习于注意生长指标。如婴童身高体重之增加，固定年龄的头围、胸围数字，以为辨别发育成长进度正常与否的标准。这种以固定年龄的成长指数表示成长发育状况的方式，较概括描述性的观察，要固定而精确。或者也反映西方较重计量数字，而中国较重性质功能的传统。同义，传统中国幼医择为生长现象之指标者，为头发和牙齿之生长，在传统中国文化上均有特殊意义。对诸项生长发育现象重视的程度不同，则反映当时社会对个别现象或功能重视之差异。传统中国社会对整个发育生长过程，最关注行迟问题，其次是语迟，再次才是齿迟与发迟。可见婴幼儿发育功能中，能否正常行走，关系孩童是否能及时行动自立，影响所及之社会意义最为重大，最受重视。其次，幼儿能否言语达意，对其日常生活影响相当明显，亦受关注。再次则是齿坚能嚼，使婴童能得滋养，不能忽视。至于发茂而浓黑，虽一向代表生机旺盛，但实质上的影响最不明显，故备列而不视为急务。诸态度所反映的，是当时社会价值实情，并不见得缘于该成长或发育现象在生理或体质上意义之轻重。

近世中国幼医对婴幼儿成长与发育现象之认识，整体而言，发现问题甚早，但认识上进展不大。传统幼医由11、12世纪提出诸迟之现象，描述其状况，并粗推其原因。到17、18世纪，有五迟个别或整体的分析与疗治。五六百年间，知识见解上有几个值得注意的发展。一是对成长发育迟滞的原因，由原本归咎先天或胎儿期的缺陷，即所谓“胎弱”之类笼统的说法，到16、17世纪，渐转而着重婴童出生后本身生长发育上的缺失。古代归因先天或母胎，使人对幼儿成长发育的缺陷，产生无可奈何之遗憾。后来渐重后天调养的缺失，比较容易考虑补救和改善方案，算是在健康与医学的理性化上，又进了一小步。二则近世幼医凭其丰富临床经验，对语迟行迟等现象提出多种不同解释，明言外伤、疾病与发育不健全，亦可能使幼儿出现同样生理机能上的障碍。这种“多因说”的发现，显示近世幼医对婴儿成长发育诸现象的客观症状和背后原理，其推理有复杂化和细致化的倾向。三则17、18世纪以后，幼医典籍不再个别讨论发迟、齿迟、语迟、行迟等问题，而将其置于“五迟”之中综合谈论，可能表示近世医界愈来愈意识到，这些原本看来似乎为个别缺失，若先后出现同一孩童身上，

① 高镜朗，《古代儿科疾病新论》（上海：上海科学技术出版社，1983），页57–62，66–69。

或伴随其他病弱症状出现（如神色昏慢、肢体瘦弱、言行无力、泄泻倦怠等），可能代表整个生长发育机能不佳，显现于不同阶段、不同方面的表征，应视为一整体健康问题，而思改善。

虽有上述三方面局部进展，但此进展并不普遍。整体而言，近世中国幼医对婴幼儿成长发育的认识，由宋而清，并无突破性进展，主要因为对营养学及新陈代谢功能，基本认识上未有大的进步。因而对成长发育迟滞或障碍发生的原因，不能有具体而更深入的剖析。对近代所谓营养缺乏所引起的诸多症状，也不能联想并论。

四、中西比较生理学之省思

从数百年来传统中国医界对婴幼儿成长发育认识的演变，可附带注意到几个问题。首先，近世中国幼科医学在知识面和技术面的发展相当突出[①]，但发展过程有长有短，并非全面均衡、齐头并进。从11至12世纪，中国幼医发轫，到17至18世纪传统医学转变之前，幼科医界曾在一些重要问题上，如新生儿照护、痘疹防疫等方面，有重大的发现与突破。[②]但其他方面，则进展缓慢甚或少有起色。对婴幼儿生长发育现象认识，是中国幼医进展不大的一个例子。

其次，从这些进展迟速不同的各个方面，将中国幼医与西方医学发展历程做一比较，可逐渐揣摩出中国幼科医学的特色。以对婴幼儿成长发育认识一事为例，其长处在对症象之早期发现与描述，与临床上详细的观察。事实证明，对成长发育认识上所有进展，皆缘于临床经验丰富的幼科医者之推断。

最后，从传统中国幼医对婴童成长发育所重视的现象与程度来看，健康或医学的发展背后仍受社会价值观念的影响。此一例证与其他例证比而齐观，更可说明，科学与学术思想的其他支脉一样，宏而观之，均为社会思想的一部分。其思路多少受社会文化之左右，从而于不同时地，展现不同的面貌与特点。近世中国对婴幼儿成长与发育现象的看法，有其实证科学的一面，也显现了社会人文的另一面，颇值沉吟。

① 见本书第二章。

② 见本书第六章。

第十章

士人笔下的儿童健康

史学工作者对开拓新领域、展开传统史学范畴以外的新议题，常遭到一手史料何在的苦恼或质疑。不论是婴幼史、童年史，尤其是要追究过去儿童健康的状况，很容易遇到这类挑战。也就是说，对过去历史上曾经发生过的事情、现象，有很多值得了解的问题，如今人们想要追问，但总苦于信息、资料太少，线索零星、寂寥，不足以连缀编织起一串演变的叙述，帮助诠释其前前后后的缘由发展。这中间固然常常显示了史学概念和方法的不足，因为不知道研究历史的重点问题何在，也就茫茫然不明白要如何调整研究的角度、焦点，从而由新视野出发，利用新鲜的方法，捡拾连缀起过去人们不在意、不留心的片纸只字、周遭物件、身边景物，用以点出、说明一件以前所一向轻忽、瞧不起的历史问题。

重访中国婴幼儿的历史天地，毫无疑问，正是这样一个过去不疑有他，往常以为无关宏旨、不值一顾，但在现今社会价值体系下，又好像愈来愈不能完全不理的一个问题。

现代学术要重新为“知识之考据”（archeology of knowledge）翻开旧籍，访查过去儿童的世界，当然也不免碰到“原始史料”何处求的疑问。尤其如果大家的访求不以“童年概念史”为满足，还想要挖掘出一些过去儿童生活之片段实情，甚至儿童日常生活衣食住行，乃至疾病健康之变化细节，有无具体史料足为凭借，就成了一个重要的关键。

这方面，唐宋以来幼科医籍为大家意外地提供了丰富的“技术性”细节，不但是中国社会史之瑰宝，也是世界史学发现之大幸。但是在“专家”记录、说辞之外，当时一般的民众对儿童健康又是持着如何一种态度？留下了怎样一些信息，也是一个不能不考虑的问题。

而同时期中国士人日常留下的文字所流露出的零碎信息，也是一类值得注意的线索。一则，从“侧写历史”（profiling）而言，这些所谓的“无意史料”（unintended sources），其实为其他的动机而起，不是为了记载儿童或者健康，其有意经营、捏造的成分少了一些。二则，中国士人是当时握有读写文字的社会菁英，受过相当教育，其习惯上所交换流传的书信、日记、笔记、传记，不但一向是社会文化动态之关键信息，无意间所言所及，也透露了当时中上阶层，乃至周遭地区左右、影响儿童健康的知识与物质条件，是形成儿童健康环境的重要部分。

当然，更进一步说，这批材料则像所有史料一样，都是一柄“双刃之锋”（double-blade sword）。由之可知史事，亦可由之反观当时史料和书写活动的性质，知道为什么有与没有某种信息，以及左右影响产生、制造这些材料之所以“有与无”的原因。也就是说，大家为什么关注或漠视儿童健康，社会中非专业教育菁英（educated lay）在这方面所知所能的局限所在。

自宋代以后，因传统幼科发轫，故有关儿童健康的问题，有幼科医书、医案、医方之讨论，代表当时专业人员的认识和记录。然而检视此类材料，我们心中常不禁兴起一种疑问：除了专门解决儿童疾苦为业的幼科医生之外，一般人对儿童健康到底有多少了解？

为了说明这个问题，我们只有遍阅近世中国士人之私人及传记性资料，披沙拣金，看看这些常人笔下是否曾经留下任何有关儿童健康的消息，如果有的话，此等非专业人员对儿童疾病的认识如何？而对儿童病痛多半采取何等的对策？因为他们的了解和态度，相对于幼科医者，反映了当时儿童求生存的健康环境中很重要的部分。而且，从健康史和社会史的角度而言，这些消息算是反映儿童健康的“无意史料”——当时人留下这些记录时，其关心的重点并不在健康——因而弥足珍贵，经过悉心的解读，可以让我们一窥现代以前，一般中国家庭及儿童健康世界之一斑。

一、常人留下之健康记录

在着手分析这些常人所留下的有关儿童健康的资料以前，我们应该对这整批材料有进一步的了解、思索：这些记录是在什么情境下留下来的？它有没有什么特征？包括哪些内容？

旧时中国家庭或个人并没有保持健康记录的习惯，一般人也没有什么特殊的动机，要记下儿童成长过程中所罹之疾病。只有少数的传记材料，在记载一个人幼年的遭遇时，提到某些与健康相关的经验。所以我们在阅读、运用这批史料时，必须意识到这些材料是在偶然的情况下留下来的，不是一个普遍的记录。当时曾经发生于这些个人童年中的健康问题，有些留下了一些蛛丝马迹，有些则完全不见诸传记之记载。而且，在留有若干记录的一个家庭中，也不是事事都提。他们很可能记下了有些儿童所遭病痛，而对家中另外一些孩子的疾苦则完全略而未及。

这些有关个别儿童健康的资料，明清传记中偶或可见，而清中叶（18世纪末）之后所见更多。可能与此后个人传记内容日丰，对童年部分载录渐详也有关系。这些传记中之所以提到某些与健康有关之消息，大致有两类：一类是一般性地谈到此人自幼身体强弱之状况，另一类是提到某些特别的健康上的事故。其用意，除了略为说明某人先天体质禀赋如何之外，多少有些庆幸此人幼来“遭难不死”的意思。因为疾病就像一种幼时所遭遇的“特异经验”一般，若能逢凶而化吉，有惊而无险，幸免灾厄，或者代表此人活来不易，或者对其未来人生代表一种祥征。因而幼儿罹疾病而愈，除了感念母亲照顾之劳外，有时也认为是得鬼神祖先之助。

在这种心理之下，我们见到的传记中有关儿童健康的记录，遂有“报忧而不报喜”之一特征。对于儿童正常健康成长发育之情况，日常之饮食、睡眠、运动，只字不提。只有在孩子不幸罹病受苦时，才会略提其遭遇经过。

从这些不完整的记录中，我们综合起来，大致可以了解三方面的消息：一是当时儿童所罹之疾病，及一般人对儿童疾病的认识；二是当时家庭对儿童疾病所采之对策，及其反映的社会上对处理儿童健康问题的态度；三是当时儿童因病致死的事例，及其所代表的儿童健康状况指数之一。此三方面之消息，得来不易，今分述于下。

二、私人传记中所见之儿童疾病

（一）记录中所见之儿童疾病

1.消化道疾病

传统社会中，消化道和呼吸道的问题，是儿童常患的疾病。旧时中国虽无消化道疾病之称，但记载中却常见儿童为腹疾、吐、泻所苦。崔述（1740—1816）在《考信录·附录》中自谓：“十四五岁时，尝得腹疾，先孺人百方为之营救，竟以渐愈。”[①]这腹疾的症状如何，崔述未加细谈，但儿童因饮食不适或外物感染，导致消化道发炎，或出现吐、泻，是很容易发生的事。崔述的腹疾，曾经过一段相当的时间，也许是慢性的消化道发炎。文祥（1818—1876）谓其于11岁那年，“又患胃热咳血”，则似乎已有溃疡的现象。而且到了第二年夏天，“又患翻胃证，食后即吐，冬初始愈”[②]。此类胃肠疾病，当时并无有效疗法，常拖成慢性消化道问题。

---

①［清］崔述，《考信录·附录》（台北：世界书局，1989），卷1，页10。

②［清］文祥，《文文忠公自订年谱》（台北：广文书局，1971），页4–5。

黎培敬自言三岁时，“每反胃吐乳，先祖赠公忧之，用药尝加厚朴少许”[①]。幼儿反胃吐乳，影响正常饮食，家中长辈当然深为担忧，思以自知之处方为之调治。也有的儿童肠胃不适，似与饮食习惯有关，家人遂试为忌口，而旧时中国对控制饮食最常采取的办法，是避免荤腥。如张大千（1899—1983）幼年“翻胃呕吐”，家人认为是沾荤腥所致，遂令其自幼吃素。[②]

至于儿时误食或贪食某些食品导致短暂的吐泻，也经常发生，但数日即过，算是比较不严重的情形。杨一峰自谓幼时一次随母归宁，趁家人不注意，爬上后园的大杏树，一口气吃下了十四五个正熟的大白杏，待母亲发现，“下得树来，因为吃得过多，感觉肚子疼痛，结果泻了三四次了事”[③]。

2. 呼吸道疾病

传统中医常以“痰疾”称呼吸道的毛病，民间因亦仿此一词。但仔细考察彼等所谓痰疾之症状下，似常夹杂其他胸腔内器官问题，甚至神经方面的病变。像沈兆霖（1801—1862）自称六岁时“有痰疾”，然随又言“时患厥逆”，“发厥时，身仰后”，常连所坐高椅“并椅俱踣”[④]。其症候应不单是痰塞使呼吸不能顺畅，痰疾只是表征，时患厥逆则疑似小儿癫痫之类的毛病。

较典型的幼儿呼吸道问题，是咳嗽不停。如陈澧（1810—1883）三岁时，“咳嗽几死”[⑤]。久咳不愈，演为支气管炎或者肺炎，对幼儿生命威胁极大。但过去中国并无此方面的知识，到20世纪初以后的传记文字中，因有现代医学词汇与观念引入，才有此类说法。如锺明志（1892—1956）自谓：“儿时每月发一次气管炎，诊为肺部太弱，须满四岁才能完全康复。”[⑥]

另外一项与呼吸道相关的疾病，就是儿童的气喘，传统称为病喘或者病哮。徐鼒幼年时即有“病哮”之苦，当时似乎也无任何有效的对策。[⑦]

3. 天花

天花，传统中国亦称为“痘”，是近世威胁儿童健康最为严重的传染病之一。罹患者死亡率相当高，即使侥幸熬过，奋斗的过程也十分辛苦，而且常有并发

① ［清］黎培敬自述，［清］黎承礼编，《竹闲道人自述年谱》（台北：广文书局，1971），页3。

② 关志昌，《张大千多彩多姿的一生》，《传记文学》，4卷25期，页38。

③ 杨一峰，《童年乐事》，《传记文学》，1卷5期，页33–34。

④ ［清］沈兆霖，《沈文忠公自订年谱》（台北：广文书局，1971），页2。

⑤ 汪宗衍，《陈东塾先生年谱》（澳门：于今书屋，1970），页3。

⑥ 锺明志，《我的回忆》，《传记文学》，17卷3期，页12。

⑦ ［清］徐鼒，《敝帚斋主人年谱》（台北：广文书局，1971）。

症发生。金忠洁（1610—1644）五岁时“发痘，得逆症，百药罔效，勺水不入者数日，气垂绝”。后来据说是得异僧之佑，才渡过险关，渐有起色，不过也拖了一个多月，才慢慢痊愈。[①]明清传记资料中提到儿童患痘的事例不少，详略不一，但均谓罹者深为所苦。李殿图（1738—1813）九岁那年“出痘”，遍体匀圆饱绽，甚苦之。[②]家中有儿童罹病，并无有效医药之助，多半靠母亲或家人耐心照顾调养，乃得熬过难关。孙星衍（1753—1818）九岁时“出痘花，几危”，即赖其祖母“许太夫人、金太夫人抱持不眠者两旬始愈”[③]。王先谦（1842—1917）生始八个月，即“患痘濒危”，亦因其母“备极艰劬，遇救得活”[④]。

明清社会已知“痘疫”是一种传染性疾病，民间行医者亦各有一些偏方对付，虽然并不一定有可靠的效果。张鉴（1761—1829）三岁那年，痘疫大行，街号巷哭者相继。不久，张鉴“亦患痘，颗粒曾累，体无完肤”。当时地方上有位医师见其症状，谓是“痘将内陷，恐不可治”。要他的家人将他“姑卧之地，借土气以御燥火”。当时据谓张鉴已奄奄一息，家人不得已遂真的把他放在地上躺了七天七夜，他的母亲亦随之“卧于地者七日夜，哺以米汁药液，忧愁涕泣，殆无宁刻”。到后来才渐有生意。[⑤]骆秉章（1793—1867）在他六岁那年三月，出天花，“几至不测”，后来据说是因恰有姻亲到省城找人开了补药，“始得保全”[⑥]。

因为对天花一症并无特殊疗法，不少人家于孩儿遭此病变时，即转而求诸宗教鬼神之助。文祥（1818—1876），在三岁那年冬天出天花，自以为过程极为顺利，事后才听母亲说，他的祖母“为予焚香拜佛，额几肿”[⑦]。李根源（1879—1965）在十一岁那年十月出痘。最初，是家中三个妹妹先后得痘，最后终于传给了根源，但他“上浆时忽浆收色黑，昏沉不醒，状至险恶”。群医束手之下，其祖母乃“虔诵观音经，愈三日”，据说其“浆忽突起，色转红，得以治愈”[⑧]。鬼神宗教之外，有些家人亦信梦征可救危儿。刘景山（1885—1976）自谓“六岁染天花症，病危”。此时其母梦桂花开放，芬芳满室，保姆卢妈亦得同梦，其

① [清] 金镜，《金忠洁年谱》（台北：广文书局，1971），页2。
② [清] 钱景星，《露桐先生年谱》，清嘉庆八年（1803）刊本，页6。
③ [清] 张绍南，《孙渊如先生年谱》（台北：新文丰出版社，1989），页1–2。
④ [清] 王先谦，《葵园自定年谱》（台北：广文书局，1971），页4。
⑤ [清] 鲍鼎，《张夕庵先生年谱》（台北：文海出版社，1973），页2。
⑥ [清] 骆秉章，《骆秉章先生自叙年谱》（台北：台湾商务印书馆，1978），页3。
⑦ [清] 文祥，《文文忠公自订年谱》，页1–2。
⑧ 李根源，《雪生年录》（台北：广文书局，1971），页6。

后景山之病竟亦转危为安。[①]

幸而熬过天花之劫的儿童，事后多仍不免留下一些后遗症。其中最轻微的，是身体上留下深浅大小的疤痕，俗称麻子。旧时不论男孩女孩，落得麻脸，都可能遭人讥笑，尤其常构成婚姻上的困难。杨仁山（1837—1911）幼时与之定亲而未过门的女孩，即因在家乡出天花，全身落疤，而脸上更重，父亲即来询问是否要改变婚约。[②]李根源出痘后落得"面麻"[③]，当时人均知皮肤上的疤痕会因被抓而更严重，却不能完全禁止孩子都不抓挠。黄季陆（1899—1985）四岁时出天花，当面部发出无数痘疤时，即因"任性把他抓得稀烂，虽然过了痘痳关不曾夭折，却形成了一个既丑又麻的小人物"，自谓幼小的内心笼罩着一种自卑的阴影。[④]因为社会上的讪笑，即使疤痕并不明显，儿童心中仍相当自觉。刘健群（1902—1972）也说，"因为幼年出天花，脸上还留下几点不十分看得出的小麻子"，而觉得自己"说起美观体面，真正一无是处"[⑤]。

其实天花肆虐，在幼儿身上造成的伤害往往比麻面更为严重。不少人知道顾炎武（1613—1674）自幼左眼异常，有人说是有点斜视，有的记载则谓瞎而不能视，其实就是他三岁时患痘致危，愈后所遗下的后遗症。[⑥]当时也有一些事例，提到天花余毒事后会凝聚患儿体内某些部位，造成溃脓的现象。吴荣光（1773—1843）六岁出痘，据谓即因"遗毒未尽，聚于右腿，腿生腐骨"。经用针灸法治之，半岁后，腐骨始出而愈，但在出腐骨之处，仍留下了"宽寸许，长二三寸，深五六分"的疤痕。[⑦]完颜崇实（1820—1872）三岁时出痘，结痂后，"余毒发于喉间，左右各一，危甚"，多日后，脓溃方愈。[⑧]陈济棠（1890—1954）记其长兄济华，年七岁时出痘，"毒落其足，竟成残废"[⑨]。

明清时中国人对于预防天花已发展出一种初步的防疫办法，即以湿浆或痂皮制成"人痘"，由儿童鼻孔吹入。此方法虽为许多儿童成功地得到防疫效果，

① 刘景山，《刘景山自撰回忆录》，《传记文学》，29卷3期，页41。

② 赵杨步伟，《我的祖父》，《传记文学》，3卷3期，页17。

③ 李根源，《雪生年录》，页6。

④ 黄季陆，《我难忘的仁慈的父亲》，《传记文学》，9卷4期，页33。

⑤ 刘健群，《艰困少年行》，《传记文学》，14卷1期，页82–83。

⑥ 沈嘉荣，《顾炎武》（南京：江苏人民出版社，1982），页5；［清］张穆，《顾亭林先生年谱》（台北：广文书局，1971），页4。

⑦［清］吴荣光，《吴荣光自订年谱》（香港：中山图书馆，1971），页3。

⑧［清］完颜崇实，《惕盦年谱》（台北：广文书局，1971），页2–3。

⑨ 陈济棠，《陈济棠自传稿》，《传记文学》，25卷3期，页8。

但施行稍一不慎，或浆苗效力太强，仍会造成伤亡。故直到19世纪末，许多民众对之仍持戒慎之态度。黄季陆即谓，幼时乡下家人已知有传统吹苗之法，但却未为他种人痘。① 当时在沿海市镇，已有西方传入牛痘法，且有临时设立的施种牛痘局。比较讲究的家庭，还特别请医生到家中为孩子种痘，鲁迅（1881—1936）三岁时就是在这种情形下种的牛痘。②

4. 季节性疾病及急性传染病

旧时中国家庭已注意到，儿童疾病常与季节之更替有关，而四季中，以夏季最常发生，春秋次之。加上幼儿夏季罹病常出现高烧现象，故传统又以“热疾”或“热症”统称此类疾病。一般民众并不确知热症因何而起，常将之附会于儿童当时所进行之其他活动。李殿图的传记资料中说，他三岁时“以穿花捕蝶，得热疾，几殆”③。吴荣光在十八岁那年三月，亦因“得热疾，几殆”④。可见这类热疾对当时少年及幼年人口健康，威胁相当大，而罹患者年龄愈少，危险愈高。闻一多（1899—1946）自谓“一岁多的时候，生了一场大病，叫‘热病’”，险些送命，他的祖母为其装殓的衣鞋都准备好了。⑤

从这些记载中反映，人们也知道这些夏秋间的流行病，与地方水灾有密切关系。徐鼒十二岁那年，当地“秋七月，大水，瘟疫作”⑥。此外，它还容易发生在多人聚集的城镇。唐文治（1865—1954）十八岁那年七月，随父赴金陵省试，并游书肆，乃“热患暑病”⑦。

当时儿童在夏天容易感染的疾病中，有些是皮肤病。黎培敬六岁时，“盛暑，患头疡”⑧。叶恭绰（1881—1968）六岁，“夏，病瘢，垂危，二阅月始愈”⑨。疡和瘢，指的都是皮肤疾病。但多在夏季困扰儿童的，仍以胃肠病和各种急性传

① 黄季陆回忆“三四岁时，种牛痘的办法在我家乡尚不曾有，一般都是用药苗从小孩的鼻孔吹入。由这种方法处理，当然是经过十分的险恶，稍为不慎，幼孩便因而夭折了”。他自己终因家人未予种痘，而于四岁时患了天花。见黄季陆，《我难忘的仁慈的父亲》，《传记文学》，9卷4期，页33。

② 鲁迅于文中曾提到，幼年时“种牛痘的人固少，但要种痘却也难，必须等到一个时候，城里临时设立起施种牛痘局来，才有种痘的机会。我的牛痘是请医生到家里来种的”。李何林，《鲁迅年谱》（出版资料不详），页8；复旦大学，《鲁迅年谱》（合肥：安徽人民出版社，1979），页4。

③［清］钱景星，《露桐先生年谱》，页2–3。

④［清］吴荣光，《吴荣光自订年谱》，页3。

⑤ 季镇淮，《闻朱年谱》（北京：清华大学出版社，1986），页3。

⑥［清］徐鼒，《敝帚斋主人年谱》，页5–6。

⑦ 唐文治，《茹经自订年谱》（台北：广文书局，1971），页2。

⑧［清］黎培敬自述，［清］黎承礼编，《竹闲道人自述年谱》，页3–4。

⑨ 遐庵汇稿年谱编印会编，《叶恭绰先生年谱》（出版地不详；遐庵汇稿年谱，1946），页2。

染病为多。陈衍（1856—1937）三岁时，“常患腹痛，七八月台风起时尤甚”[①]。而季节性疾病除了盛行夏季，亦有部分出现在春秋二季。伍受真（1901—1987）十五岁那年春天，“患痧麻症，几殆”[②]。李光地（1642—1718）十七岁时，“值秋热，病痢几殆”[③]。

如上举部分例证所示，近世伤害儿童健康的季节性疾病中，有许多是盛行于暑热之时的急性传染病，如痢疾、疟疾、白喉等。陆宝忠（1850—1908）六岁那年六月，染患“疟疾甚剧”，到八月方小愈，后曾拖延成为久病不愈的老疟（当时称为“痁”）。[④]瞿中溶（1769—1842）自谓十八岁那年十月初起，“患间日疟，缠绵三阅月，逼岁除始就痊”，而且此后形容瘦弱，时有寒热头痛之患。[⑤]传统称为喉痧，19世纪末以后知为白喉的，也是当时常威胁儿童健康的一种急性传染病。李宗侗（1894—1970）自谓幼年时曾“被染白喉，声哑不能说话”[⑥]。李先闻（1902—1976）亦谓少年时曾发高烧，被诊为患白喉。[⑦]

然而对于这些威胁家中儿童生命的季节性疾病，直到19世纪末，一般人的了解仍非常有限，除了注意到其常出现在夏季，且多能传染之外，对其病因及防治之道，几乎一无所知。赵杨步伟（1889—1981）于其自传中曾描述一场急性传染病，在短短的十几天内，传上附近的十一个孩子，夺去了七条性命，并使一人瞎了一只眼睛，但是家人和医生对遏止或控制这场疫疾，却拿不出有效的办法。对疾病本身，有的医生指为猩红热，也有医生说不出是什么疾病。[⑧]

5. 耳、目、齿、皮肤、脚气等杂症

除了上述消化、呼吸道疾病，天花、季节性及急性传染病，是近世威胁儿童健康的几种主要疾病外，还有耳、目、齿病、口吃、皮肤、脚气等杂症，时为健康儿童之困扰，传记资料中偶亦可见。沈兆霖六岁后“耳常流水，听不聪”，过了十岁以后才愈，可能是一种复发性的耳炎，因拖延时久，终致破坏其听觉。[⑨]

关于眼睛和视力方面的毛病，因为会影响儿童阅读乃至未来进举之前途，

---

① 陈声暨，《侯官陈石遗先生年谱》（台北：广文书局，1971），页13。
② 伍受真，《受真自订年谱》（台北：文史哲出版社，1981），页5。
③［清］李清植，《李文贞公年谱》（台北：广文书局，1971），页12–13。
④［清］陆宝忠，《陆文慎公年谱》（台北：广文书局，1971），页66。
⑤［清］瞿中溶，《瞿木夫先生自订年谱》，民国二年（1913）吴兴刘氏上海刊本，页3–4。
⑥ 李宗侗，《从家塾到南开中学》，《传记文学》，4卷6期，页45。
⑦ 李先闻，《一个农家子的奋斗》，《传记文学》，14卷5期，页12。
⑧ 赵杨步伟，《一个女人的自传》，《传记文学》，11卷1期，页49–50。
⑨［清］沈兆霖，《沈文忠公自订年谱》，页2。

更易引起士人家庭之重视。儿童眼睛或视力上的问题，有些似乎是先天性的，据谓邵晋涵（1743—1796）生来“左目微眚”，眚即是一种眼病。[①]杨守敬也说，他的三弟自幼聪颖，“惟目神不足，数丈外不见人，向夕即同瞽者”，可能是一种天生的弱视或夜盲。[②]但是有些孩子眼睛视力出了问题，则纯为后天罹疾而致。前文曾及顾炎武三岁后“左目为眇”，即为罹患天花所遗。[③]目疾在中国南方湿热之地尤为普遍，台湾老作家王诗琅（1908—1984）“三岁即开始患眼疾”，是为一例。[④]因为眼疾影响视力，曾限制了有些少年对某些活动的选择。张人杰（1877—1950）十八岁时“因骨痛及目疾加甚，乃改研书画”，是因其视力已不适继续苦读而然。[⑤]不过也有一些资料提到，士人子弟自幼常在光线不足的环境下勤读不辍，正是使视力受损的原因。唐文治自谓七岁起，“夜课恒随月读书，目力已受伤害”[⑥]。程天放（1899—1967）也说自己“晚间也喜欢在微弱的灯光下看书，所以从十岁起，眼睛就变成近视”[⑦]。

齿痛有时亦困扰幼年儿童，影响正常饮食。牛运震（1706—1758）说自己“三四岁时常齿痛，剧则一二日不能食”[⑧]。还有的描述幼儿牙齿异常现象，用语简略模糊，不易确知其意所指。如文祥自述二岁时“甫生齿，齿亦黑”[⑨]，不知是否是一种幼儿的龋齿。

清代家庭还注意到有些儿童自幼有口吃的毛病，并且认为它是一种天资迟钝的象征。阎若璩（1636—1704）自谓六岁入小学时，“口吃”，而且“资颇钝。读书至千百遍，字字着意，犹未熟”[⑩]。但是有的儿童，其口吃的习惯并非天生，而是模仿他人学来的。柳亚子（1887—1958）九岁时，“始患口吃病。系从费家五舅父树达及表兄弟孟良与仲贤处学来”，并言受口吃之影响，背书困难而常遭老师责打。[⑪]

---

① 黄云眉，《邵二云先生年谱》（台北：广文书局，1971），页12。

② 吴天任，《杨惺吾先生年谱》（台北：艺文印书馆，1974），页2。

③［清］张穆，《顾亭林先生年谱》，页4。

④ 毛一波，《台湾老作家王诗琅》，《传记文学》，46卷1期，页88。

⑤ 吴相湘，《疏财仗义的张人杰》，《传记文学》，6卷2期，页32。

⑥ 唐文治，《茹经自订年谱》，页6。

⑦ 程天放，《我的家塾生活》，《传记文学》，1卷5期，页20。

⑧ 蒋致中，《牛空山先生年谱》（上海：商务印书馆，1935），页2。

⑨ 在此以前，文祥曾自谓“生时舌黑，火盛”，故此处乃言“齿亦黑”。见［清］文祥，《文文忠公自订年谱》，页1。

⑩［清］张穆，《阎潜邱先生年谱》，页17。

⑪ 柳无忌，《柳亚子年谱》（北京：中国社会科学出版社，1983），页8。

旧时儿童身体卫生未臻理想，易患各种皮肤病，暑热季节犹然，前已略及。黎培敬六岁时，盛暑，即因“患头疡”而未入塾。[①]薛光前（1910—1978）亦自言五岁时，“头生疥疮，丑相可知”[②]。而且因为普遍卫生条件欠佳，富裕家庭中的儿女亦不免受虱蚤等体外寄生虫之苦。幼儿有头虱，家人即剃其发以便清理。曾国藩的女儿曾纪芬即自谓“幼时头上常生虱，留发甚迟，十一岁始留发”[③]。有的儿童所患肌肤之病更为严重。沈云龙自谓年少时曾“生了一场中医名叫‘流注’的外症，最初的病症，是在出过痧疹之后，全身坟起无名的肿块，有七处之多”，最后扩大化脓，不得不动刀割治。[④]

南方的儿童有时还有脚气病的毛病，并无有效药物可治，多半视其为一与环境相关之疾病，罹之则试易地疗养。朱屺瞻（1892—1996）少年时曾患脚气病，多方医治无效后，遂由学校“回乡。不数日，病症豁然而愈”。此后脚气病并未断根，“于是病剧则归里，愈后便返校，经常往返于上海、浏河之间”[⑤]。陈寅恪少年时亦曾患脚气病，因须易地疗养，乃返家休养年余。[⑥]

（二）其他影响儿童健康的因素

1. 体弱

近世一般家庭有关儿童健康的记录，并非均具体指明其疾苦所在。许多记录仅笼统提曰，某儿自幼体弱，因而多病。魏禧（1624—1680）之弟在《魏叔子年谱·先叔兄纪略》一文中谓禧“少孱，善病”[⑦]。据载王昶（1724—1805）亦为“少羸，善病”，六岁时尤剧。[⑧]此类记录简略而模糊，或因家人之关注即此而止，未详言，也可能父母家长对幼儿身体健康之认识不足，不能更详细明确叙述。

因为身体不够健壮，或使此等儿童的日常活动受到限制。吴梅村（1609—1671）于《吴梅村年谱·秦母于太夫人七十寿序》中自谓：“余自少多病，由衣服饮食，保抱提携，惟祖母之力是赖。”并以年少多病疾之故，自幼鲜有户外

① [清]黎培敬自述，[清]黎承礼编，《竹闲道人自述年谱》，页3–4。

② 薛光前，《困行忆往》，《传记文学》，32卷5期，页47。

③ 曾纪芬，《崇德老人自订年谱》（台北：广文书局，1971），页11–12。

④ 沈云龙，《四十年前中学时代的回忆》，《传记文学》，卷11期6，页50。

⑤ 冯其庸，尹光华，《朱屺瞻年谱》（上海：上海书画出版社，1986），页10。

⑥ 蒋天枢，《陈寅恪先生编年事辑》（上海：上海古籍出版社，1981），页24–25。

⑦ 温聚民，《魏叔子年谱》（台北：台湾商务印书馆，1980），页2。

⑧ [清]严荣，《述庵先生年谱》（台北：台湾商务印书馆，1978），页4。

活动,《吴梅村年谱·与子景疏》曰:“十五六不知门外事。”[①]李鸿藻(1830—1897)则因“幼本瞿”,其母“惟恐致疾,令勿苦读”,担心他因身体瘦弱又用功过度而招疾病。[②]

有少数的例子,幼儿之体弱是有原因的。如梁济(1859—1918),因“怀七月而生,故禀赋素弱”,知道他的体弱是来自先天早产。[③]汪康年(1860—1911)则“以自始生至四岁,无日不在奔走流离之中”,遂“及长而身体羸弱”,归因于出生后动乱迁徙,居住饮食不定,照顾不周,使他自幼健康受损。[④]李季亦自谓,其母生他是已久受生育之劳,身体极弱,产后无乳,又无固定乳母,使他自幼营养不良,发育受到影响。“幼年时常患病,枯瘦如柴,每当六月炎天,也不流汗,有时还须加夹衣。”[⑤]陈其美(1878—1916)据说“初生体气孱弱”,也与其母“产后多疾,雇乳媪乳之”有关。[⑥]

然多半记录中所载儿童体弱,并未言及明显的缘由,只是一再提到体弱的儿童自幼易病且多病。据谓汤尔和(1878—1940)自小“细小身量,精瘦焦黄”,而且“从小多病,一来就感冒,再不然就是下痢,成天和药罐做伴”[⑦]。郁达夫(1896—1945)父早殁,兄弟三人均赖母亲抚育,达夫又“幼体弱多病”,母甚忧之。[⑧]赵元任(1892—1982)说自己“小时身体不好,动不动就是伤风、发烧”,害过痢疾、疝气、伤寒等病。[⑨]朱光潜(1897—1986)也道:“从幼年起,我就虚弱多病,大半生都在和肠胃病、内痔、关节炎以及并发的失眠症作斗争。”[⑩]这类的记载,描述儿童自幼体弱多病固然可能属实,但是也反映了中国民间对人体健康的一种普遍观念,认为多病、常病的人,是因为先天禀赋不强,体质较他人为弱,因而遇有小儿多病,立即与根底差、体质弱相提并论。

2.意外伤害

旧时社会与现今一样,对儿童健康的伤害不全来自疾病感染,人为的疏忽

① 马导源,《吴梅村年谱》(上海:商务印书馆,1935),页12-13,18。
② 刘凤翰,李宗侗,《李鸿藻先生年谱》(台北:台湾商务印书馆,1966),页4-5。
③ 梁焕鼎,《桂林梁先生年谱》(台北:广文书局,1971),页2-3。按:梁焕鼎即梁漱溟。
④ [清]汪康年,《汪穰卿先生传记》(台北:广文书局,1971),页9。
⑤ 李季,《我的生平》(上海:亚东图书馆,1932),页13-14。
⑥ 徐咏平,《民国陈英士先生其美年谱》(台北:台湾商务印书馆,1980),页4。
⑦ 作者不详,《汤尔和传》(出版地不详:出版社不详,1942),页2-3,6-7。
⑧ 刘绍唐,《民国人物小传》,《传记文学》,24卷4期,页123。
⑨ 赵元任,《早年回忆》,《传记文学》,15卷4期,页36。
⑩ 关国瑄,《中国美学播种者朱光潜》,《传记文学》,48卷4期,页15。

与意外也常伤及其身。幼儿在家中或附近活动，摔伤跌破是免不了会发生的事。居正（1876—1951）四岁时，“抱着吃饭的磁碗学步，跌了一跤，被破碗的磁锋将鼻尖划出一大块”①。孙科（1891—1973）六七岁时骑马，“不慎自马背上摔下，跌破头”②。都是这类的例子。这些伤害，有些是儿童自己日常起居游戏不慎所致，如李季自述：“小时最好活动，喜欢自己做各种玩具玩耍，如扎毽子，削地雷公，编草龙头，造车子，等等。一日，我拿着祖父的篾刀砍一个杉树小轮盘，预备做一张小车子，不意用力过猛，轮盘向旁边一跳，篾刀的余力未尽，直向我的左手中指杀来，把它的头砍去三分之一。”③有些则是照顾的人失责所致。徐道邻（1906—1972）襁褓时，背他的女佣不慎，背上的包袱松扣，使他几乎从她背上滑下来，慌乱中她倒提道邻的一只小脚，硬从后肩拉回来，亦未告知其父母。待发现时，已因胯股脱臼，发炎生脓，连小便里也带脓了，虽经求医诊治，却落得终生两腿不齐之结果。④有些儿童幼时不幸遭遇不止一次意外，导致种种伤害。李先闻记载他的祖父，“善伦公在六岁时跌伤，发育后背驼手弯。小时又被顽皮孩子在耳边放炮仗，把耳朵震聋了”⑤。类似的情况一定不在少数，而且这些偶发的意外常造成严重的后果，影响儿童一生的健康。吴咏香（1912—1970）十三岁时，一个风雨之夜，“在睡梦中由床坠地，因当时无人在侧，竟自晕沉睡去。翌晨醒来，两臂不能转动，从此遂罹骨炎，亦称为脊椎结核病”。不但影响了她的发育，肩背亦成畸形。⑥

传统农村中，孩童嬉水或落水遭溺，也是常见的意外。郝更生（1899—1975）自言即因“曾游泳溺水，几死获救，故改名为更生”⑦。梁寒操（1899—1975）则谓，六岁以前，有一次家里住的地方山洪暴发，立时水深三四尺，他为了想救一只心爱的小猫，“跌落水中”，捞起来时已经不省人事。经置牛背上，使肚中水倒流出来，并借牛的热气帮助苏醒，经过一天多的时间，才被救活。⑧

此外，儿童好动，不乏与人打斗受伤的事。居正五岁时，“随人放牛，与

① 赵玉明，《菩萨心肠的革命家——居正传》（台北：近代中国出版社，1982），页2。

② 孙科，《八十述略》，《传记文学》，23卷4期，页8。

③ 李季事后道及自己处理这场小意外，“并未告及家人，以当时痛不可耐，一直跑回母亲房中，偷偷地将指头的血滴在床下，然后拿一块布包扎起来”。见李季，《我的生平》，页43。

④ 徐樱，《我的娘亲》，《传记文学》，23卷5期，页43。

⑤ 李先闻，《一个农家子的奋斗》，《传记文学》，14卷5期，页10。

⑥ 齐崧，《女画家吴咏香》，《传记文学》，25卷3期，页34。

⑦ 郝更生，《更生小记》，《传记文学》，11卷4期。

⑧ 梁寒操，《回忆我在十八岁以前一些有趣的事》，《传记文学》，1卷1期，页17。

［宋］ 苏汉臣《长春百子》（局部）

百子图像是理想构图，但其中仍不免透露间接之社会文化信息。近世中国士族家庭，本不鼓励户外玩耍，赤身戏水更是大忌，溺水是当时男孩的首宗意外死因，这图并列，文化之拉扯挣扎共见。

台北故宫博物院编辑委员会编，《婴戏图》（台北故宫博物院，1990），页17

牧童对山歌，斗口打架，头破血流，面门和嘴唇受伤，留下三处创疤”[①]。

而旧时父母师长，多主严教，有的平常体罚孩童手法甚重，造成身体伤害，虽不谓意外，却是一种人为之伤害。据谓居正幼时顽皮，常受朴责，屡有血光之灾。[②]郭沫若（1892—1978）则记家塾中“朴作教刑”的教育方式下，相信“不打不成人，打到作官人”。塾师教刑极严，爱用细竹打学生，七岁左右的沫若，“头上被打得都是疮块，晚上睡觉时痛得不能就枕，只好暗哭”[③]。

3.心理与情绪问题

近世少数有关儿童健康的记录中，述及情绪问题对其健康的影响，显示当时一般人对心理卫生问题的若干认识，值得注意。明末复社的主角张溥（1602—1641）因为婢女所出，少时常受宗党轻视，家仆之侮。据载他在长期心情郁闷愤懑之下，不得不日夜苦读，希望雪耻复仇，“因病鼻血”[④]。是比较激烈的例子。

有的儿童，生活环境中某些变故或因素使他们抑郁不欢，虽无明显病痛，但正常发育不无受影响，因而身体羸弱，不甚健壮。谭嗣同（1865—1898）七岁时，其母借携伯兄南归就婚之故，离开其北京的家园，独留下幼年的嗣同与

① 赵玉明，《菩萨心肠的革命家——居正传》，页2。

② 同上。

③ 龚继民，方仁念，《郭沫若年谱》（天津：天津人民出版社，1982），页6。

④ 蒋逸雪，《张溥年谱》（上海：商务印书馆，1980），页6。

父及父亲的新欢共处。母亲离别前，虽戒令他以毋思念，但嗣同拜送母亲车前，目泪盈眶，而强抑不令出。从此他人问起母亲，嗣同终不言，“然实内念致疾，日羸瘠”[①]。忧思愁苦，或操心过度，会影响人的身体健康，是传统中国社会的一个普遍的观念。罗振玉（1866—1940）少年时，曾以一方面要兼理家事，另一方面又要彻夜读书，常常“鸡鸣就寝”，久而久之，“遂得不寐疾”，造成了失眠的毛病，而且“羸瘠日甚”[②]。胡汉民（1879—1936）少年时，亦以父母及一兄一姐两弟皆以医养不足，相继去世，“以是常忧伤憔悴”，而致长年“体弱多病”[③]。

当时中国民间还相信，在激愤之下，人会突然口吐鲜血。据载纽永建（1870—1965）年少时，即因“应乡试，不售，愤而吐血”[④]。幼儿因受惊吓，而大病一场，也尝见记载。李根源年少时偕堂弟赴山上祭扫祖母之墓，不意墓旁伏有两豹，高四尺，突猛扑其前，欲攫之去。正当其惊愕失措时，两豹竟反身摇尾而逸。然而根源“归未二日，大病”。源于惊骇，且一度昏死过去，据言弥留中经其祖宗导其魂方复苏。此后常患腹泻，且精神委顿。[⑤]

不论是愤懑、抑郁、伤痛或受惊，少年及儿童身体健康之受损，均为情绪状况在生理上的反映，类似今日所谓的身心症。有时心理受挫，不一定使身体不适，但会反映到其他心理与行为上的异常状况。李抱忱（1907—1979）自谓幼时本惯用左手，但被强迫改为右手，在改手写字的那段时间，心绪显然十分不快，结果使他一方面脾气变得非常急躁，另一方面竟然产生了口吃的现象。[⑥]

三、一般家庭处理儿童健康问题的方式

（一）自疗

传统社会中一般家庭的儿童若发生健康上的问题，并不一定会立即寻医求治，而常设法自己照顾求愈。这是因为一则当时医生的分布并不普遍，许多乡村及山间，“山僻乏医”[⑦]，附近并没有医生或医疗设备方便民众求诊。另一方面，

---

① 慎初堂，《浏阳谭先生年谱》（台北：广文书局，1971），页3。

② 罗继祖，《罗振玉年谱》，《大陆杂志》，26卷5期，页7。

③ 蒋永敬，《胡汉民先生年谱》（台北：“中央文物”供应社，1978），页17。

④ 杨恺龄，《纽锡生先生永建年谱》（台北：台湾商务印书馆，1981），页3。

⑤ 李根源，《雪生年录》，页11。

⑥ 李抱忱，《童年的回忆》，《传记文学》，6卷3期，页36。

⑦［清］钱景星，《露桐先生年谱》，页11–12。

当时一般人并没有病即求医的习惯，遇到儿童罹病，常就家中已知疗养方式，或求教附近乡人朋友之建议与调养。因而过去传记中描述儿童如何渡过疾病难关，常归于家人辛勤调养之功。孙星衍九岁出痘，据载即赖其祖母及母亲“抱持不眠者两旬始愈”[①]。吴荣光少时“得热疾几殆”，亦因其母“日夕调护得瘥”[②]。李根源少年时，“尝患腹泻，精神委顿”，得其“三母刘太夫人调护数月始痊”[③]。

因为一般家庭求医不易，遇疾常以自疗，儿童有病，常就家中长者之医疗常识应付之。黎培敬幼时体弱多病，三岁左右时仍常反胃吐乳，祖父甚为之忧，家人亦如其指示，“用药尝加厚朴少许”[④]。王闿运（1832—1916）六岁时，患病危笃，及愈，体羸弱，足不能过门限，“其曾祖母乃保抱扶持，日以白术饵之，病始有瘳”[⑤]。家中老人所累积的经验和常识，常成为儿童保健之药方或指导原则。

这种自疗的情况，不独对儿童为然，实为当时民众对照料自己健康的一种相当普遍的态度。陈寅恪曾记他十岁居南昌时所识一陈姓佣妇，说她“终日不饮茶水，若有疾，则饮茶，一呕而愈”[⑥]。

既赖自疗，当时若逢友朋来访，或旁人建议，常亦欣然接受。章乃器（1897—1977）自幼体弱常病，十四岁时，一次在餐桌上晕过去，适有“叶叔圭老伯在座，诊脉，说是虚证”[⑦]。伍受真（1901—1987）少年时曾得“脑漏症”，或谓“以木笔花代茶可愈，服半月许果瘳”[⑧]。在此习俗之下，民间流传的各种偏方和流走江湖的“铃医”，均可援以应付日常健康问题，虽士大夫家庭亦然。赵杨步伟述及自己六岁那年，五六月里，“左眼中间长了一块白东西，越长越大，不久右眼也有，不到三个月，全不能看见，只周围看见点亮光”。有人传来一个方子，嘱“用象牙磨点蜜点眼睛，又吃一种叫珍珠草白炖猪肝，还得躲在门后吃”。其间亲友对此疾之来由纷纭不一。又有一天，看门的老蔡告诉她的母亲说，“大行官地方有一个山东人摆摊子的，标明专治眼睛和卖膏药”，家人也就依言将步伟带去，叫那个山东人看，“他就给太阳穴内打两针，出了两小酒杯血”，

① ［清］张绍南，《孙渊如先生年谱》，页1–2。
② ［清］吴荣光，《吴荣光自订年谱》，页3。
③ 李根源，《雪生年录》，页11。
④ ［清］黎培敬自述，［清］黎承礼编，《竹闲道人自述年谱》，页3。
⑤ 王代功，《湘绮府君年谱》（台北：广文书局，1971），页6–7。
⑥ 蒋天枢，《陈寅恪先生编年事辑》，页19–20。
⑦ 章乃器，《七十自述》，《传记文学》，39卷3期，页39。
⑧ 伍受真，《受真自订年谱》，页6–7。

再给了一包草药冲水吃，据言半个月后居然就渐渐好了。[①]这种就便求治买药的情况，显然并非偶见。陈寅恪说他曾祖母一日与他闲话旧事时告诉他，过去曾患咳嗽，“适门外有以人参求售者，购服之，即愈”。虽然他祖父后来说所购得的可能是荠苨而非人参[②]，然则其所反映的民间对疾病自行处理的态度则十分清楚。

因为惯于自疗，所以地方上常流传着一些应付儿童健康问题的方法，不求背后医理，只要能够灵验。刘健群即谓在产鸦片的贵州地区，一般家庭均知，“泸烟上的草纸，倒是有一最大的用途。即无管是幼童和婴儿，凡是肚痛下痢，只要将泸烟纸包在肚上，不到一时三刻，立刻痊愈，其效如神”。有此类经验为据，当时人家遇事不请医生，一概自理。[③]蒋君章记其祖母吸烟，逢父亲幼时啼哭，“喷以烟雾则止”[④]。但是如此自己随意处理，当然也容易发生意外。李季自言“六七岁时，一日肚痛大作”，父亲即将他所吃的鸦片烟泡一小个给他吞服，以为可以止痛。“不意烟泡分量过重，烟性太烈”，竟使他昏迷不省人事，至一日一夜之久。[⑤]

（二）求医

传统中国社会民众求医行为并不普遍，有时要视当时家中景况及机缘而定。骆秉章六岁那年“三月，出天花，几至不测”，原先家长似无求医之行动，“后得郑端州姻伯到省，请曾华麟先生用补药，始得保全”。[⑥]是因适逢有亲戚有事要到省城，乃央请他代替病儿向人间接求医，当时他们求助的人不一定是专业医生，或许只是地方上较懂医药的读书人。

这种求医形态，原因很多，与当时医疗人员分布之不普遍，一般民众对疾病及求医的观念，都有关系。还有一层原因，是当时所谓医者，其专业知识及技术程度，有的与一般流传民间的偏方或民俗信仰疗法，似无二致。张鋆三岁时，地方上“痘疫大行，街号巷哭者相继”。鋆亦患之，“颗粒曾累，体无完肤”，待家中请来医者，“医师谓是痘将内陷，恐不可治，姑卧之地，借土气以御燥火

① 赵杨步伟，《一个女人的自传》，《传记文学》，11卷1期，页49–50。
② 蒋天枢，《陈寅恪先生编年事辑》，页14–20。
③ 刘健群，《难困少年行（六）》，《传记文学》，13卷6期，页37。
④ 蒋君章，《最难报答是亲恩》，《传记文学》，45卷1期，页88。
⑤ 李季，《我的生平》，页40。
⑥［清］骆秉章，《骆公年谱》（台北：广文书局，1971），页3。

可耳”。家人遂依言将奄奄一息的幼儿卧置地面七天七夜，并哺以米汁药液，后乃渐有生意。[①]病儿虽愈，而医者所建议的卧高烧发痘之幼儿于地，可能确有借地面降低其体温之作用，而于病情有助。然从其医疗行为表面来看，少有专业化色彩，或者亦降低了民众心目中求医与依传言偏方自疗的差别。齐璜（1863—1957）出生后，“身体很弱，时常闹病，乡间的大夫说是不能动荤腥油腻，这样不能吃，那样不能吃，能吃的东西就很少了”[②]。医者对病儿的建议，亦仅止于忌口，与一般常识无二，这类状况，或者减少了民众求医的动机。

因而家人逢儿童罹病，即使向外求援，其求助的对象，僧卜丐巫，各种民俗疗者皆有。这些人兼行若干治病疗伤的活动，并非现代所谓的专业医疗人员，而在传统社会的医疗活动中扮演着不可忽视之角色。陈璧（1852—1928）五岁时，“受火烫伤，病儿殆”，是靠“有丐者示以方药，匝月而愈”[③]。李宗侗记幼时“叔陶弟忽患抽风，眼睛已经翻上去”，急得他在旁边床上大哭，家人亦不知所措，适“有人介绍薛小刀的灵药。他的铺子在北京杨梅竹斜街，正名雅观斋，祖传秘方，买来一试，果然有效，不久遂愈”。[④]

旧时中国民众求医形态的另一特色，是医卜并用，即使对医者，亦众医杂取，杂方皆用，只要有效，兼容并蓄，毫无从一而终的观念。此多元医疗文化的特色，待清末西医进入中国沿海市镇后，尤为明显。孔祥熙（1880—1967）十岁那年秋天，患痄腮，先是“请了几位中医吃药敷治，一概无效，随即成疮溃烂，继续蔓延”。其父焦急独子生命攸关，乃决定送他到基督教开设的仁术医院接受治疗。祥熙及家人先虽心存疑惧，最后仍同意住院医治，一星期后乃完全平复。[⑤]郭沫若十六岁时，据言中秋后得了肠伤寒，头痛、下痢、咳嗽，且时时流鼻血，疲倦而无食欲。第二天在家里先吃了“儒医朱相臣先生的一服大热药”，病情反而变重。第四天乃致请“太平市的赵医生诊治，服了他的凉药，病情转轻，逐渐好转”[⑥]。

尤其值得注意的是，即使是同一个家庭，其求医行为亦无定轨，在不同的孩童遭遇不同的健康问题时，寻求各种各类的解决办法。赵杨步伟自述幼时种

① ［清］鲍鼎，《张夕庵先生年谱》，页2。
② 张次溪笔录，《白石老人自述》，《传记文学》，卷3期1，页40。
③ 陈宗蕃，《陈苏斋年谱》（台北：广文书局，1971），页1。
④ 李宗侗，《从家塾到南开中学》，《传记文学》，4卷6期，页44。
⑤ 郭荣生，《孔祥熙先生年谱》（台北：台湾商务印书馆，1970），页9。
⑥ 龚继民，方仁念，《郭沫若年谱》，页23。

痘，依母亲主张是用传统吹鼻苗的办法插苗的。六岁时得眼疾，先后用旁人传来的偏方和门房介绍的摆摊药贩对付。待后来家中别的孩子得了疑似猩红热的传染病，又决定送西式贵格医院求诊。①

（三）祝祷与医祷并行

在一个多元的医疗文化下，近世中国民众罹病不以求医为唯一的解决途径，加上当时人对疾病本身发生的原因有其特殊的认定，所以在所见的有关儿童健康的资料中，常见家人以祝祷的方式祈求解除儿童的病痛。沈兆霖六岁时患有痰疾，常因发厥而踣跌倒地，其母“黄太夫人百计祈祷，心力交瘁”②。家中长辈如此作，是因为他们视幼儿之疾苦，一如人生中之死生、灾厄、祸福，认为与天意之违逆有关。所以文祥生时，“舌黑、火盛”，其祖母为之忧，乃将之“寄名于沈阳小西关外关帝庙”，意在祈其福祐。平日有病痛，固亦延医服药，但终不忘以祝祷为事。文祥三岁时出天花，表面上一切顺利，据谓乃背后祖母为之“焚香拜佛，额儿肿”的结果。③此类祷天拜佛的活动，尤以家中孩童罹重病险疾时为最。李根源一岁时，“十二月，中惊风，舌卷牙闭，不乳，四日无啼声，仅一息存，戚里咸谓无生理”，其祖母乃“日夜虔诵观音经”，据谓“第五日忽两目转动，微汗，啼声大作，未服药愈”。十一岁时，继诸妹之后出痘，“上浆时忽浆收色黑，昏沉不醒，状至险恶，群医束手”，其祖母亦“虔诵观音经，愈三日，浆忽突起，色转红，得以治愈”④。这种“死生在天”的观念，显然深植民间，连青少年亦以之为念。金忠洁（1610—1644）十九岁那年冬天十二月，四弟铉有遽疾，忠洁甚为之忧，一夕乃谓其弟鑨曰：“四弟危矣，为我裁黄笺来，吾为请命于天。”遂挑灯草表，再拜焚之。据言“翼日弟铉渐有起色，不数日愈焉”⑤。

民众祝祷求助的对象范围很广，从祷天拜佛、诵观音，到祭拜各种地方神祇，乃至神仙道士、先世列祖，都在求援之列。这是因为他们相信许多超自然的力量都可涉手人间祸福，导致儿童的疾苦与痊愈。李根源十九岁时，偕堂弟祭祖母墓，途中为豹所袭，返家后因受惊过度而大病，一度昏死过去。据谓昏死后见其高祖对他说：“余为汝高祖，汝不应死。”并“导之复苏”。因视此死后

① 赵杨步伟，《一个女人的自传》，《传记文学》，11卷1期，页49–50。

② ［清］沈兆霖，《沈文忠公自订年谱》，页2。

③ ［清］文祥，《文文忠公自订年谱》，页1–2。

④ 李根源，《雪生年录》，页11。

⑤ ［清］金镜，《金忠洁年谱》，页5。

复苏的经验为“祖宗德荫”所致。①

一般民众不但相信上天神祇与疾病健康有关，而且在疾苦遇难时，常援引梦征为据，以梦中所见之事为疾苦得治的缘由或指引。完颜崇实三岁出痘，据言事后“余毒发于喉间，左右各一，急甚”。其乳母照顾，昼夜怀抱，至废眠食，迷惘间，见一老人抚视所患，因求救治。老人曰：“此非我不能，然汝毋恐。随于鹤氅中掣宝剑出，左右割之。”其时父母惊觉，而见崇实之两颐同时脓溃，哭始有声。②援梦治病，主要在民众心中之信仰。李殿图三岁时“得热疾，几殆”。其母抱持兼旬，“夜梦老人，衣冠古朴，携白物，置几上，似粳米糕”，对母揖曰：“儿服此则瘳矣。”遂去。次日清晨，家中老奴李升捧刀圭入，传医者言曰：“大相公服此则瘥。且时以西瓜汤饮之可也。”其母因刀圭与她所梦颜色分寸相符，乃述老人状，询其奴仆，老奴告以所梦正是过去名医刘河间祠中之塑像也，并谓其每昭灵感云。③陈澧（1810—1883）十岁那年五月，患“暑病，几死”。一方面服医师所予大承补气汤而愈，一方面又云“病时梦大火，中有五色轮搜身其中”，以为代表阳气太盛，方为真正病因。④

因为一般民众常以疾病与超自然的力量有关，故家人延治时所请教的人士，常兼有医卜双方的色彩。陆宝忠六岁时“遘疟疾甚剧”，夏日八月稍愈，乃随母返乡。其时外祖母正拟赴外祖父任所，乃将远行及外孙健康等事，一并叩问宿楞伽山岩下之一异僧，此僧据言“能知未来事”。叩之时对远出安否之事默然不答，唯对外孙“体弱多病，能长成否”，答曰“伊自有福”，并出一膏药，谓贴之可愈。二十日后，外祖母果因小病离世，而宝忠之疟疾，虽拖为久疟，却“以僧所畀药贴之，渐瘳，腹中结痞亦消”⑤。

因为有这种种与疾病健康相关的民间信仰，所以在家中儿童遭遇疾病或健康攸关的时节，连家中也随之立下一些禁忌，家人并从事各种具特殊意义的活动，均以意在避疾祈福。连19世纪末赵杨步伟种人痘后，因并发严重后果，“发热非常利害，天花又非常重”，所以除了一边派八个人日夜看守外，“全家断荤十四天”，为之祈福。⑥

① 李根源，《雪生年录》，页11。
② [清]完颜崇实，《惕盦年谱》，页2–3。
③ [清]钱景星，《露桐先生年谱》，页2–3。
④ 汪宗衍，《陈东塾先生年谱》，页4。
⑤ [清]陆宝忠，《陆文慎公年谱》，页16。
⑥ 赵杨步伟，《一个女人的自传》，《传记文学》，11卷1期，页24。

在多半家庭的观念中，这种种祝祷求神的活动，与求医服药丝毫不相违背。所以遇儿童得病，药祷并行的例子经常可见。吴荣光六岁出痘后，遗毒聚腿腐骨，一方面用针灸法治之，一方面，其母梁太夫人“多方吁祷”达半年之久。①病儿得愈，家人均归功于药祷共同的效力。齐璜三四岁时多病，祖母和母亲一方面“满处去请大夫”，到药铺子里抓药来吃；一方面两人三天两朝到附近各处神庙烧香磕头，“常把头磕得咚咚地响，额角红肿突起，像个大柿子似的，回到家来”。有时还请乡中巫师到家里来，胡言乱语，或变把戏治病。后来齐璜病渐渐好了，母亲还为之忌食荤腥油腻。②黄季陆也说自己小时身体不好，幼年曾患便血症，家人求助医药之外，生命危在旦夕时，平时虔奉观世音菩萨的祖母，更勤于早晚烧香顶礼和默祝，成为日课。③这些例子，说明了类似祝祷的活动，常伴随出现在近世中国家庭为孩童治病的过程之中。

四、儿童健康的杀手

近世私人的传记资料中曾留下一部分儿童因病致死的例子，虽不能视为普遍性记录，但对于了解当时儿童健康的一些致命伤害仍有其参考价值。记录中所见致儿童于死的疾病，以出痘的情况最多。可见现代以前的数百年间，中国虽有初步的防疫办法，但天花对明清时期儿童生命的威胁仍相当严重，而且对年龄愈幼小的儿童杀伤力愈强。金忠洁二十岁那年六月，他的长子诞生，生后五个月左右即“以痘殇”④。翁叔元（1623—1701）八岁那年三月出痘，不久年幼的妹妹亦随而感染，母亲急于照顾叔元，妹妹遂因“出痘遽惊死”⑤。这种家中孩童彼此传染天花，结果终有人因而夭亡的情况似乎殊为常见。赵光（1797—1865）六岁那年三月，兄、姐、弟与光，及堂兄、表兄先后“皆患痘证”，结果他一个三岁的弟弟百禄即“以痘殇”⑥。感染天花的儿童以三四岁到六七岁最多，因出痘而殇亡的也以这个年龄的孩子较多。陆宝忠十岁时，他一个刚入塾的顺

① ［清］吴荣光，《吴荣光自订年谱》，页1。

② 张次溪笔录，《白石老人自述》，《传记文学》，3卷1期，页41。

③ 黄季陆，《我难忘的仁慈的父亲》，《传记文学》，9卷4期，页33。

④ ［清］金镜，《金忠洁年谱》，页5–6。

⑤ ［清］翁叔元，《翁铁庵年谱》（台北：广文书局，1971），页5–6。

⑥ ［清］赵光，《赵文恪公自订年谱》（台北：广文书局，1971），页31–32。

弟即因“十二月十九日咸受温，发疹未透”，四天之后，“二十三日黎明殇”①。曾纪芬记其一位长兄桢第，“三岁，以痘殇”②。蔡元培也说他的四弟及幼妹，“在三四岁时罹痘早殇”③。鲁迅则谓其妹端姑，年未满周岁即“因天花夭折”④。

其他常夺去儿童性命的仍以一些急性传染病居多。像当时称为痧子的麻疹，或者疑似白喉的喉痹，都能在极短时间致患儿于死地。柳亚子曾谓其长妹因“患痧子去世”⑤。程沧波（1903—1990）亦言，一位大他两岁的哥哥，在五岁那年，以“出痧子夭亡了”⑥。刘健群（1902—1972）说他有一位二姐，幼年时也“因为出麻疹而去世”⑦。喉痹亦易致儿于死，胡林翼（1812—1861）提到他有位妻弟慧寿，“甫十岁，以喉痹殇”⑧。杨仁山的三、四两子，在十岁、十二岁，才入学后不久，“在三天之内，两人同日得喉症而亡”⑨。

其他儿童易染的急性传染病，如下痢、脑膜炎、猩红热，也是医者束手，常使幼儿夭亡。曾纪芬说她的五姐幼时“因脾虚病痢，失于调理而殇”⑩。脑膜炎与猩红热是19世纪下半期以后才有的新病名，在人口聚集的市镇尤易传开。居上海的颜惠庆（1877—1950）记他的三哥，在“十四岁时，患脑膜炎夭折”⑪。童轩荪则谓弟妹两人“以染猩红热，相继死去”⑫。

传统称为瘵疾的肺结核及因呼吸道感染恶化而成的肺炎，亦尝使儿童致死。其中，结核病伤害的为少年人，如陆宝忠记其十三岁时，十八岁的大姐在夏天“以瘵疾亡”⑬。而肺炎伤害的常是幼年儿童。瞿秋白（1899—1935）的一个妹妹懋红在三四岁时即“因患肺炎病死”⑭，李煜瀛（1881—1973）记其妹“病肺殇”⑮，童

① [清] 陆宝忠，《陆文慎公年谱》，页18-19。
② 曾纪芬，《崇德老人自订年谱》，页9。
③ 孙常炜，《蔡元培先生年谱传记》（北京：中华书局，1980），页1-3。
④ 李何林，《鲁迅年谱》，页14。
⑤ 柳无忌，《柳亚子年谱》，页9。
⑥ 程沧波，《根富老老》，《传记文学》，3卷3期，页6。
⑦ 刘健群，《艰困少年行（六）》，《传记文学》，13卷6期，页27。
⑧ 梅英杰，《胡文忠公年谱》（台北：广文书局，1971），页22-23。
⑨ 赵杨步伟，《我的祖父》，《传记文学》，3卷3期，页20。
⑩ 曾纪芬，《崇德老人自订年谱》，页9。
⑪ 姚崧龄，《颜惠庆自传》，《传记文学》，18卷2期，页13。
⑫ 童轩荪，《梨园名优艺事及其他》，《传记文学》，18卷2期，页69。
⑬ [清] 陆宝忠，《陆文慎公年谱》，页20-21。
⑭ 周永祥，《瞿秋白年谱》（广州：广东人民出版社，1983），页9。
⑮ 杨恺龄，《李石曾先生煜瀛年谱》（台北：台湾商务印书馆，1970），页9。

轩荪记其兄因积劳得肺病夭逝[1]，则均未言明是何种肺病。

综前所述，关于近世儿童因病致死的情况，可归结得到两项结论，一是当时一般家庭对能致儿童于死地的疾病，认识仍然相当有限。在18世纪末以前，有关儿童病死的记录，指明确定病名或缘故的居极少数。此后提到儿童亡故的时候，未明原因的仍然可见。究其因实以一般民众常无法确知身边亲友究因何夭亡。此类状况到19世纪末仍然，徐永昌（1887—1959）述及其幼时的一段经验，颇足以为证。他说：

> 我小时候住大同南关牛家的宅院。此宅内外二院，各住三家。记得院新搬来一家高姓。有女十七八岁，来时即病，不能举步，不久死去。迟了一年半，里院与我家很熟的吴姓十五六岁女孩，名美人子的死了，再过半年，我的二姐死了。我二姐与美人子均清秀，不很壮硕。又过半年，外院王家，是一种地人家，有女润子十三四岁，很壮硕的，亦死了。又过不久，外院刘家女孩名仙子的，十二三岁也死了。二三年中连丧五女，年均不大（十二三至十七八），又不一定是传染病（我时年幼，不知他们所患是否一个病，若是传染病，我二姐应先传染我，且亦不能传染二年之久），而同院中尚有二三女孩则仍好好的，这是偶然抑非偶然？我母伤心于二姐之死，又因我父与人家做生意，在鼓楼西街，常有病，回来太远，即在鼓楼西街找一房住，不到一年，房东太太死了，又迟半年，我兄亦死了。我母因住此伤心，又搬到泰宁观附近某巷樊家宅院。我们住内院，外院住一开铜铺的人家，出来进去，见其太太脸黄黄的，不久死去。樊老先生有儿子、儿媳、四孙与二孙媳，其次孙媳我呼为樊二嫂的，二十岁不到，迟半年也死了。她死后几个月，我母逝世，又过三个多月，我父逝世。短短一年多，先后又是四人。这些事故果真都是偶然么？何以偶然的如此巧而惨怛，若非偶然，那又是什么原因，一直到现在我莫名其妙。[2]

徐永昌的困惑，一定代表了当时多数人的心声。

另一方面，留有病名及死因的事例中，我们发现痘疹、痢疾、喉痹等急性

---

① 童轩荪，《梨园名优艺事及其他》，页69。

② 徐永昌，《徐永昌将军求己斋回忆录》，《传记文学》，48卷5期，页11。

传染病似乎仍是当时扼杀儿童性命最主要的原因。若依时下公卫学中有关健康转型（health transition）及疾病转型（epidemic transition）的理论，则显示当时中国社会的儿童健康状况仍属健康转型及疾病转型期以前的阶段。当时尚未有现代防疫及抗生素得以控制急性传染病，故威胁儿童健康，造成儿童死因的，仍以此类疾病居多。

五、传统社会对儿童健康与疾病的认识与态度

从这些有关儿童健康的资料来看，近世中国士人家庭对儿童健康及疾病的问题并不是毫不重视。而且其记载中常兼及家中女孩的遭遇，可见这些家庭亦未均视女孩健康于不顾。

然而整体而言，其对儿童健康的关怀仍然受限于一般人在此方面的认识。故而一则有不少记录，仅笼统提及家中儿童罹病有何等症状，却不能举其病名。对幼儿患病的原因，更常有附会之时，所言不一定有据，如谓李殿图“以穿花捕蝶，得热疾”，或是吴稚晖“偶因驳剔肚脐尘秽，腹绞痛三日”等病名混淆不清者有之。甚至连家中幼儿得大病，亦未及详情，如谓傅青主七岁时“数得怪异之症”[①]，或崔述十四五岁得腹疾，对症状、病因及疗法均付之阙如。一般而言，以为“无病便是福”，对日常饮食、营养以及运动强身的观念不是没有，但是并不普遍。

在对整体健康及疾病认识有限的情况下，儿童健康成为其人生祸福的一部分。所以幼儿罹病，不一定急于求医，自疗之余，求神问卜及搜罗偏方都成了避祸趋福的途径。

家长对儿童健康的态度，则有相当功能性的取向。儿童健康出了一般性的毛病，只要不影响其正常活动，尤其是求学或生产的活动，即常置之不理。即使影响儿童本身的体力状况，多半不以为憾。所谓罗振玉“羸弱多病，不为嬉戏”，汤化龙“体弱而强于心，无嬉戏之失”，反映的其实是成人的价值观。

另外一个值得注意的事实是，一般民众对儿童健康的看法，有些方面与传统幼科的认识一致，例如以生齿、长发、能言、能行的早晚判断其发育成长之进度等。[②]但在另一方面，一般民众的处理态度则与幼科医界迥异，例如传统幼

① 方闻，《傅青主先生年谱》（台北：中华书局，1970），页259。

② 参见本书第九章。

科一直鼓励乳养者尽早试予辅食，增加营养，加强消化能力。[①]但家长却常对体弱幼儿延长其喂乳时间，唯恐其不能接受哺食。陈献章以体弱，到九岁时仍“以乳代哺”；罗振玉生而羸弱，三岁冬“始免乳”；章乃器幼弱，食粥直到九岁。显示民间父母常犯的正是传统幼科所警戒的“过爱幼儿适足害儿”的过失。

六、结语

近世士人所留私人及传记资料中述及儿童健康问题者不多，但其中仍透露若干珍贵信息。仔细检视，乃确知消化、呼吸道疾病、天花、季节性疾病、急性传染病，乃至耳、齿、皮肤、脚气等杂症，确曾困扰当时儿童。此外，意外伤害及心理情绪问题亦为影响儿童健康之因素。而一般家庭遭遇儿童健康问题时，处理方式不一，常视情况或当时条件，或自疗，或求医，也不乏以祝祷或医祷并行而求愈者，清楚反映了多元化的求医行为模式。至于常致儿童于死的疾病，则仍以痘、疹、痢疾等急性传染病为多。得此等常人私下所载有关儿童健康及疾病的记录，与当时幼科医生的医籍及医案并列，遂更能显示近世中国儿童健康状况之一斑。

---

① 参见本书第七章。

第十一章

幼蒙、幼慧与幼学

一、前言

人虽亦为哺乳类生物，有繁衍后代之演化性本能，然其代代相传，所冀者往往不仅于生物性之躯体。虽则生命与物质性之存活，延续不断，已属不易。但早在人类进入历史时代之际，其群体之繁衍早已将身体生命之延续与社会文化之持续传递（socio-cultural reproduction）杂糅为一。

万千年前活动于如今东亚大陆板块，后世演为大家口中的华夏或中原民族，其各族群进入历史时期时，即展现日愈明显的对道德伦常（moral philosophy）之重视，其流风所被，遂使其于扶养婴幼成员时挟带了强烈的道德规训。此类特征，衡之同时期世上其他民族文化，并不稀奇。多半人群之扶幼都带有相当的道德规范，世上数大文明遗迹所见即然，虽则其规诫之内容轻重可能各异。

钻研中国哲学史或教育史之著作，对上古儒家立世之后所形成的幼蒙、幼教传统，一路发展，已有专著。其间对朱陆理学严明与顺适间的路线之争亦多剖析。也就是说近世种种教导或提携幼儿发展的论述，西方国家多萌于近世，中国社会文化中亦有演变起落。"儿童中心说"之类的提倡，只不过是比较近代式的措辞方式。下文所引宋代陆游："教儿童，莫匆匆"之提醒即为一例。至今儿童心理学家仍在此路上不断发挥，想问父母师长，意欲扮演一对雕塑生命素材的巧手，还是浇灌培育生命嫩芽的园丁？①

下文所示清初、盛清、晚清的三例，不论再谈"父师善诱"，或一任强调早教、严教的明清传家之宝，乃至晚清西学环伺之下再省体罚责求之适用与否。种种言论，也许毫不新鲜，却足为再叩再鸣之文化迴响。一次次催问着在此华人幼慧幼蒙传统中踽踽前进中的师长、父母，与苗长中的青年、少年，看看大家对此传承有何体会、看法？

倚仗生生而不息的社会人群，其生活技能、特殊知识，如何由长而幼，代代相传，一向是人类社群存活、成长、扩张或消亡关键之所系。由此观之，蒙学或幼教非因近代而起，更不是中国独有。

过去学者析述人群间知识更替、技艺移转之历史时，尝关注典范移转

① Alison Gopnik, *The Gardener and the Carpenter: What the New Science of Child Development Tells Us About the Relationship Between Parents and Children*（NY: Farrar, Straus and Giroux, 2016）.

（paradigm shift）的问题。以为漫长的思念传承、技术变化过程中，重要时刻某地（区）某人（群）在一项概念、实践上的关键性怀想、兴革，往往有意或无心地将人群该项特定之了解操作带上了一条迥然不同于前之新径，而一次次如此一去不返的范畴性丕变，正是催生人群知识更新，造成技艺进步，乃至启动社会与科技"革命"的根本缘由所在。[①]

唯此一颇具启发之灼见，经过科学史、思想史与经济史数十年来之反复推衍，巧思既明，局限亦露。最主要的是，当时隐涵于此思维论述下一般人类历史大抵循直线而前进（linear progression）的基本预设，是既因视为当然而未尝言宣，事后憬觉亦未必寻得任何修补或替代性模式。

即以下文所触及的近世中国蒙学与幼教发展问题而言，中国上层社会之重视蒙学，一般人群之企求神童早慧，确可追溯远古，早见于古史。因之若仿直线前进与典范移转之历史发展模式立论，极易访得资料，建立起一套由幼慧、幼蒙与幼教的循序渐进之逻辑。近世两百多年来清代儿童教育之讨论，依此理路而厘出一番眉目，甚易完功，览之似亦不妨。坊间所见蒙学资料之纂辑[②]，乃至西方国家、中国教育史、幼学史之研究成果，多半均为此模范思维下之产品。[③]

唯若检绎当时所遗文献，即便有清一代，清初、中叶而清末，闻似"开明""进取"之幼蒙倡议，与执信奇慧、神迹等福泽积善之追求，彼落此起，喧哗多声。在清代早期固可见相当自由、放任的幼教态度，与相当体恤、合情合理的幼蒙设计，看似进步之声音、努力，直抵晚清，兴而未艾，似可视为一脉相承的进步理路；然而民间报章、坊间文肆，种种白描神启幼慧的故事流行未

---

① Thomas Kuhn（孔恩）对近世西方科学革命的结构性诠释，是此一由知识内涵及典范转移之角度析述科技发展流派之最主要论著。参见Thomas S. Kuhn, *The Structure of Scientific Revolutions*（Chicago: University of Chicago Press, 1996）书中第八章"The Response to Crisis"、第十章"Revolutions as Changes of World View"中关于典范移转（paradigm shift）之讨论。

② 参见韩锡铎主编，《中华蒙学集成》（沈阳：辽宁教育出版社，1993）中收录之中国历代训蒙书，及张岱年为该书所作之《序》中之所述："中国古代很重视儿童教育。《周易·蒙卦》说：'蒙、亨。匪我求童蒙，童蒙求我。'《彖传》云：'蒙以养正，圣功也。'……近几年来，出版界注意到过去时代的蒙学书的历史价值，翻印了若干种，引起人们的赞扬。"

③ 可参见拙著Ping-chen Hsiung, *A Tender Voyage: Children and Childhood in Late Imperial China*（Stanford: Stanford University Press, 2005）；熊秉真，《好的开始：近世中国士人子弟的幼年教育》，《近世家族与政治比较历史论文集（上）》（台北："中研院"近代史研究所，1992）；熊秉真，《童年忆往：中国孩子的历史》（台北：麦田出版公司，2000）；翁丽芳，《幼儿教育史》（台北：心理出版社，1998）。外国学界之研究则可参考：Philippe Ariés, *Centuries of Childhood: A Social History of Family Life* (New York: Vintage Books, 1962）；Shulamith Shahar, *Childhood in the Middle Ages*（London: Routledge, 1990）；Linda A. Pollock, *Forgotten Children, Parent-Child Relations from 1500 to 1900*（Cambridge: Cambridge University Press, 1983）。

艾，充斥街角。理性进步与封建迷信并列，开明与落后杂存，下面的寻思显然有待“后典范”说明模式之助。

援古往今来，求知或知识，或被视为一种工具理性上的必要活动，然亦有因宗教伦常中对自然、天机之向往；两造之下，个人及群体遂不免对文明与教化持两端之见，出现不断反复暧昧与低回。就中国历史文化长期发展之例而言，儒家对教化固持正面态度，但儒者中仍不乏对不识不知、一尘不染的天真陶然不能忘情。上古而中世道释之倡绝俗遗世，益发强化了当时士庶间对求知向学与弃智洒脱两难之间的拉扯。

此一对知识与学习既迎还拒的渊源，到宋明以后，因程朱、陆王两极性发挥，以及商业经济与文化市场的相互激扬，揭开了数世纪文明教化与返璞保元的曲折攻防。影响所及，无论城乡士庶、老幼男女，常直接、间接面临一波波“文明化”的挑逗挑战，各为进取之选择或遗世之淘汰。对教者、学者而言，要义无反顾追求制度性知识，或自安自得抱残守缺以终，明清社会的个人与群体均不断在界定其有益之知识与竞逐之生活，所涵孕诱惑与危机。而转变中的各种幼学幼教模式，如何于幼龄学子步步走向文明化机制过程中幕幕展出，更是成了家长、教师殷盼取舍之考验。欲论历史变化中典范之移转，探究清代幼学与童年论述所呈现之多重起伏与反复转折，自有其理论上之复杂性（complexity）与修正原本预设之力度。①

下文之作，一是在构思上择清初、盛清至晚清三组代表性素材，试析中国社会在此步向教育普及的漫漫修旅中所显示的疑难与挣扎。二是在研究方法上欲借此例一试以习惯上思想史、制度史之文献，侧窥社会史、文化史信息之可能。两者之系，均在将“知识”与“生活”之内涵及特征视为一游移流动之现象，不断随特定历史时空而转移。阳明论天真良知，幼教普及后所面临的出、学实践上的诸般困境，益使推动蒙学的父师日常思维中，无时不透露对学步学语之牙儿迈入学堂之际所挥之不去的惶恐与质疑。当父兄催促田野孩娃暂搁其原有

① 对于程朱性理一派与陆王心性一派对蒙学观念的差异，则表现在朱紫阳和王阳明之蒙学著作论述中。略而言之，朱子《小学集解》《童蒙须知》两著承袭性理之说，希冀透过蒙学教育开始的种种规范和教育灌输，“去人欲，存天理”，以至“入于大贤君子之域”。而王守仁之《训蒙大意》则较强调诱导之道，一反前述制约之理，企图透过“诱之诗歌”“导之习礼”和“讽之读书”，以渐进、顺导或默化的方式达到儒家教育的目的。究其两者差异，朱子之法欲制约幼儿的嗜欲以达教育的理想，而阳明则以幼儿之本性本心作一起点，拟定适合的引导教育之法，进而引申出明末李卓吾《童心说》所主张之幼儿的“童心”，即“心之初”“最初一念”的“本心”，并回归、赞颂一切纯真与本初之人性。参见熊秉真，《童年忆往：中国孩子的历史》，页191–216。

宽广的生活之知，肃容端坐、企首引颈，力求狭义难得的扉页之知，乃至特定技艺上的有用之识、入仕升迁的科举之学；其孜孜之追求，一如其日常之挫折、四围之陷阱，无不闪现着前近代与近现代交替之际，对孰谓知识、如何生活的无尽搏斗与未了的困惑。

由此角度考量，清代的幼教发展与童年文化深值细究，另有几层缘故：一是由于辛亥革命与五四新文化运动的精神遗产，以及20世纪“现代化”的汹涌波涛，形成对“传统”与“过去”一些根深蒂固的看法。这些看法中，意见与主张居多，实际了解之成分不大[①]，以致认为近代革命新天地降临，改造19世纪末20世纪初的中国社会时，所遭遇的是在一个顽固僵化、封建腐朽、不合世理人情，而又一成不变的旧有文化体系，并印象式地主张步向现代性进步或革命性解放之前，男女老幼、贵贱贫富、地南天北均在高压桎梏的悲惨世界中，苟延残喘。这个既模糊、笼统，却又挥之不去的梦魇般的印象，置之于历史微观坐标上试以史料史事为之定位，切需清代幼学幼教多种相关素材之填充、佐证。

再者长久以来，在革命情操、文化推陈出新与整体现代化浪潮鼓舞下，大家习以为常的历史（包括历史资料、历史研究和历史诠释等），莫不认为是由僵化迟窒的过去，接触现代化之推动后，个人与群体自动或不自主地，或早或晚都迈入了一个义无反顾的单线进程。在此顽固不通的“过去”，直线单向进入合理而进步的“现在”史观照耀下，清代而民国，数世纪间中国境内各民族、各阶层、各性别，乃至不同年龄的民众生活，不论个别或群体经验，因早有通盘说法，后世学者只在稍费手脚，略假思索，卒得掌握合适的来龙与去脉，即可套上命定式的历史万用公式。

三者，此一整个套装预设，对人类社会之假想，大家均清楚是模拟历史先行者、欧美之文明化进程为度量衡，直以西方或近现代思想文化与生活方式，为举世人类“进步”之同义词。那种现代文明与进步的化身，既如“永恒之定律”，任何社会人群不过在铆足全劲，驰达终点，遂亦无须行进，不复有变化必要或可能。人类在“现代化”与“现代性”之后，遂无下一站的历史变幻可想

① 最近中国近世与近代的史学作品中已渐有注意到此现代政治立场与文化心态对中国历史的渲染与曲解。Dorothy Ko, *Teacher of the Inner Chamber: Women and Culture in Seventeenth-century China*（Stanford: Stanford University Press, 1994）一书前言中对五四论述之左右传统中国性别形象，颇多析述。Prasenjit Duara, *Rescuing History from the Nation: Questioning Narratives of Modern China*（Chicago: University of Chicago Press, 1995）则意在厘清并矫正民族主义与现代国家意识下所造成的“泛政治化”以后的历史面貌。

可言。而群策群力步向现代的蹒跚之旅，只有将“过去”与“现今”错综复杂的群体生态与百味俱备的日常生活，均制式地化约为单一的善恶、良窳之取舍对象。如此历史图像中，不但丰盈的平日“庶民经验”变成陌生而不可解，连带地近现代社会制度与文化生命力中所呈现的多面多样活力，以及不断亟须的回思与反省，似乎也在专断信仰的殃及之下，邈无立足空间。

本文之作，即欲借清代社会与人文生活中之一环节，即清代童年文化与幼教传承之演变，针对上述政治意识形态传统与人文科学之假设，做一对谈，试以儿童文化与幼教论述之推衍细节，呈现中国近代启动之前，变幻多端、生机四绽，而又争辩激扬的所谓传统时期，曾以如何之力道，运转其重要文化支柱，以之回应西方现代演进式思绪之特性与局限之所在。一则展示20世纪中国儿童文化与幼教演变，原有一未曾细察，或曾被遗忘、掩埋了的过去。再则亦借此视角，与其他扞格主流之角落人群，重思群体意识与时代惯性，常筑于许多日常流传的不言而喻而实际上又相当专横的预设。中国传统幼幼之道的传承历史，不但于清末民初曾理所当然地孕生了近代中国的儿童文化与幼教世界，如今重新检视，仍随时因知识视野关怀转变而展示其新解意涵，启动另类之凝想，并发他种臆想之玄机。传统童年文化与幼教论述，本含一番省思与斟酌，既因近代革命与五四新文化之典范渐远，其政治文化与社会心理上特定之基础与需求早已位移，如今重揭清代幼教演变之面纱，省视过去幼慧、幼蒙思维下酝生之幼教，旧貌与新思间别有一番契机。

二、近世的儿童文化与幼教论述

中国幼龄人口之经验，近世流变是一大历史转折。[①]此转折在晚明至清末之浮现，上与明代中叶以来版刻活跃后对儿童知性天地的冲击，以及明清两代幼蒙市场的扩张，均不可分。过程中，教者、学者、送馆家长、社会人士对幼教方式与内容的种种困惑与议论，未必如后代之激烈，却随处可见。两方面力量的汇集，加上前述程朱、陆王两支不同人性论之持续发酵，以及儒、道、释杂糅，士庶合流，南北城乡来往所造成对儿童与抚幼之看法渐移，使得清代各样幼教

① 对于中国童年在上古至近世之历史分期，笔者于他处另有阐述，请参阅熊秉真，《童年忆往：中国孩子的历史》，页271–326；Ping-chen Hsiung, *A Tender Voyage*（Stanford: Stanford University Press, 2005），pp. 9–15。

Chinese Roman Catholics of Many Generations

旧时中国家庭，父母子女，年轻而常肃穆。此 20 世纪初外人摄得的所谓当时中国奉（天主）教中家，肢体语言，动作表情，未见西化。

Archibald Little, *Intimate China: The Chinese as I Have Seen Them*（London: Hutchinson &Co., 1899）, p. 92

论著与诸般蒙学素材，内容中不免五味杂陈，新旧俱见。对幼儿的先天禀赋、人生知性感性之各种理解，乃至幼龄初学阶段可以如何、理当何是，于市井所谈可能头头是道，在笔端论著似亦引经据典，但实际上恰恰在少知少觉中不断左右张望，在莫衷一是间探索匍匐。

追究儿童史者，若受西欧社会在历史过程中儿童与童年呈现古今变异的习惯解释之影响，不足对社会文化史中年龄与人生周期等变因有所体认，亦不能不意识到儿童、幼教均为特殊时空下之产物，与人文社会上之任何其他现象、事物，并无二致。虽然目前所见儿童与幼教史论著，仍多以西方为中心、以现代为权威、以科学为标准、以进步为信仰，但对此类课题之少数回顾与前瞻，不论着眼欧美经验，或者聚焦于其他社群之历史发展，其认识与思考若落实于具体细节，往往不免牵扯出广义的人文社会思潮及狭义的儿童、教育问题，在不同的价值假设、目标认定与社会经济条件下相互作用。[①]西半球现代幼教启动前夕，义务教育普及

①关于西方幼教之历史演变，论著极多。1993 年冬季的 *Daedalus*（Journal of the American Academy of Arts and Sciences）曾有一波的回顾与讨论，可特别参阅如下四文：Martha Minow and Richard Weissbourd, “Social Movement for Children,” *Daedalus,* Vol. 122, No.1（1993）: 1–29; Mihaly Csikszentmihalyi, “Contexts of Optimal Growth in Childhood,” *Daedalus,* Vol. 122, No.1（1993）: 31–56; Maris A. Vinovskis, “Early Childhood Education: Then and Now,” *Daedalus,* Vol. 122, No.1（1993）: 151–176; David K. Cohen and S.G. Grant, “American’s Children and Their Elementary Schools,” *Daedalus,* Vol. 122, No.1（1993）: 177–208。

之际，推动社会改革者对社会秩序的关怀，常高过对儿童自身福祉之忧虑。19世纪提倡英法幼儿教育者多半是为了协助警局维持治安。19世纪20年代至19世纪40年代纷纷效尤的幼儿学校（infant school），因之对幼教目标（是为了启迪民智还是灌输宗教伦常）、幼教方法（究竟应该用力于字母学习还是道德行为）乃至教材与内容都在激辩，而始终未得任何一致之结论。①

回检中国视角，历史上中国的儿童是否生活于一个高压权威、不合情理的传统社会里？目前或未来是否已拥有、将迈向一个进步文明的美丽新世界？面对此类初听似极自然，但有关信息零星，尤其提问动机十分暧昧，追究之终极目的莫衷一是、茫不可解的课题，挖掘历史、向时光流变前的人世沉潜学习的历史工作者，在追踪绵长的过去与流动的现在之间的关系时，必须小心翼翼地拨去尘封，仔细掀开儿童、童年、蒙养与幼教的层层扉页。其于梳理点滴往事之中，觉悟到的将不只是人世曾经之错杂繁复，更将不能不讶然于时间翻转、后来居上之后，所有现今的观察分析与发言立论者，皆自缚于必然之偏执与难免之骄矜。②

本文之所以择清代蒙养文化与幼教论述中的一些主要议题，说明其立场、面貌、内容上之多样多变，并由清初、盛清、清末三大时段出发，略示两百多年来儿童与幼教问题在中国社会中的演变大势，正在于借着重访过去波波攸关学习之改革、尝试与转折，以其思维步履，折照20世纪初以来中国民众生活与幼教制度之接轨，证明旧式幼教传统既未必抽象空洞，也不全然僵滞固执，不过是立足于另一段对人生之“知”与“能”的领会与期许。窃期此一历史文化上的洄游，能助吾等摆脱部分衍生于近现代追求进步演化之实证面自信与知性上的我执，对所由来径，得挣脱若干惯性又盲目之抨击与鄙视，置此一时与彼一时之挣扎，于相类的历史平台，同时去摸索于今而后，未必胜券在握、棋高一筹的儿童处境与幼蒙问题。看看减少几分固定的自以为是、贬史以自高之后，是否足以对全球“现代性”笼罩下的求知识、谋生活之既定企划，能增几分必要的疑惑，与掏去成见以后久违了的清新。

① Colin Heywood, *Childhood in Nineteenth-Century France*: *Work*, *Health*, *and Education among the* “*Classes Populaires*”（Cambridge: Cambridge University Press, 1988）, PP. 202- 213.

②对于近世西方和中国幼童教育思想之演变与比较，笔者于拙著《童年忆往：中国孩子的历史》第五章第四节“中西幼教观与童心论”有较细阐述，请参阅该书，页216-229；另见Ping-chen Hsiung, *A Tender Voyage*, pp. 32-37。

三、善诱与传家：不达更欲速

（一）父师善诱

浙江瀫水士绅唐彪（字翼修），生于明末，活动于康熙年间。曾摘宋元以来蒙学议论，辅以个人访查经验，汇成一部幼学纲领，名为《父师善诱法》。①此书分上下两卷，以30子题说明蒙学教育所涉切要问题。②原书之范例称"集古人成语与自己所著"删次而成（自谓将"二十五万余言"之原稿删汰而"仅存九万余言"），构思之际并曾"数数请问"两浙名儒"如毛西河、黄梨洲、吴志伊诸先生"，均蒙"不吝指示"③。书前有自署家眷弟的仇兆鳌和毛奇龄两序（分署康熙三十七、三十八，即1698、1699年），称唐氏乃"金华名宿"，清初回归后，于"东西两浙人文荟萃之所"，"出为师志若干年"。"理徒讲学"之余，辑成"学规二书"。可见书之孕生，与作者个人教塾乡里的经验，当时地方士人对蒙学的看法，以及朝廷部议颁行的朱子《小学》，都有密切关系。是时内地童子"无分贵贱少长"，亟以就傅入塾竞相成士最为急务。④唐氏书中自称："父兄教子弟，非仅六七岁时延塾师训诲，便谓可以谢己责也。"必自"幼稚时"，即"多方陶淑""教以幼仪"，期其日后"学必有成"。⑤《父师善诱法》一出，异军突起，立刻为清初幼教风貌树一特出范本。

书中不但对父兄择师尊师⑥、觅书择友等启蒙的基本态度⑦，童子初入学时识

---

①［清］唐彪的《父师善诱法》辑成后，曾刊刻多版，或以原名家刻本重刊，或与其另著之《读书作文谱》合刻而成《家塾教学法》（最早刊于康熙年间，前有毛奇龄康熙三十八年［1699］之序）。此书近代续有刊刷，最近者如1992年上海华东师范大学所出的赵伯英、万恒德选注本，参见［清］唐彪辑注，赵伯英、万恒德选注，《家塾教学法》（上海：华东师范大学出版社，1992）。

② 上卷的13个子题是："父兄教子弟之法""尊师择师之法""学问成就全赖师传""明师指点之益""经蒙宜分馆""师不宜轻换""学生少则训诲周详""教法要务""读书分少长又当分月日多寡法""父师当为子弟择友""损友宜远""劝学""字画毫厘之辨"；下卷17个子题是："童子初入学""童子最重认字并认字法""教授童子书法""童子读书温书法""读书讹别改正有法""童子读注法""觅书宜请教高明""背书宜用心细听""童子学字法""童子宜歌诗习礼""童子讲书复书法""童子读古文法""童子读文课文法""改文有法""童子宜学切音""教学杂条"（附"不习举业子弟工夫""村落教童蒙法"）。

③［清］唐彪辑注，赵伯英、万恒德选注，《前言》，《家塾教学法》，页3。

④ 参《仇兆鳌序》《毛奇龄序》，［清］唐彪辑注，赵伯英、万恒德选注，《家塾教学法》，页1。

⑤［清］唐彪，《父兄教子弟之法》，《父师善诱法》，上卷，辑于《家塾教学法》，页3。

⑥［清］唐彪，《尊师择师之法》，页4–5；《学问成就全赖师传》，页6；《师不宜轻换》，页9。

⑦［清］唐彪，《父师当为子弟择友》，页13；《损友宜远》，页14；《觅书宜请教高明》，下卷，页25。

字、学字、读书、温书、讲书、复书[①]，讹别改正、学音读文等具体幼学活动内容[②]说明详细；最重要的是，全书对幼学旨意，主张以“善诱”为“教学”之本，二义互通为一。唐氏初以《父师善诱法》名其书，合刻重印后则常称为《家塾教学法》（毛序中称《家塾教学法》乃其旧名）。[③]细索内容，全书对幼儿进学之阶，考虑仔细，态度剀切，尤其下卷第10小节，以“童子宜歌诗习礼”为题，抄录王阳明《阳明传习录·训蒙大意》一段全文，一再重申阳明对“教童蒙”者，重童子“乐嬉游而惮拘检”之情，强调接近童子时，“必使其趋向鼓舞，中心喜悦”，“譬之时雨春风，沾被草木……自然日长月化”[④]。故上卷第1篇《父师善诱法·父兄教子弟之法》即有“导之以色声并诱其嬉游博弈”之言，流露出清初用心幼教者，外程朱而内阳明（仇兆鳌序中曾美言，唐著当与部颁朱子《小学》并行），特重“循循而善诱”之旨。书中各节，对蒙学每一步骤，均指明适用蒙童之年龄，使用之场合，易有之讹误差池。频期依“经蒙宜分馆”“读书分少长又当分月日多寡法”等原则，循序渐进，适时适性[⑤]，亟欲试施于清初活跃而快速成长中之幼教大环境。为矫时俗，唐氏高揭自然缓进，切诫执意勉强。其议论以个人所行所知立说，透露出务实之蒙幼作者，以“实证资料”，对质前贤理论、朝廷政策与社会时俗之立场。[⑥]

教与学相提而并论，上承《礼记·学记》“学然后知不足，教然后知困”等教学相长的一脉之理。然两千年后唐彪重拈“父师善诱”为“家塾教学”之

①［清］唐彪，《童子最重认字并认字法》，页17–18；《教授童子书法》，页19–20；《童子读书温书法》，页20–22；《童子学字法》，页26；《童子讲书复书法》，页28–29。

②［清］唐彪，《读书讹别改正有法》，页22；《童子读古文法》，页29–30；《童子读文课文法》，页30–32；《童子宜学切音》，页35。

③《毛奇龄序》，［清］唐彪，《家塾教学法》，页1。

④［清］唐彪，《童子宜歌诗习礼》，《父师善诱法》，下卷，页27；［明］王阳明，《训蒙大意》，《阳明传习录》（台北：世界书局，1962），页219–221。

⑤［清］唐彪，《经蒙宜分馆》，《父师善诱法》，上卷，页7–8；《读书分少长又当分月日多寡法》，页12。［清］唐彪，《看书须分界限、段落、节次》，《读书作文谱》，卷10，辑于《家塾教学法》，页65–66；《看书分层次法》，页66。其中，《看书须分界限、段落、节次》《看书分层次法》等二节对学习循序渐进，学子心智进层之有阶有次，亦有类似体认。

⑥《父师善诱法》中多篇内容均举唐氏个人经历，以所知、所闻、所见、所访之学童实际学习举止、日常状况，为构思立论之根据。下卷《童子读注法》中，自言：“余每闲游诸乡塾，塾师每言资钝者苦于读注。余意于经书读毕之后，将注另自读之。”相对更“有一友极非余言”，端衡之间，至“余不能决”，并不断举观察所见，反复推敲。《童子读文课文法》中亦先标出问题争议所在，随举之“余至亲二人，一学文五年，一学文六年，而文理皆不能明通”之实例，与“何以余少时学文仅一年而即条达”相对，推敲之间，对左右“师与徒皆大笑，以余为妄”，亦不以为意，坚持所主“此非余一人之臆见也”，而“凡事试验者方真”。见［清］唐彪，《童子读注法》，《父师善诱法》，下卷，页23；《童子读文课文法》，页30。

旨，更表达了他对清代家庭与学校环境中，实践幼教之重要性，即于幼儿心智发展，不但不仗天生聪慧、神童禀赋、性灵天启，而且执意无论教学，其善伪也，一切都在父兄家塾之用心经营，有意谋划、费力栽培，在古典基础上重赋近世体会。盖时至17世纪末，不但作者于价值观上，关怀所及已不再只是上层缙绅子弟之进学中举，实际上散落各地的社学、义塾中还包括乡间“不习举业子弟”，及“村落教蒙童”等新增成员。①

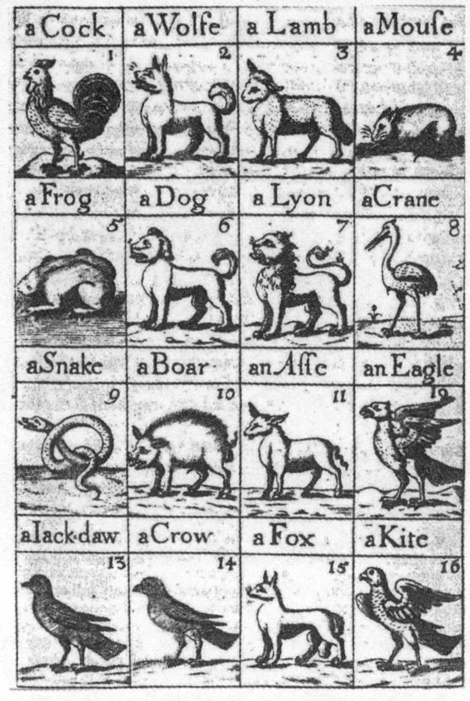

Sixteen Aesopic Beasts

启蒙识字，是乳哺者的短期目标，中西皆然。英文字母与中国的《三字经》《百家姓》《千字文》一般，是幼儿牙牙学语的基础，是父母师长的冀望，此处图示近世欧洲以伊索寓言中的故事教导幼儿依序认识字母。

F.J. Harvey Darton, *Children's Books in England: Five Centuries of Social Life*（Cambridge: Cambridge University Press,1982）, p.18

唐氏全书意旨非谓深奥，亦不在提出高妙教育理论。然借强调善诱渐进之“教”与“学”，另一方面亦间接透露出近世由明而清，市镇富乡中工农庶民子弟大量涌进塾学之趋势，以及都会城坊中士商家庭力督子女尽早向学的走向。探讨此蒙学新市场冲击之下，在供应面，对塾师及幼教方法上所造成的因应与调整。此幼蒙需求面之扩大，加上科考落榜者在供给面所提供的丰沛师资，使得16、17世纪以后，中国由南而北，塾学中面临了齿龄日稚、数目益增的待蒙幼童。此一幼学人口与幼教市场之新形态，固为不少就馆谋食却未必有心长为塾师者增添不少烦恼。另一方面，对究心蒙幼问题者，明代阳明学所倡良知良能说，此时此景下突如天助，适而提醒也提供大家一个以短为长的幼教另类蹊径。即从揄扬人性自然天真之理，重视个人分殊之性，看是否能挣脱刻板规律之教条化设计。

此一理路，上举《父师善诱法》中字里行间固所多见，唐氏著作外，亦散见于明末清初其他论教育与塾学、书院论著之间。此论述系谱下，生活与知识

① ［清］唐彪，《不习举业子弟工夫》，页37–38；《村落教童蒙法》，页38–39。

Free School

婴幼儿童，正常成长，健康发育，期在有一天能入学求艺，展开有识有用人生。此清末南方之义学，透露的是幼医而幼蒙，社群共同努力，绵延家族文化生命的一个环节。

Mrs. Archibald Little, *Intimate China: The Chinese as I Have Seen Them*（London: Hutchinson & Co., 1901）, p.47

不再如宋儒预设对执之两端，盖或教或学均不必单作日常生活庸谨之约束或终结一解，亦不再以有组织系统之学堂教育为知识学习独一无二之开端。蒙学对象年龄稚幼，依阳明之说正去天机不远，若以善诱善导，勿折其性嗜癖好，或竟得拨负为正，反为欣然求知问学之天赐枢纽。[①]是故唐氏全书中，段段充满对塾师父兄之警诫，谓“六岁且勿令终日在馆，以苦其心志而困其精神”[②]、“凡教童蒙，清晨不可即上书”[③]。要为师者“教读书，不可过五六遍，至多不过十余遍止矣”[④]。所有这些切切万勿之告诫，固可能代表成千学堂实景，更点出阳明学为近世教育和社会心理所蕴深刻自省自疑契机，及与其制式人生、制式教育相抗相撷的万钧雷霆。就理念和价值观而言，程朱陆王人性之争无时或息，生活是否即为知识、良知是否启于良能，更是古今东西迄今未决之大惑。如是重观清代为幼蒙请命者如唐彪之力竭声嘶，其所始者，或者不过是一己幼儿入学时之挫折困顿[⑤]，然所牵

① 参见熊秉真，《童年忆往：中国孩子的历史》，页198–216。

② ［清］唐彪，《童子初入学》，页17。

③ ［清］唐彪，《童子最重认字并认字法》，页17。

④ 同上，页18。

⑤ 唐彪曰：“余子正心，自六岁入学，因书不成诵，三岁历三师，至四年无可如何，不复易矣。其岁，则甲寅也。因兵乱，避居山中，适有朱两生设帐其地，因令就学。从游至五月，所读新书，不减于前三载，且于前三载不成诵之书，无不极熟。彪敬问其故，答曰：‘吾无他术，惟令认字清切而已。令郎非钝资，止因一二句中，字认不清，不敢放心读去，则此一二句便不熟；因一二句不熟，通体皆不成诵矣。又尝试验之，童蒙苟非先生强令之认字，必不肯认；认过而仍忘者，苟非强令之来问，必不肯问。此皆先生所当知者也。’彪思：读书在认字，甚为浅近，何以前三师皆见不及此？乃知（转下页）

出评量思虑却不限一儿一户，甚至清初任何一地一时之辩解或疑惑。鼓动兴趣、导之向学为旨趣的幼教典范，使此书之刊布流传持续不断。两百多年后，近代教育专家陶行知再次提出“先生的责任不在教，而在教学，而在教学生学”，以“教学”为“教授”之真意。①中国幼教自唐彪之后，精意直贯现代，后得新生，古今之脉，代代新机，遂非由对立中择一之惯性史学能尽。

（二）传家之宝

入清一代，类似《父师善诱法》谈论家塾教学的训世书刊固然不少。然而明末而盛清，幼教塾学多方成长，学童不仅人数增加、年龄下降，且继续散播普及社会一些新的阶层，地域上也由市镇而及乡里。加上科考失意沦为塾师者多，师资供应无虞。教师中遂不乏以实地经验补过去理论之不足，从而调整衍生出重重新义，此为是时蒙学幼训著作大量问世的大背景。著作虽未全直接以幼学专论面貌付梓，而侧身一般训俗杂言之中。日用类书形式下产生的《传家宝》，康熙年间刻行，清至民国刊刷多版，流传民间极广，影响更大，尤为一项值得重视的藏幼教于训俗之样品。

《传家宝》的作者石成金，乃清初扬州一位名不见经传的地方小儒。在四集数十卷、百多篇的内容中，涉及幼教部分散见初集各卷，以十多种不同专题形式出现。②与当时其他论幼学之著述相比，此书因类书杂纂之背景，显得强调家庭教育、家长态度与学校教育、塾学师长之配合，偏重子女日常行为规范之训练。此一特色与《传家宝》作为一般家庭日常参阅之百科全书，固不无关系，与作者视世风社教与幼学训子为一物之两面，家教与塾课不可偏废的原则亦正相符。清代课儿教塾先生对社会环境因素的体认，以及对儿童行为训练上的重视，于此例上遂成了一个一分为二的知识市场现象，亦可视为二而为一的文化生态问题。

（接上页）甚明之理，未经人指出，未易知也。”参见［清］唐彪，《童子最重认字并认字法》，页18。

①《前言》，［清］唐彪辑注，赵伯英、万恒德选注，《家塾教学法》，页3。

②《传家宝》刊行后，常见的有康熙刻本、乾隆刻本及道光十四年（1834）扫叶山房刻本，还有四集20卷及四集32卷两种形式，近年金青辉、阎明逊曾出一点校本《传家宝》（天津：天津社会科学院，1992），分上、下两册，共四集20卷。其中卷之一的《传家宝第一》《传家宝第二》《学堂条约第三》《读书心法第四》《师范第五》《课儿八法第六》《学训第七》，卷之六的《神童诗第二十九》《正学歌第三十》《天福编女训第三十一》《童礼知要第三十二》《常礼须知第三十三》，都是与童蒙与幼教直接相关的篇章，参见［清］石成金，《传家宝》（台北：“中研院”傅斯年图书馆藏，清乾隆四年［1739］序重刊本）。

《传家宝》初集卷之一的俚言中，有题为“教子”一节。全篇主旨在告诫家长，须加意善教子孙，论理上先承认“世上接续宗祀、保守家业，扬名显亲，光前耀后，全靠在子孙身上。子孙贤则家道昌盛，子孙不贤则家道消败”。因此，“无论贫富贵贱，为父祖的，俱该把子孙加意爱惜”。而“所谓爱惜之道，‘教’之一字，时刻也是少他不得”[①]。然后借说明娇溺子孙之不是，拈出教子之重要。有谓：

> 可惜而今有子孙者……娇生惯养，使性气也不恼他，骂爹娘也不禁他，欺兄压长也不约束他，慢乡邻辱亲友，游手好闲，任意为非也不责治他。一切饮食衣服从其所好，满口膏粱，浑身绫罗。甚至诬赖骗诈，好争惯讼，坏尽心肠，除不警戒他，更有反夸子孙乖巧者。[②]

石氏所指恃宠而骄的子弟，除了部分江南与华北高官富户外，未必真是社会实情。但他数落世上“老年得子的”“生子艰少的”，“俱爱之如掌上明珠，恨不得时时捧在手里，日日含在口里，只知道骄养放纵，全不知道教训、责成是为子孙的好事”。还有“逞强的人”“护短的人”“糊涂的人”，种种偏颇，纵容子孙矫饰非为，吝于干涉[③]，一发难以收拾，却是清代中叶内地人口滋生大势，遭逢登科仕道所提供的上行社会流动（up-ward social mobility）之刺激，以及商品市场经济之活络鼓舞，在城乡街道、各阶各层之间，因社会结构性松动（sociological change），加上经济诱因（economic incentive）之明显化，两相汇合之下在一般民众之心理上所造成的一种充满期待下的焦虑，或者市井心态下因对成长、牟利、上进时机之兴奋，反而投射身上的某种恨铁不成钢的怨艾。

《传家宝》的作者痛砭时非之余，强调“教子”的重要性，以及“教子之法，全在幼小时候”（“教妇初来，教子婴孩”），以及“教子之法，也要循个次序”的道理（“六七岁时，便送学读书”，“到十三四岁，更要择贤师良友，……教他读书上进……，便教他习学技艺”[④]），一再倡言教子务“严”，不可宽纵，但又

① ［清］石成金，《传家宝第一·教子》，《传家宝》，卷之一，页29。

② 同上，页31。

③ 同上，页34。

④ 同上，页35-36。

表明，严不等于罚[1]，均可视为此兴奋期待中，家长、教师亟欲进取，训俗作者亦抢着进言，以为奥援的蒙学大跃进下的部分社会图像。

卷二《课儿八法》一篇中，说“少授”（“如念书能念十行，只与之七八行念。一则力省易熟，二则养其精神，讲解字义”）。[2]并特别标出“活机”一义，要求课儿教子者留心：

> 夏秋昼永，正务易完，不妨令其随师闲步。或问其平日所习字义，当日所讲书理，或见草木鸟兽，俱与志名识义，或古今帝王师相，历代贤儒名佐，俱就便叙论。久之开益神智，积累自富，正不独散其困倦已也。[3]

夏秋昼长之时，为了驱散孩童的困倦，携之野地闲步，进行“户外教学”，颇带阳明先生遗意，亦可见此书主张严教之外，济之以宽，欲试倡启发诱导并重之微意。也就是说，传统幼蒙坚持“记诵”的习惯，经明代三教合一后大家对忘怀与天真的正面表彰，于此汇见于阳明学上对“悟性”的一脉承衍。

书之卷六处，列有《正学歌》一篇，以七言律诗十首，诵习“诵书”“坐位”“行走”“言语”“饮食”“孝亲”“敬长”“待人”“安分”“戒非”等义。[4]其内容精神则又与程朱小学及朱熹《童蒙须知》所立拘谨之幼教行为规矩，甚为接近。

如前所述《传家宝》之类的清代幼教文献，透露出的历史情境信息丰富而驳杂。从社会史的意义上看，早教、严教循序以进，乃至束其行为等幼教幼仪要义，早存中国本土士人阶层之间，并非新义。只在教学内容与言语趣味，有趋丰饶生动传神之势。儒者无时或休的化民成俗、推广教化的责任感，在明清以来，因社会流动加剧，商业繁兴，士庶杂处，城乡交流，是否适借像石成金

① ［清］石成金，《传家宝第一・教子》，《传家宝》，卷之一，页37。

② ［清］石成金，《课儿八法第六・少授》，卷之二，页58。

③ ［清］石成金，《课儿八法第六・活机》，卷之二，页60。

④ 据石氏《正学歌自叙》，其作“正学歌”之源本于：“予幼从蒙师启读，每晚授以放学文，歌咏而散，其歌俚乱不切。及长而见九峨李先生童训十二章……一日于废纸中偶获蒙训七律，作者姓氏逸而弗传，予又另取乐吾韩先生诗五律合成十首，谬名曰‘正学歌’。”叙中所称实不可考，但可见清世各种童训诗之著作流传，颇多且广。参见［清］石成金，《正学歌自叙》，《传家宝》，卷之六，页28。又近年出版之点校本将此段文字句读为“予幼从蒙师启读，每晚授以放学文歌，咏而散其歌，俚乱不切”，似误。见［清］石成金撰集，金青辉、阎明逊点校，《传家宝》，页265。

Illustration for "Dodsley's Fables" Book

F.J. Harvey Darton, *Children's Books in England: Five Centuries of Social Life* (Cambridge: Cambridge University Press, 1982) , p. 22

所倡教塾经验，化礼教为俚俗的声音，同时反映迎合了供需双方心理，而益得商业文化市场的发挥空间。

就文化史上来看，平民化与俚俗化以后的幼教宣导，宽严并济而杂采，程朱之礼教与阳明之自然，因并存而得折中兼取，教女与教子，举业与习艺，诵经与认字，城乡士商，士庶各阶均躬身自照，各依所处所需，拼凑择取，自适其适，并举不废，一则呈现当时价值伦常上日趋宽容与多样，二则实务面亦顺势配合上了社会需求面之扩大与成长（女孩与男孩，城乡士庶、贫富贵贱，大小年龄的孩童都在走入塾学的过程之中，逐渐全成了教育的对象）。受激发后重新调整的多管道幼教，考虑形形色色动机不同的家长、良莠不齐功能各异的教师、多立场幼学需要（各类子弟，各种生计发展），在这价值松动与市场需要所造成的雅俗并进、各取所求的社会态势中，兼牵扯出文化生态上渐趋多元多样的走势，《传家宝》提供的恰是此喧哗众声之际与俗见中综合新的小结的实例之一。

在这个盛清幼教洪流和训俗杂沓的文化刹那，事后可以观察到的放大切片或历史特征，一方面是日常生活上泛义性知识有走向狭义的专业性、制度性知识的冲动与可能，虽则同一时空中原来天机自然、烂漫随意的认识、了解和生活技能，仍然四处可见、比比皆是，固然在蒙学普及与蒙生幼龄化时，遭遇到僵化刻板的塾师塾课的困顿，却适可借晚明方兴而未艾的阳明良知良能说，枯木还春、跃然再兴。另一方面，此一漫长历史文化发展过程中留下的一个伏笔，其后遭逢近代学校教育与幼教发展的另一波浪潮之鼓动，进退迎拒间，又成了中国启蒙教化与革新幼教者随时可汲的本土源泉、随处可用的反手之拍。其中关键无他，只缘盛清时所向往的未来、所追求的教育与幼教上之光明壮阔远景，迨至历史洪流转及清末民初，一时间全化为替“全盘西化”助势之形色。此时东亚或中国之时序绵延已不仅于所谓清末民国一域一国之考量。20世纪初“近代性”在西半球之变化诡谲，虽未定鼎，然而单就幼教与教育之发展而言，19世纪下半叶与20世纪初制式学堂内一体同仁式的科班教育，短时间内既可满足了驱贫儿乱童入学堂而端坐木立、敬谨受教，以为富国强种之新（国）民之义，暂时也就顾不得、想不到后来历史时光拉长下，都市中拘谨的课室、制式教与学所显得的匮乏贫瘠。也就是说，早在19世纪70年代起，意大利乡村与瑞士学院中，追求纯朴乡里的蒙台梭利（Montessori）与放纵天地、企近自然的福禄贝尔（Friedrich Fröbel, 1782—1852）式的小小实验，如何紧紧扣住了日新又新、翻前波启蒙而起的另一波质疑与反思，必须待现代后期历史态势之降临，方得跃升鹊起。而这下一波的松动与商榷，在下波欧风美雨尚未御驾东来之际，其企图、动机、气质上，与陆王对程朱之撷抗，乃至基本人性与教养上的良窳所恃及张弛互用，在没有全球教化声息大通的情况下，少了古之远东与今之西方国家之相互奥援，过去史迹文献在当时当地的面貌与真义，也就基调难定，少了后代时空不断重订的历史意义坐标之反射，近世明清幼教蒙学内情之诠释，随亦显得游移而漂泊。

［明］　仇英《人物图》（局部）

此幅相传仇英所作的明代《人物图》，可见嬉戏中的幼儿着官服、戴官帽。如当今古物市场仍可见的明代梨花木家具之婴儿座椅（high chair），以官帽造型，示当时登科入仕之向往。同时亦见大孩背小孩之常态。

台北故宫博物院编辑委员会编，《婴戏图》（台北故宫博物院，1990），页3

四、“教儿童，莫匆匆”？——幼慧与蒙养

童蒙幼教应如何开始适时、进度合宜，宋元明清以来部部幼学书刊，每位关心蒙养者念念不忘。陆游诗中向往农闲时课儿自适，谓“教儿童，莫匆匆”[①]，点醒了蒙教的两重面向，叮咛家长塾师于幼慧启蒙不必固执心急，要父师注意勿因自身之急功近利，逼赶学童之成长进度。开明的态度，自由放任的声音，与坊间幼蒙教材并列，及各方源源不绝对神童早慧的信仰、祈求相映，亦显出近世士庶各层对儿童与童年各异其趣的看法，及社会势力间的拉锯。明清幼学幼教蓬勃发展时大谈其道的书籍，谈识字、授书、诵背、作文，有一再告诫父师大人，勿急疾、勉强，以免成效不彰，倒收反效的声音。然而市井均知，宋元而明清，家长、塾师希其督导下的子弟急求进科取士。即便退而活跃市场，技艺工商、生殖农产，百行百业各有利润吸引，竞争刺激，老幼男女，少有不趋进若鹜者。启蒙年龄愈来愈小，一如蒙书充斥，教法日密日严，塾师纷纷束手，不过是此竞相争先的社会潮流中的一二面向。[②]大势之下，教塾授课者固不能不汲汲营营，父母家长常恨不得子弟日进千里，趁早出人头地。环境风气如此，任何逆势欲挽狂澜者，只能在希世警俗与推波助澜双向奔流下操其迎拒。

（一）《年华录》与《人寿金鉴》

清代中叶乾隆后期，出现了一部《年华录》异书，其内容及刊编过程，颇可反映此时波澜中承袭流俗的一面。此书初问世时，署名全祖望著，读者褒贬不一。[③]及至乾嘉之际，江苏学者程得龄（约1780年生）见书，不但“决为蹇浅者伪托”[④]，且斥“择焉不精，语焉不详”[⑤]；然又以内容体例颇具市场价值，弃

① 宋代文人雅士颇有以归隐教儿为浪漫雅趣者，故常有山中乡间课儿之即景诗作。号放翁的陆游所留下的一些诗句，是其中的部分代表。此处所引乃陆游晚年八十岁所作《农事稍闲有作》中的诗句，曰：“孝经论语教儿童；教儿童，莫匆匆。”他在《山行赠野叟》诗中亦有“幼学及时儿识字”之句。参见［宋］陆游，《剑南诗稿》，卷57，页13a，卷56，页20a；收入《景印摛藻堂四库全书荟要》（台北：世界书局，1986）第389-390册，引文见390册，页219及211。

② 熊秉真，《好的开始：近世中国士人子弟的幼年教育》一文中，对近世自由或竞争式幼教之愈演愈烈，宋元而明清，启蒙年龄日降，早慧与自课之强调日深，有若干讨论。见“中研院”近代史研究所编，《近世家族与政治比较历史论文集》（台北：“中研院”近代史研究所，1992），页139-170。

③ 参见［清］全祖望编，《年华录》（上海：商务出版社，1929）。

④［清］程元吉，《程序》，［清］程得龄编，《人寿金鉴》（台北：“中研院”傅斯年图书馆藏，清嘉庆二十五年［1820］刊本），页1。

⑤［清］顾广圻，《顾序》，［清］程得龄编，《人寿金鉴》，页1。

之可惜，乃大幅增修删订，改为22卷。一方面自称援原书，“于古人嘉言懿行，盛事美谭，凡属有年可稽者，经、史、子、集，兼收并取，以每年为经，以各人为纬，而分系之”。卷首“初生”，末卷“一百岁至百千岁”，其余2至21卷以岁为序，一至九十九岁，井然成编。于嘉庆二十五年（1820）重新成书后，改名《人寿金鉴》，刻板上市。

再经五十多年后，安徽出身的地方官林之望（1847年进士），于同治十三年（1874）阅及《人寿金鉴》一书，又谓深感其教化意义重大，决摘部分，另以蒙养形式刊布。晚年任湖北布政使时（同治十二年［1873］至光绪元年［1875］），复将原书2至11卷，删缩为上、下两卷。上卷收一至十岁古人嘉德美事，下卷列十一至二十岁之贤良事迹，每岁一章，每人一节，号称为启迪蒙养之主旨，专供授童之用，题称《养蒙金鉴》，光绪初年刊布传世。[①]

考之，有识者均知，妒羡神童，仰仗早慧，千百年来向为中国儿童及童年论述之主要底蕴。因此文化传承之下，异赋天启，是众人真正艳羡却求之不得的恩宠、神赐。百姓寄望可修德积善，祈阴德阳报，得一子孙聪慧过人。一般人常言勤以补拙，也可视为无从回天之下善尽人事的一种努力。由此视之，名之为《年华录》或《人寿金鉴》方近其原来意涵面目。有新的开明人士欲以之为《养蒙金鉴》，由天生颖慧之记录，转而导向人为努力之榜样，志固可嘉，不过包装改换之间，未必能全掩其内涵之承袭，保证其实践之成功。

（二）《养蒙金鉴》

迨见《养蒙金鉴》问世，其收录史籍、杂著中数百古人幼小事迹传闻，嘉言善行，仁、义、礼、智、信等德目。幼儿部分仍如往者，特重生而颖悟、聪慧异人的故事。更欲从之突显此等气宇不凡之幼童，自小好学、勤奋有成等事迹，端出此番特殊的激励幼学，好成提携后进之焦点。譬如“一岁”项下，记《旧唐书》载白居易“始生六七月”，指识“之”“无”二字之典；与《金史》中记大定年间进士王庭筠“生未期，视书识十七字”故事。[②]“二岁”项下，则举《宋史》中日后擒李后主有功的枢密曹彬“始生周岁，父母以百玩之具罗于席，观其所取，彬左手提干戈，右手持俎豆，斯须取一印。它无所视，人皆异之”

① 参见［清］林之望辑，《养蒙金鉴》，辑于韩锡铎编，《中华蒙学集成》（沈阳：辽宁教育出版社，1993），页1282–1376。《养蒙金鉴》于光绪元年（1875）刊行于世，由湖北布政使司官署刻印，扉页有“光绪纪元春月刊于鄂垣藩署”字样，《中华蒙学集成》所辑即此版本，未见其他版本。

②［清］林之望辑，《一岁》，《养蒙金鉴》，辑于韩锡铎编，《中华蒙学集成》，页1284。

的掌故。以及明代《涌幢小品》中说张伊“二岁从父官上党，所过山川、道里、厩置，若城郭、廨宇、园亭，久而不忘”旧事。[①]

“三岁”之例，则有《北史》记北周人颜之仪（之推之弟）“幼颖悟，三岁能读孝经”;《唐书》记权德舆“生三岁知变四声”，许法慎“三岁已有知”“母病，不饮乳，惨惨有忧色”[②]。《文献通考》曰，真宗召试神童，北宋奇子蔡伯俙方三岁，被授校书郎春官伴读，且蒙赐御制七言律诗之赞。甚至《元史》说，耶律楚材“生三岁而孤，母杨氏教之学”[③]。元代仇远《稗史》中以“东方朔三岁，秘谶一览，暗诵于口”[④]。连明代《天中记》中提到“黄泳年三岁，书一过辄成诵”[⑤]。四五岁后，神童苦读成名的事迹更是不胜枚举。[⑥]

从《年华录》到《人寿金鉴》，再由《人寿金鉴》到《养蒙金鉴》，一路演变转化，颇可见盛清以后，太平繁华中人皆思进取，蒙养要求固得及早起步，希望进境神速早已成了众民安老怡亲、自励励人的寄托所倚。至于同时间的开明识理之士所写的种种幼蒙指引及幼学教材，在在告诫父师万勿躁进，不必强逼，启蒙太早，不免欲速不达。但无论如何勉求都难挡父母师长速达之心，遍存侥幸。中国经史子集积蓄神童早慧故事于庙堂、戏曲间遍传遐迩。父兄亲师可早读早课，自授面命奋力直追[⑦]；亦可如此所示，重新包装旧说，以半新半旧、左右驳杂之势充斥堂屋乡里。然而幼慧之祈望，或转成幼教之经营，常见于传说、自述中。气急而败坏的长辈、呵斥至酷罚的塾师，全然无须渲染。因为一再编纂问世的神童事迹、幼慧故事里，连襁褓中三岁幼儿事迹，都挤上名榜。从此鼓动大家，不但不可输在起跑点上，更戒慎战栗的是输在中途与终点线上的故旧、姻亲与门生的身影（此书乃有百至千岁之神奇故事为例）。同一书册三度改编，具体而微地展现了清代幼教与童年文化正随时代的诡变而异化，同时

① ［清］林之望辑，《二岁》，《养蒙金鉴》，页1285。

② ［清］林之望辑，《三岁》，《养蒙金鉴》，页1286。

③ 同上，页1286–1287。

④ 同上，页1287。

⑤ 同上。

⑥ 见［清］林之望辑，卷上《四岁》至卷下《二十岁》，《养蒙金鉴》，辑于韩锡铎编，《中华蒙学集成》，页1288–1376。

⑦ Anne Behnke Kinney, “Dyed Silk: Han Notions of the Moral Development,” in *Chinese Views of Childhood*（Honolulu: University of Hawai'i Press, 1995）, pp. 17–56; Kenneth J. Dewoskin, “Famous Chinese Childhoods,” in *Chinese Views of Childhood,* ed. Anne Behnke Kinney, pp. 57–78. 亦可见熊秉真，《好的开始：近世中国士人子弟的幼年教育》，页201–238；《童年忆往：中国孩子的历史》，第三章“环境的堆砌与塑造”；*A Tender Voyage*, Section II Social Life, Chapter 4–6.

也阐明幼教书籍所反映的，不仅是当时社会长幼单一前进中的“人心所向”，更是泛义多重、彼此拂违的儿童论述与童年文化在短期市场上之拉扯。

五、游移中的责与罚：幼教之践履与幼学之挑战

近世蒙学幼教议论的另一焦点，是有关责罚、体罚，如何方得宽严适中的问题。对有效而适度的约束儿童行为，督促其学习求知之效率进度，向有持结果论或目的论者，如程朱一脉及民间文化中的严教派（“子不教，父之过，教不严，师之惰”）。主张为达预期结果，一切必施严格管制，不惜（其实是重视）运用体罚，以收实效。另一派人性乐观论者，对教育与育儿倾采较自由、温和、开放态度。理学中心性一派由陆而王，亦看重学习领悟之过程与经验，相信习者各凭观察领悟，父师等从旁辅助者仅须以鼓励、关怀诱其能，不必伤其天真愉悦。此种立场重在佘扬幼教与育儿。看似中心自发而欢喜的活动，故亦反对采拘禁责罚等“教”与“学”中的下下之策。清代幼教作者、塾学教师，对此问题一如先秦以来人性论者，各执一论，向来看法不一，致意反复。清初崔学古的《幼训》，王筠的《教童子法》等作，对责罚是否适切，再三考量，终难苟同。[①]强调民间乡镇、家庭塾学，以打骂教育和“棒头出孝子，严师出高徒”等口号，信口斥儿、随手打人，乃至儿童常遭酷罚，绝非蒙学的可取之道。

（一）《乡塾正误》

长期未了的辩论，适逢近代启蒙后之教化论述袭自日本和西方，使清末咸同年间又出现了一个微弱而清晰的声音。蓟州（河北蓟县）士绅李江（同治元年［1862］进士，九年即因病自兵部乞归）于清同治八年（1869）写成《乡塾正误》一书，表达了他对当时民间教育发展状况的了解与建议。[②]

---

① 参见熊秉真，《近世中国儿童论述之浮现》，《近世中国之传统与蜕变：刘广京院士先生七十五岁祝寿论文集》（台北：“中研院”近代史研究所，1998），页139–170；熊秉真，《谁人之子：中国社会文化脉络中的儿童定位问题》，辑于汉学研究中心主编，《中国家庭及其伦理研讨会论文集》（台北：汉学研究中心，1999），页259–294，本文原发表于“如何的幼教，怎样的童年”中国社会史研讨会（北戴河，1995），之后又经过修改，参见熊秉真，《童年忆往：中国孩子的历史》，页129–188。

② ［清］李江，字观澜，蓟州人，同治元年（1862）举进士。同治九年（1870），因病乞归。在穿芳峪建屋数间，名龙泉园，务农著书（有《龙泉园集》），一向关心教育，同治八年（1869）写成《乡塾正误》一书。此书问世后曾有单行本流传，其弟子于光绪二十至二十二年间（1894—1896）汇集其（转下页）

《乡塾正误》的第一部分称为“幼学”。逐条列出十数项作者指为当时塾学常见的陋习劣象，如“不敬蒙师”[①]、“年年更换先生”[②]、“不习礼仪”[③]、“立冬散馆”[④]等。一一指摘，针砭时俗，就是书中标的所在的“正误”。因拈出“偏于严偏于宽”的纪律之争，说：

> 过严则弟子身心拘迫，血脉不能疏畅，因而作疾者有之矣；过宽则放纵骄惰，难完功课。必外宽而内严，或外严而内宽，而又必视我与弟子之性情如何。……[⑤]不亲爱、不力行、不学文，反复警戒。嗣后遇学徒行事有合于孝弟等项者，则指其合于书某句，而对众称之。如有所犯，则指其不合于书中某句，而对众责之。如此，则讲一章书即受一章书之益，即知即行，始基于此。[⑥]

此段议论，先称过严过宽均易生弊，认为宽严须内外均衡相济，并视师生双方性情而定。子弟不论有恶行或善举，或反复警戒或公开称赞，不应涉及体罚。此处《乡塾正误》对揄扬或纠举子弟善恶、行为良窳的看法，若与《乡塾正误·幼学》篇中“子弟鲁钝便不加意培养”[⑦]，“子弟入塾，能上进者所望仅在进学、中举、会进士，不能上进者所望仅在识字”[⑧]，“读书贪多”[⑨]，“每日不就所

（接上页）著作，编成《龙泉园集》，与同乡王晋之（为清咸丰五年［1855］举人，卒于1888年）的《问青园集》一同刊刻出版，此一版本可参见韩锡铎编，前引书，页1396—1405；其单行本则可见［清］李江，《乡塾正误》（台北：“中研院”傅斯年图书馆藏，清光绪七年［1881］津河广仁堂刊本）。上述两种版本在章节安排上略有不同。《中华蒙学集成》仅收录《幼学》一篇，但于页1400注释①则标明该书分成《幼学》《诸儒论举业》《诸儒论幼学》《举业》《性习图说》《穷理层级图》等六个部分。而在清光绪七年（1881）津河广仁堂刊本中，书分上下二卷，包括卷上《幼学》《举业》，中间附《性习图》、《性习图说》、《读书义利图》、《穷理层级图》（横图）、《穷理层级图》（竖图）等图、文，并重新编页；以及卷下《诸儒论幼学》《诸儒论举业》等，特此说明。

① ［清］李江，《乡塾正误》，页1。

② ［清］李江，《幼学》，《乡塾正误》，卷上，页2。

③ 同上。

④ 同上，页6。

⑤ 同上，页7。

⑥ ［清］李江，《诸儒论幼学》，《乡塾正误》，卷下，页7。《中华蒙学集成》所收版本之中，将前注引文与本注引文合并在同一段落之中，与清光绪七年（1881）津河广仁堂刊本不同，而且《中华蒙学集成》所收版本中的“我亲爱不力行”与津河广仁堂刊本的“‘不’亲爱不力行”，有一字之差，特此说明。

⑦ ［清］李江，《幼学》，《乡塾正误》，页1。

⑧ 同上。

⑨ 同上，页3。

读之书考察其言动”[①]，“字画不讲”[②]等部分互证，益可见李江对儿童一体重视，贤愚不肖同样顾及，尤重鼓励提携，助其滋长。注重人性及童子性善趋向甚明，反对教学上急功近利之风亦切。尤有进者，书中《乡塾正误·诸儒论举业》《乡塾正误·诸儒论幼学》等篇，虽列举宋代程朱诸儒对考试举才及幼学教育之相关言论，然卷上《乡塾正误·性习图说》则标出人性本善主轴，以为无论成善成恶，均在后天形塑。[③]可见李江既重实际考察，又期革乡塾风气，遂以为程朱陆王之说，未必对立二执，实可并列参考。他号称由实际经验出发，造成重视儿童之立场，主采温和方式，逐渐建立一套新的幼教幼学理念。明清以来，中国幼科医学所衍生的身体认识、身心相关等体会（“过严则弟子身心拘迫，血脉不能疏畅，因而作疾”），与阳明所说：“诱之歌诗者，……亦所以泄其跳号呼啸于咏歌，宣其幽抑结滞于音节也。导之习礼者，……亦所以周旋揖让而动荡其血脉，拜起屈伸而固束其筋骸”[④]，至此，类似主张之生理与哲思二重书写，经时光沉淀，与西方国家新说汇流成一有力表述。适为清末旧习欲折，新序求生之际。一种生熟交替、新鲜又不失亲切的文化语汇与社会导体。作者为上段引文作结时，再申“即知即行，始基于此”[⑤]，以承阳明心迹，昭然若揭。

幼蒙教育中宽严赏罚之争，不分东西，古今早有。初不因留守传统或步向近代可全然廓清。然实证场域中，泛义混龄启蒙，迨近世幼教市场大开，幼学年龄下移，使得过去未必专以稚龄人口为对象的蒙学问题，益显棘手。不论是执行上的困扰（不少清代乡间塾师说到教授幼童之不易，承认就算严罚酷刑也未必发挥得了当下清楚的效应），或是价值松动后的于心难忍，都催逼着父兄塾师不能不重新检视惯性看法、作为之因循。此一内部因蒙学人口与设置之结构性转型所蕴发的自我质疑，到19世纪中，适逢间接传自沿海及日本的粗略启蒙洋风。不论是身心茁育、脑不可伤等近代早期身体生理论述的提醒，或者是爱幼护苗卢梭式开明派之微风，正以逐波荡漾般气势，薰向中土。有清一代始终

① ［清］李江，《幼学》，《乡塾正误》，页4。

② 同上，页5。

③ ［清］李江，《性习图说》，《乡塾正误》，卷上，页1–2。“无论成善成恶，均在后天形塑”之幼教观与乾隆时期大儒戴震之新义理思想契合，由此或可看出戴东原之朴学在有清一代之传播与影响。有关戴震学说对幼蒙的影响，请参阅熊秉真，《童年忆往：中国孩子的历史》，页191–232；Ping-chen Hsiung, *A Tender Voyage*, xiii–xvi, 1–5, 19–28.

④ ［明］王阳明，《训蒙大意示教读刘伯颂等》，《阳明传习录》，页57。

⑤ ［清］李江，《诸儒论幼学》，《乡塾正误》，卷下，页7。

未艾的阳明学余韵，至此无论语汇概念上遂得里应外合效应。重新包装下，此类外洋论说者引介出一个旧瓶新装的社会支点。彼为我用、挪乾为坤、声东以援西的事故，中外古今漫漫史页中层出不穷，幼蒙之举并非头遭。不过如此再检视所有对“近代化”“现代性”议论，进步或革新即未必如倡议者所绘影绘声、固执清明。蒙学方法之“过去”因幼教终程与新价值观之丕变，自须另呈蹊径。于此，长久以来，不庸言喻的严罚诲教也可能由亘古至理顿而幻化为可忧可疑的地方陋习。

（二）《蒙师箴言》

重视受教儿童感受，强调诱导，主张宽严并济以提携幼儿的论述，到晚清倡导新学之时，内外势力合流，卒以新貌现形。此传统与近代接轨，例证俯拾可见，未必须以断裂性进步论或革命说，作历史单线前进解说。

光绪年间，浙江吴兴士人方浏生（约1878年生），曾习法律，任小学教师，并关心教育改良。受20世纪初新式教育启发（如1902年出版的《初等国文教授法》），对教学原理、素材、方法上渐生一番主张。初以系列文章连载于与友人合办的地方《通俗报》上。放言杂抒幼学理念，民初整理出版，成为《蒙师箴言》。①

第二章《蒙师箴言·教授略法》第一节纲目就针对传统塾学，疾言“勿背诵、勿扑责”②。因扑责会“伤脑筋、害廉耻”③：

> 何以云伤脑筋也？盖脑为灵性所在，无脑，则无知觉；无脑，则无智慧。……是知脑也者，宜保护而不可或伤者也。然脑之为物，柔嫩无比，最易受伤。外虽有头壳包之，仍不宜磕碰。尝有头壳受伤，猝然昏晕，醒后若无其事。及越数日，忽失去一种性灵；或本来灵巧，

① 方浏生另著有《文字教授改良论》。此篇《蒙师箴言》，除绪言外，有两大部分，前一部分《教授略法》论幼教原理、教材、教法及具体实施方案。包括年级组织、课程安排、课时计划、教授方法，及平日考核、考试、记分、奖惩等。且重视书法、珠算（[清]王晋之，《问青园集》中亦及，且提议并习古乐音律，“调习牛马”“宜于农务”，以近“武备之道”）、造句、写信等实务训练。他排除众议，主张学生阅读演义小说，且应增设游戏、体操、图画、手工、唱歌等活动。《蒙师箴言》的后半部分且在强调教育救国的理想，虽仍一再提倡“训蒙志，乐事也，非苦事也”，且特别要蒙师用“合群”的方法，互相济助以解决经费、时间、精力之不足。《蒙师箴言》连载于《通俗报》外，另有民初商务印书馆铅印本。参见[清]方浏生，《蒙师箴言》，辑于韩锡铎编，《中华蒙学集成》，页1717–1719。

② [清]方浏生，《蒙师箴言》，辑于韩锡铎编，《中华蒙学集成》，页1721。

③ 同上，页1725。

受伤后变为木偶；或本来善记，受伤后竟无记性，皆脑筋受伤不能复原之故。此非特西医千试百验之说，我国名人亦尝论及者也。[①]

脑既为一切性灵所在，外伤就可能使人失去灵巧记性，彼谓此乃西医千试百验结果，显示作者以当时西学熏陶欲倡新说：

童子之脑，柔嫩更甚，若一击碰，即受损伤。而世之蒙师，全然不顾，往往以夏楚挞人头壳。童子其危哉，童子其危哉！[②]

以脑部受伤为告诫塾师扑打之基础，当时确属新论。旧时清代传记曾载如章学诚幼时所遇塾师，每日扑人，生生遭打，且重击伤头，皮破血流，倒地昏迷，愈后头部隆起。[③]可见作者方氏"童子其危"之言未必是诓语。然就实践面考虑，他亦知要劝得塾师改弦更张，并不容易。转而婉言相劝：

"诸君向日，特出于不知耳"，以不知不罪，"从兹以往，但愿诸君之勿惮改而已。"[④]

扑责之害，除了生理上会"伤脑筋"，心理精神上还会导致"害廉耻"：

何以云害廉耻也？……人之所以奋发，赖乎有耻；人之所以成就，赖乎有耻。扑责者，最足伤童子之廉耻者也。……诚能训导有方，岂在扑责？……盖人之知识、人之德性，循序而进。……而世之蒙师，怠于训诱、滥用夏楚，一若师之责任可以一打尽之者！[⑤]

痛批为师之责尽在体罚，又称"星期余闲，游览各乡塾。见有三人一群、四人一党，捉盲者、摆擂者、相骂者、打架者，扰扰纷纷，颇不寂寞"[⑥]。学堂

① [清] 方浏生，《蒙师箴言》，页1726。
② 同上。
③ 胡适，《章实斋先生年谱》(台北：台湾商务印书馆，1980)，页5。
④ [清] 方浏生，《蒙师箴言》，页1726。
⑤ 同上。
⑥ 同上，页1719–1720。

秩序显然也有问题。还说："又历一塾，初近门，即闻拍案声、呼叱声、扑责声、饮泣声；入其室，则背书也。先生危坐，凶若恶神；学生植立，呆若木鸡。学生愈背不出，先生愈打；先生愈打，学生愈背不出。"①于是在"书背不出，则打；自己失察，学生偶有小过，则打"②的情形下，学生在校"如登法堂、如游地狱"③，教与学都陷入末路穷途，因为：

> 当其打时，或谎言欺饰，或忍痛受苦。一旦放学或先生他出，则如野马之无缰、狡猴之断链，无恶不作以为快。而先生乃愤然曰："顽劣！顽劣！"呜呼！岂学生之生而顽劣哉？有迫之使然者也。④

除了痛斥打骂教育之错误与无效外，作者仍希循着甫闻之儿童心理学新径，看是否能建立起某种迥别于前的新式教学伦理，乃至新的教与学的方法。故其欲张体罚的负面效应与破坏性后果，也在为此新式幼教蒙学之道德理论、社会心理与制度理性上寻一新支点：

> 屡屡用之，则学生反以被打为常，不以受罚为耻。凡迎合先生、诱过同学以及规避、设诈……种种无耻之事，无怪其无所不为矣！⑤
> 此处重点在指出，教师常施体罚很可能会使被罚的学童习以为常，而一旦学生以被打为常规，毫无耻感，即可能导出百般巧诈，终致无所不为。为教与学的良性互动设想者遂不能不感叹："呜呼！童子而无耻，欲其奋发也，难矣！童子时而无耻，望其将来之成就也，更难之难矣！"⑥换言之，仗体罚为蒙学教育之措置，将使之与所欲灌输之教材内容、教学目的以及幼教的建设性效应，相抵相消。

《蒙师箴言》提出"称赞法""讦问法""功过法""离群法""直立法""拘

---

①［清］方浏生，《蒙师箴言》，页1720。

② 同上，页1726。

③ 同上，页1720。

④ 同上，页1726。

⑤ 同上。

⑥ 同上。

留法”，取代扑责，用以面对“学生有贪玩不肯读书，顽梗不听教训者”之情。[①] 其设想诸法，莫不以儿童之性情喜恶、习惯倾向为旨归（“小儿喜戴高帽子”“人无不喜群而恶独，童子尤甚”，等等）。[②] 明言许多灵感，源于已有之文化习俗（称赞法又名“褒贬法”）[③] 或地方上已有的规矩（直立法“吾浔曰立壁角”[④]，拘留法“吾浔曰关夜学”）[⑤]，如今不过考虑斟酌，修改整理，融为新义。

强调幼教勿用扑责的说法，与作者倡言“勿背诵”（“窒性灵”“废时刻”）[⑥]，代之以抄课、勤讲、问答等法[⑦]，以及奉劝“勿读经书”（四书五经“冗长”“牵强”“艰深”）[⑧]，增加游戏、体操课程等，宗旨一致。始终寄望教与学均为乐事，企求教育活动之本质奠基于幼童师长无可剥夺之中心愉悦。初阅者见此议论，固可径称引自外洋，但熟知阳明人性论与近世蒙学演绎及明清幼教传承者，再考其遣词渊源用意曲折，寻绎其微言大旨，不能不考虑到19世纪内外，双股历史流变于是世纪之变汇现中土的另一番来龙与去脉。

六、再看清代童年文化与幼儿世界之喧哗与移转

（一）境迁、时移与波折纷涌

上举数端，浏览概略，可示一般人心目中的文化传统，以有清一代为例，至少在幼教发展和儿童文化上，未必呈现一个僵化不动、停滞不移之局。清初两种风貌不同之文献《父师善诱法》与《传家宝》，新旧交织均倡教学在善诱之议。盛清时期，由《年华录》至《人寿金鉴》至《养蒙金鉴》，显示对早慧早熟的习惯信仰始终未艾。由异禀神童而得榜样，不论看之为年华、人寿，或举之为养蒙之鉴，旧酒如故，新瓶亦不新，幼学所仗的，是不可期的天宠。至晚清，《乡塾正误》与《蒙师箴言》两书，可见乡曲间对责罚的斟酌及争议。来自三个时期的三组幼蒙文献，展现了清代幼教论述和童年文化的多重变奏。其他有关

① ［清］方浏生，《蒙师箴言》，页1726–1728。
② 同上，页1726，1727。
③ 同上，页1727。
④ 同上。
⑤ 同上。
⑥ 同上，页1721–1723。
⑦ 同上，页1723–1725。
⑧ 同上，页1728–1731。

蒙养幼学的观念商榷、教学方法的商议，以及一般儿童生活与教化规矩的材料，所遗尚多，犹待细析。本文所举三个段落所示三套议题，不过勾画出清代幼蒙天地与幼龄文化，变与不变之部分轮廓，如对文化史所作大笔写意，或对社会神态理得之侧面景象，自难尽曲折之细致。

三议题牵出的疑问非拘文献所属时代。善诱导、莫匆促、戒体罚的呼声，之所以上承明代之前，延伸近代以后，有其更深之故由。也就是说近代中国师长中，之所以有认为过去幼儿教养观必须汰换，与近世数百年来各城乡中层人士质疑传统的适用性，很有关系。倡善诱者，由明而清初，经盛清而晚清，少人不晓，各人的领会主张，气质重点虽纷陈自异，但对早慧早学、急赶进度的心态，盛清以前，早有非议。清初而清末，劝诫家长教师欲速则不达、蒙幼“莫匆匆”者，与一心崇仰神童、赶鸭上架之间的拉扯纷争，至今未歇。管理责罚如何适当，更是宋元明清，或者说此前彼后，历万古而常新的疑惑。三组大议题烘托下，清末再见阳明心性说对开放式幼教的启迪与鼓舞，近世中国幼学与童年文化之演变过程与形成大貌自难全归于西方力量之冲击，或引进西说后单线之历史进步。

因幼学与童年之议题，实证现象、理论预设与历史发展三者环环相扣，于认知学习与儿童发展上相互生产，十分明显。迨清末而近代，启蒙西化挟欧美势汹顿成近代化动力，启迪民智、立国立民者，随势援引，亦称确据凿凿。然一旦倒转时光，则质疑驱童入学，为教与学发展上的死胡同①，甚至对全球近代历史之走向，兴出不善不可等悖逆思绪，此另股历史洪流，同样可兴起沛然不可御之势。吊诡的是，对于儿童或者蒙学，何者为文明之开发，而非专断之斲丧，何者为残酷之摧折，而非必要之培育，古往今来，或东或西，专家或俗子，始终未得一个足资永式的凭仗。近代之演变并非一去不返之进化，不论在清末的中国，或稍前乃至同时的西方各地，也就不能不落入史无定轨之低回。眼前无尽而不安的抉择中，或进取，或保守，甚至执意“迷信”，过去、面前与逻辑或历史延伸出的未来，新旧并存而不断反置。前迹斑驳，后道不一，历史上的清代幼教与童年，不是新旧二义，前进或守后足以定夺。正因如此，当时因幼蒙与幼童所兴之论，良知良能说所加入的拉锯，在知识或生活领域，

① 参见 Philippe Ariés, *Centuries of Childhood: A Social History of Family Life* 书中引言及第二部分 Scholastic Life 中第三章“The Origins of the School Class”、第四章“The Pupil's Age”、第五章“The Progress of Discipline”及结论“Conclusion: School and the Duration of Childhood”等章节中对童年与近代教育之质疑。

都投下一把引人注目的碎石，在近世文化社会史与儿童心理发展论上激起阵阵涟漪。

（二）重想“现代性”议题之提出

上文重检清代幼教论说与当时童年文化，所透露的既不如后来兴革者（如辛亥革命、五四运动、中国共产党）所认为，有优美而坚定不移的千古传统，也不像外来抨击者（如宣教士、西方列强或西方冲击说者）的主观定见，直指原有之传承核心，僵化而少变，过时且与既有权力体系相结，难有反省自变之蛰动。反而是以层层素材间之矛盾交杂，折而质诘种种现代学院知识之眼光凝视，反生各样对近代学术论述意觉后的一连串疑问、矛盾、不安。若依社会改革与现代性论述学者之说，传统社会及其价值，反复承衍代代依从，则成长受教其中的塾师父兄、子弟蒙童，遂无自我省视、赞同挣脱樊篱之可能？如此预设之下的幼学或童年历史容或仅有单一而固定的承袭而无行进之途？

也就是说时光之淬炼，不论在史学所究之史实、史事层次，以及激发引导此历史研究，与协助建构历史解释（过去称为史识）与文化论述，另有其自省与变化之来源，此学理反思对历史研究如幼学、童年解释之影响，不能不理。如近世蒙学与儿童生活之演变，到了清代，村野乡塾一般的日常经验，从教子弟为务的父兄，到终生课塾的中下层教师，他们所遇所见，经常面对的情境，导其心思所向、疑问所在，正酝发着波波异于高头讲章企划出的历史动力。这一层社会文化背后的动力，催促他们即便本愿照旧崇奉程朱式的小学、大学之道，却身不由己地不能不心仪向往阳明知行学说的抒解与松动。在此层次下，微观经验层次的需求，带动也酝酿了操作者的自然兴革，与自动选择其之所以弃程朱而重阳明，有实证和执行面的理由，未必皆因形上或哲理上的考量。也就是说，近世南北乡里村塾个别学童与塾师实际经验的导引，适逢明代心性之学对人性、天理鼓舞的“舒活”“开放”式训蒙与启智契机，到清代幼教蓬勃普及、幼学人口大量增长后，彼此汇合而筑构、摸索出一束束自以为幼教幼学上的曙光，类似经验与理念的不断交融互动，才是使中国近世幼学的议论和童年经验之形塑，视似上承宋明，下启近代，实则在持续重构每一阶段各自与环境相衔的幼蒙教育与文化心理生态。

再思这个望似不觉中迎向清末近代启迪人性、教化众生的文化生态，其所捐弃之成见，其所掷诸脑后的传统，在当代学术论述高张近代启蒙理性，与革新革命的价值观引领之下，左右后代学术诠释之焦点的，并不是清代庭训塾学中教、学不已的大小成员，而是其周围高唱新颖幼教与人生理论之人，尤其是其中若干声息之所向适得呼应下一波历史论述下新民建国实践之道者。

最后一层的问题是，近代之历史或历史发展之现代属性，于20世纪与21世纪初之交，又复酝生出不少异于往昔（形塑前二阶段学术思维的19世纪末20世纪初以及20世纪下半叶）之立场。此等日新又新的知识论述，对于人生各阶段之发展、教育制度之界定方针与童年经验和幼学启迪的立基所在，意见纷披，与上数阶段之认识主张歧异均深。过去以为由西而东、由地方而全球的幼教启蒙发展，今知并非单因西力东渐的结果。至此，历史之延长发展与延伸性反省，遂使历史轨迹与历史意义双层时空均生倒置作用。后世对历史之挖掘愈认真，对史料史事之掌握愈细致，对历史视角考量愈多，对历史之发展轨迹，诠释之学愈不能不持开放之想象。近代的历史，至少在幼教和童年的交织点上，在史事与史识两层次的发展上即呈现此一反复争议、前后相互颠覆而交叉演变的过程。

七、童年与幼教史之素材、方法与学理论述之迁移

跨越世纪之交，重拾旧问题，对清代幼教的转折与童年论述文化的新瞰，不仅对所谓的“传统”与“前近代性”（pre-modernity）之风貌与相互关联得一非线性（non-linear）认识，对所涉数百年家庭、社群因环境、制度而显现之自变与因变，亦由微观研究之抽丝剥茧，而另得多重了解。由之史学之外，其他究心幼教与童年研究者，亦获若干有别于先前预设之概念与验证。清代中国的童年文化与幼教发展，一如许多其他近代之前的社会，原有繁复多面与矛盾兼存之特征，此童年与幼教世界，既为驳杂的制度、互斥的概念所环绕，史学掌握之结果自须于方法论和概念上，重建一多面宽阔而难以制约化的人文生态，及其静动互见之演变机制。

19、20世纪所谓近代化之初启，一度于全球论述与学科专业上使儿童、童年、幼教变成专精特殊，又科学制式之领域与议题。晚近重思此事始觉其利弊互见，遂期重启反省调整。因之，此际，回头检视清代幼教演变之迹，对当今幼教与儿童研究仍以西方（欧美）为主流之知识论述与文化环境，可收一番切磋与提醒之功。盖过去一世纪间，欧美自由主义、个人主义、资本主义和实证精神主导下的幼教与儿童文化主流，可取之处固然不少，然其偏执与褊狭实为

同一事之另面，亦十分鲜明。时下欲矫其武断与自我中心之失，正仰赖对前此19世纪之前发展的另立视野，重构意义。

幼蒙与童年理论，由近代之前经过近代之振奋、翻腾，走向近代之后的重新徘徊与斟酌。不但为知识、生活与现代性三者间不断游移、纠葛，时竟周而复始的过程，端出一组鲜活的事例。对史学方法，学科理论与历史事实之间的相互凭仗，彼此对质，也提供了一个尖锐而凸出的示范。近代史学，既为近代知识生产与文化论述之一环，此专业成品与知性工具，于举世迈向近代之初（西方国家的启蒙以后，中国的晚清民国），因社会人心多方面需要，价值概念重厘时，尝提出一波波关注教育（尤其是普及幼龄的国民义务教育）、护爱儿童为近代式伦常与进步式设计。在这套设计与主张的提倡之下，近代的史学也未尝不怀其仁心智术，挖掘东西各社群在此前世纪所处蒙昧、智愚贤不肖之参差，理成一番阶段有致、大势配合的“传统”图像，以投入一同打造新天地之近代知识工程。问题是，经过百多年来全球社会经济、政治、文化发展的历史大跃进后，儿童发展心理学新益求新，幼教理论均不约而同地对全球竞逐者顿兴蓦然回首、昨是今非式之理解与醒悟。不论在理论或实践上，都有俯首承认过失的态势。指出近代制式教育、课堂蒙学对幼儿之拘泥，对教师之束缚，对人性之戕害，对社会资源之浪费，对群体未来之局限，负面影响似乎日益明显。流风所及，社会文化史工作者，亦有从史料细节中发现，意及当下社会理念之变，正可重觅历史素材，更新研究方法，重思诠释坐标，一则用以应付这一新阶段史学与史识之再调整，二则亦于变动的外在环境中重新寻找近代之后文化与学术之立足点。

值今再检视与近代接轨之际，及与以前的近世蒙学与童年天地，遂有另一番史实呈现、史迹罗列与学理诠释之可能。以见早在西方国家启蒙理念与制式教育输入，近代化之人生规划与民族国家论述蔚然成风之前，清代之中国，一如西半球少数西方国家社会之外的社群，曾在另一套（或数套）历史意义之轨道上滚动。这个近世中国幼教实作与童年论述的轨道上，因有程朱陆王之争，衍生幼学勿匆、勿揠勿助，谨责慎罚等提醒。同时又因知性制度变化（科举普及），人力市场之成长（工商士农均需其子弟识字，又有大量科场失意待业者投入塾业），生徒日益增加，塾师源源不绝与大量增长心焦意切的家长合流。这些现象发展与西方国家有相类亦有相远，上世纪之交，短时间内一度为全球近代化与现代性之大势所吞噬淹没，合流为一。值今世纪又变，西方自省复苏，中文学界或近世史学者却愕见其原本涵藏的若干另类传承，如阳明学对人性、自然与人生发展的另番执着，及道家佛释对蒙学幼教与儿童、童年所暗示的玄机。若撷取其中若干概念预设为新基，未尝不可延伸发挥，以挣脱近世西半球历史思维之常态（或魔障）。

第十二章
结　语

个别的生命，如何启端，怎么方成可能，这类疑问，在过去文史哲领域，不论以经世济民为志，或怀天地哲理胸怀，都是未遑闻问的。因之，传统幼医与幼蒙的努力，即便另有洞天，在近代人文学术里少有立足之地。

晚近二三十年来，或西或东，多少有了一些钻研，或者因知识民主化之风云际会，有男不能无女，有长应亦有幼，尊卑稚弱，遂得一席之地。共于人文研究学理、概念、材料、方法上自然也有了一些启动、拓展。

不过，如今回头，在基本突破点上，起初所检视的，其实聚焦于在个人的层次而言，生命如何开始，年龄与生命周期（phases of life）如何在结构上组成了个别生命之步步展开，逐渐前进。

经过这一段基础研究，现今的婴幼儿史、童年史，不能不由个人而群体，由单一生命推而思及其家庭基础、社群环境。推而度之，知道婴幼儿的历史是搭建在家庭代代相传的绵延之道上面。这不论对中国或世界，都是一样。幼医与幼蒙之发展，或早或晚，可西可东，其为躯体存活与文化繁衍之职志则一般无二。此为本书发行动机之一。

动机之二，则因披沙拣金后不免躬身自省，知道幼医也罢，幼蒙亦然，最终所发现的，应不止于窃窃私喜于其成就，以中国之记录沾沾傲世。其实所谓文明之成绩，不但代价高昂，后果堪忧堪疑。幼医济世活人，幼蒙启迪民智，其积极所致，难免有过犹不及的时候。医者下重剂，蒙师父兄催逼孩童，爱之害之，古已有之，于今尤烈。家庭家族求繁衍，以目的肯定手段，一切不顾，文化生态一如自然环境，疲罔早见，虽则众人一志，不愿回头。竭尽人

Tracks

劳工家户中的健康状况，无论老幼、城乡，直接准确之资料不多。清末牵拖船工日常工作时，依稀可见儿童身影，可算是直接捕捉的间接信息。

Archibald Little, *Intimate China: The Chinese as I Have Seen Them*（London: Hutchinson & Co., 1899）, p.76

群之社会、自然资源而不悔，剥削个人、环境之储蓄而不返。这在大家走过近现代之旅程，到了21世纪初，能不憬然？

这些角度的考虑，没有拉长时段、放宽视角的观察不行，没有社群与社群、地域与地域间在多学科相对端详，是看不见的。

这类因知识的初步收成而触发的更强烈的疑惑、更深的探索，没有其他视觉、图像、文物、遗迹之助，单凭过去所执着的文献考掘，也是办不到的。是为动机之三、四。

因诸，期之与翻阅者共议、同行。

参考文献

中文

（一）医书与古籍

［汉］司马迁，《扁鹊仓公列传》，《史记》（台北：鼎文书局，1980）。

［汉］张仲景，《金匮要略》。《景印文渊阁四库全书》（台北：台湾商务印书馆，1983）收《金匮要略论注》，［汉］张机撰，［清］徐彬注，24卷，在子部40册（734册，页1–200）。提要云："机字仲景，南阳人，尝举孝廉，建安中官至长沙太守。是书亦名《金匮玉函经》，乃［晋］高平王叔和所编次。陈振孙《解题》曰：此书乃王洙于馆阁中得之，曰《金匮玉函要略》，上卷论伤寒，中论杂病，下载其方，并疗妇人。乃录而传之。"

［汉］张仲景，《伤寒论》。《景印文渊阁四库全书》（台北：台湾商务印书馆，1983）收《伤寒论注释》，［汉］张机撰，［晋］王叔和编，［金］成无己注，10卷，附成无己著伤寒明理论（3卷）及伤寒论方（1卷）。在子部40册（734册，页201–335；336–347；347–363）。

［晋］葛洪，《肘后方》。《景印文渊阁四库全书》（台北：台湾商务印书馆，1983）收《肘后备急方》，［晋］葛洪撰，［梁］陶弘景、［金］杨用道补，8卷，在子部40册（734册，页365–540）。提要云："《肘后备急方》8卷，［晋］葛洪原撰，初名《肘后卒救方》。［梁］陶弘景补其阙漏得一百一首，为《肘后百一方》；［金］杨用道又取唐慎微《证类本草》诸方附于肘后随证之下，为《附广肘后方》。洎元世祖至元间，有乌某者得其本于平乡郭氏，始刻而传之。段成巳为之序，称葛陶二君共成此编而不及杨用道。此本为明嘉靖中襄阳知府吕颙所刻，始并葛陶杨三序于卷首。"

［隋］巢元方，《诸病源候论》（南京中医学院校释本，人民卫生出版社，1985）。另一本：《景印文渊阁四库全书》（台北：台湾商务印书馆，1983）收《巢氏诸病源候总论》，

[隋]巢元方等奉敕撰，50卷，在子部40册（734册，页549–908）。提要云："隋大业中太医博士巢元方等奉诏撰。"又一本:《诸病源候论》(台北：文光图书公司，1981年影印)，凡50卷，卷首书"重刊巢氏诸病源候论"，书首有《重刊巢氏诸病源候总论序》，末署松江蒲溪李林竹馥启贤氏重校。

[唐]王焘,《外台秘要》(台北：新文丰出版社，1987年影印明崇祯庚辰[十三年，1640]新安程氏经余居刻本)。另一本:《景印文渊阁四库全书》(台北：台湾商务印书馆，1983)收《外台秘要》,[唐]王焘撰,[宋]林亿、孙兆等校正，40卷，在子部42册（736册，页1–750）及43册（737册，页1–648）。提要云："凡一千一百单四门，以巢氏病源诸家论辨各冠其篇首，一家之学不为不详。"

[唐]孙思邈,《千金方》。《景印文渊阁四库全书》(台北:台湾商务印书馆,1983)收《备急千金方》,[唐]孙思邈撰,[宋]高保衡、林亿等校正，93卷，在子部41册（735册，页1–944）。卷1为医学诸论，卷2–7为妇人方，卷8–14为少小婴孺方，卷15–21为七窍病方，卷22–24为风毒脚气方，卷25–28为诸风方，卷29–35为伤寒方，卷36–37为肝脏方，卷38–39为胆腑方，卷40–42为心脏方，卷43–45为小肠腑方，卷46–51为脾脏方，卷52–53为胃腑方，卷54–56为肺脏方，卷57–58为大肠腑方，卷59–60为肾脏方，卷61–62为膀胱腑方，卷63–64为消渴方，卷65–68为丁肿方，卷69–71为痔漏方，卷72–74为解毒杂治方，卷75–78为备急方，卷79–80为食治，卷81–83为养性，卷84–86为平脉，卷87–93为针灸。又一本:《千金方》，引见《古今图书集成》卷422《医部汇考402·小儿初生护养门》等处。

[唐]孙思邈,《少小婴孺方》2卷（台北故宫博物院藏善本）。另一本（台北故宫据日本文政庚寅十三年偷闲书屋刊本影印微卷）。又一本：在《景印文渊阁四库全书》所收《备急千金方》卷8–14，子部41册，页134–138。包括卷8《序例第一》(方),卷9《初生出腹第二》(论),卷10《惊痫第三》(论、候痫法、方、灸法),卷11《客忤第四》(论、方、灸法、咒法),《伤寒第五》(论、方、灸法)，卷12《欬嗽第六》(方),《癖结胀满第七》(方、灸法，霍乱附)，卷13《痈疽瘰疬第八》(论、方、灸法)，卷14《小儿杂病第九》(方、灸法)。

[宋]不著撰人,《小儿卫生总微论方》20卷，收入《景印文渊阁四库全书》(台北：台湾商务印书馆，1983）子部47册（741册，页49–374）。提要云："凡论一百条，自初生以至成童无不悉备。论后各附以方。前有嘉定丙午和安大夫特差判太医局何大任序，称家藏是书六十余载，不知作者为谁。博加搜访，亦未尝闻此书之流播。因锓于行在太医院，以广其传。……此本为明弘治己酉（二年，1489）济南朱臣刻于宁国府者，改名《保幼大全》，今据嘉定本原序复题本名。"

[宋]不著撰人,《颅囟经》2卷，收入《景印文渊阁四库全书》(台北:台湾商务印书馆，

1983）子部44册（738册，页1–14）。提要云："据《永乐大典》所载，褎［裒］而辑之，依宋志旧目，厘为二卷。"

［宋］宋徽宗御制，《圣济经》。《实用中医典籍宝库》（北京：线装书局，2003）第7册收《宋徽宗圣济经》10卷，宋徽宗御制。排印本共155页。书首注明"此据十万卷楼丛书本排印"。卷一《体真》篇，卷二《化原》篇，卷三《慈幼》篇，卷四《达道》篇，卷五《正纪》篇，卷六《食颐》篇，卷七《守机》篇，卷八《卫生》篇，卷九《药理》篇，卷十《审剂》篇。

［宋］郭雍（字子和，号白云先生，赐号冲晦处士），《伤寒补亡论》20卷，收入《历代中医珍本集成》（上海：上海三联书店，1990）第4册。影印1925年苏州锡承医社重刊本。其中第16卷元代已佚，仅存19卷。

［宋］张杲（字季明），《医说》10卷（台北故宫据日本传钞明嘉靖甲辰［二十三年，1544］顾定芳刊本影印微卷）。另一本：《景印文渊阁四库全书》（台北：台湾商务印书馆，1983）收《医说》10卷，［宋］张杲撰，在子部48册（742册，1–227）。提要云："是编凡分四十七门，前七门总叙古来名医医书，及针灸诊视之类。次分杂症二十八门，次杂论六门，次妇人小儿二门，次疮及五绝痹疝三门，而以医功报应终焉。……取材既富，奇疾险证，颇足以资触发。又古之专门禁方，亦往往在矣。"妇人在卷9末，小儿在卷10。又一本：中医古籍出版社有简体字重排本（2012），全五册。

［宋］陆游（字务观，号放翁），《剑南诗稿》85卷。收入《景印摛藻堂四库全书荟要》（台北：世界书局，1986）集部·别集类，389–390册。

［宋］陈文中（字文秀），《小儿痘疹方论》（1214）。见［明］薛己《薛氏医案》（卷77）所收，不分卷。《景印文渊阁四库全书》子部70册（764册，页623–654）。

［宋］陈自明（字良甫），《妇人大全良方》24卷。收入《景印文渊阁四库全书》（台北：台湾商务印书馆，1983）子部48册（742册，页435–800）。另一本：薛己《薛氏医案》（卷26–48）所收，见《景印文渊阁四库全书》子部69册（763册，页600–986）。

［宋］陈言（字无择，号鹤溪道人），《三因极一病证方论》18卷。收入《景印文渊阁四库全书》（台北：台湾商务印书馆，1983），子部49册（743册，页149–432）。

［宋］董汲（字及之），《小儿斑疹备急方论》1卷（台北故宫善本书室藏。新文丰出版社，1987）。据日本影宋钞本影印。原书有朱校。新编页码577–608（与《婴童百问》合刊）。卷后有钱乙后序，题"元祐癸酉拾月丙申日"。另一本：见《中华医书集成》（北京：中医古籍出版社，1999），第16册，附钱乙，《小儿药证直诀》后，重排本5页。

［宋］杨士瀛（字登父，号仁斋），《新刊仁斋直指小儿方论》（台北：故宫博物院据宋末

建安刊本影印，微卷）。另一本：《景印文渊阁四库全书》（台北：台湾商务印书馆，1983）收有《仁斋直指》26卷附《仁斋伤寒类书》7卷，子部50册（744册，页1–664），［宋］杨士瀛撰，［明］朱崇正附遗。又一本：林慧光主编，《杨士瀛医学全书》（北京：中国中医药出版社，2006），《仁斋直指方论》26卷（页1–347）、《仁斋小儿方论》5卷（页351–436）。

［宋］郑端友著，《全婴方论》，引见《古今图书集成·医部·初生诸疾门》，卷427，页29等处。按：《全婴方论》即《保婴全方》，亦名《全婴方》。《宋史·艺文志》未载本书，《明史·经籍志》则有"《全婴方》四册"之记载。元、明两代许多医学著作，如曾世荣《活幼心书》、刘宗厚《玉机微义》、王銮《幼科类萃》、方广《丹溪心法附余》、薛己注《小儿药证直来诀》、李时珍《本草纲目》、王肯堂《幼科准绳》等，皆引用《全婴方》之内容。日本学者则报道，在日本发现《全婴方论》的宋刻残本，凡23卷，每半版11行，行20字。约略高六寸，辐四寸一、二分。

［宋］刘昉（字方明）编，《幼幼新书》40卷（1150）。《续修四库全书》（上海：上海古籍出版社，2002）子部收《幼幼新书》40卷，附"拾遗方"1卷，［宋］刘昉等编（1008册，页399–707；1008册，页1–400）。据上海图书馆藏明万历十四年（1586）陈履端刻本影印。书前除收李庚的《重刻幼幼新书古序》（绍兴二十年）之外，尚有王世贞、刘凤《重刻幼幼新书序》及张应文《校刊幼幼新书序》、陈履端《重刻幼幼新书叙》。李庚序文称刘昉为湖南帅时搜访医书所编，主其事者为干办公事王历羲道，执行编辑的是乡贡进士王湜子，刘昉因病未及见是书刊刻，因命门人潭州湘潭县尉李庚代为作序。

［宋］刘跂（字斯立），《钱仲阳传》，载《小儿药证直诀》（台北：新文丰出版社，影印学海本，1985），页3–4。聚珍版在页1–3。

［宋］钱乙（仲阳），阎季忠编，《小儿药证直诀》（台北：新文丰出版社，影印学海本，1985）。另一本：何海湖等编，《中华医书集成》（北京：中国中医药出版社，1999）第16册《儿科类》，收《小儿药证直诀》，页1–49。附《董氏小儿斑疹备急方论》5页。又一本：李志庸主编，《钱乙刘昉医学全书》（北京：中国中医药出版社，2005），收《小儿药证直诀》（页1–44）附《阎氏小儿方论》（页45–50）及《董氏小儿斑疹备急方论》（页51–54）。以上两种均据［清］周学海《周氏医学丛书》本校正重排。再一本：引见《古今图书集成》第457册，卷427，《医部汇考402·初生诸疾门》等处。

［宋］钱乙撰，《小儿药证真诀》3卷。在《丛书集成新编》（台北：新文丰出版社，1985），据《聚珍版丛书》本影印。在46册，页154–177（原本10+61页）。又一本：《实用中医典籍宝库》（北京：线装书局，2003）第22册收《小儿药证真诀》3卷，［宋］钱乙撰。排印本共61页。据《聚珍版丛书》排印。

[宋]阎季忠（字资钦），《小儿药证直诀原序》，《小儿药证直诀》，页1。

[金]张从正（字子和，号戴人。新文丰出版社影印《医统正脉全书》刻本作张从政），《儒门事亲》15卷，辑于[明]王肯堂汇编《医统正脉全书》第9-10册（清光绪丁未年[三十三年，1907]京师医局所重印本。台北：新文丰出版社，1975）。另一本：《景印文渊阁四库全书》（台北：台湾商务印书馆，1983）收有《儒门事亲》15卷，子部51册（745册，页99-361），[金]张从正撰。

[金]刘完素（守真），《伤寒直格》3卷（上中下），《中国医学大成续集》（上海：上海科学技术出版社，2000，影印新安吴勉学校刻本）第17册，内文178页，附校勘表8页及后记。另一本：《景印文渊阁四库全书》（台北：台湾商务印书馆，1983）收有《伤寒直格方》3卷（上中下）附《伤寒标本心法类萃》2卷（上下），子部50册（744册，847-926），[金]刘完素撰，明朱崇正附遗。

[元]王履（字安道），《医经溯洄集》，《丛书集成初编》本（长沙：商务印书馆，1937）。另一本：《历代中医珍本集成》所收《丛书集成》排印本，不分卷，内文共48页。又一本：《景印文渊阁四库全书》（台北：台湾商务印书馆，1983）收有《医经溯洄集》2卷，子部52册（746册，937-981），[元]王履撰。提要云："学医于金华朱彦修（震亨），尽得其术，至明初始卒，故《明史》载入《方伎传》中，其实乃元人也。……此书凡二十一篇。"再一本：《医统正脉全书》（台北：新文丰出版社，1975）第15册收，署[元]昆山王履著，江阴朱氏校刻本，不分卷，内文75页。

[元]朱震亨（字彦修），《丹溪先生治法心要》（台北：新文丰出版社影印明嘉靖年间刊本）。另一本：田思胜主编，《朱丹溪医学全书》（北京：中国医药出版社，2006），据嘉靖癸卯（二十二年，1543）岁十一月朔旦江阴高宾刻本排印，共8卷，页333-421。其第7卷为妇人科，第8卷为小儿科。

[元]朱震亨，《格致余论》1卷61页。辑于王肯堂汇编《医统正脉全书》（台北：新文丰出版社，1975）第14册，页9297-9426。另一本：《景印文渊阁四库全书》（台北：台湾商务印书馆，1983）收有《格致余论》1卷，子部52册（746册，637-673），[元]朱震亨撰。提要云："得刘守真（完素）之传。"

[元]朱震亨，《怪疴单》1卷（1281）。收入《实用中医典籍宝库》（北京：线装书局，2006），第32册，页1-32。据《夷门广牍》本影印。另一本：《历代中医珍本集成》34册所收，内文25页，两者同据[明]周履敬梓于万历二十五年（1597）为底本。

[元]危亦林（字达斋），《世医得效方》20卷。收入《景印文渊阁四库全书》（台北：台湾商务印书馆，1983）子部52册（746册，43-635）。提要云："共十九卷，附以孙真人养生法节文一卷。"另一本：《世医得效方》，引见《古今图书集成》第456册，卷422等处。

[元] 曾世荣(字德显，号育溪),《活幼口议》(北京：中医古籍出版社，1986年重印明嘉靖刊本)。另一本:《续修四库全书》(上海：上海古籍出版社，2002)子部收《新刊演山省翁活幼口议》20卷,[元] 曾世荣撰(1009册，页401-497)。据中国中医研究院图书馆藏日本文政三年(1802)抄本影印。

[元] 罗天益(字谦甫),《罗谦甫治验案》(1281)。《历代中医珍本集成》34册所收，为近人裘庆元自罗氏所著《卫生宝鉴》(成书于1281)中辑出，分上下两卷，辑录验案88则，上卷54则，下卷34则，多为内科杂病，间有外科、儿科诸案。据绍兴医药学报社民国五年(1916)本校勘影印。

[明] 方贤,《奇效良方》(引见《古今图书集成》第456册，卷422等处)。另一本:《续修四库全书》(上海：上海古籍出版社，2002)子部收有《太医院经验奇效良方大全》69卷(1001册，页229-769；1002册，页1-227)。又一本:《太医院经验奇效良方大全》69卷(北京：人民出版社，2009)。[明] 董宿辑录，[明] 方贤续补；杨文翰等校。再一本:《奇效良方》(北京：中国中医药出版社，1995),[明] 董宿辑录，[明] 方贤续补；可嘉校注。

[明] 王大纶,《婴童类萃》(北京：人民出版社，1983年据明天启年间刊本重印)。另一本:《婴童类萃》(台北：五洲出版社，1984)，234页。

[明] 王守仁(阳明),《阳明传习录》(台北：世界书局，1962)。

[明] 王肯堂(宇泰，念西居士),《证治准绳》(台北：新文丰出版社，1979年据明万历三十五年[1607]刊本重印)。另一本:《证治准绳》120卷。收入《景印文渊阁四库全书》(台北：台湾商务印书馆，1983)，子部73册(767册，页1-533)、74册(768册，页1-659)、75册(769册，页1-953)、76册(770册，页1-842)、77册(771册，页1-563)。提要云:"是编据肯堂自序称先撰《证治准绳》(卷1-18)8册，专论杂证，分13门，附以类方8册(卷19-38)，皆成于丁酉戊戌(万历二十五至二十六年，1597-1598)间。……其《伤寒准绳》8册(卷39-53),《疡医准绳》6册(外科，卷100-120)，则成于甲辰(万历三十二年，1604);《幼科准绳》9册(卷71-99),《妇科准绳》5册(女科，卷54-70)，则成于丁未(万历三十五年，1607)；皆以补前书所未备，故仍以《证治准绳》为总名。惟其方皆附各证之后，与杂证体例稍殊耳。……据自序所列，其书当分44册，篇页繁重，循览未便，今离析其数，定为120卷。"按：重新整编后的顺序重排，名称亦稍异，卷数见括号内。

[明] 王肯堂,《幼科准绳》，在《六科准绳》(台北：新文丰出版社，1979年重印明万历年间刻本)内。另一本:《幼科准绳》9卷(台北：新文丰出版社，1974年据民国九年[1920]夏月上海鸿宝斋书局石印本重印)。书前有欧阳重光1974年4月序，谓所据为其家藏版本。又一本：见《景印文渊阁四库全书》(台北：台湾商

务印书馆，1983）所收《证治准绳》，卷71–99。

［明］王纶，《明医杂著》6卷，薛己注（南京：江苏科学技术出版社，1985，王新华点校）。另一本：《薛氏医案》（卷20–25）所收，见《景印文渊阁四库全书》（台北：台湾商务印书馆，1983）子部69册（第763册，页442–599）。提要云："王履《明医杂著》六卷。"（按：履应作纶）。其中卷24为儿科。又一本（上海古籍书店，1979），第1–6卷。再一本（西南师范大学出版社六卷本）。

［明］王缉（字熙甫），《保婴全书序》，见薛铠，《保婴全书》（台北：新文丰出版社，1978，四册），卷首，页1–11。

［明］王銮（字文融，号容湖），《幼科类萃》（北京：中医古籍出版社，1984年影印明嘉靖年间刊本）。

［明］不著撰人，《宝产育婴养生录》（台北"中央图书馆"藏明刊黑口本影印版本）。

［明］朱惠民，《慈幼心传》2卷（台北"中央图书馆"善本微卷）。

［明］汪机（字省之，号石山居士），《石山医案》（1519）。《景印文渊阁四库全书》（台北：台湾商务印书馆，1983）收有《石山医案》3卷，子部71册（765册，325–409），［明］陈桷编。提要云："《石山医案》三卷，明陈桷编。桷祁门人，学医于同邑汪机，因取机诸弟子所记机治疗效验，裒为一集。"

［明］李梴（字建斋），《医学入门》（引见《古今图书集成·医学门》卷422，第456册等处）。另一本：李梴，《医学入门》（台北：台联国风出版，1968），影印旧刊本，七卷，首一卷，全书共645页。书首有万历丙子（四年，1576）初夏序，万历乙亥（三年，1575）仲春上丁日南丰李梴谨述的《医学入门引》。卷一二为内集，卷三起为外集，妇人门及小儿门在卷五。书末注明"广城书林青云楼"识。

［明］吴有性（字又可），《温疫论》。《景印文渊阁四库全书》（台北：台湾商务印书馆，1983）收有《温疫论》2卷（上下）及补遗，子部85册（779册，1–53；53–61），［明］吴有性撰。提要云："有性字又可，震泽人。是书成于崇祯壬午（十五年，1642）。……有性因崇祯辛巳（十四年，1641）南北直隶山东浙江同时大疫，以伤寒法治之不效，乃推求病源，著为此书。瘟疫一证，始有绳墨之可守，亦可谓有功于世矣。"另一本：黄明舫、喻桂华整理，在《中华医书集成》（北京：中医古籍出版社，1999），第3册，简体字重排本，38页。

［明］吴昆（字山甫，号鹤皋山人，亦署皋氏；又称参黄子、参黄生），《身经通考方》。郭君双主编《吴昆医学全书》，在《明清名医全书大成》（北京：中国中医药出版社，1999）中。全书收其代表作四种：《医方考》6卷、《脉语》2篇、《素问吴注》24卷、《针方六集》6卷。《医方考》成书于1584年，收古今名方七百余首，分72门。书前有汪道昆序。自序云："余年十五志医述，逮今十有八稔，……取古昔良医之方七百余首，揆之于经，酌以心见，订之于证，发其微义，编为六

卷，题之端曰医方考。盖以考其方药，考其见证，考其名义，考其事迹，考其变通，考其得失，考其所以然之故，匪徒苟然志方而已。”末署“皇明万历十二年（1584）岁次甲申孟冬月古歙吴昆序”。

［清］金镜，《金忠洁年谱》（台北：广文书局年谱丛书3，1971）。谱首署“弟镜编述、鑨参订”。刻本凡17页，新编34页。忠洁初名绳，八岁改名铉，字伯玉。

［明］秦景明（昌遇），《幼科金针》2卷（台北：新文丰出版社，1977年影印明刊本），［20］128面。

［明］孙一奎（字文垣，号东宿，又号生生子），《赤水元珠》30卷。收入《景印文渊阁四库全书》（台北：台湾商务印书馆，1983），子部72册（766册，1–1077）。提要云：“是编分门七十，每门又各条分缕析。原本卷末附《医旨绪余》2卷医案5卷，今别自为帙。”书首打字目录题“赤水玄珠”，内文影本实作“赤水元珠”。

［明］孙一奎，《赤水玄珠》30卷，附《医旨绪余》2卷《孙氏医案》5卷。在《明清中医名著丛刊》（北京：中国中医药出版社，1996）。采明万历四年（1576）刻本为底，以日本明历三年（1657）风月堂左卫门刊本及上海著易堂书局本参校。此本书前序文约十篇，第三篇署“南京吏科给事中前休宁令豫章祝世禄”的序文提到本书命名的缘由：“书未有名，会方士挟仙术游里中，生就问名，仙称纯阳子，命曰《赤水玄珠》。”按：“赤水玄珠”的掌故出自《庄子·天地篇》：“黄帝游乎赤水之北，登乎昆仑之丘而南望。还归，遗其玄珠。使知索之而不得，使离朱索之而不得，使吃诟索之而不得也。乃使象罔，象罔得之。”王先谦对“象罔”的集解引宣颖曰：“似有象而实无，盖无心之谓。”祝世禄序接着说：“玄珠何物也，是未可以知识、言语、形象求也，而得之必以象罔。生所著，积以岁年，超焉悟解，万象俱真，殆所谓夙授灵明，不以见解名者矣。”据此序，则《赤水玄珠》应是原名，因避康熙之名（玄烨）而改为元珠？

［明］徐春甫（东皋），《古今医统大全》100卷（台北：新文丰出版社，1978）。据台北“中央图书馆”藏善本书籍明隆庆庚午（四年，1570）葛守礼刊本影印，分装12册。

［明］寇平（衡美），《全幼心鉴》4卷（台北“中央图书馆”据明成化四年［1468］刊本之善本书重印微卷）。另一本：《续修四库全书》（上海：上海古籍出版社，2002）子部收《全幼心鉴》4卷，［明］寇平撰（1010册，页1–289）。据中国医学科学院图书馆藏明成化四年（1468）全幼堂刻本影印。似为同一本。

［明］许赞（字廷美，号松皋），《进婴童百问疏》，收在［明］鲁伯嗣，《婴童百问》书前。疏末注记：“奉圣旨：卿进方书朕览，已着礼部校正刊行。”

［明］张介宾（字会卿，号景岳），《景岳全书》64卷。收入《景印文渊阁四库全书》（台北：台湾商务印书馆，1983）子部83册（777册，页1–765）、84册（778册，页1–887）。提要云：“是书前为传忠录三卷，统论阴阳六气及前人得失；次脉神

章三卷，录诊家要语；次为伤寒典、杂证谟、妇人规、小儿则、痘疹诠、外科铃，凡四十一卷。又本草正二卷，采药味三百种，……次新方二卷，古方九卷，皆分八阵：曰补，曰和，曰寒，曰热，曰固，曰因，曰攻，曰散。又别辑妇人、小儿、痘疹、外科方四卷，终焉。”

[明]裘吉生录存,《陈氏幼科秘诀》，辑于袁体庵编，《证治心传等十种》（台北：新文丰出版社，1976）。

[明]万全（密斋）,《育婴家秘》（武汉：湖北科学技术出版社，1984年重印明嘉靖刊本）。另一本:《续修四库全书》（上海：上海古籍出版社，2002）子部收《新刻万氏育婴家秘》4卷，[明]万全撰（1010册，页445–554）。据湖北省图书馆藏清乾隆六年（1741）敷文堂刻万密斋书本影印。按：此本书封面作“育婴秘诀”，目录作《新刻万氏育婴家秘》，应以目录为准。而《续修四库全书》目录题作“万氏家传育婴”，则显然既错且漏。又一本：见傅沛藩、姚昌绶、王晓萍主编，《万密斋医学全书》（北京：中国中医药出版社，1999）所收之姚昌绶校注本，页457–544。该全书计收万氏《养生四要》5卷、《保命歌括》35卷、《伤寒摘锦》2卷、《广嗣纪要》16卷、《万氏女科》（又名《万氏妇人科》《女科要言》）3卷、《片玉心书》5卷、《育婴家秘》（又名《育婴秘诀》）4卷、《幼科发挥》2卷、《片玉痘疹》13卷、《痘疹心法》23卷。这十部书即清顺治万达辑刻的《万氏全书》，乾隆六年（1741）定名为《万密斋医学全书》。再一本，引见《古今图书集成·医部》（第456册，卷422等处）。

[明]万全，《幼科发挥》（北京：人民卫生出版社，1957重印康熙年间韩江张氏刊本）。另一本:《续修四库全书》（上海：上海古籍出版社，2002）子部收《新刊万氏幼科发挥》2卷（上下），[明]万全撰（1010册，291–365）。据上海图书馆藏清乾隆六年（1741）敷文堂刻万密斋书本影印。又一本:《万密斋医学全书》本，在页545–613。

[明]万氏《片玉心书》（引见《古今图书集成·医部》，卷435等处）。另一本:《续修四库全书》（上海:上海古籍出版社,2002）子部收《万氏秘传片玉心书》5卷，[明]万全撰（1010册，页367–443）。据上海图书馆藏清顺治十一年（1654）泰安李氏刻本影印。又一本:《万密斋医学全书》本，页395–456。

[明]虞抟（天民，恒德老人），《医学正传》（引见《古今图书集成》，卷426等处）。另一本:《续修四库全书》（上海:上海古籍出版社，2002）子部收《新编医学正传》8卷，[明]虞抟撰（1019册，页241–546）。据中国医学科学院图书馆藏明嘉靖刻本影印。此本未载书封，书首有写本的“序、凡例或问”，凡例为刻本，序似为补抄而来，或问则见于卷一（目录书“医学或问凡五十二条”，正文则称“医学或问凡五十三条”，据刻本点算实为五十二条）。序署正德乙亥（十年，1515）

正月之望，花溪恒德老人虞抟序。各卷目录卷首署“医学正传”，内文卷首则署“新编医学正传”（抄补者例外）。卷八为小儿科，急慢惊风门列第一，起首即为论，见卷8页13。又一本：《医学正传》（台北：新文丰出版社，1981年，据台北“中央图书馆”珍藏明万历间金陵三山书舍刊潭城刘希信补本重印），8卷。序文有缺页，署“花溪恒德老人虞抟叙，万历丁丑［五年，1577］冬月吉旦”。末增“金陵三山书舍松亭吴江重梓”，为重刻者的附记。内文各卷皆有目录，卷首书“京板校正大字医学正传卷之一”（卷四、卷五、卷六同），“新刊京板校正大字医学正传卷之二”（卷三同），“新编医学正传卷之七”，“新刊京板校正医学正传卷之八”，下署“花溪恒德老人虞抟天民编集，侄孙虞守愚惟明校正”（卷八虞抟作虞搏搏［中间的搏字据其他各卷原应为空格，误刻而未削去］，侄孙未著虞姓；虞抟他处亦有作搏或抟字缺笔者），唯刻者各卷署名不同，卷一作潭城书林元初刘希信绣梓，卷二作金陵三山街书肆松亭吴江绣梓，卷三作金陵原板书林刘元初绣梓，卷四作潭城书林元初刘希信绣梓（卷六、卷七同），卷五作潭城书林元初、刘希信绣梓，卷八作书坊刘元初梓。各卷目录刊题也不尽一致。

［明］鲁伯嗣，《婴童百问》10卷（台北：新文丰出版社，1987年重印）。据台北故宫博物院藏明丽泉堂刊本影印，书眉有墨笔注补。新编页码576页。另一本：《续修四库全书》（上海：上海古籍出版社，2002）子部收《婴童百问》10卷，［明］鲁伯嗣撰（1009册，页499–732）。据天津图书馆藏明末刻本影印。此书目录开头即注明：“鲁伯嗣学著，鳌峰熊宗立校，宇泰王肯堂订。”王肯堂为万历年间进士出身，他在书首的序文（影本不全）中云：“予一日得所谓《婴童百问》者而读焉……说者谓其出于鲁伯嗣学所编，今不复可考，但惜其见之者鲜，遂命工重锓以广其传。”则此本为王肯堂所刊刻。又一本：《中华医书集成》第16册所收，重排本4+144页。

［明］薛己（字新甫，号立斋），《薛氏医案》77卷。收入《景印文渊阁四库全书》（台北：台湾商务印书馆，1983）子部69册（763册，页1–986）及70册（764册，页1–654）。提要云：“是书凡十六种，己所自著者为《内科摘要》二卷（卷1–2），《女科撮要》二卷（卷3–4），《保婴粹要》一卷（卷5），《保婴金镜录》一卷（卷6），《原机启微》三卷（卷7–9），《口齿类要》一卷（卷10），《正体类要》二卷（卷11–12），《外科枢要》四卷（卷13–16），《疠疡机要》三卷（卷17–19）。其订定旧本附以己说者为王纶《明医杂著》六卷（卷20–25），陈自明《妇人良方》二十三卷（卷26–48），《敖氏伤寒金镜录》一卷（卷49），《钱氏小儿直诀》四卷（卷50–53），其父铠《保婴撮要》二十卷（卷54–73），又陈自明《外科精要》三卷（卷74–76），陈文仲《小儿痘症方论》一卷（卷77）。”另一种：《薛氏医案二十四种》，［明］吴琯辑。计收内科九种：①《十四经发挥》三卷/［元］滑寿

撰；②《难经本义》二卷/［元］滑寿撰；③《本草发挥》四卷/［明］徐用诚撰；④《平治会萃》三卷/［元］朱震亨撰；⑤《内科摘要》二卷/［明］薛己撰；⑥《明医杂著》六卷/［明］王纶撰［明］薛己注；⑦《伤寒钤法》一卷/［汉］张机撰；⑧《外伤金镜录》一卷/［明］薛己撰；⑨《原机启微》二卷/［明］倪维德撰。幼科四种：①《保婴撮要》二十卷/［明］薛铠撰；②《钱氏小儿直诀》四卷/［宋］钱乙撰［明］薛铠注；③《陈氏小儿痘疹方论》一卷/［宋］陈文中撰［明］薛己注；④《保婴金镜录》一卷/［明］薛己撰。女科二种：①《妇人良方》二十四卷/［宋］陈自明撰［明］薛己注；②《女科撮要》二卷/［明］薛己撰。外科九种：①《立斋外科发挥》八卷/［明］薛己撰；②《外科心法》七卷/［明］薛己撰；③《外科枢要》四卷/［明］薛己撰；④《外科精要》三卷/［宋］陈自明撰；⑤《痈疽神祕验方》一卷/［明］陶华撰；⑥《外科经验方》一卷/［明］薛己撰；⑦《正体类要》二卷/［明］薛己撰；⑧《口齿类要》一卷/［明］薛己撰；⑨《疠疡机要》三卷/［明］薛己撰。在乌石文库263，线装20册（5函）。又一本：《薛立斋医案全集》四科二十四种，［明］吴琯辑（上海：大成书局，1921），线装24册。

［明］薛铠（字良武），《保婴全书》10卷（台北：新文丰出版社，1978）。据台北“中央图书馆”藏崇祯沈犹龙闽中刊本影印。另一本：《故宫珍本丛刊》（台北故宫博物院编，海口：海南出版社发行，2000年10月）收《保婴全书》（第365册，页14–296），凡10卷。未见书封，书首有万历癸未（十一年，1583）仲春望日，巡抚南赣汀韶等处地方提督军务都察院副都御史河汾王缉所撰的序，云：“保婴全书者，中丞赵公所刻薛医士方书也。薛名铠，为句吴人，世以小儿医名家。其方有内外二卷云。万历壬午（十年，1582），公观察粤东，业已刻是书之内方，题曰《保婴撮要》。而以属赵太史瀫阳序之矣。其抚闽之明年癸未，而外方告成，走手书寓余于虔南，征之序，若曰是又为《保婴续集》云。余受而读之，见所为先后二卷，虽内外殊方，而大要归之保婴，则以请于公曰：名之为《保婴全书》可乎？书报可，遂序之。……合内外为全书，而惟要之是守，……余念之，《书》曰：如保赤子；其在兵法曰：视卒如婴儿，可以与之赴深溪。……八闽重地，假公重坐而镇之，而公也以赤子之保保民，以婴儿之抚抚卒，卒之四境晏如，民免夭横。譬之老医用药，出之肘上之方，随试辄效，其仁覆寰寓，又岂全婴已哉。”目录卷首书“保婴全书内症目录”，卷末书“保婴全书目录终”。各卷卷首书“赠太医院院使薛铠编集，前太医院院使男薛己治验”。赵中丞即时任福建巡抚的赵可怀。

［明］薛铠，《保婴撮要》（引见《古今图书集成》第457册，卷428等处）。另一本：薛己编，《薛氏医案》77卷本所收《保婴撮要》20卷（卷54–73）。按：依上条王缉序文所述，

本书亦应收入《保婴全书》中，内外方合一。

［明］韩懋（又名白自虚，字天爵，号飞霞子，人称白飞霞），《医通》2卷（上下），收入何清湖、周慎主编，《中华医书集成》（北京：中医古籍出版社，1999），第25册，内文排版共16页。

［明］龚廷贤（字子才，号云林山人，又号悟真子），《新刊济世全书》8卷（台北：新文丰出版社，1982年影印日本宽永十三年村上平乐寺刊本）。书封署“锲云林龚先生新编济世全书，金陵万卷楼周玉卯刊”，当是村上平乐寺刊本所据。书首有曙谷吴道南撰的序及龚廷贤的自叙。总目卷首作“医林状元济氏全书总目”，世字误作氏，其余内文各卷则作“新刊医林状元济世全书”。内文共939页。

［明］龚廷贤（云林），《寿世保元》10卷（上海：上海科学技术出版社，1989年重印）。另一本：《续修四库全书》（上海：上海古籍出版社，2002）子部收《寿世保元》10卷，［明］龚廷贤撰（1021册，页327–669）。据南京图书馆藏日本正保二年（1645）风月宗知刻本影印。书封题太医院龚云林著，光霁堂鐫。书首有大学士新建洪阳张位撰序，自叙题万历（四十三年，1615）岁次乙卯春王正月上浣之吉太医院吏目金溪云林龚廷贤撰，目录及各卷卷首题“新刊医林状元寿世保元”。并署太医院吏目金溪云林龚廷贤子才编著。龚氏为鲁藩治愈元妃，而获赐龙牌扁额，题“医林状元”。又一本：王世华、王育学主编之《龚廷贤医学全书》（北京：中国中医药出版社，1999）重排本，页469–843。

［清］丁甘仁（名泽周），《喉痧概论》。丁甘仁辑著，《喉痧症治概要》（上海：上海科学技术出版社，1960）。超星数字图书馆电子书有收录。按：2001年上海科学技术出版社出版《丁甘仁医案续编》5卷，卷1为内科医案，卷2妇产科医案，卷3小儿科医案，卷4外科医案，卷5膏方。内容提要云：“1960年，我社已经出版《丁甘仁医案》一书。”《喉痧症治概要》应即《医案》中的一部分。另一本：《孟河丁甘仁医案》（福州：福建科学技术出版社，2002），凡15卷，其中卷6为喉痧门（116–119）及《喉痧症治概要》（120–137）。丁甘仁为江苏武进县孟河镇人。

［清］丁锦（注释）、陈颐寿（校正），《古本难经阐注校正》4卷，收入陆拯（主编），《近代中医珍本集·医经分册》（杭州：浙江科学技术出版社，1994），页855–961。

［清］方浏生，《蒙师箴言》，辑于韩锡铎编，《中华蒙学集成》，页1717–1719。另一本：商务印书馆，1904版，封面注明“学部审订宣讲用书”，37页，美国加州大学藏。

［清］文祥（字博川，号子山），《文文忠公自订年谱》（台北：广文书局年谱丛书41，1971）。谱共3卷（上中下），新编共154页。刻本板心上书“文文忠公事略”。

［清］尤怡（字在泾，号拙吾，又号饲鹤山人），《医学读书记》3卷（上中下），收入《槐庐丛书》（台北：艺文印书馆重印，1971）第25册。书封题“尤氏医学读书记附医案”，光绪戊子（十四年，1888）春月行素草堂藏板。书前有乾隆四年己未

（1739）春三月松陵徐大椿灵胎叙，另有光绪十四年（1888）冬月后学鲍晟的“校刻医学读书记序”。上中两卷各20页，下卷23页（线装）。又有医学续记一卷14页，末署“光绪十四年（1888）岁在戊子冬月吴县朱记荣槐庐家塾校刊”。另附《静香楼医案》10页。另一本：《续修四库全书》子部收有尤怡，《医学读书记》3卷《续记》1卷附《静香楼医案》1卷（1027册，页503–539；540–547；547–552）。按：槐庐丛书为［清］朱记荣辑。艺文印书馆印行的是严一萍选辑的“原刻景印丛书菁华”。又一本：《医学读书记》（台北：新文丰出版社，1997初版），为手本写影印，封面书“吴中尤在泾先生著，医学读书记，杨永年署”。卷首署“后学程梅龄云门张沄溯南校订，鲍晟竺生、谢森墀桂生校刊”。收读书记三卷（上中下），续记不分卷，附《静香楼医案》31条。新编页码155–236页（与他书合刊）。

［清］王士雄（孟英）主编，《温热经纬》5卷。《续修四库全书》（上海：上海古籍出版社，2002）子部医家类收《温热经纬》5卷，［清］王士雄撰（1005册，页119–251）。据华东师范大学图书馆藏清刻本影印。无书封，书首有咸丰二年壬子（1852）初夏仁和赵梦龄序，咸丰五年（1855）岁次乙卯端阳前三日定州杨照藜叙，咸丰二年壬子（1852）春二月海宁王士雄书于潜斋的自序，另有同治二年癸亥（1863）二月书于上海旅次记友人乌程汪曰桢的赞语。

［清］王士雄，《王孟英医学全书》，盛增秀主编（北京：中国中医药出版社，1999）。在《明清名医全书大成》系列，计收王氏著作20种：《温热经纬》5卷、《随息居重订霍乱论》不分卷、《随息居饮食谱》不分卷、《王氏医案》2卷、《王氏医案续编》8卷、《王氏医案三编》3卷、《归砚录》4卷、《乘桴医影》不分卷、《潜斋简效方（附医话）》不分卷、《四科简效方》不分卷、《鸡鸣录》不分卷、《重庆堂随笔》2卷、《女科辑要按》2卷、《古今医案按选》4卷、《医砭》不分卷、《言医选评》不分卷、《校订愿体医话良方》不分卷、《柳洲医话良方》不分卷、《洄溪医案按》不分卷、《叶案批谬》不分卷（原辑入《潜斋简效方》中）。《王氏医案》原称《回春录》，《王氏医案续编》原名《仁术志》。另一本，《续修四库全书》子部收有王士雄，《王氏医案》2卷及续编8卷附霍乱论2卷（1027册，页591–621；622–699；700–724）。

［清］王先谦（字益吾，晚年号葵园老人），《葵园自定年谱》（台北：广文书局年谱丛书51–52，1971）。凡3卷（上中下），新编596页。刻本板心上书“王祭酒年谱”，各卷卷首书“王先谦自订年谱上（中、下）”。

［清］石成金，《传家宝》（台北：“中研院”傅斯年图书馆藏，清乾隆四年［1739］序重刊本）。另一本：［清］石成金撰集，金青辉、阎明逊点校，《传家宝》（天津：天津社会科学院，1992），分上、下两册，共四集20卷。又一本：［清］石成金编撰，赵嘉朱等点校，《中国古代生活百科全书——传家宝》（长春：吉林文史

出版社，2005），分上、下两册，共四集，每集8卷。全书10+874页。

[清]全祖望编，《年华录》（上海：商务出版社，1929）。

[清]汪康年撰，汪诒年补撰，《汪穰卿先生传记》（台北：广文书局年谱丛书59，1971）。凡5卷，新编225页。据杭州汪氏铸版影印。卷1为自传，卷2–5为年谱；卷首书“弟诒年校补”。诒年按语：初名灏年字梁卿，咸丰十九年（1869）名康年字穰卿，中年自号毅伯，晚又自号恢伯。

[清]沈兆霖（字尺生，号雨亭，后改朗亭；又字子菉，又号萸井生）撰，钱保塘编，《沈文忠公自订年谱》（台北：广文书局年谱丛书30，1971），新编35页。

[清]完颜崇实（字子华、惕盦，又字朴山，别号适斋），《惕盦年谱》（台北：广文书局年谱丛刊41，1971）。内封题崇实撰，谱首署“朴山氏自志”。谱不分卷，新编190页。年谱一岁提及“吾宗完颜氏分源于金章宗”。乳名岳保。

[清]李江，《乡塾正误》（台北：“中研院”傅斯年图书馆藏，清光绪七年[1881]津河广仁堂刊本）。另一本：收入《晚清四部丛刊》（台中：文听阁图书有限公司，2012），第七编66册。又一本：李江弟子于光绪二十至二十二年间（1894—1896）汇集其著作，编成《龙泉园集》，与同乡王晋之（清咸丰五年[1855]举人，卒于1888年）的《问青园集》一同刊刻出版，此一版本可参见韩锡铎编，《中华蒙学集成》（沈阳：辽宁教育出版社，1993），页1396–1405。

[清]李清植（字立侯，号穆亭），《李文贞公年谱》（台北：广文书局年谱丛书9，1971）。谱分上下两卷，新编凡272页。卷首及板心皆书“文贞公年谱”，卷首题“孙清植立侯纂辑，元孙维迪校刊”。文贞公为李光地。

[清]李铭皖等（修）、冯桂芬等（纂），《[光绪]苏州府志》，《中国方志丛书》影印清光绪九年（1883）刊本（台北：成文出版社，1970）。

[清]吴荣光，《吴荣光自订年谱》（香港：中山图书馆，1971）。另一本：《吴荣光自订年谱》（台北：文海出版社，1971）。沈云龙主编，近代中国史料丛刊第七十七辑，新编页码45页。版心上书“吴荷屋自订年谱”。嘉庆四年（1799）条云：“余原名燎光，字殿垣，号荷屋。中[进士]后改今名。”

[清]吴谦，《医宗金鉴》（台北：新文丰出版社，1981）。另一本：《景印文渊阁四库全书》（台北：台湾商务印书馆，1983）收有《御纂医宗金鉴》90卷，在子部86册（780册，页1–848）、87册（781册，页1–652）及88册（782册，页1–840）。提要云：“乾隆十四年（1749）奉敕撰。首为订正伤寒论注十七卷，次为订正金匮要略注八卷；……次为删补名医方论八卷，……故方论并载也；次为四脉要诀一卷，……次运气要诀一卷……次为诸科心法要诀五十四卷，以尽杂证之变；次为正骨心法要旨五卷。”幼科心法要诀在卷50–55，断脐在卷50初生门上，页20，变蒸在卷51初生门下，页20–21；杂病心法要诀在卷39–43。

[清] 吴谦，《幼科杂病心法要诀》(1742。台北：新文丰出版社，1981)。据清乾隆年间刊本影印。另外各本:《医宗金鉴》可能因为系中医考试必备用书，版本极多，台湾常见的有宏业(1971)、文化(1978)、大中国(1980再版)等版本；新文丰出版社出版的重新打字排版的版本，于1981年出版(平装14册)，1985年出版新校精装本(4册)。平装本的第九册《幼科杂病心法要诀》，为《医宗金鉴》的第50–55卷，就是《医宗金鉴》"幼科心法要诀"的部分，《医宗金鉴》卷39–43"杂病心法要诀"并没有包括在里面。

[清] 林之望辑，《养蒙金鉴》，辑于韩锡铎编，《中华蒙学集成》(沈阳：辽宁教育出版社，1993)。

[清] 高秉钧(字锦庭，号心得)，《谦益斋外科医案》(1805。上海：上海中医书局，1984)。

[清] 唐千顷(桐园)撰 [清] 叶灏(雅卿)增订，《增广大生要旨》5卷。收入《续修四库全书》(上海：上海古籍出版社，2002)子部(1008册，页313–397)。据上海图书馆藏清咸丰八年(1858)刻本影印。据叶序，集休宁汪朴斋(名喆)所著《产科心法》及家藏胎产各方，附列《大生要旨》中，名曰《增广大生要旨》。时为咸丰八年(1858)。乔光烈润斋所撰《大生要旨》原序则署乾隆二十七年(1762)，汪喆《产科心法》自序未署年月。

[清] 唐彪(字翼修)辑注，赵伯英、万恒德选注，《家塾教学法》(上海：华东师范大学出版社，1992)。含《父师善诱法》，与《读书作文谱》合刻。

[清] 夏云(字春农)，《疫喉浅论》。《续修四库全书》子部医家类收《疫喉浅论》2卷(上下)，[清] 夏云撰(1018册，页495–531)。据山东省图书藏清光绪五年(1879)存吾春斋刻本影印。封面题"邗上夏春农手定，疫喉浅论，存吾春斋藏板"。背面书光绪己卯(五年，1879)仲春新鐫。书前有"光绪元年乙亥(1875)十月同邑弟湛溪朱日生拜序"，"有光绪壬寅(二十八年，1902)秋九月丹徒后学郑熙拜序"，有"己亥(二十五年,1899)八月愚弟张丙炎拜撰"的"续序"，有"同治十三年(1874)岁在甲戌仲冬之月冬至后三日乡愚弟雨芹陈浩恩谨序"，有"光绪乙亥(元年，1875)仲夏月同里弟毓才徐兆英拜序"，有"光绪丁丑(三年，1877)冬月同里弟下宝第拜读"的"论序"。

[清] 夏鼎(禹铸)，《幼科铁镜》(1695。台北：艺文印书馆，1971)，6卷。在严一萍选辑的原刻景印《丛书集成续编》所收《贵池先哲遗书》的第27种，线装2册。据书前所引《贵池县志·人物志·方技》本传："夏鼎，字禹铸，康熙八年(1669)武举。"书末有"江浦陈漳校竟谨跋"，说明本书是刘继盦京卿重刊；又有"宣统甲寅(六年，1914)三月二十有二日县后生刘世珩谨跋"。按甲寅实为民国三年(1914)；如果不是笔误，就是清朝遗老的用法。另一本:《续修四库全书》(上

海：上海古籍出版社，2002）子部收《幼科铁镜》6卷，[清]夏鼎撰（1010册，页555–610）。据上海图书馆藏清同治三年（1864）扬州文富堂刻本影印。书前有康熙乙亥（三十四年，1695）端月辽阳梁国标正夫氏题于贵池官署的序文。

[清]崔述，《考信录》（台北：世界书局，1989）。

[清]徐大椿（字灵胎，晚号洄溪老人），《徐灵胎医书全集》（台北：五洲出版社，1969）。江忍庵增批，林直清校勘。共分四卷，收《难经经释》等十四种。卷一收《难经经释》《医学源流论》《神农本草经百种录》《医贯砭》；卷二为《伤寒论类方》、《兰台轨范》（一）；卷三有《兰台轨范》（二）、《洄溪医案》、《慎疾刍言》、《内经诠释》、《洄溪脉学》、《脉诀启悟注释》、《六经病解》（一）；卷四为《六经病解》（二）、《伤寒约论》、《舌鉴总论》、《杂病源》、《女科医案》。

[清]徐大椿，《女科医案》（1764）。见《徐灵胎医书全集》卷四，页166–234。

[清]徐大椿，《慎疾刍言》1卷。收入《续修四库全书》（上海：上海古籍出版社，2002）子部医家类（1028册，页409–421）。据上海图书馆藏清道光二十八年（1848）长洲谢嘉孚刻本影印。书封题吴江徐灵胎先生著，平松书屋珍藏。另一本：见《徐灵胎医书全集》卷三。

[清]徐大椿，《兰台轨范》8卷。收入《景印文渊阁四库全书》子部91册（785册，页343–555）。提要云："其大纲凡七，曰经络脏腑，曰脉，曰病，曰药，曰治法，曰书论，曰古今，分子目九十有三，持论多精凿有据。"另一本：见《徐灵胎医书全集》卷二及卷三。

[清]徐鼒（字彝舟，号亦才），《清敝帚斋主人徐鼒自订年谱》（见《新编中国名人年谱集成》第6辑，台北：台湾商务印书馆，1978）。收《敝帚斋主人年谱》，谱首书"同里诸子编辑，男承祖承禧承礼谨注"；又有《敝帚斋主人年谱补》，署"及门诸子编次，男承祖承禧承礼谨辑"。新编110页。另一本：《敝帚斋主人年谱》（台北：广文书局年谱丛书36，1971），据同一版本影印。

[清]许豫和（宣治、橡村），《许氏幼科七种》（清同治十一年壬申[1872]刊本），含：《翁仲仁先生痘疹金镜录》2卷、《橡村痘诀》2卷、《痘诀余义》1卷、《小儿诸热辨》1卷、《小儿治验》1卷、《怡堂散记》2卷、《散记续编》1卷。

[清]曹文埴《序》，[清]许豫和，《怡堂散记》（上海图书馆藏清同治十一年壬申[1872]《许氏幼科七种》刊本），上卷，页1上–4下。

[清]庄一夔（在田），《达生编》。《续修四库全书》收《达生编》2卷（上下），[清]亟斋居士撰（1008册，页99–115）。据上海图书馆藏清乾隆三十九年（1774）敬义堂刻本影印。封面题"乾隆甲午（三十九年，1774）秋敬义堂藏板"。书前《达生编小引》称："此编专为难产而设。"并鼓励善信广为传布。末署"康熙乙未（五十四年，1715）天中节亟斋居士记于南昌郡署之西堂"。小引后有《达生

编大意》，署“西泠拙园何锺台参订”。卷末有跋，署“乾隆三十九年（1774）岁次甲午孟秋月复斋主人书于钓滩书屋”。另一本：《陈修园医书七十二种》（台北：文光图书公司，1964），内封题“闽长乐陈修园著，南雅堂医书全集”，收《达生编》（3+30页）。又一本：《陈修园医书五十种》（台北：新文丰出版社，1978），据刘伯冀藏本影印（16开精装四合一），亦收《达生编》（页871–890）。再一本：《南雅堂医书四十八种》，封面题“陈修园先生著，医书四十八种”，内封题“上海大文书局印行”（出版年月不详，无版权页及目次），收《达生编》，4+35页。按：《达生编》为胎产专书，作者一般署名亟斋居士或守恒山人，《陈修园医书》所收同。中国医药大学藏《达生遂生福幼儿科合编》（线装一册），亦署［清］亟斋居士撰。网络上所见“佛山大地街右文堂藏板”（同治丙寅［五年，1866］孟春合刻）《达生遂生福幼合编》、“禅山福禄大街文华阁藏板”封面注明“达生胎产、遂生痘疹、福幼慢惊”，“学院前麟书阁藏板”（光绪十九年［1893］刊），则未注明，亦均未署作者名，应是当作一般善书传布。

［清］庄一夔（在田），《遂生福幼合编》（光绪四年［1878］，太平新街以文堂版），即《遂生编》和《福幼编》的合刊本。或名《保赤联珠》《庄氏慈幼二种》。另一本：《遂生编》痘疹专著，一名《痘疹遂生编》，1卷。［清］庄一夔撰。刊于1777年。《中华医书集成》第16册《儿科类》（北京：中国中医药出版社，1999），收《遂生编》（黄水玥整理，简体字排印本，8页），内有《豆症经验遂生编》原序，署“嘉庆二年丁巳（1797）春仲武进庄一夔撰”。《福幼编》（黄政德整理，简体字排印本，5页），原叙署“乾隆丁酉（四十二年，1777）季夏吴门慕豫生拜撰”，跋署“道光甲申（四年，1824）孟冬上浣江夏明达康伯甫拜跋于粤东增城署斋”。《福幼编》主述慢惊风的病因、病发状况及治疗之道。又一本：《陈修园医书七十二种》（台北：文光图书公司，1964），内封题“闽长乐陈修园著，南雅堂医书全集”，收《福幼编》（2+10页）。再一本：《陈修园医书五十种》（台北：新文丰出版社，1978），据刘伯冀藏本影印（16开精装四合一），亦收《福幼编》（页715–732）。

［清］张佩芳（修）、刘大櫆（纂），《［乾隆］歙县志》，《中国方志丛书》影印清乾隆三十六年（1771）尊经阁刊本（台北：成文出版社，1975）。

［清］张绍南，王德福续编，《孙渊如先生年谱》（台北：新文丰出版社，1989）。在《丛书集成续编》259册，页715–732。据藕香丛书本影印。另一本：《孙渊如先生年谱》，收入《乾嘉名儒年谱》第10册（北京：北京图书馆出版社，2006），页29–92。分上下两卷。卷首作“同里张绍南撰”。渊如先生名星衍，乾隆十八年（1753）生。

［清］张穆，《顾亭林先生年谱》（台北：广文书局年谱丛刊4，1971）。刻本除序（1页）跋（2页）外，凡四卷，分别为30页、33页、24页、23页，另附录14页。

[清]陆宝忠订，陆忠彝续编，《陆文慎公年谱》2卷（台北：广文书局年谱丛书53，1971）。刻本除序及世系外，分上下两卷，新编96页。书首有唐文治序。谱首署“太仓陆宝忠伯葵自订”。

[清]陈士铎（远公），《石室秘录》6卷。收入《续修四库全书》（上海：上海古籍出版社，2002）子部医家类（1025册，页1–202）。据上海图书馆藏清康熙二十八年（1689）本澄堂刻本影印。各卷卷首题“山阴陈士铎远公甫敬习”。

[清]陈复正（飞霞道人），《幼幼集成》（上海：上海科学技术出版社，1978年据清翰墨园本校正重印）。另一本：《续修四库全书》（上海：上海古籍出版社，2002）子部收《鼎锲幼幼集成》6卷，[清]陈复正撰（1010册，页611–720；1011册，页1–177）。据首都图书馆藏清乾隆翰墨园刻本影印。书封只题“幼幼集成”，内文各卷卷首则题“鼎锲幼幼集成”。

[清]劳逢源、沈伯棠等（纂修），《歙县志》，《中国方志丛书》影印清道光八年（1828）尊经阁刊本（台北：成文出版社，1975）。

[清]喻昌（字嘉言），《寓意草》（台北：新文丰出版社，1977）。据光绪乙巳年（三十一年，1905）经元书室刊本影印，刻本正文151页，未分卷。书首自序署崇祯癸未（十六年，1643）岁季冬月西昌喻昌嘉言甫识。馆目注[14]302面。另一本：《景印文渊阁四库全书》（台北：台湾商务印书馆，1983）收有《医门法律》12卷附《寓意草》4卷，子部89册（783册，页271–603；604–698），[清]喻昌撰。提要云：“附《寓意草》四卷，皆其所治医案，首冠论二篇，一曰先议病后用药，一曰与门人定议病症。次为治验六十二条，皆反复推论，务阐明审症用药之所以然。”

[清]程文囿（字杏轩，号观泉），《医述》（合肥：安徽科学技术出版社，1981年据清道光年间刊本重印）。按：《医述》一书初版于道光十三年（1833）；光绪十七年（1891）再版；1959年安徽人民出版社出版了宋代宣纸线装本；安徽科学技术出版社出版的是普及本。其内容包括：卷1、卷2医学溯源，卷3伤寒提钩，卷4伤寒疑析，卷5至卷12杂证汇参，卷13女科原旨，卷14幼科集要，卷15痘疹精华，卷16方药备考。书名《医述》，取述而不作之意。文囿以医书浩繁，学者苦难遍阅，乃积数十年之力，上自《灵枢》《素问》，下至近代名家，采书三百余种，纵贯众说，参合心得，分类比附，浑然自成一整体。得此一编，即可省涉猎群书之劳，而收取精用宏之效。

[清]程得龄（与九氏）编，《人寿金鉴》（台北：“中研院”傅斯年图书馆藏，清嘉庆二十五年[1820]刊本）。另一本：谷歌市场（Googleplay）有扫描本电子书。封面嘉庆庚辰夏鐫，柳衣园藏板。书首有嘉庆龙集屠维单阏张颉云序、嘉庆二十五年（1820）四月顾广圻千里序、同年六月自序，及其兄元吉通甫序（二月）、邓立诚后序（六月）。全书共22卷，第1卷初生，第22卷一百岁至百千岁。

两者或为同一本。

［清］叶大椿（字子容），《痘学真传》（清乾隆四十七年［1782］卫生堂重刊本，缩影资料）。另一本：谷歌市场有扫描本电子书，只注明1782。简介文字如下：是书为痘疹专著，八卷。卷1论痘症病机及诊法；卷2为顺、逆、险三类痘病各十八朝的证治图解，共54幅图。卷3兼证辨治；卷4作者医案；卷5选录古人医案，共23家；卷6选录古人痘疹论述，共108家；卷7方释；卷8药释。全书图文并茂，论述痘疹的证治全面而系统。选录古人论说并医案尤能开扩视野，加深对痘疹一病的认识。

［清］叶天士（名桂，号香岩，别号南阳先生、晚号上津老人），《叶天士女科医案》（1746）。黄英志主编《叶天士医学全书》（北京：中国中医药出版社，1999），在《明清名医全书大成》中。收叶天士著作13种，其中最后一种为《未刻本叶氏医案》，亦未及《叶天士女科医案》，其校注说明不收书籍之一："虽署名为叶天士所著，但无据可考，难以证明为叶天士所著，或为其门人后裔或私淑者所辑的书籍，如《叶天士女科证治》之类。"全书中之《临症指南医案》（各序分题乾隆二十九年［1764］甲申及三十一年丙戌，应为初版年份）卷九，虽未标明为女科，但所述皆为妇女问题，卷十则为幼科要略。

［清］黎培敬（字开固，又字开周，号简堂，自号竹闲道人）自述，黎承礼编，《竹闲道人自述年谱》（《年谱丛书》第44辑，台北：广文书局年谱丛书44，1971）。新编59页。

［清］骆秉章（原名俊，37岁改名秉章，字吁门，号儒斋），《骆公年谱》（台北：广文书局年谱丛书28，1971）。内封题骆秉章注，内文卷首作"前任四川总督吁门宫保骆公年谱全册"，"公广东花县人，讳秉章号吁门，同治六年（1867）冬终四川任，在任六载，年七十五岁，年谱其自注也"。谱凡136页，影印本编页276页。另一本：《骆秉章先生自叙年谱》（台北：台湾商务印书馆，1978）。影印所据版本与广文书局版《骆公年谱》同。

［清］鲍鼎，《张夕庵先生年谱》（台北：文海，1973）。另一本：在《乾嘉名儒年谱》第10册（北京：北京图书馆出版社，2006），页427–507。据民国十五年（1926）石印本影印。谱主讳崟，字宝岩，号夕庵，又号且翁。晚号城东蛰叟，又号观白居士。生于乾隆二十六年（1761）。

［清］钱景星编，李辙通续编，《露桐先生年谱》，在《北京图书馆藏珍本年谱丛书》（北京：北京图书馆出版社，1999）109册，页23–678。据清嘉庆八年（1803）刊本影印。前编四卷，续编二卷。谱主名［李］殿图，字九符，号石渠，又号石臞，又号露桐居士。

［清］瞿中溶，《瞿木夫先生自订年谱》，民国二年（1913）吴兴刘氏上海刊本。另一本：

在《乾嘉名儒年谱》第13册（北京：北京图书馆出版社，2006），页217–374。据民国间刻本影印。中溶字苌生，号木夫。

［清］魏之琇，《续名医类案》60卷。收入《景印文渊阁四库全书》子部90（784册，页1–781）、91册（785册，页1–342）。提要云："魏之琇既校刊江瓘名医类案，病其尚有未备，因续撰此编，杂取近代医书及史传、地志文集、说部之类，分门排纂，大抵明以来事为多，而古事为瓘书所遗者亦间为补苴，故网罗繁富，细大不捐。"

《太平圣惠方》100卷，北宋王怀隐等奉敕编纂。太平兴国三年（978），宋太宗诏命翰林医官院诸太医各献家传经验方，共得方万余首，加上太宗即位前亲自搜集的经验效方千余首。命翰林医官使王怀隐，副使王佑、郑奇（一作郑彦）、医官陈昭遇等"参对编类"。历时十四年，至淳化三年（992）才告完成。全书根据疾病症候划分为1 670门，每门之前都冠以巢元方《诸病源候论》有关理论，次列方药，以证统方，以论系证。共收方16 834首，内容涉及五脏病证、内、外、骨伤、金创、胎产、妇、儿、丹药、食治、补益、针灸等。

《古今图书集成》（台北：鼎文，1985）。

《古今图书集成・医部》。《在古今图书集成》的"博物汇编・艺术典"之下，由第21卷至540卷。1958年春，艺文印书馆借用台北"中央图书馆"藏《古今图书集成》将其中的医部辑印为《医部全书》，分装为16册，共计12 568页。其中第13及14册为小儿相关的部分，计有"小儿未生胎养"等24门。

《景印文渊阁四库全书》（台北：台湾商务印书馆，1983）。医家类在子部39–91（733–785），收录起《黄帝内经素问》《灵枢经》（［唐］王冰次注），至［清］徐大椿《伤寒类方》《医学源流论》。

余瀛鳌、王乐匋、李济仁、吴锦洪、项长生、张玉才等（编），《新安医籍丛刊・综合类（一）》（合肥：安徽科学技术出版社，1990）。

南京中医学院（编著），《黄帝内经素问译释》（上海：上海科学技术出版社，1991年第3版）。

陆拯（主编），《近代中医珍本集・医经分册》（杭州：浙江科学技术出版社，1994）。

（二）近人编辑、论著

丁福保，1979，《中国历代医学书目》（台北：南天书局重印）。

方春阳，1984，《朱丹溪弟子考略》，《中华医史杂志》，14卷4期（1984），页209–211。

方闻，1970，《傅青主先生年谱》（台北：中华书局）。

王代功，1971，《湘绮府君年谱》（台北：广文书局）。

王绍东，1984，《王孟英年表》，《中华医史杂志》，14卷4期（1984），页201–204。

王乐匋主编，1999，《新安医籍考》（合肥：安徽科学技术出版社）。

王瑷玲，2000，《明末清初公案剧之艺术特质与文化意涵》（2000年12月28日“让证据说话：案类在中国”学术研讨会）。

龚继民，方仁念，1982，《郭沫若年谱》（天津：天津人民出版社）。

中国中医研究院图书馆，1996，《馆藏中医线装书目》（北京：中医古籍出版社）。

中国医籍提要编写组，1988，《中国医籍提要》（长春：吉林科学技术出版社）。

丹波元胤（日），1983，《中国医籍考》（北京：人民出版社，再版）。

毛一波，1985，《台湾老作家王诗琅》，《传记文学》，46卷1期（1985年1月），页88–93。

石国柱等（修）、许承尧（纂），1975，《歙县志》，《中国方志丛书》影印民国二十六年（1937）歙县旅沪同乡会铅印本（台北：成文出版社）。

皮名振，1981，《清皮鹿门先生锡瑞年谱》（见《新编中国名人年谱集成》第16辑，台北：台湾商务印书馆）。

史仲序，1984，《中国医学史》（台北：台湾编译馆出版，正中书局印行，台初版）。封面标明“大学用书”，台湾编译馆主编，台湾中国医药学院协编，馆卡注明：“台湾中国医药学院丛书”。

朱鸿林，2000，《学案类著作的性质》（2000年12月28日“让证据说话：案类在中国”学术研讨会）。

伍受真，《受真自订年谱》（台北：文史哲出版社，1981）。

多贺秋五郎，1960，《宗谱的研究·资料篇》（东京：东洋文库）。

多贺秋五郎，1981，《中国宗谱的研究·上卷》（东京：日本学术振兴会）。

汪宗衍，1970，《陈东塾先生年谱》（澳门：于今书屋）。

汪育仁编，1987，《中医儿科学》（北京：人民出版社）。

沈云龙，1967，《四十年前中学时代的回忆》，《传记文学》，11卷6期（1967年12月），页50–56。

沈嘉荣，1982，《顾炎武》（南京：江苏人民出版社）。

李云（主编），1988，《中医人名辞典》（北京：国际文化出版公司）。

李玉珍，2000，《禅宗文学之公案：佛教证悟经验之宋代新诠》（2000年12月28日“让证据说话：案类在中国”学术研讨会）。

李先闻，1969，《一个农家子的奋斗》，《传记文学》，14卷5期（1969年5月），页9–13。

李何林，《鲁迅年谱》（出版资料不详）。

李宗侗，1964，《从家塾到南开中学》，《传记文学》，4卷6期（1964年6月），页43–45。

李抱忱，1967，《童年的回忆》（回忆之五），《传记文学》，10卷3期（1967年3月），页34–39。

李季,《我的生平》,1932,(上海:亚东图书馆)。

李根源,1971,《雪生年录》(台北:广文书局年谱丛书61)。字印泉,一字雪生,别署高黎贡山人。谱凡3卷,附录简历(民国十二年[1923]六月)及跋。排版本,新编141页。

李经纬、程之范主编,1987,《中国医学百科全书·医学史》(上海:上海科学技术出版社)。

何大安,2000,《论“案”“按”的语源及案类文体的篇章构成》(2000年12月28日“让证据说话:案类在中国”学术研讨会)。

作者不详,1942,《汤尔和传》(出版地不详:出版社不详)。

吴天任,1974,《杨惺吾先生年谱》(台北:艺文印书馆)。

吴相湘,1965,《疏财仗义的张人杰》,《传记文学》,6卷2期(1965年2月),页32–37。

吴润秋,1984,《薛生白生平事迹与治学方法》,《中华医史杂志》,14卷1期(1984),页7–9。

林功铮,1984,《一代名医叶天士》,《中华医史杂志》,14卷2期(1984),页82–86。

明文书局印行,1983,《中国医药史话》(台北:明文书局)。

明文书局印行,1984,《中国医药学家史话:中国历代名医小传》(台北:明文书局)。

周永祥,1983,《瞿秋白年谱》(广东:人民出版社)。

季镇淮,1986,《闻朱年谱》(北京:清华大学出版社)。

邱澎生,2000,《明清“刑案汇编”的作者与读者》(2000年12月28日“让证据说话:案类在中国”学术研讨会)。

胡适,1980,《章实斋先生年谱》(台北:台湾商务印书馆)。

查文安,1984,《良朋汇集简介》,《中华医史杂志》,14卷3期(1984),页153。

柳无忌,1983,《柳亚子年谱》(北京:中国社会科学出版社)。

侯元德、邢爱茹,1986,《河南省潢川县发现清代医著秘纂青囊合纂抄本》,《中华医史杂志》,16卷1期(1986),页34。

姚名达,1982,《清邵念鲁先生廷采年谱》(见《新编中国名人年谱集成》第17辑,台北:台湾商务印书馆)。

高镜朗,1983,《古代儿科疾病新论》(上海:上海科学技术出版社)。再版序于1982年7月。序中提及1954年秋为中华医学理事会编写,作为西医学习中医的材料。

唐力行,1990,《论明代徽州海商与中国资本主义萌芽》,《中国经济史研究》1990年第3期,页90–101。

唐力行,1997,《商人与文化的双重变奏:徽商与宗族社会的历史考察》(武汉:华中理工大学出版社)。

唐力行,1999,《明清以来徽州区域社会经济研究》(合肥:安徽大学出版社)。

唐力行,2005,《徽州宗族社会》(合肥:安徽人民出版社)。

唐文治，1971，《茹经自订年谱》（台北：广文书局年谱丛书60）。铅排版，新编130页。谱题“茹经年谱”，署“太仓唐文治蔚芝自订”。

马堪温，1986，《历史上的医生》，载《中华医史杂志》，16卷1期（北京），页1–11。

马导源，1935，《吴梅村年谱》（上海：商务印书馆）。

郝更生，1967，《更生小记》，《传记文学》，11卷4期（1967年10月），页45–48。

孙科，1973，《八十述略》（上），《传记文学》，23卷4期（1973年10月），页6–13。

孙常炜，1980，《蔡元培先生年谱传记》（北京：中华书局）。

徐樱，1973，《我的娘亲》（一），《传记文学》，23卷5期（1973年11月），页40–43。

徐永昌口述，赵正楷笔录，沈云龙校注，1986，《徐永昌将军求己斋回忆录》（一），《传记文学》，48卷5期（1986年5月），页10–17。

徐咏平，1980，《民国陈英士先生其美年谱》（台北：台湾商务印书馆）。

徐咏平，1980，《民国陈英士先生其美年谱》（见《新编中国名人年谱集成》第8辑，台北：台湾商务印书馆）。

翁叔元，1971，《翁铁庵年谱》（台北：广文书局）。

翁丽芳，1998，《幼儿教育史》（台北：心理出版社）。

梁寒操，1962，《回忆我在十八岁以前一些有趣的事》，《传记文学》，1卷1期（1962年6月），页19–22。

梁焕鼎，1971，《桂林梁先生年谱》（台北：广文书局）。

章乃器，1981，《七十自述》（节录），《传记文学》，39卷3期（1981年9月），页38–42。

郭荣生，1970，《孔祥熙先生年谱》（台北：台湾商务印书馆）。

莫荣宗辑，1963，《罗雪堂先生年谱》（上），《大陆杂志》，26卷5期（1963年3月15日），页3–10。年谱分上、中、下之一、末，至26卷8期（1963年4月30日）刊毕。

张哲嘉，2000，《中国星命学中案例的运用——以〈古今图书集成〉所收书为中心》（2000年12月28日“让证据说话：案类在中国”学术研讨会）。

梅英杰，1971，《胡文忠公年谱》（台北：广文书局年谱丛书40）。凡3卷，新编301页。卷首题“宁乡梅英杰殿芗纂”。谱末署“丁卯十一月后学梅英杰自叙于莓田蛰园”。按：丁卯为民国十六年（1927），本书初版由湖南宁乡梅氏抱冰堂刊印（1929），线装3册（1函）。谱主胡林翼字贶生，一字润芝。

陈天群等，1985，《近代著名的医事活动家裘吉生先生》，《中华医史杂志》，15卷1期，页33–35。

陈存仁，1968，《中国医学史》（香港：Chinese Medical Institute）。

陈宗蕃，1971，《陈苏斋年谱》（台北：广文书局年谱丛书56）。新编19页。谱首题“受业闽侯陈宗蕃莼衷谨辑”，公讳璧字玉苍晚号苏斋，生于咸丰二年（1852），卒于民国十七年（1928）。

陈邦贤，1937，《中国医学史》（上海：商务印书馆；台北：台湾商务印书馆二版，1969）。收在《中国文化史丛书》中，26+406页。另一本：北京商务印书馆1988年也据此出版影印第一版；上海的上海书店则在1984年影印出版，列在《中国文化史丛书》第一辑。又一本：团结出版社“中国文库·科技文化类”也收入此书（北京：2011年10月二版），简体字横排24+340页。

陈达理、周一谋，1986，《论宋金时期儿科主要成就》，《中华医史杂志》，16卷第1期（北京），页24–27。

陈济棠，1974，《陈济棠自传稿》（续完），《传记文学》，25卷6期（1974年12月），页95–103。本文自25卷3期（1974年9月）开始刊载，分四期刊完。有单行本《陈济棠自传稿》（台北：传记文学出版社，1974）。

陈声暨编，王真补编，叶长青补订，1971，《侯官陈石遗先生年谱》（台北：广文书局年谱丛书57）。凡7卷，新编366页（含勘误4页）。石遗先生名衍，小名尹昌，字伊叔。

陈聪荣，1987，《中医儿科学》（台北：正中书局）。

曾纪芬，1971，《崇德老人自订年谱》（见《年谱丛书》第56辑，台北：广文书局）。

冯其庸，1986，《尹光华、朱屺瞻年谱》（上海：书画出版社）。

童轩荪，1971，《梨园名优艺事及其他》（续完），《传记文学》，18卷2期（1971年3月），页35–43。

黄季陆，1966，《我难忘的仁慈的父亲》，《传记文学》，9卷4期（1966年10月），页33–37。

黄云眉，1971，《邵二云先生年谱》（台北：广文书局）。

程天放，1962，《我的家塾生活》，《传记文学》，1卷5期（1962年10月），页18–20。

程沧波，1963，《根富老老》，《传记文学》，3卷3期（1963年9月），页4–8。

复旦大学，1979，《鲁迅年谱》（合肥：安徽人民出版社）。

温聚民，1980，《魏叔子年谱》（台北：台湾商务印书馆）。

杨一峰，1962，《童年乐事》，《传记文学》，1卷5期（1962年10月），页32–34。

杨恺龄，1970，《李石曾先生煜瀛年谱》（台北：台湾商务印书馆）。

杨恺龄，1981，《纽锡生先生永建年谱》（台北：台湾商务印书馆）。

万六，1984，《元代名医王开事略》，《中华医史杂志》，14卷4期（1984），页212–213。

遐庵汇稿年谱编印会编，1946，《叶恭绰先生年谱》（出版地不详：遐庵汇稿年谱）。

慎初堂辑，1971，《浏阳谭先生年谱》（台北：广文书局年谱丛书60）。新编18页。铅排版版心上书“谭浏阳全集”，下书“年谱”，则此谱为全集之一部分。卷首署“海宁慎初堂辑”。年谱起首曰：先生姓谭氏，讳嗣同，字复生，号壮飞，自署东海褰冥氏。

齐璜口述，张次溪笔录，1963，《白石老人自述》（上），《传记文学》，3卷1期（1963年7月），页39–51。

赵元任，1969，《早年回忆》（二），《传记文学》，15卷4期（1969年10月），页33–37。

赵玉明，1982，《菩萨心肠的革命家——居正传》（台北：近代中国出版社）。

赵光，1971，《赵文恪公自订年谱》（台北：广文书局）。

赵杨步伟，1963，《我的祖父》，《传记文学》，3卷3期（1963年9月），页17–21。

赵杨步伟，1967，《一个女人的自传》（五），《传记文学》，11卷1期（1967年7月），页45–50。

赵璞珊，1983，《中国古医学》（北京：中华书局）。

赵藩，1978，《清岑襄公毓英年谱》（见《新编中国名人年谱集成》第2辑，台北：台湾商务印书馆）。

熊秉真，1995，《幼幼：传统中国的襁褓之道》（台北：联经出版事业公司）。

熊秉真，1987，《清代中国儿科医学的区域性初探》，收入《中国近代区域史研讨会论文集》（台北："中研院"近代史研究所），页17–39。

熊秉真，1992，《好的开始：近世中国士人子弟的幼年教育》，《近世家族与政治比较历史论文集（上）》（台北："中研院"近代史研究所），页201–238。

熊秉真，1994，《中国近世士人笔下的儿童健康问题》，《"中研院"近代史研究所集刊》，第23期上册（1994年6月），页1–29。

熊秉真，1995，《惊风：中国近世儿童疾病研究之一》，《汉学研究》，13卷第2期（1995年2月），页169–203。

熊秉真，1995，《疳——中国近世儿童的疾病与健康研究之二》，《"中研院"近代史研究所集刊》，24期上册（1995年6月），页263–294。

熊秉真，1998，《且趋且避——传统中国因应痘疹间的暧昧与神奇》，《汉学研究》，16卷2期（1998年12月），页285–315。

熊秉真，1998，《近世中国儿童论述之浮现》，《近世中国之传统与蜕变：刘广京院士先生七十五岁祝寿论文集》（台北："中研院"近代史研究所），页139–170。

熊秉真，1999，《谁人之子：中国社会文化脉络中的儿童定位问题》，辑于汉学研究中心主编，《中国家庭及其伦理研讨会论文集》（台北：汉学研究中心），页259–294。

熊秉真，1999，《安恙：近世中国儿童的疾病与健康》（台北：联经出版事业公司）。

熊秉真，2000，《童年忆往：中国孩子的历史》（台北：麦田出版公司）。

熊秉真，2001，《案据确凿：医案之传承与传奇》，载熊秉真（编），《让证据说话：中国篇》（台北：麦田出版公司），页201–252。

蒋天枢，1981，《陈寅恪先生编年事辑》（上海：上海古籍出版社）。

蒋永敬，1978，《胡汉民先生年谱》（台北："中央文物"供应社）。

蒋君章，1984，《最难报答是亲恩》（上），《传记文学》，45卷1期（1984年7月），页85–90。

蒋致中，1935，《牛空山先生年谱》（上海：商务印书馆）。

蒋逸雪，1980，《张溥年谱》（上海：商务印书馆）。

刘健群，1968，《艰困少年行》（六），《传记文学》，13卷6期（1968年12月），页36–40。

刘绍唐，1974，《民国人物小传》（十二），《传记文学》，24卷4期（1974年4月），页99–103。

刘景山遗著，凌鸿勋校订，1976，《刘景山自撰回忆录》（一），《传记文学》，29卷3期（1976年9月），页41–43。

刘翠溶，1986，《明清时期长江下游地区都市化之发展与人口特征》，《经济论文》（台北："中研院"经济研究所），第14卷第2期（1986年9月），页43–86。

刘凤翰、李宗侗，1966，《李鸿藻先生年谱》（台北：台湾商务印书馆）。

齐崧，1974，《女画家吴咏香》，《传记文学》，25卷3期（1974年9月），页33–41。

鲁仁辑，1942，《太医院志》，载《中和月刊》3卷6期（民国三十一年［1942］），页24–35。

谢利恒，1970，《中国医学源流论》（台北：古亭书屋影印初版）。

韩锡铎主编，1993，《中华蒙学集成》（沈阳：辽宁教育出版社）。

薛光前，1978，《困行忆往》（一），《传记文学》，32卷5期（1978年5月），页45–50。

薛清录（主编），中国中医研究院图书馆编，1991，《全国中医图书联合目录》（北京：中医古籍出版社）。16开横排1104页。

薛愚主编，1984，《中国药学史料》（北京：人民卫生出版社）。

锺明志遗著，居浩然注，1978，《我的回忆》（上），《传记文学》，17卷3期（1970年9月），页5–14。

颜惠庆原著，姚崧龄译，1971，《颜惠庆自传》（一），《传记文学》，18卷2期（1971年2月），页6–14。自传后出版专书《颜惠庆自传》（台北：传记文学出版社，1973）。

藤井宏，1953，《新安商人的研究》，《东洋学报》，36卷1–4号。

关志昌，1983，《张大千多彩多姿的一生》，《传记文学》，42卷5期（1983年5月），页38–46。

关国瑄，1986，《中国美学播种者朱光潜》，《传记文学》，48卷4期（1986年4月），页15–21。

罗继祖辑述，1986，罗昌霦校补，《罗振玉年谱》（台北：行素堂发行，文史哲经销）。

严世芸（主编），1990，《中国医籍通考》（上海：上海中医学院出版社）。

严正钧，1971，《左文襄公年谱》（见《年谱丛书》第38辑，台北：广文书局）。

严荣，1978，《述庵先生年谱》（台北：台湾商务印书馆）。
栾成显，1998，《明代黄册研究》（北京：中国社会科学出版社）。

英文论著

Ariés, Philippe, 1962. *Centuries of Childhood*：*A Social History of Family Life*（New York：Vintage Books）.

Cloherty, John P. and Ann R. Stark（eds.）, 1985. *Manual of Neonatal Care*（Boston：Little Brown）.

Cohen, David K. and S.G. Grant, 1993. "American's Children and Their Elementary Schools," *Daedalus*, Vol. 122, No. 1, America's Childhood（Winter, 1993）, pp. 177–207.

Cone, Thomas E. Jr. , 1979. *History of American Pediatrics*（Boston：Little Brown and Co.）.

Cone, Thomas E. Jr., 1985. *History of the Care and Feeding of the Premature Infant*（Boston：Little Brown and Co.）.

Contemporary Patterns of Breastfeeding, Report on the WHO Collaborative Study on Breastfeeding（Geneva：World Health Organization, 1981）.

Csikszentmihalyi, Mihaly, 1993. "Contexts of Optimal Growth in Childhood," *Daedalus*, Vol. 122, No. 1（1993）：31–56.

Dewoskin, Kenneth J., 1995. "Famous Chinese Childhoods," in *Chinese Views of Childhood,* edited by Anne Behnke Kinney（Honolulu：University of Hawai'i Press）, pp. 57–78.

Dodding, John（ed.）, 1985. *Maternal Nutrition and Lactational Infertility*（New York：Raven Press）.

Duara, Prasenjit, 1995. *Rescuing History from the Nation*：*Questioning Narratives of Modern China*（Chicago：University of Chicago Press）.

Glass, D.V. and D.E.C. Eversley（eds.）, 1969. *Population in History*（London：Edward Arnold）.

Gopnik, Alison, 2016. *The Gardener and the Carpenter*：*What the New Science of Child Development Tells Us About the Relationship Between Parents and Children*（NY：Farrar, Straus and Giroux）.

Grant, Joanna, 2003. *A Chinese Physician*：*Wang Ji and the "Stone Mountain Medical Case Histories"*（London：Routledge Curzon）.

Hanley, Susan and Arthur Wolf（eds.）, 1985. *Family and Population in East Asian History*（Stanford, Stanford University Press）.

Hanson, Marta, 1998. "Robust Northerners and Delicate Southerners: The Nineteenth-Century Invention of a Southern Medical Tradition" in special issue *"Empires and Hygiene"* of *Positions: East Asia Cultures Critique,* Vol.6, No.3 (Winter, 1998), pp. 515–550.

Heywood, Colin, 1988. *Childhood in Nineteenth-Century France: Work, Health, and Education among the "Classes Populaires. "* (Cambridge: Cambridge University Press).

Ho, Ping-ti, 1959. *Studies on the Population of China, 1368-1953* (Cambridge, Mass.: Harvard University Press).

Hollingsworth, T.H., 1969. *Historical Demography* (Ithaca: Cornell University Press).

Houlbrooke, Ralph (ed.), 1988. *English Familly Life 1576-1716* (N.Y. and Oxford: Basil Blackwell).

Hsiung, Ping-chen, 2005. *A Tender Voyage: Children and Childhood in Late Imperial China* (Stanford, CA: Stanford University Press).

Hsu, Hong-Yen and William Peacher (tr.), 1981. *The Great Classic of Chinese Medicine* (即日人Keistsu Otsuka之《伤寒论解说》)(台北：南天书局).

Jefferys, W. Hamilton. and James La Maxwell, 1911. *Disease of China* (Philadelphia: P. Blakiston's Son & Co.).

Kinney, Anne Behnke, 1995. "Dyed Silk : Han Notions of the Moral Development, " in *Chinese Views of Childhood* (Honolulu: University of Hawai'i Press), pp. 17–56.

Kline, Mark W. et al., 2018. *Rudolph's Pediatrics* (NY: McGraw-Hill Education).

Ko, Dorothy, 1994. *Teacher of the Inner Chamber: Women and Culture in Seventeenth-century China* (Stanford : Stanford University Press).

Kuhn, Thomas S., 1996. *The Structure of Scientific Revolutions* (Chicago: University of Chicago Press).

Laslett, Peter, 1965. *The World We Have Lost* (Taylor and Francis).

Liu, Ts'ui-jung, 1981. "The Demographic Dynamics of Some Clans in the Lower Yangtze Area, Ca. 1400–1900, " *Academia Economic Papers*, Vol. 9, No.1 (March, 1981).

Mason, Stephen, 1962. *A History of the Sciences* (N.Y.: Collier Books).

Minow, Martha. and Richard Weissbourd, 1993. "Social Movement for Children, " *Daedalus*, Vol. 122, No. 1 (1993): 1–29.

Mitterauer, Michael. and Reinhard Sieeor, 1982. *The European Family* (Chicago: The University of Chicago Press).

Needham, Joseph, 1970. *Clerks and Craftsman in China and the West* (Cambridge: Cambridge University Press).

Pollock, Linda A., 1983. *Forgotten Children, Parent-Child Relations from 1500 to 1900*

(Cambridge: Cambridge University Press).

Porkert, Manfred, 1974. *The Theoretical Foundations of Chinese Medicine: System of Correspondence*(Cambridge: MIT Press).

Scheid, Volker, 2007. *Currents of Tradition in Chinese Medicine, 1626-2006*(Seattle, WA: Eastland Press).

Shahar, Shulamith, 1990. *Childhood in the Middle Ages*(London: Routledge).

Smith, George F. and Dharmapuri Vidyasagar (eds.), n.d. *Historical Review and Recent Advances in Neonatal and Perinatal Medicine*(printed and distributed by Mead Johnson Nutritional Division), Vol. 1, Neonatal Medicine.

Stone, Lawrence, 1977. *The Family, Sex, and Marriage in England, 1500-1800*(London: Weidenfeld and Nicolson).

Unschuld, Paul, 1979. *Medical Ethics in Imperial China : A Study in Historical Anthropology* (Berkeley · Los Angeles · London: University of California Press).

Unschuld, Paul, 1985. *Medicine in China: A History of Ideas*(Berkeley · Los Angeles · London: University of California Press).

Vaughan, Victor C., R. James Mckay, Waldo E. Nelson, 1975. *Nelson Textbook of Pediatrics* (Philadelphia : W.B. Saunders Co.).

Vinovskis, Maris A., 1993. "Early Childhood Education: Then and Now, " *Daedalus,* Vol. 122, No. 1 (1993): 151–176.

Whitehead, R.G. (ed.), 1983. *Maternal Diet, Breastfeeding Capacity, and Lactational Infertility*(Tokyo : The United Nations University).

Yuan, I–chin, 1931. "Life Tables for a Southern Chinese Family from 1365 to 1849, " *Human Biology*, Vol. 3, No. 2(May, 1931).

索 引

五画

六画

七画

八画

九画

十画

十一画

十二画

十三画

十四画

十五画

十六画

图书在版编目(CIP)数据

幼医与幼蒙：近世中国社会的绵延之道 / 熊秉真著. —桂林：广西师范大学出版社，2021.1
ISBN 978-7-5598-2960-3

Ⅰ. ①幼… Ⅱ. ①熊… Ⅲ. ①婴幼儿-哺育-历史-中国-近代 Ⅳ. ①TS976.31-092

中国版本图书馆 CIP 数据核字(2020)第 102912 号

幼医与幼蒙：近世中国社会的绵延之道
YOUYI YU YOUMENG：JINSHI ZHONGGUO SHEHUI DE MIANYAN ZHI DAO

出 品 人：刘广汉
责任编辑：刘美文
项目编辑：李　影
封面设计：沈晓薇

广西师范大学出版社出版发行
(广西桂林市五里店路 9 号　　邮政编码:541004
网址:http://www.bbtpress.com)
出版人:黄轩庄
全国新华书店经销
销售热线：021-65200318　021-31260822-898
山东临沂新华印刷物流集团有限责任公司印刷
(临沂高新技术产业开发区新华路 1 号　邮政编码:276017)
开本：720mm×1 000mm　1/16
印张：21.5　字数：374 千字
2021 年 1 月第 1 版　2021 年 1 月第 1 次印刷
定价：58.00 元